《燃气工程项目规范》GB 55009 实施指南

住房和城乡建设部标准定额研究所　编著

中国建筑工业出版社

图书在版编目(CIP)数据

《燃气工程项目规范》GB 55009 实施指南 / 住房和城乡建设部标准定额研究所编著. — 北京：中国建筑工业出版社，2022.4（2025.1重印）
ISBN 978-7-112-27281-5

Ⅰ. ①燃… Ⅱ. ①住… Ⅲ. ①燃气—热力工程—规范—中国—指南 Ⅳ. ①TU996-65

中国版本图书馆 CIP 数据核字(2022)第 058253 号

责任编辑：田立平　石枫华
责任校对：姜小莲

《燃气工程项目规范》GB 55009 实施指南
住房和城乡建设部标准定额研究所　编著
*
中国建筑工业出版社出版、发行（北京海淀三里河路 9 号）
各地新华书店、建筑书店经销
北京红光制版公司制版
建工社（河北）印刷有限公司印刷
*
开本：850 毫米×1168 毫米　1/32　印张：15¼　字数：409 千字
2022 年 6 月第一版　2025 年 1 月第三次印刷
定价：**60.00** 元
ISBN 978-7-112-27281-5
(39144)

《〈燃气工程项目规范〉GB 55009 实施指南》

编写委员会

主 任 委 员：姚天玮

副主任委员：李　铮　李颜强　胡传海　施　鹏

编 写 人 员：刘　彬　李颜强　马俊峰　杜建梅

阎海鹏　杨永慧　陈云玉　张　琳

李大伟

编 写 单 位

住房和城乡建设部标准定额研究所

中国市政工程华北设计研究总院有限公司

北京市煤气热力工程设计院有限公司

深圳市燃气工程设计有限公司

序

按照国务院《深化标准化工作改革方案》的要求，立足国内工程需要，面向国际发展要求，住房和城乡建设部印发了《深化工程建设标准化工作改革的意见》，明确了以全文强制性工程建设规范（以下简称“工程规范”）为核心，推荐性标准和团体标准为配套的新型标准体系。通过制定工程规范，筑牢工程建设技术“底线”，按照工程规范规定完善推荐性工程技术标准和团体标准，细化技术要求和提高技术水平，形成政府与社会团体共同供给规范标准的新局面，逐步与“技术法规与技术标准相结合”的国际通行规则相一致。

制定工程规范是工程建设标准化改革的重要工作。在原国家标准《城镇燃气技术规范》GB 50494—2009 的基础上，住房和城乡建设部组织有关单位制定了《燃气工程项目规范》GB 55009—2021（以下简称《燃气规范》），并于 2022 年 1 月 1 日起实施。为配合《燃气规范》实施，住房和城乡建设部标准定额研究所等单位编写了《〈燃气工程项目规范〉GB 55009 实施指南》（以下简称《实施指南》），全面系统介绍燃气行业标准化改革基本情况，以及《燃气规范》制定的工作情况，并围绕《燃气规范》的条文规定，进一步介绍了该条文规定制定的目的、技术依据、案例分析等情况，以方便使用者对该条文规定有更深入的理解。

编制出版《实施指南》，作为《燃气规范》的参考书目，希望为参与燃气工程项目的建设和管理人员准确把握、正确执行《燃气规范》条文规定提供帮助，推动燃气行业高质量发展。

住房和城乡建设部标准定额司

2022 年 1 月

前　言

习近平总书记多次强调，推动经济社会发展要建立在资源高效利用和绿色低碳发展的基础之上；要推动能源向高效、清洁、多元化发展。燃气工程作为城乡发展的重要基础设施，是国家能源战略中重点建设和发展的领域，是韧性城市建设的重要组成，是关系人民生活质量和公共安全的生命线工程。燃气设施的建设和运行事关千家万户和民生大计，在保障生产生活、优化能源结构、推进多能互补的现代能源体系建设、实现“双碳”目标方面发挥着巨大作用。实现碳达峰、碳中和是推动高质量发展的内在要求。天然气是清洁低碳能源，正在成为替代传统高碳化石能源的关键，在当前及未来较长时期，天然气将在能源绿色低碳转型中作出重要贡献。

改革开放以来，我国燃气事业快速发展，天然气占一次能源消费比重增加，用气范围扩大，天然气供给效率提高，创新能力明显增强。截至2019年，城市燃气普及率达到97.29%；从2014年到2019年，农村地区用气人口已由1.6亿人增长到2.2亿人，燃气普及率由20.58%增长到31.67%。同时，城镇燃气发展也存在着安全问题突出、技术水平有待进一步提高、信息技术在城镇燃气设施的应用程度不高等问题。新时代，城镇燃气行业更面临高质量发展、绿色发展的时代课题，特别是保证安全已成为高质量发展的重要前提。习近平总书记就加强安全生产工作指出，必须坚定不移保障安全发展；在标准制定、体制机制上认真考虑如何改革和完善；必须强化依法治理，用法治思维和法治手段解决安全生产问题。完善城镇燃气标准体系、制定全文强制规范就是最好的体现。

完善城镇燃气标准体系是城镇燃气高质量发展的内在要求；

制定强制性标准是保证燃气安全、提高能效、促进碳减排的有力手段。中共中央、国务院印发的《国家标准化发展纲要》指出，标准是经济活动和社会发展的技术支撑，是国家基础性制度的重要方面。标准化在推进国家治理体系和治理能力现代化中发挥着基础性、引领性作用。自 20 世纪 80 年代以来，城镇燃气标准体系日臻完善，起到了支撑、引领作用。为推进我国工程建设标准化改革，2009 年制定发布了全文强制标准《城镇燃气技术规范》；2016 年起，进一步适应新时代发展需要，修订该规范为《燃气工程项目规范》GB 55009，并于 2022 年 1 月 1 日起正式实施，该规范将是燃气行业监管和工程建设的安全、环保、节能减碳的红线。

为配合《燃气工程项目规范》GB 55009 的实施，我们组织编写了《〈燃气工程项目规范〉GB 55009 实施指南》。本书包括：《燃气工程项目规范》正文、《燃气工程项目规范》编制概述、《燃气工程项目规范》实施指南和附录四个部分。其中，《燃气工程项目规范》实施指南部分对条文编制目的、术语定义、条文释义、编制依据、实施要点、背景与案例进行了详细说明；附录部分收录了涉及本规范的部分法律、行政法规、规范性文件和现行燃气标准目录。本书作为《燃气工程项目规范》GB 55009 的释义性资料，力求为《燃气工程项目规范》GB 55009 的准确理解和实施提供支撑。由于部分内容编制与相关标准引用存在时间性差异，同时限于编写成员水平，书中不免有疏漏和不足之处，敬请读者批评指正。

编　者

2022 年 1 月

目　　录

第一部分

《燃气工程项目规范》

1 总 则

1.0.1 为促进城乡燃气高质量发展，预防和减少燃气安全事故，保证供气连续稳定，保障人身、财产和公共安全，制定本规范。

1.0.2 城市、乡镇、农村的燃气工程项目必须执行本规范。本规范不适用于下列工程项目：

1 城镇燃气门站以前的长距离输气管道工程项目；

2 工业企业内部生产用燃气工程项目；

3 沼气、秸秆气的生产和利用工程项目；

4 海洋和内河轮船、铁路车辆、汽车等运输工具上的燃气应用项目。

1.0.3 燃气工程应实现供气连续稳定和运行安全，并应遵循下列原则：

1 符合国家能源、生态环境、土地利用、防灾减灾、应急管理等政策；

2 保障人身、财产和公共安全；

3 鼓励工程技术创新；

4 积极采用现代信息技术；

5 提高工程建设质量和运行维护水平。

1.0.4 工程建设所采用的技术方法和措施是否符合本规范要求，由相关责任主体判定。其中，创新性的技术方法和措施，应进行论证并符合本规范中有关性能的要求。

2 基本规定

2.1 规模与布局

2.1.1 燃气工程用气规模应根据城乡发展状况、人口规模、用户需求和供气资源等条件，经市场调查、科学预测，结合用气量指标和用气规律综合分析确定。

2.1.2 气源的选择应按国家能源政策，遵循节能环保、稳定可靠的原则，考虑可供选择的资源条件，并经技术经济论证确定。

2.1.3 燃气供应系统应具有满足调峰供应和应急供应的供气能力储备。供气能力储备量应根据气源条件、供需平衡、系统调度和应急的要求确定。

2.1.4 燃气供应系统设施的设置应与城乡功能结构相协调，并应满足城乡建设发展、燃气行业发展和城乡安全的需要。

2.2 建设要求

2.2.1 燃气供应系统应设置保证安全稳定供气的厂站、管线以及用于运行维护等的必要设施，运行的压力、流量等工艺参数应保证供应系统安全和用户正常使用，并应符合下列规定：

1 供应系统应具备事故工况下能及时切断的功能，并应具有防止管网发生超压的措施；

2 燃气设备与管道应具有承受设计压力和设计温度下的强度和密封性；

3 供气压力应稳定，燃具和用气设备前的压力变化应在允许的范围内。

2.2.2 燃气供应系统应设置信息管理系统，并应具备数据采集与监控功能。燃气自动化控制系统、基础网络设施及信息管理系统等应达到国家信息安全的要求。

2.2.3 燃气设施所使用的材料和设备应满足节能环保及系统介质特性、功能需求、外部环境、设计条件的要求。设备、管道及附件的压力等级不应小于系统设计压力。

2.2.4 在设计工作年限内，燃气设施应保证在正常使用维护条件下的可靠运行。当达到设计工作年限或在遭受地质灾害、运行事故或外力损害后需继续使用时，应对燃气设施进行合于使用评估。

2.2.5 燃气设施应采取防火、防爆、抗震等措施，有效防止事故的发生。

2.2.6 管道及管道与设备的连接方式应符合介质特性和工艺条件，连接必须严密可靠。

2.2.7 设置燃气设备、管道和燃具的场所不应存在燃气泄漏后聚集的条件。燃气相对密度大于等于 0.75 的燃气管道、调压装置和燃具不得设置在地下室、半地下室、地下箱体、地下综合管廊及其他地下空间内。

2.2.8 燃具和用气设备的性能参数应与所使用的燃气类别特性和供气压力相适应，燃具和用气设备的使用场所应满足安全使用条件。

2.3 运行维护

2.3.1 燃气设施应在竣工验收合格且调试正常后，方可投入使用。燃气设施投入使用前必须具备下列条件：

1 预防安全事故发生的安全设施应与主体工程同时投入使用；

2 防止或减少污染的设施应与主体工程同时投入使用。

2.3.2 燃气设施建设和运行单位应建立健全安全管理制度，制定操作维护规程和事故应急预案，并应设置专职安全管理人员。

2.3.3 燃气设施的施工、运行维护和抢修等场所及重要的燃气设施应设置规范、明显的安全警示标志。

2.3.4 燃气设施的运行单位应配备具有专业技能且无间断值班

的应急抢险队伍及必需的备品配件、抢修机具和应急装备，应设置并向社会公布 24h 报修电话和其他联系方式。

2.3.5 燃气设施可能泄漏燃气的作业过程中，应有专人监护，不得单独操作。泄漏燃气的原因未查清或泄漏未消除前，应采取有效安全措施，直至燃气泄漏消除为止。

2.3.6 燃气设施现场的操作应符合下列规定：

1 操作人员应熟练掌握燃气特性、相关工艺和应急处置的知识和技能；

2 操作或抢修作业应标示出作业区域，并应在区域边界设置护栏和警示标志；

3 操作或抢修人员作业应穿戴防静电工作服及其他防护用具，不应在作业区域内穿脱和摘戴作业防护用具；

4 操作或抢修作业区域内不得携带手机、火柴或打火机等火种，不得穿着容易产生火花的服装。

2.3.7 燃气设施正常运行过程中未达到排放标准的工艺废弃物不得直接排放。

3 燃 气 质 量

3.0.1 燃气工程供应的燃气质量应符合下列规定：

1 应符合国家规定的燃气分类和气质标准；

2 应满足各类用户的用气需求和使用条件；

3 发热量（热值）应保持稳定；

4 组分变化应保证燃具正常工作。

3.0.2 系统供应的燃气应确定基准发热量（热值），发热量（热值）变化应在基准发热量（热值）的±5%以内。燃气组分及杂质含量、露点温度和接气点压力等气质参数应根据气源条件和用气需求确定。

3.0.3 天然气及按天然气质量交付的页岩气、煤层气、煤制天然气、生物质气等的质量应符合下列规定：

1 天然气的质量应符合表3.0.3的规定；

表3.0.3 天然气的质量指标

项目	指标
高位发热量（MJ/m^3）	≥31.4
总硫（以硫计）（mg/m^3）	≤100
硫化氢（mg/m^3）	≤20
二氧化碳（y,%）	≤4.0

注：表中气体体积的标准参比条件是101.325kPa，20℃。

2 在天然气交接点的压力和温度条件下，天然气的烃露点应比最低环境温度低5℃；天然气中不应有固态、液态或胶状物质。

3.0.4 液化石油气的质量应符合表3.0.4的规定。

表 3.0.4 液化石油气的质量指标

项目	质量指标		
	商品丙烷	商品丙丁烷混合物	商品丁烷
密度（15℃）（kg/m³）	报告		
蒸气压（37.8℃）（kPa）	≤1430	≤1380	≤485
组分			
C_3烃类组分（体积分数）（%）	≥95	—	—
C_4及C_4以上烃类组分（体积分数）（%）	≤2.5	—	—
（C_3+C_4）烃类组分（体积分数）（%）	—	≥95	≥95
C_5及C_5以上烃类组分（体积分数）（%）	—	≤3.0	≤2.0
残留物			
蒸发残留物（mL/100mL）	≤0.05		
油渍观察	通过		
铜片腐蚀（40℃，1h）（级）	≤1		
总硫含量（mg/m³）	≤343		
硫化氢（需满足下列要求之一）：			
乙酸铅法	无		
层析法（mg/m³）	≤10		
游离水	无		

注：1 液化石油气中不允许人为加入除加臭剂以外的非烃类化合物；

2 每次以 0.1mL 的增量将 0.3mL 溶剂-残留物混合液滴到滤纸上，2min 后在日光下观察，无持久不退的油环为通过；

3 "—"为不得检出。

3.0.5 人工煤气的质量应符合表 3.0.5 的规定。

表 3.0.5 人工煤气的质量指标

项目	质量指标
低热值[1]（MJ/m³）	
一类气[2]	>14
二类气[2]	>10

续表 3.0.5

项目	质量指标
杂质	
焦油和灰尘（mg/m^3）	<10
硫化氢（mg/m^3）	<20
氨（mg/m^3）	<50
萘[3]（mg/m^3）	$<50\times10^2/P$（冬天） $<100\times10^2/P$（夏天）
含氧量[4]（体积分数）	
一类气	<2%
二类气	<1%
含一氧化碳[5]（体积分数）	<10%

注：1 表中煤气体积（m^3）指在 101.325kPa，15℃状态下的体积；

2 一类气为煤干馏气，二类气为煤气化气、油气化气（包括液化石油气及天然气改制）；

3 萘指萘和它的同系物 α-甲基萘及 β-甲基萘；在确保煤气中萘不析出的前提下，各地区可以根据当地燃气管道埋设处的土壤温度规定本地区煤气中含萘指标；当管道输气点绝对压力（P）小于 202.65kPa 时，压力（P）因素可不参加计算；

4 含氧量指制气厂生产过程中所要求的指标；

5 对二类气或掺有二类气的一类气，其一氧化碳含量应小于 20%（体积分数）。

3.0.6 当气源质量未达到本规范第 3.0.2～3.0.5 条规定的质量要求时，应对燃气进行加工处理。

3.0.7 燃气应具有当其泄漏到空气中并在发生危险之前，嗅觉正常的人可以感知的警示性臭味。

3.0.8 当供应的燃气不符合本规范第 3.0.7 条的规定时，应进行加臭。加臭剂的最小量应符合下列规定：

1 无毒燃气泄漏到空气中，达到爆炸下限的 20%时，应能察觉；

2 有毒燃气泄漏到空气中，达到对人体允许的有害浓度时，应能察觉；

3 对于含一氧化碳有毒成分的燃气，空气中一氧化碳含量的体积分数达到 0.02%时，应能察觉。

3.0.9 加入燃气中的加臭剂应符合下列规定：

1 加臭剂的气味应明显区别于日常环境中的其他气味。加臭剂与燃气混合后应保持特殊的臭味，且燃气泄漏后，其臭味应消失缓慢。

2 加臭剂及其燃烧产物不应对人体有毒害，且不应对与其接触的材料和设备有腐蚀或损害。

3 加臭剂溶解于水的程度，其质量分数不应大于 2.5%。

3.0.10 当燃气供应系统的燃气需要与空气混合后供应时，混合气中燃气的体积分数应高于其爆炸上限的 2 倍以上，且混合气的露点温度应低于输送管道外壁可能达到的最低温度 5℃以上。混合气中硫化氢含量不应大于 20mg/m^3。

4 燃气厂站

4.1 站区

4.1.1 燃气厂站的单位产量、储存量和最大供气能力等建设规模应根据燃气工程的用气规模和燃气供应系统总体布局的要求，结合资源条件和城乡建设发展等因素综合确定。燃气厂站应按生产或工艺流程顺畅、通行便利和保障安全的要求布置。

4.1.2 液态燃气存储总水容积大于3500m^3或气态燃气存储总容积大于200000m^3的燃气厂站应结合城镇发展，设在城市边缘或相对独立的安全地带，并应远离居住区、学校及其他人员集聚的场所。

4.1.3 当燃气厂站设有生产辅助区及生活区时，生活区应与生产区分区布置。当燃气厂站具有汽车加气功能时，汽车加气区、加气服务用站房与站内其他设施应采用围护结构分隔。

4.1.4 燃气厂站内大型工艺基础设施和调压计量间、压缩机间、灌瓶间等主要建（构）筑物的设计工作年限不应小于50年，其结构安全等级不应低于二级的要求。

4.1.5 燃气厂站边界应设置围护结构。液化天然气、液化石油气厂站的生产区应设置高度不低于2.0m的不燃性实体围墙。

4.1.6 燃气厂站内建筑物与厂站外建筑物之间的间距应符合防火的相关要求。

4.1.7 不同介质储罐和相同介质的不同储存状态储罐应分组布置，组之间、储罐之间及储罐与建筑物之间的间距应根据储存介质特性、储量、罐体结构形式、维护操作需求、事故影响范围及周边环境等条件确定。

4.1.8 燃气厂站道路和出入口设置应满足便于通行、应急处置和紧急疏散的要求，并应符合表4.1.8的规定。

表 4.1.8　燃气厂站出入口设置

厂站类别	区域	对外出入口数量（个）	出入口的间距（m）
液化石油气储存站、储配站和灌装站	生产区	≥1	—
		当液化石油气储罐总容积＞1000m^3时，≥2	≥50
	辅助区	≥1	—
液化天然气供应站	生产区	当液化天然气储罐总容积＞2000m^3时，≥2	≥50
压缩天然气供应站	生产区	当压缩天然气供应站储气总容积＞30000m^3时，≥2	≥50

4.1.9　燃气相对密度大于等于 0.75 的燃气厂站生产区内不应设置地下和半地下建（构）筑物，寒冷地区的地下式消火栓设施除外；生产区的地下排水系统应采取防止燃气聚集的措施，电缆等地下管沟内应填满细砂。

4.1.10　液态燃气的储罐或储罐组周边应设置封闭的不燃烧实体防护堤，或储罐外容器应采用防止液体外泄的不燃烧实体防护结构。深冷液体储罐的实体防护结构应适应低温条件。

4.1.11　燃气厂站内的建（构）筑物应结合其类型、规模和火灾危险性等因素采取防火措施。

4.1.12　燃气厂站具有爆炸危险的建（构）筑物不应存在燃气聚积和滞留的条件，并应采取有效通风、设置泄压面积等防爆措施。

4.1.13　燃气厂站内的建（构）筑物及露天钢质燃气储罐、设备和管道应采取防雷接地措施。

4.2　工　　艺

4.2.1　燃气厂站的生产工艺、设备配置和监测控制装置应符合安全稳定供气、供应系统有效调度的要求，且应技术经济合理。

4.2.2　燃气厂站内燃气管道的设计工作年限不应小于 30 年。

4.2.3 设备、管道及附件的连接采用焊接时，焊接后的焊口强度不应低于母材强度。

4.2.4 燃气厂站应根据应急需要并结合工艺条件设置全站紧急停车切断系统。当全站紧急停车切断故障处理完成后，紧急停车切断装置应采用人工方式进行现场重新复位启动。

4.2.5 燃气厂站内设备和管道应按防止系统压力参数超过限值的要求设置自动切断和放散装置。放散装置的设置应保证放散时的安全和卫生，不得在建筑物内放散燃气和其他有害气体。

4.2.6 进出燃气厂站的燃气管道应设置切断阀门。燃气厂站内外的钢质管道之间应设置绝缘装置。

4.2.7 液化天然气、液化石油气液相管道上相邻两个切断阀之间的封闭管道应设安全阀。

4.2.8 压缩天然气、液化天然气和液化石油气运输车在充装或卸车作业时，应停靠在设有固定防撞装置的固定车位处，并应采取防止车辆移动的措施。装卸系统上应设置防止装卸用管拉脱的联锁保护装置。

4.2.9 向液化天然气和液化石油气槽车充装时，不得使用充装软管连接。

4.2.10 燃气调压装置及其出口管道、后序设备的工作温度不应低于其材质本身允许的最低使用温度。

4.2.11 燃气厂站内的燃气容器、设备和管道上不得采用灰口铸铁阀门与附件。

4.2.12 储存、输送低温介质的储罐、设备和管道，在投入运行前应采取预冷措施。

4.2.13 燃气膨胀机、压缩机和泵等动力设备应具备非正常工作状况的报警和自动停机功能。

4.2.14 液化天然气和低温液化石油气的储罐区、气化区、装卸区等可能发生燃气泄漏的区域应设置连续低温检测报警装置和相关的联锁装置。

4.2.15 燃气厂站的供电电源应满足正常生产和消防的要求，站内涉及生产安全的设备用电和消防用电应由两回线路供电，或单回路供电并配置备用电源。

4.2.16 燃气厂站仪表控制系统应设置不间断电源装置。

4.2.17 燃气厂站内可燃气体泄漏浓度可能达到爆炸下限20%的燃气设施区域内或建（构）筑物内，应设置固定式可燃气体浓度报警装置。

4.2.18 燃气厂站内设置在有爆炸危险环境的电气、仪表装置，应具有与该区域爆炸危险等级相对应的防爆性能。

4.2.19 燃气厂站爆炸危险区域内，可能产生静电危害的储罐、设备和管道应采取静电导消措施。

4.2.20 进入燃气储罐区、调压室（箱）、压缩机房、计量室、瓶组气化间、阀室等可能泄漏燃气的场所，应检测可燃气体、有害气体及氧气的浓度，符合安全条件方可进入。燃气厂站应在明显位置标示应急疏散线路图。

4.2.21 除装有消火装置的燃气专用运输车和应急车辆外，其他机动车辆不得进入液态燃气储存灌装区。

4.3 储罐与气瓶

4.3.1 液化天然气和容积大于10m^{3}液化石油气储罐不应固定安装在建筑物内。充气的或有残气的液化天然气钢瓶不得存放在建筑内。

4.3.2 燃气储罐应设置压力、温度、罐容或液位显示等监测装置，并应具有超限报警功能。液化天然气常压储罐应设置密度监测装置。燃气储罐应设置安全泄放装置。

4.3.3 液化天然气和液化石油气储罐的液相进出管应设置与储罐液位控制联锁的紧急切断阀。

4.3.4 低温燃气储罐和设备的基础，应设置土壤温度检测装置，并应采取防止土壤冻胀的措施。

4.3.5 当燃气储罐高度超过当地有关限高规定时，应设飞行障碍灯和标志。

4.3.6 燃气储罐的进出口管道应采取有效的防沉降和抗震措施，并应设置切断装置。

4.3.7 燃气储罐的安全阀应根据储存燃气特性和使用条件选用，并应符合下列规定：

1 液化天然气储罐安全阀，应选用奥氏体不锈钢弹簧封闭全启式安全阀。

2 液化石油气储罐安全阀，应选用弹簧封闭全启式安全阀。

3 容积大于或等于 $100m^3$ 的液化天然气和液化石油气储罐，应设置 2 个或 2 个以上安全阀。

4.3.8 液态燃气储罐区防护堤内不应设置其他可燃介质储罐。不得在液化天然气、液化石油气储罐的防护堤内设置气瓶灌装口。

4.3.9 严寒和寒冷地区低压湿式燃气储罐应采取防止水封冻结的措施。

4.3.10 低压干式稀油密封储罐应设置防回转装置，防回转装置的接触面应采取防止因撞击产生火花的措施。

4.3.11 不应直接由罐车对气瓶进行充装或将气瓶内的气体向其他气瓶倒装。

4.3.12 气瓶应具有可追溯性，应使用合格的气瓶进行灌装。气瓶灌装后，应对气瓶进行检漏、检重或检压。所充装的合格气瓶上应粘贴规范明显的警示标签和充装标签。

5 管道和调压设施

5.1 输配管道

5.1.1 输配管道应根据最高工作压力进行分级，并应符合表5.1.1的规定。

表5.1.1 输配管道压力分级

名称		最高工作压力（MPa）
超高压		4.0<P
高压	A	2.5<P≤4.0
	B	1.6<P≤2.5
次高压	A	0.8<P≤1.6
	B	0.4<P≤0.8
中压	A	0.2<P≤0.4
	B	0.01<P≤0.2
低压		P≤0.01

5.1.2 燃气输配管道应结合城乡道路和地形条件，按满足燃气可靠供应的原则布置，并应符合城乡管线综合布局的要求。输配管网系统的压力级制应结合用户需求、用气规模、调峰需要和敷设条件等进行配置。

5.1.3 液态燃气输配管道、高压A及高压A以上的气态燃气输配管道不应敷设在居住区、商业区和其他人员密集区域、机场车站与港口及其他危化品生产和储存区域内。

5.1.4 输配管道的设计工作年限不应小于30年。

5.1.5 输配管道与附件的材质应根据管道的使用条件和敷设环境对强度、抗冲击性等机械性能的要求确定。

5.1.6 输配管道及附属设施的保护范围应根据输配系统的压力

分级和周边环境条件确定。最小保护范围应符合下列规定：

1 低压和中压输配管道及附属设施，应为外缘周边 0.5m 范围内的区域；

2 次高压输配管道及附属设施，应为外缘周边 1.5m 范围内的区域；

3 高压及高压以上输配管道及附属设施，应为外缘周边 5.0m 范围内的区域。

5.1.7 输配管道及附属设施的控制范围应根据输配系统的压力分级和周边环境条件确定。最小控制范围应符合下列规定：

1 低压和中压输配管道及附属设施，应为外缘周边 0.5m～5.0m 范围内的区域；

2 次高压输配管道及附属设施，应为外缘周边 1.5m～15.0m 范围内的区域；

3 高压及高压以上输配管道及附属设施，应为外缘周边 5.0m～50.0m 范围内的区域。

5.1.8 在输配管道及附属设施的保护范围内，不得从事下列危及输配管道及附属设施安全的活动：

1 建设建筑物、构筑物或其他设施；

2 进行爆破、取土等作业；

3 倾倒、排放腐蚀性物质；

4 放置易燃易爆危险物品；

5 种植根系深达管道埋设部位可能损坏管道本体及防腐层的植物；

6 其他危及燃气设施安全的活动。

5.1.9 在输配管道及附属设施保护范围内从事敷设管道、打桩、顶进、挖掘、钻探等可能影响燃气设施安全活动时，应与燃气运行单位制定燃气设施保护方案并采取安全保护措施。

5.1.10 在输配管道及附属设施的控制范围内从事本规范第 5.1.8 条列出的活动，或进行管道穿跨越作业时，应与燃气运行单位制定燃气设施保护方案并采取安全保护措施。在最小控制范围以外进行作业时，仍应保证输配管道及附属设施的安全。

5.1.11 钢质管道最小公称壁厚不应小于表5.1.11的规定。

表5.1.11 钢质管道最小公称壁厚

钢管公称直径 DN（mm）	最小公称壁厚（mm）
DN100～DN150	4.0
DN200～DN300	4.8
DN350～DN450	5.2
DN500～DN550	6.4
DN600～DN700	7.1
DN750～DN900	7.9
DN950～DN1000	8.7
DN1050	9.5

5.1.12 聚乙烯等不耐受高温或紫外线的高分子材料管道不得用于室外明设的输配管道。

5.1.13 埋地输配管道不得影响周边建（构）筑物的结构安全，且不得在建筑物和地上大型构筑物（架空的建、构筑物除外）的下面敷设。

5.1.14 埋地输配管道应根据冻土层、路面荷载等条件确定其埋设深度。车行道下输配管道的最小直埋深度不应小于0.9m，人行道及田地下输配管道的最小直埋深度不应小于0.6m。

5.1.15 当输配管道架空敷设时，应采取防止车辆冲撞等外力损害的措施。

5.1.16 输配管道不应在排水管（沟）、供水管渠、热力管沟、电缆沟、城市交通隧道、城市轨道交通隧道和地下人行通道等地下构筑物内敷设。当确需穿过时，应采取有效的防护措施。

5.1.17 当输配管道穿越铁路、公路、河流和主要干道时，应采取不影响交通、水利设施并保证输配管道安全的防护措施。

5.1.18 河底穿越输配管道时，管道至河床的覆土厚度应根据水流冲刷条件及规划河床标高确定。对于通航的河流，应满足疏浚和投锚的深度要求。输配管道穿越河流两岸的上、下游位置应设立标志。

5.1.19 输配管道上的切断阀门应根据管道敷设条件，按检修调试方便、及时有效控制事故的原则设置。

5.1.20 埋地钢质输配管道应采用外防腐层辅以阴极保护系统的腐蚀控制措施。新建输配管道的阴极保护系统应与输配管道同时实施，并应同时投入使用。

5.1.21 埋地钢质输配管道埋设前，应对防腐层进行100%外观检查，防腐层表面不得出现气泡、破损、裂纹、剥离等缺陷。不符合质量要求时，应返工处理直至合格。

5.1.22 输配管道的外防腐层应保持完好，并应定期检测。阴极保护系统在输配管道正常运行时不应间断。

5.1.23 聚乙烯管道的连接不得采用螺纹连接或粘接。不得采用明火加热连接。

5.1.24 输配管道安装结束后，必须进行管道清扫、强度试验和严密性试验，并应合格。

5.1.25 输配管道进行强度试验和严密性试验时，所发现的缺陷必须待试验压力降至大气压后方可进行处理，处理后应重新进行试验。

5.1.26 输配管道和设备维修前和修复后，应对周边窨井、地下管线和建（构）筑物等场所的残存燃气进行全面检查。

5.1.27 输配管道和无人值守的调压设施应进行定时巡查。对不符合安全使用条件的输配管道，应及时更新、改造、修复或停止使用。

5.1.28 输配管道沿线应设置管道标志。管道标志毁损或标志不清的，应及时修复或更新。

5.1.29 废弃的输配管道及设施应及时拆除；不能立即拆除的，应及时处置，并应设置明显的标识或采取有效封堵，管道内不应存有燃气。

5.1.30 暂时停用的输配管道应保压并按在用管道进行管理。

5.2 调压设施

5.2.1 不同压力级别的输配管道之间应通过调压装置连接。

5.2.2 调压站的选址应符合管网系统布置和周边环境的要求。

5.2.3 进口压力为次高压及以上的区域调压装置应设置在室外独立的区域、单独的建筑物或箱体内。

5.2.4 独立设置的调压站或露天调压装置的最小保护范围和最小控制范围应符合表5.2.4的规定。

表5.2.4 独立设置的调压站或露天调压装置的最小保护范围和最小控制范围

燃气入口压力	有围墙时		无围墙且设在调压室内时		无围墙且露天设置时	
	最小保护范围	最小控制范围	最小保护范围	最小控制范围	最小保护范围	最小控制范围
低压、中压	围墙内区域	围墙外3.0m区域	调压室0.5m范围内区域	调压室0.5m～5.0m范围内区域	调压装置外缘1.0m范围内区域	调压装置外缘1.0m～6.0m范围内区域
次高压	围墙内区域	围墙外5.0m区域	调压室1.5m范围内区域	调压室1.5m～10.0m范围内区域	调压装置外缘3.0m范围内区域	调压装置外缘3.0m～15.0m范围内区域
高压、高压以上	围墙内区域	围墙外25.0m区域	调压室3.0m范围内区域	调压室3.0m～30.0m范围内区域	调压装置外缘5.0m范围内区域	调压装置外缘5.0m～50.0m范围内区域

5.2.5 在独立设置的调压站或露天调压装置的最小保护范围内，不得从事下列危及燃气调压设施安全的活动：

1 建设建筑物、构筑物或其他设施；

2 进行爆破、取土等作业；

3 放置易燃易爆危险物品；

4 其他危及燃气设施安全的活动。

5.2.6 在独立设置的调压站或露天调压装置的最小控制范围内从事本规范第5.2.5条列出的活动时，应与燃气运行单位制定燃气调压设施保护方案并采取安全保护措施。在最小控制范围以外进行作业时，仍应保证燃气调压设施的安全。

5.2.7 调压设施周围应设置防侵入的围护结构。调压设施范围内未经许可的人员不得进入。在易于出现较高侵入危险的区域，应对站点增加安全巡检次数或设置侵入探测设备。

5.2.8 调压设施周围的围护结构上应设置禁止吸烟和严禁动用明火的明显标志。无人值守的调压设施应清晰地标出方便公众联系的方式。

5.2.9 调压站的调压装置设置区域应有设备安装、维修及放置应急物品的空间和设置出入通道的位置。

5.2.10 露天设置的调压装置应采取防止外部侵入的措施，并应与边界围护结构保持可防止外部侵入的距离。

5.2.11 设置调压装置的建筑物和容积大于1.5m^3的调压箱应具有泄压措施。

5.2.12 调压站、调压箱、专用调压装置的室外或箱体外进口管道上应设置切断阀门。高压及高压以上的调压站、调压箱、专用调压装置的室外或箱体外出口管道上应设置切断阀门。阀门至调压站、调压箱、专用调压装置的室外或箱体外的距离应满足应急操作的要求。

5.2.13 设置调压装置的环境温度应保证调压装置活动部件正常工作，并应符合下列规定：

1 湿燃气，不应低于0℃；

2 液化石油气，不应低于其露点。

5.2.14 对于存在燃气相对密度大于等于0.75的可燃气体的空间，应采用不发火花地面，人能够到达的位置应使用防静电火花的材料覆盖。

5.2.15 当调压节流效应使燃气的温度可能引起材料失效时，应对燃气采取预加热等措施。

5.2.16 调压装置的厂界环境噪声应控制在国家现行环境标准允许的范围内。

5.2.17 燃气调压站的电气、仪表设备应根据爆炸危险区域进行选型和安装，并应设置过电压保护和雷击保护装置。

5.2.18 调压系统出口压力设定值应保持下游管道压力在系统允许的范围内。调压装置应设置防止燃气出口压力超过下游压力允许值的安全保护措施。

5.2.19 当发生出口压力超过下游燃气设施设计压力的事故后，应对超压影响区内的燃气设施进行全面检查，确认安全后方可恢复供气。

5.3 用户管道

5.3.1 用户燃气管道最高工作压力应符合下列规定：

1 住宅内，明设时不应大于0.2MPa；暗埋、暗封时不应大于0.01MPa。

2 商业建筑、办公建筑内，不应大于0.4MPa。

3 农村家庭用户内，不应大于0.01MPa。

5.3.2 用户燃气管道设计工作年限不应小于30年。预埋的用户燃气管道设计工作年限应与该建筑设计工作年限一致。

5.3.3 用户燃气管道及附件应结合建筑物的结构合理布置，并应设置在便于安装、检修的位置，不得设置在下列场所：

1 卧室、客房等人员居住和休息的房间；

2 建筑内的避难场所、电梯井和电梯前室、封闭楼梯间、防烟楼梯间及其前室；

3 空调机房、通风机房、计算机房和变、配电室等设备房间；

4 易燃或易爆品的仓库、有腐蚀性介质等场所；

5 电线（缆）、供暖和污水等沟槽及烟道、进风道和垃圾道等地方。

5.3.4 燃气引入管、立管、水平干管不应设置在卫生间内。

5.3.5 使用管道供应燃气的用户应设置燃气计量器具。

5.3.6 用户燃气调压器和计量装置，应根据其使用燃气的类别、压力、温度、流量（工作状态、标准状态）和允许的压力降、安装条件及用户要求等因素选择，其安装应便于检修、维护和更换操作，且不应设置在密闭空间和卫生间内。

5.3.7 燃气相对密度小于 0.75 的用户燃气管道当敷设在地下室、半地下室或通风不良场所时，应设置燃气泄漏报警装置和事故通风设施。

5.3.8 用户燃气管道穿过建筑物外墙或基础的部位应采取防沉降措施。高层建筑敷设燃气管道应有管道支撑和管道变形补偿的措施。

5.3.9 当用户燃气管道架空或沿建筑外墙敷设时，应采取防止外力损害的措施。

5.3.10 用户燃气管道与燃具的连接应牢固、严密。

5.3.11 用户燃气管道阀门的设置部位和设置方式应满足安全、安装和运行维护的要求。燃气引入管、用户调压器和燃气表前、燃具前、放散管起点等部位应设置手动快速切断阀门。

5.3.12 暗埋和预埋的用户燃气管道应采用焊接接头。

5.3.13 用户燃气管道的安装不得损坏建筑的承重结构及降低建筑结构的耐火性能或承载力。

6 燃具和用气设备

6.1 家庭用燃具和附件

6.1.1 家庭用户应选用低压燃具。不应私自在燃具上安装出厂产品以外的可能影响燃具性能的装置或附件。

6.1.2 家庭用户的燃具应设置熄火保护装置。燃具铭牌上标示的燃气类别应与供应的燃气类别一致。使用场所应符合下列规定：

1 应设置在通风良好、具有给排气条件、便于维护操作的厨房、阳台、专用房间等符合燃气安全使用条件的场所。

2 不得设置在卧室和客房等人员居住和休息的房间及建筑的避难场所内。

3 同一场所使用的燃具增加数量或由另一种燃料改用燃气时，应满足燃具安装场所的用气环境条件。

6.1.3 直排式燃气热水器不得设置在室内。燃气采暖热水炉和半密闭式热水器严禁设置在浴室、卫生间内。

6.1.4 与燃具贴邻的墙体、地面、台面等，应为不燃材料。燃具与可燃或难燃的墙壁、地板、家具之间应保持足够的间距或采取其他有效的防护措施。

6.1.5 高层建筑的家庭用户使用燃气时，应符合下列规定：

1 应采用管道供气方式；

2 建筑高度大于 100m 时，用气场所应设置燃气泄漏报警装置，并应在燃气引入管处设置紧急自动切断装置。

6.1.6 家庭用户不得使用燃气燃烧直接取暖的设备。

6.1.7 当家庭用户管道或液化石油气钢瓶调压器与燃具采用软管连接时，应采用专用燃具连接软管。软管的使用年限不应低于燃具的判废年限。

6.1.8 燃具连接软管不应穿越墙体、门窗、顶棚和地面，长度不应大于2.0m且不应有接头。

6.1.9 家庭用户管道应设置当管道压力低于限定值或连接灶具管道的流量高于限定值时能够切断向灶具供气的安全装置；设置位置应根据安全装置的性能要求确定。

6.1.10 使用液化石油气钢瓶供气时，应符合下列规定：

1 不得采用明火试漏；

2 不得拆开修理角阀和调压阀；

3 不得倒出处理瓶内液化石油气残液；

4 不得用火、蒸汽、热水和其他热源对钢瓶加热；

5 不得将钢瓶倒置使用；

6 不得使用钢瓶互相倒气。

6.1.11 家庭用户不得将燃气作为生产原料使用。

6.2 商业燃具、用气设备和附件

6.2.1 商业燃具或用气设备应设置在通风良好、符合安全使用条件且便于维护操作的场所，并应设置燃气泄漏报警和切断等安全装置。

6.2.2 商业燃具或用气设备不得设置在下列场所：

1 空调机房、通风机房、计算机房和变、配电室等设备房间；

2 易燃或易爆品的仓库、有强烈腐蚀性介质等场所。

6.2.3 公共用餐区域、大中型商店建筑内的厨房不应设置液化天然气气瓶、压缩天然气气瓶及液化石油气气瓶。

6.2.4 商业燃具与燃气管道的连接软管应符合本规范第6.1.7条和第6.1.8条的规定。

6.2.5 商业燃具应设置熄火保护装置。

6.2.6 商业建筑内的燃气管道阀门设置应符合下列规定：

1 燃气表前应设置阀门；

2 用气场所燃气进口和燃具前的管道上应单独设置阀门，

并应有明显的启闭标记；

3 当使用鼓风机进行预混燃烧时，应采取在用气设备前的燃气管道上加装止回阀等防止混合气体或火焰进入燃气管道的措施。

6.3 烟气排除

6.3.1 燃具和用气设备燃气燃烧所产生的烟气应排出至室外，并应符合下列规定：

1 设置直接排气式燃具的场所应安装机械排气装置；

2 燃气热水器和采暖炉应设置专用烟道；

3 燃气热水器的烟气不得排入灶具、吸油烟机的排气道；

4 燃具的排烟不得与使用固体燃料的设备共用一套排烟设施。

6.3.2 烟气的排烟管、烟道及排烟管口的设置应符合下列规定：

1 竖向烟道应有可靠的防倒烟、串烟措施，当多台设备合用竖向排烟道排放烟气时，应保证互不影响；

2 排烟口应设置在利于烟气扩散、空气畅通的室外开放空间，并应采取措施防止燃烧的烟气回流入室内；

3 燃具的排烟管应保持畅通，并应采取措施防止鸟、鼠、蛇等堵塞排烟口。

6.3.3 海拔高于500m地区应计入海拔高度对烟气排气系统排气量的影响。

第二部分
《燃气工程项目规范》编制概述

一、编制背景

1. 工程建设标准化改革

随着我国经济社会和科技的高速发展，工程建设标准为我国经济建设提供了强有力的支撑，目前，已经基本形成了标准覆盖领域全面、标准体系较为完备的局面。这些工程建设标准在保证工程质量安全、促进产业转型升级、强化节能减碳与生态环境保护、推动经济提质增效、提升国际竞争力等方面发挥了重要作用。但同时，相对于日趋变化的国内和国际形势，工程建设标准化工作已经不能很好地满足发展需要，这些问题都归根于我国现有标准化体制已不能很好地适应市场经济的发展要求。

当前，我国工程建设标准体制存在的主要问题集中体现在以下六个方面：

（1）标准供给渠道单一，市场化标准供应匮乏。由政府主导或者垄断标准供给的管理体制，难以满足市场需求，新技术难以及时形成标准推广，同时，目前我国团体标准发展尚处于起步阶段，政府和市场的认可度不高。

（2）标准制修订周期长，不能满足市场需求，技术创新性受到抑制。目前，我国工程建设标准已达 9000 余项，按照 5 年修订计算，每年至少要修订 1600 余项标准才能保证标准中的技术与市场同步。但目前，我国每年工程建设制修订项目只有 300 余项，这显然无法满足新技术、新材料、新工艺的更新需求。此外，现有体制造成了工程建设项目建设过程中过度依赖政府标准，削弱了设计、施工人员的创新积极性。

（3）现行强制性条文弊端逐渐显露。我国将带有强制性条文的标准规定为强制性标准，这与国外真正意义上的"技术法规"存在本质区别，特别是两者的制定方式、制定和批准程序、内容构成、法律效力都存在很多差异。所谓强制性标准又只是其中的强制性条文具有强制性，强制性标准中的非强制性条文不具有强制性，造成了强制性标准在执行过程中理解混乱，同时，强制性条文缺乏整体性、系统性。

(4) 标准对工程建设的目标性能要求不系统、不突出。与发达国家执行的“技术法规”相比，我国现行工程建设标准缺少政府应从宏观方面对项目整体目标、性能要求的控制，更多局限于对建设过程的微观要求，模糊了政府和市场的控制界限。

(5) 部分标准技术水平和指标不高，技术指标要求前瞻性不足，特别是对于城市生命线工程建设标准水平偏低，影响城市综合承载能力，增加了城市安全运行风险。

(6) 标准的国际化水平滞后。一些工程建设标准在组成要素、技术指标、性能化表达方式等方面，与国外标准存在较大区别。

正是由于这些问题的存在，造成了我国工程建设标准在实际管理、施行和应用过程中，政府与市场的角色错位，市场主体活力受到一定限制，既阻碍了标准化工作的有效开展，又影响了标准化作用的有效发挥。基于此，我国工程建设标准改革应将不断完善标准共同治理模式，发挥政府底线管理，充分释放市场主体标准化活力，优化政府颁布标准与市场自主制定标准二元结构，作为基本思路。

2. 城镇燃气工程建设标准发展与现状

我国城镇燃气工程建设标准自 20 世纪 60 年代末起步，伴随着我国城镇燃气事业的发展日趋完善。城镇燃气工程建设标准为保证燃气安全生产、输送和使用，促进科技进步，保护人民生命和财产安全，提供了重要技术支撑。从第一部城镇燃气工程建设标准《建筑采暖卫生与煤气工程质量检验评定标准》BJG 23—66 颁布实施以来，经过将近 60 年的发展，已经形成了以综合标准为目标，基础标准、通用标准和专用标准为支撑的城镇燃气工程建设标准体系，基本形成了强制性标准和推荐性标准互为支撑的技术标准结构框架。

但是，从长远来看，特别是从标准国际化角度来看，燃气行业工程建设标准和标准体系自身还存在以下问题：

（1）强制性标准对现行法律法规支撑不足

我国城镇燃气工程建设强制性标准主要集中在燃气设施、燃气技术及燃气工程建设中涉及人身健康、环境保护、节能环保的要求，我国法律法规主要是对燃气行业管理进行的行政性规定，两者之间既缺少相互支撑，又不具备法律概念上的相互联系。例如，我国《城镇燃气管理条例》规定：县级以上地方人民政府燃气管理部门应当会同城乡规划等有关部门按照国家有关标准和规定划定燃气设施保护范围，并向社会公布。但我国城镇燃气工程建设标准中，尚无相关技术内容对上述法规条款进行支撑。

另外，现行城镇燃气强制性标准的制定方式、制定和批准程序、法律效力与我国法律法规还存在很多差异。国家标准《城镇燃气技术规范》GB 50494—2009 尽管在发布公告中明确全部条文为强制性条文，但正是由于其所属范畴仍为技术标准，实施过程中实际约束力明显弱化。

（2）部分强制性条文不利于实施和监督

我国城镇燃气工程建设标准涉及强制性条文的绝对数量不少，但现行强制性条文相对分散，实际使用过程中针对一个问题，需要查阅所有强制性标准中的强制性条文。原建设部于 2000 年起，发布了《工程建设标准强制性条文（城市建设部分）》，此后陆续修订，但实际使用效果并不理想。其中原因，主要是由于现行强制性条文是标准中的一部分，需要和标准中的非强制性条文前后衔接，单独的强制性条文组合无法构成一个有机的整体。

同时，现行强制性条文也已经不适应当前标准化改革的需要，可操作性欠缺。一方面，现行强制性条文中，部分内容涉及对其他标准的引用，但由于这些推荐性标准修订时间存在差异，需要强制的技术要求已经修订或者取消，从而造成该强制性条文无法操作。另一方面，部分强制性规定在实际执行或监管过程中缺乏可操作性。以国家标准《城镇燃气设计规范》GB 50028—2006 为例，安全间距的注释通常规定，“当无法满足规定净距要求时，采取有效措施，可适当缩小净距”，这种带有不确定性的强制性规定为实际操作和监督管理带来了一定困难。

(3) 缺乏性能化（或目标性）要求，不利于技术创新

城镇燃气工程建设标准已不仅仅是保障城镇燃气工程建设安全和稳定运行的重要技术措施，而且逐渐上升为保证燃气行业公平竞争的宏观调控重要手段。作为一项“公共产品”，强制性标准除了要满足强制性条文设置必须执行的要求外，同时也应为市场经济创造平等竞争的环境，消除壁垒，促进市场良性发展。这就需要强制性标准在倒逼产业转型升级和淘汰落后技术产品之间有一个准确的界定。

相比于以强调功能、性能要求为强制性规定的国外技术法规，我国现行条文强制性标准显然还有区别。一方面，我国现行强制性条文中部分内容超出了技术规定，以标准的形式进行行政规定，例如，行业标准《城镇燃气输配工程施工及验收规范》CJJ 33—2005 对于施工资质、监理资质和上岗资质进行了规定，这些内容明显超出了技术要求的范畴。另一方面，由于强制性条文设置技术细节规定，即“处方式”规定，有碍市场竞争，例如，国家标准《城镇燃气设计规范》GB 50028—2006 对于低压、中压、次高压燃气管道材质要求进行了规定，但由于缺少管道材料性能要求，对于新材料的应用便产生了一定的限制。

(4) 强制性属性阻碍国际化发展

纵观西方主要市场经济国家，技术法规属于强制执行的法律规定，可以强制规定执行具体标准，而标准则属于自愿执行的技术文件，是技术法规的技术支撑，并不会以强制性条文区分标准强制和非强制的属性。这就造成我国标准与国际通行的技术控制体系的不一致，同时，也是 WTO/TBT 协议的一些成员国异议我国为何将标准这一自愿采用的技术文件规定为强制执行的原因之一。

针对上述问题，在工程建设标准化改革背景下，借鉴发达国家燃气行业的“技术法规”制定经验，以保证燃气工程的“本质安全”为目标，在2000年入世之后，进行了制定“有中国特色技术法规”的探索，2006年，制定发布了全文强制标准《城镇燃气技术规范》GB 50494—2009。自2015年起，根据住房和城乡建设部《关于深化工程建设标准化工作改革的意见》（建标〔2016〕166号）的要求，又率先在城镇燃气工程建设标准开展标准体制深化改革，在国家标准《城镇燃气技术规范》GB 50494—2009的基础上，正式立项编制了工程规范《燃气工程项目规范》GB 55009—2021。

二、编制过程与思路

工程规范《燃气工程项目规范》GB 55009—2021（以下简称《规范》）以现行燃气工程建设标准的强制性条文为基础，以燃气工程的功能、性能为目标，突出了燃气工程建设和运行维护过程中，保障人民生命财产安全、人身健康、工程质量安全、生态环境安全、公众权益和公共利益，以及促进能源资源节约利用，满足国家经济建设和社会发展的要求，实现了对燃气工程项目结果控制和建设、运行、维护、拆除等全生命期的全覆盖。

编制过程中，研究分析了国外燃气技术法规体系和相关技术内容、要求。作为市场经济国家，英国、美国和日本燃气技术法规的特点主要有以下几个方面：一是强化燃气工程本质安全的理念，注重重要燃气设施的安全制度的建设与技术实施，例如，英国燃气法案中规定，重要燃气设施要在显要位置公布联系电话、燃气相对密度大的燃气设施要采用不发火花地面、一般行为人能够接触的位置要使用防静电火花的材料覆盖；二是强调家庭用户的安全技术措施，例如，日本燃气事业法中强制规定家庭用户管道必须加装避免燃气过流、超压或欠压的安全装置；三是燃气输配系统一般根据最高工作压力进行分级，例如，上述三国的燃气或天然气法律中运行管理要求均按照燃气输配系统的最高工作压力执行。另外，《规范》梳理总结了我国现行城镇燃气工程建设标准12项，其中，国家标准5项，行业标准7项，涉及强制性条文共计283条、48款（表2-1）。这些强制性条文（款）覆盖了城镇燃气的气源、厂站、输配、应用的各个方面，涉及燃气工程设计、施工、验收、运行维护各个重要环节，是燃气工程建设和监管的重要依据。

我国城镇燃气工程建设现行强制性条文数量　　表2-1

序号	名称	强制形式	强制性条（款）数量
1	城镇燃气技术规范 GB 50494—2009	全文强制	129（不含术语）
2	城镇燃气设计规范 GB 50028—2006	条文强制	104（47）
3	压缩天然气供应站设计规范 GB 51102—2016	条文强制	2
4	燃气冷热电联供工程技术规范 GB 51131—2016	条文强制	6
5	液化石油气供应工程设计规范 GB 51142—2015	条文强制	4
6	家用燃气燃烧器具安装及验收规程 CJJ 12—2013	条文强制	4
7	城镇燃气输配工程施工及验收规范 CJJ 33—2005	条文强制	6（1）
8	城镇燃气设施运行、维护和抢修安全技术规程 CJJ 51—2016	条文强制	7
9	聚乙烯燃气管道工程技术标准 CJJ 63—2018	条文强制	2
10	城镇燃气室内工程施工与质量验收规范 CJJ 94—2009	条文强制	11
11	城镇燃气埋地钢质管道腐蚀控制技术规程 CJJ 95—2013	条文强制	2
12	燃气冷热电三联供工程技术规程 CJJ 145—2010	条文强制	6
合计			283（48）

《规范》在“定量准确有依据，定性成熟有支撑”的编制原则下，强制性技术内容与推荐性技术标准进行了充分协调，保证

了“原则性”在具体技术标准中都能找到定量化推荐性技术路径。同时，在做好与《城镇燃气管理条例》相衔接的基础上，引领燃气工程推荐性标准的发展，使推荐性标准对《规范》内容实现充分支撑。

三、主要内容

作为行政监管和工程建设的底线要求，《规范》将成为我国燃气工程“技术法规”体系的重要组成内容。《规范》以燃气工程为对象，以燃气工程的功能和性能要求为导向，通过规定实现项目结果必须控制的强制性技术要求，力求实现保障燃气工程本质安全的最终目标。《规范》作为燃气行业现行法律法规与技术标准联系的桥梁和纽带，一方面对于《城镇燃气管理条例》等法律法规实现法律规定的技术性转化或者技术性落实；另一方面也对于今后推荐性技术标准以及团体标准、企业标准的制定，起到“技术红线”和方向引导的作用，为行业技术进步预留了发展空间。

《规范》以实现燃气工程本质安全、保证城乡居民用气连续稳定供应为目标，明确了确定用气规模的原则是统筹城乡发展、人口规模、用户需求和供气资源等条件，规定燃气供应系统应具有满足调峰供应和应急供应的供气能力储备。《规范》共 6 章 161 条，分别是总则、基本规定、燃气质量、燃气厂站、管道和调压设施、燃具和用气设备。在篇章结构设计上，基于现行工程建设强制性条文，进一步对燃气工程的规模、布局、功能、性能和技术措施等进行了细化，为燃气工程设计、施工、验收过程中五方责任主体所必须遵守的“行为规范”提出了具体技术要求。

在燃气质量方面，明确了燃气发热量波动范围。现行的国家标准《天然气》GB 17820—2012 只规定了天然气的最低发热量。在具体工程实践中，天然气的热值波动较大，甚至超过 10%。其结果：一方面，可能影响消费者的利益，同样的价格买到了较低热值的天然气；另一方面，热值波动范围扩大，有可能降低灶具热效率和改变燃烧产物成分，影响清洁能源的高效利用。《规范》首次明确提出燃气的发热量波动范围为±5%，作为强制性的技术条款将有效改变目前的状况，从而提高我国燃气供应的质量水平和技术水平。

在管道和调压设施方面，进一步明确了燃气设施的保护范围和控制范围。在现行的工程建设标准中，对燃气设施与其他建(构)筑物的间距有具体规定。但是由于现实情况的复杂性，间距要求很难得到完全满足。在《城镇燃气管理条例》中，对燃气设施的保护控制范围提出了原则要求。《规范》根据对国内情况的充分调研，提出了燃气设施的最小保护范围和最小控制范围的具体要求，对于实现燃气设施科学建设和本质安全有着积极的意义。

在输配管道压力分级方面，与国际接轨，调整了压力等级划分。我国现行的工程建设标准是按照设计压力来分级的，在实际运行过程中，管道的最高运行压力往往要低于设计压力。如果按照设计压力来进行分级，可能造成管道的保护控制范围加大，从而造成建设的困难程度加大和投资的增加。按照最高运行压力来进行分级可避免这类问题的出现，同时也和国际工程规范的通行要求保持一致。

在燃具和用气设备方面，突出了提高用户燃具和用气设备的本质安全，参照日本标准规定家庭用户管道应加装具有过流、欠压切断功能的安全装置，参照英国和日本标准规定用户气瓶应具可追溯性。

四、主要创新性

1. 有效支撑了上位法律法规的实施

《规范》对于现行法律法规中相对宏观的管理规定从技术层面进行了明确。例如，《城镇燃气管理条例》规定：县级以上地方人民政府燃气管理部门应当会同城乡规划等有关部门按照国家有关标准和规定划定燃气设施保护范围，并向社会公布。《城镇燃气管理条例》实施过程中，除了部分地方出台了相关管理办法外，并没有对应的工程建设标准对燃气设施保护范围进行明确规定。《规范》制定过程中，根据燃气工程的实际情况，结合地方管理办法的范围统计，对燃气管道及附属设施、独立设置的调压站或露天调压装置的最小保护范围都进行了明确的规定。再如，《中华人民共和国民用航空法》规定：在民用机场及其按照国家规定划定的净空保护区域以外，对可能影响飞行安全的高大建筑物或者设施，应当按照国家有关规定设置飞行障碍灯和标志，并使其保持正常状态。《规范》结合燃气工程的具体情况，规定了超高储罐应设飞行障碍灯和标志。

2. 为今后我国燃气行业的创新发展预留了充分的空间

《规范》制定中始终把握“要不要强制”“会不会限制技术发展”这一关键原则。例如，《规范》中取消了对于不同压力等级所使用管材的限制，《规范》在实施过程中，既可以采用现行国家标准《城镇燃气设计规范》GB 50028 等所推荐采用的管材，也可以依据《规范》所规定的燃气工程必须满足的功能、性能要求采用其他新型材料。

3. 进一步拓展了适用区域和对象

城乡发展一体化已经成为我国新型城镇化的重要特征之一。为适应我国城乡建设的需要，《规范》适用范围由“城镇”扩大到了“城乡”，适用对象由“燃气技术”扩展到了“燃气工程”。对于我国乡村建设的集中供气工程，其强制性技术要求与城镇燃气工程一致；对于我国乡村建设的分散供气工程，在满足强制性规范规定的功能、性能技术要求条件下，不对具体技术措施提出约束性规定。乡村燃气工程的行政管理可参照《城镇燃气管理条例》规定执行；此外，2018 年 11 月，住房和城乡建设部办公厅印发了《农村管道天然气工程技术导则》(建办城函〔2018〕647号)，进一步明确了农村管道天然气的技术要求和管理要求，其中相关的技术要求也与《规范》相关技术内容一致。

第三部分

《燃气工程项目规范》实施指南

1 总　　则

本章共四条，主要规定了《规范》制定的目的和意义、适用范围、实现燃气工程目标的基本原则、工程符合性判定的基本规则。总则在《规范》中起着统领性作用，集中反映了制定《规范》所实现的根本目的，是整个《规范》中功能、性能和具体技术措施等技术内容确定的核心体现。

1.0.1 为促进城乡燃气高质量发展，预防和减少燃气安全事故，保证供气连续稳定，保障人身、财产和公共安全，制定本规范。

【编制目的】

本条规定了《规范》制定的目的和意义，提出了燃气工程作为城乡基础设施所应实现的基本功能目标。《规范》内容与《城镇燃气管理条例》相关规定进行了衔接和进一步细化，是我国城乡燃气工程建设项目监管、保证燃气工程“本质安全”的底线要求。同时，《规范》也为我国城乡燃气工程项目建设提出了根本的目标性要求。

【条文释义】

燃气是市政公用事业的重要组成部分，是现代化城乡的重要基础设施，与经济社会发展和人民生活息息相关。近年来随着我国城乡一体化进程明显加快，燃气工程建设也取得快速发展，包括供气规模、供气普及率等在内的各项指标水平大幅提高，特别是对优化能源结构、改善环境质量、促进城乡发展、提高人民生活水平发挥了极其重要的作用。燃气设施贯穿城乡所在建设区域，连接城乡各类建（构）筑物，燃气工程建设质量和燃气设施安全运行关系到人身安全和公共安全，《规范》围绕燃气工程的规模、布局、功能、性能和技术措施进行了规定，旨在保证燃气工程的“本质安全”。这些技术规定既是政府监管部门执法的“技术底线”，又是燃气工程建设和运行维护各方责任主体所必须遵守的“技术红线”。

安全是燃气工程建设和运行过程中的核心问题，当发生燃气安全事故时，不仅危及个人生命、财产安全，往往也危及公共安全。保证燃气工程安全、保障燃气供应，预防和减少建设和运行过程中的燃气安全事故，保障公民生命、财产安全和公共安全，是《规范》制定的根本目标。为了保证燃气工程建设、燃气设施运行和燃气使用安全，《规范》对燃气工程及燃气工程所涉及的气质、厂站、管道和调压设施、燃具和用气设备从规划、设计、施工、验收、运行维护及拆除等全过程均作了一系列具体技术规定。

【编制依据】

《中华人民共和国标准化法》

《城镇燃气管理条例》

《国务院关于印发深化标准化工作改革方案的通知》（国发〔2015〕13号）、《住房城乡建设部关于印发深化工程建设标准化工作改革意见的通知》（建标〔2016〕166号）

【实施要点】

“坚持底线思维，提高防控能力”是新发展阶段推动燃气工程高质量发展的基本立足点。燃气工程建设和运行过程中，既要坚持系统性，又要坚持预见性，避免整体目标单一化、系统目标碎片化。《规范》是对燃气工程安全保证的一个有机整体。执行过程中，不可忽略燃气工程整体而单独执行工程所涉及的相关章节内容。立足系统考虑局部，才能有效提高燃气工程的本质安全。

1.0.2 城市、乡镇、农村的燃气工程项目必须执行本规范。本规范不适用于下列工程项目：

1 城镇燃气门站以前的长距离输气管道工程项目；

2 工业企业内部生产用燃气工程项目；

3 沼气、秸秆气的生产和利用工程项目；

4 海洋和内河轮船、铁路车辆、汽车等运输工具上的燃气应用项目。

【编制目的】

本条规定了《规范》的适用范围，参照《城镇燃气管理条例》明确了《规范》不适用的工程项目。

【条文释义】

《规范》是燃气工程建设和运行的底线性要求，适用于城市、乡镇、农村的燃气工程规划、设计、施工、验收、运行维护及拆除全过程。《规范》按燃气工程的系统构成提出了具体要求，第2章对燃气工程的规模、布局、功能、性能进行了规定，第3章对进入燃气供应系统的燃气质量进行了规定，第4章至第6章分别对燃气厂站、管道和调压设施及燃具和用气设备进行了规定。

按本条规定，天然气、液化石油气的气源生产设施和进口设施，人工制气的生产设施，城市门站以前的长距离输气管道设施，以燃气作为工业生产原料的使用，沼气、秸秆气的生产和使用，海洋和内河轮船、铁路车辆、汽车等运输工具上的燃气应用，不适用本规范。

天然气、液化石油气的生产受《中华人民共和国矿产资源法》等法律法规的调整，按石油天然气领域国家现行相关标准执行；城市门站以前的长距离输气管道、燃气作为工业生产原料的使用受《中华人民共和国港口法》、《中华人民共和国石油天然气管道保护法》等法律法规的调整，按石油天然气领域国家现行相关标准执行，工业原料的使用由各行业领域法律法规调整；沼气、秸秆气的生产，主要是农村农户的分散独立使用，沼气、秸秆气经净化、提纯后，符合燃气气质标准，供应用户使用的工程不受此限制；燃气非管道运输，海洋和内河轮船、铁路车辆、汽车等运输工具的内部燃气装置受《道路运输条例》等法律法规的调整，按交通运输和铁路领域国家现行相关标准执行。此外，人工制气的生产设施按石油化工、冶金、化工领域国家现行相关标准执行。

【编制依据】

《中华人民共和国矿产资源法》《中华人民共和国港口法》《中华人民共和国石油天然气管道保护法》

《城镇燃气管理条例》《道路运输条例》

《住房城乡建设部办公厅关于印发农村管道天然气工程技术导则的通知》（建办城函〔2018〕647 号）

1.0.3 燃气工程应实现供气连续稳定和运行安全，并应遵循下列原则：

1 符合国家能源、生态环境、土地利用、防灾减灾、应急管理等政策；

2 保障人身、财产和公共安全；

3 鼓励工程技术创新；

4 积极采用现代信息技术；

5 提高工程建设质量和运行维护水平。

【编制目的】

本条提出了实现燃气工程目标的基本原则，目的是使燃气工程作为城乡重要基础设施为人民生活和经济发展提供更好保障。燃气的广泛应用和快速发展，使燃气工程建设和运行维护除应符合国家有关法律法规、政策要求和保障人民生命财产安全和公共安全的原则外，还应遵循鼓励工程技术创新、提高信息化水平和推动燃气工程建设高质量发展等原则。《规范》的实施对保障人身和公共安全，节约资源，保护环境，建设低碳社会发挥技术保障作用。

【条文释义】

《规范》的实施对支撑社会和经济发展、保障人身和公共安全、节约资源和保护环境，规范燃气设施的建设和运行管理将发挥技术保障作用。作为强制性技术规范，《规范》也对燃气工程建设发展的目标性原则，诸如推动工程技术创新、提升信息化水平和运行维护水平起到引导作用，力求通过目标性原则要求实现倒逼行业技术发展的目标。为此应遵循以下基本原则。

1. 政策导向

燃气作为城乡发展的重要基础设施，其建设过程除涉及本行业的有关政策要求外，还涉及国家能源、生态环境、土地利用、防灾减灾、应急管理等方方面面，这些政策性要求都是燃气工程建设需遵循的基本原则。此外，《规范》作为相关法律法规和规范性文件的技术支撑，相关政策性文件的导向性要求也是制定《规范》相关技术规定所需遵循的首要原则。

2. 保证安全

燃气是一种易燃、易爆的燃料，燃气安全涉及广大人民群众。燃气安全事故具有意外性、突发性，通常表现为爆炸、火灾等，易造成重大经济损失和人员伤亡。保障人身、财产和公共安全既是保证燃气工程建设和运行维护相关企业生存与发展的基础，更是社会稳定和经济发展的前提。

3. 鼓励创新

结合我国“碳达峰、碳中和”的目标，结合燃气行业的特殊性，以科学技术的创新和发展提升燃气行业的总体水平。安全、节能、高效、环保的燃气新技术、新工艺和新产品的推广使用，是推动燃气科技进步的重要内容。新技术、新工艺和新产品只有在实践中检验，才能逐渐成熟、完善，发挥作用。

4. 加强信息化

推动燃气信息化建设既是响应国家确立的以信息化带动工业化、以信息化推动现代化的发展战略思想，也是提升企业安全管理的重要方式。随着我国燃气普及率的不断提高，燃气信息化的重要性更加突显。同时，关键信息基础设施是国家重要的战略资源，关系国家安全、国计民生和公共利益，具有基础性、支撑性、全局性作用，燃气信息化建设过程中也应严格遵守国家相关网络安全工作的要求。

5. 推动高质量发展

立足新发展阶段，为实现绿色生产生活方式的转变、改善生态环境、建设美丽中国的远景目标，进一步推动燃气事业质量变革、效率变革和动力变革，构建高效安全的燃气发展建设和运行维护技术体系，需要《规范》加以方向性引导。

【编制依据】

《中华人民共和国标准化法》《中华人民共和国安全生产法》。

《关键信息基础设施安全保护条例》

《国务院关于促进天然气协调稳定发展的若干意见》（国发〔2018〕31 号）、《国务院关于建立健全能源安全储备制度的指导意见》（国发〔2019〕7 号）、《关于加快推进天然气储备能力建设的实施意见》（发改价格〔2020〕567 号）

1.0.4 工程建设所采用的技术方法和措施是否符合本规范要求，由相关责任主体判定。其中，创新性的技术方法和措施，应进行论证并符合本规范中有关性能的要求。

【编制目的】

本条规定了工程合规性判定的基本规则，目的是鼓励创新性技术方法和措施在满足《规范》中有关功能、性能要求的前提下的应用，促进燃气工程建设高质量发展。

【条文释义】

工程建设强制性规范是以工程建设活动结果为导向的技术规定，突出了建设工程的规模、布局、功能、性能和关键技术措施，但是，规范中关键技术措施不能涵盖工程规划建设管理采用的全部技术方法和措施，仅仅是保障工程性能的“关键点”，很多关键技术措施具有“指令性”特点，即要求工程技术人员去“做什么”，规范要求的结果是要保障建设工程的性能，因此，能否达到规范中性能的要求，以及工程技术人员所采用的技术方法和措施是否按照规范的要求去执行，需要进行全面的判定，其中，重点是能否保证工程性能符合规范的规定。

进行这种判定的主体应为工程建设的相关责任主体，这是我国现行法律法规的要求。《中华人民共和国建筑法》《建设工程质量管理条例》《民用建筑节能条例》等以及相关的法律法规，突出强调了工程监管、建设、规划、勘察、设计、施工、监理、检测、造价、咨询等各方主体的法律责任，既规定了首要责任，也确定了主体责任。在工程建设过程中，执行强制性工程建设规范是各方主体落实责任的必要条件，是基本的、底线的条件，有义务对工程规划建设管理采用的技术方法和措施是否符合《规范》规定进行判定。

同时，为了支持创新，鼓励创新成果在建设工程中应用，当拟采用的新技术在工程建设强制性规范或推荐性标准中没有相关规定时，应当对拟采用的工程技术或措施进行论证，确保建设工程达到工程建设强制性规范规定的工程性能要求，确保建设工程质量和安全，并应满足国家对建设工程环境保护、卫生健康、经济社会管理、能源资源节约与合理利用等相关基本要求。

【编制依据】

《住房城乡建设部关于印发深化工程建设标准化工作改革意见的通知》（建标〔2016〕166号）

2 基本规定

本章共三节十九条，主要对燃气工程规模与布局、建设要求和运行维护提出了功能和性能要求。通过燃气工程用气规模及气源、供气能力储备量的确定原则、气源选择的基本原则、燃气供应系统供气能力储备量、燃气供应系统的建设、燃气设施的设置及运行维护等方面的规定，保证了燃气工程根本功能性要求的实现。

2.1 规模与布局

2.1.1 燃气工程用气规模应根据城乡发展状况、人口规模、用户需求和供气资源等条件，经市场调查、科学预测，结合用气量指标和用气规律综合分析确定。

【编制目的】

本条规定了燃气工程用气规模确定的主要条件和原则要求，目的是保证燃气工程建设的科学性。

【术语定义】

燃气工程：燃气厂站、输配管网、燃具和用气设备的建设和运行维护的总称。

供气资源：本地区能源条件、燃气种类、数量及外部可供应本地区的燃气种类、数量。

【条文释义】

我国的城乡建设进程不断加快，燃气设施的建设也在快速开展，燃气的使用已成为人们生活中不可替代的一部分，不仅为居民生活带来便利，而且也促进了国民经济的发展。燃气工程用气规模是合理确定气源、管网压力级制、燃气厂站布局的基本依据，也是工程建设的基础。城乡发展状况和人口规模应以当地总体规划或详细规划的远期数据为依据；用户需求包括居民生活、商业、工业企业、供暖通风和空调、燃气汽车等各类用户用气量以及其他用气量；供气资源包括本地区能源条件、燃气种类、数量及外部可供应本地区的燃气种类、数量。

用气规模应有一定的预见性，需要根据当地的总体规划或详细规划中的城乡发展状况、人口发展规模和供气资源等条件，依据国家现行能源政策，调查当地用气情况，在分析研究用气量指标和用气规律的基础上，结合交通条件和地区经济状况，采用不同预测方法对用气规模进行预测。

对于居民小区、商业用户、工业用户等小型或单一用户的燃气工程，因其用户数量及燃气用具、设备已经确定，可直接根据燃具、设备的配备情况确定其用气规模。

本条中，燃气工程用气规模通常是指城市、乡镇和农村的建成区以及因城乡建设和发展需要必须实行规划控制的区域（例如：开发区、工业区等），其燃气的供应总量和用户数量。

【编制依据】

《中华人民共和国城乡规划法》

《城镇燃气管理条例》

【实施要点】

确定用气规模过程中应重点进行现场调研、收集当地负荷资料，并对收集的历史数据和基础数据进行分析处理，得出用气量指标和用气规律，结合发展趋势，采用不同预测方法进行用气量预测。执行过程中，可通过现行国家标准《城镇燃气规划规范》GB/T 51098的规定支撑本条内容的实施。

燃气是可稳定供应的清洁能源之一，太阳能、风能等可再生能源供应的不稳定性与燃气、电力等稳定供应的常规清洁能源的综合利用是未来能源高效利用的发展趋势。随着可再生能源的利用，多能互补技术的发展，越来越多的地方开始编制综合能源规划，因地制宜对气、电、热等能源结构统筹考虑。因此太阳能、风能、地热能等可再生能源在综合能源中的占比，与燃气和电的匹配关系等，涉及燃气用气量指标和用气规律的变化，也是今后确定燃气工程用气规模需要考虑的内容。

【背景与案例】

燃气作为城镇基础能源之一，以前燃气工程用气规模预测仅从自身市场发展最大化考虑，以保供为原则，出现过气、电、热三种设施能力不匹配的问题，导致设施建成后利用率不高，曾出现过同一城市或区域，供热规划考虑建设燃气锅炉房，但燃气管网及厂站布局中没有考虑；电力规划采用外部调入或者太阳能光伏发电，但燃气规划却按照建设燃气电厂等能源不匹配情况。因此，应在规划设计阶段与电力、供热等其他能源统一协调。

燃气设施的建设不是一朝一夕的事情，用气规模确定后，应合理进行工程分期和设施建设，使得建设规模与使用规模相匹配，避免造成设施建设超前利用率不高，或跟不上用气发展仓促上马设施建设等现象。

2.1.2 气源的选择应按国家能源政策，遵循节能环保、稳定可靠的原则，考虑可供选择的资源条件，并经技术经济论证确定。

【编制目的】

本条规定了气源的选择原则和要求，目的是保证气源供气的连续稳定。

【条文释义】

气源选择首先要符合国家的能源政策。能源是国民经济发展的物质基础。在国民经济总体规划中，能源的发展既由国民经济发展所决定，同时对国民经济的发展也有促进和制约作用。能源政策中对燃气利用方向的指引，是未来燃气发展的方向，能源规划是依据一定时期我国国民经济和社会发展预测相应的能源需求，从而对能源的结构、开发、生产、转换、使用和分配等各个环节作出的统筹安排。其次，气源选择还应根据本地区能源条件、燃气资源种类、数量及外部可供应本地区的燃气资源种类、数量，结合交通条件和地区经济发展科学统筹考虑，坚持节能环保、稳定可靠的原则。

确定采用何种燃气气源供应，也关系到整个燃气系统的建设，包括厂站布局、输配方案确定、应用设施选择，因此，选择的气源应具有可靠性、长期性、可持续性。

【编制依据】

《中华人民共和国环境保护法》

《城镇燃气管理条例》

《天然气利用政策》（国家发展和改革委员会令第 15 号）

《加快推进天然气利用的意见》（发改能源〔2017〕1217 号）

【实施要点】

城镇燃气包括天然气、液化石油气、人工煤气。近年来，我国天然气资源的勘探开发量日益增加，西气东输、川气东送、陕京线、忠武线等长输管道工程的实施与投运为天然气的输送与推广奠定了坚实的基础。液化天然气的生产和进口使得天然气得到进一步的广泛应用。液化石油气作为应用成熟的清洁能源，具有供应灵活、使用方便的特点。因此，天然气、液化石油气和其他清洁燃料宜优先作为燃气气源。人工煤气的生产需要消耗大量的煤、重油及水等原料，制气过程会产生一定的水及空气污染，因此，选择人工煤气作为气源，应考虑煤炭综合利用、原料运输条件以及水资源、环境保护、节能减排等因素。

此外，气源选择还应考虑气源点的布局、规模、数量，与上游方的交接，高峰日供气量、季节调峰和应急储备措施等因素。执行过程中，可通过现行国家标准《城镇燃气规划规范》GB/T 51098 的规定支撑本条内容的实施。

气源选择有过渡期气源时，应制定过渡气源与最终气源的衔接计划。

【背景与案例】

《天然气利用政策》（国家发展和改革委员会令第 15 号）对天然气用户分为优先类、允许类、限制类和禁止类。优先类包括：城市燃气（城镇居民炊事用气及生活热水等用气、公共服务设施用气、天然气汽车、集中式采暖用户、燃气空调）；工业燃料（建材、机电、轻纺、石化、冶金等工业领域中可中断的用户，作为可中断用户的天然气制氢项目）；天然气分布式能源项目（综合能源利用效率70%以上，包括与可再生能源的综合利用）；在内河、湖泊和沿海航运的以天然气（尤其是液化天然气）为燃料的运输船舶；城镇中具有应急和调峰功能的天然气储存设施；煤层气发电项目；天然气热电联产项目。

《加快推进天然气利用的意见》（发改能源〔2017〕1217号）明确了四大任务，即实施城镇燃气工程、实施天然气发电工程、实施工业燃料升级工程、实施交通燃料升级工程，并配套了一系列的政策保障措施。

2.1.3 燃气供应系统应具有满足调峰供应和应急供应的供气能力储备。供气能力储备量应根据气源条件、供需平衡、系统调度和应急的要求确定。

【编制目的】

本条规定了燃气供应系统的基本功能要求，目的是保证燃气供应系统能够具备调节供需平衡和应急供应的能力，实现稳定供气。

【术语定义】

供气能力储备：为平衡用气负荷波动与供气量相对稳定之间矛盾，以及事故或特殊情况下维持一定范围和时间的供气装置或技术措施。如备用气源和气源备用生产能力、各类储气设施、可替代气源和用户调节等。

【条文释义】

燃气供应系统的燃气储存设施主要是保证正常供气，调峰、临时调度、混配缓冲和应急等。储气量是将上、中、下游（生产和输配）作为一个系统工程对待来解决调峰问题，以整个系统达到经济合理为目标，分配在下游燃气厂站应承担的储气量，并扣除设备本身不能参加实际调峰的那一部分容积。

本条从燃气应具有稳定可靠气源的基本要求出发，要求燃气供应系统应具有一定程度的能力储备，除满足调峰工况供气需要外，还应对应急工况具有一定的保障能力。燃气供应系统的供气能力储备量是保证正常稳定供气的必备设施，具有调峰、临时调度、混配缓冲和应急等重要功能。考虑气源条件是因为将上中下游（生产和输配）作为一个系统工程统筹解决调峰问题是最经济合理的；考虑供需平衡需要准确掌握分析用户用气规律，根据计算月平均日用气总量、气源的可调量大小、供气和用气不均匀情况和运行经验等因素确定；系统调度和应急所需的储存量主要是考虑应对事故或者极端天气等情况所做的储备。实际工程建设中往往需要综合这些因素进行统一分析确定。

【编制依据】

《国务院关于促进天然气协调稳定发展的若干意见》（国发〔2018〕31号）

【实施要点】

调峰储备是为平衡供气和用气的不均匀性（一般是用气不均匀性）进行的储气。用气不均匀性可划分为季节性的月不均匀性、日不均匀性和小时不均匀性，相应的调峰分为季节调峰、日调峰和时调峰。平衡日、时不均匀性所需的储气容量需要以时间为周期，对供气量、需气量用代数方法进行累积计算得出。

燃气储存设施作为保证正常稳定供气、调峰应急的必备设施，在工程规划设计阶段就必须考虑。在统筹考虑需要的储气量的基础上，常用的储气设施有球罐、卧罐、低压干式罐、低压湿式罐、低温常压罐、低温压力罐、地下储气库、高压储气管道等。来气压力较高的天然气宜采用管道储气的方式。季节调峰储气量较大，应由上游统一解决。日时调峰可由下游与上游统筹解决。

应急储备是为应对突发事件的储气。按突发事件的发生方向可划分为因供气事故（气源事故、长输管道事故或城镇管网事故）引发的应急储气需求，或由于气温骤降等外部因素引起的需气量骤变产生的应急储气需求。通常情况下，城镇燃气应急供应气源能力储备的规模可按现行国家标准《城镇燃气规划规范》GB/T 51098 规定的“3d～10d 城镇不可中断用户的年均日用气量”考虑。

对于天然气气源，除了具有用于保证调峰供应、应急供应的气源能力储备以外，还应具有一定规模用于保障国家天然气能源安全需要的气源能力储备。这是政府以行政手段作出的规定，可以理解为天然气产业链上、下游协同建立的天然气能源安全储备。依靠大规模储气设施应对国际政治、经济、军事形势的变化，储气方式主要为地下储气库，辅以液化天然气接收站等。按照《国务院关于促进天然气协调稳定发展的若干意见》（国发〔2018〕31 号）的要求：“供气企业到 2020 年形成不低于其年合同销售量 10%的储气能力。城镇燃气企业到 2020 年形成不低于其年用气量 5%的储气能力，各地区到 2020 年形成不低于保障本行政区域 3 天日均消费量的储气能力”。

执行过程中，可通过国家标准《城镇燃气设计规范》GB 50028—2006（2020 年版）第 6.1.3A 条～第 6.1.5D 条的规定支撑本条内容的实施。

【背景与案例】

按照《国务院关于促进天然气协调稳定发展的若干意见》（国发〔2018〕31 号）的要求，天然气储备规模具有明确的时效性，但随着经济发展和时间推移，为了赶上甚至超过发达国家水平，该指标还有进行调整的可能。此外，随着国家推动石油天然气管网运营机制改革，国家天然气管网公司成立，集约化设置的战略储备由于远离供气所在地，必须依托于天然气管网才能实现输送，管理权必将由上游集中控制。因此，当我国天然气储气规模达到最终指标并稳定后，分配给下游燃气企业年用气量 5%储气能力的指标，可能并不是必须和固定不变的。在天然气能源安全储备整体水平达标的前提下，最终的关键还是在于理顺上游向下游供气不同工况下的价格。欧美发达国家天然气产业储气调峰服务市场化程度较高，美国从20世纪30年代开始建设储气设施。1992年以前，储气库主要由输气管道公司和城市燃气公司建设运营，储气库的投资与运营成本计入管输费，是销售价格的组成部分，储气库不对第三方开放。1992年，美国联邦能源监管委员会636号令颁布，要求州际管道公司剥离销售业务，管道、储气设施向第三方开放，保证终端配气企业能够得到公平的运输和储气服务，储气设施逐渐独立，成为第三方服务供应商。需要指出的是，燃气企业分担的天然气应急储备及天然气能源安全储备，是燃气企业在当前情况下为保证国家天然气能源安全作出的超出自身供气需要的特殊贡献，也带来了企业资金和运行费用的上涨，应给予一定的政策鼓励，并通过市场化运营摊销相关成本，缓解经济压力。随着时间的推移，在国家天然气储备机制和设施建设达到要求后，燃气企业所承担的储备任务将会恢复到自身供气需要的范围内。

《天然气利用政策》（国家发展和改革委员会令第15号）将天然气用户划分为："城市燃气、工业燃料、天然气发电、天然气化工和其他用户"。在这几类用户中，除城市燃气用户外，其余的工业燃料、天然气发电、天然气化工和其他用户等（即大用户）被要求承担的储气调峰责任仅为《国务院关于促进天然气协调稳定发展的若干意见》（国发〔2018〕31号）规定的"地方政府负责协调落实日调峰责任主体，供气企业、管道企业、城镇燃气企业和大用户在天然气购销合同中协商约定日调峰供气责任"，并未被要求承担年用气量5%储气能力指标。目前，向工业用户、天然气发电用户供应天然气的模式有三种。第一种是由上游管道企业与用户签订供气合同，由管道企业或用户建设连接管道实现供气；第二种是由上游管道企业与用户签订供气合同、与燃气企业签订代输合同，通过城镇燃气管道代输实现供气；第三种是由上游管道企业与燃气企业签订供气合同、燃气企业与用户签订供气合同，通过城镇燃气管道实现供气。但不管是哪种模式，工业用户、天然气发电用户的性质和所应承担的储气调峰责任和义务应该是相同的。目前，前两种模式（直供和代输）未被要求额外承担年用气量5%储气能力指标，因此，第三种模式中与之同类型大工业用户、天然气发电用户的用气量不计入城镇燃气企业所承担年用气量5%储气能力指标的计算基数内是合理的。

《国务院关于促进天然气协调稳定发展的若干意见》（国发〔2018〕31号）中关于“构建多层次储备体系”要求：“建立以地下储气库和沿海液化天然气（LNG）接收站为主、重点地区内陆集约规模化LNG储罐为辅、管网互联互通为支撑的多层次储气系统”。关于“强化天然气基础设施建设与互联互通”要求：“根据市场发展需求，积极发展沿海、内河小型LNG船舶运输，出台LNG罐箱多式联运相关法规政策和标准规范”。《关于加快储气设施建设和完善储气调峰辅助服务市场机制的意见》（发改能源规〔2018〕637号）中关于“构建储气调峰辅助服务市场重点任务”明确：(1) 自建、合建、租赁、购买等多种方式相结合履行储气责任。鼓励供气企业、输气企业、城镇燃气企业、大用户及独立第三方等各类主体和资本参与储气设施建设运营。支持企业通过自建合建储气设施、租赁购买储气设施或者购买储气服务等方式，履行储气责任。支持企业异地建设或参股地下储气库、LNG接收站及调峰储罐项目。(2) 坚持储气服务和调峰气量市场化定价。储气设施实行财务独立核算，鼓励成立专业化、独立的储气服务公司。储气设施天然气购进价格和对外销售价格由市场竞争形成。储气设施经营企业可统筹考虑天然气购进成本和储气服务成本，根据市场供求情况自主确定对外销售价格。鼓励储气服务、储气设施购销气量进入上海、重庆等天然气交易中心挂牌交易。峰谷差大的地方，要在终端销售环节积极推行季节性差价政策，利用价格杠杆“削峰填谷”。(3) 坚持储气调峰成本合理疏导。城镇区域内燃气运行单位自建自用的储气设施，投资和运行成本纳入城镇燃气配气成本统筹考虑，并给予合理收益。燃气运行单位向第三方租赁购买的储气服务和气量，在同业对标、价格公允的前提下，其成本支出可合理疏导。鼓励储气设施运营企业通过提供储气服务获得合理收益，或利用天然气季节价差获取销售收益。管道企业运营的地下储气库等储气设施，实行第三方公平开放，通过储气服务市场化定价，获得合理的投资收益。支持大工业用户等通过购买可中断气量等方式参与调峰，鼓励供气企业根据其调峰作用给予价格优惠。

可以看出，构建储气调峰辅助服务市场是石油天然气发展改革的重点内容之一，《关于加快储气设施建设和完善储气调峰辅助服务市场机制的意见》（发改能源规〔2018〕637 号）明确提出“自建、合建、租赁、购买等多种方式相结合履行储气责任”。对于以租赁储气库库容或液化天然气（LNG）储罐罐容方式解决储备问题的，无论是长期租赁、短期租赁还是临时租赁，不应进行限制，充分发挥市场化作用，以符合相关政策的储备指标要求为原则。

城镇燃气是市政公用设施，具有明显的属地性。基于燃气易燃易爆的特性，对储气设施与周边建（构）筑物的防火间距要求较高，如果采用小规模多点分散设置方式，存在规划选址困难的问题，也相对增大了安全管理风险。储气设施“遍地开花”更不符合国家政策的要求。天然气储备常用的方式为地下储气库和 LNG 储罐，高压气体储罐已较少采用。地下储气库的设置必须具备适宜的地质构造，目前主要有利用枯竭油气田、利用地下盐穴、利用含水多孔地层等 3 种类型，受地质条件限制不可能在每个城市和地区都兴建地下储气库；LNG 接收码头的设置则必须具备岸线和港口条件；液化天然气储备基地可以在不具备地下储气库和液化天然气接收站的内陆地区设置，但要具备 LNG 来源和运输条件，且不宜“遍地开花”。对于天然气气源，根据国家相关政策要求和天然气储备设施的实际特点，应在总体把握储气规模的前提下，遵循以地下储气库为主，液化天然气接收站合理、适度的原则。

2.1.4 燃气供应系统设施的设置应与城乡功能结构相协调，并应满足城乡建设发展、燃气行业发展和城乡安全的需要。

【编制目的】

本条规定了燃气供应系统设施设置应遵循的基本原则，目的是保证燃气设施建设与城乡功能及其他基础设施建设相互协调。

【条文释义】

管道燃气供应系统由气源点、输配管网和应用设施三部分构成：气源点是天然气门站或人工制气厂；输配管网是气源到用户之间的一系列燃气输送、分配和储存设施，包括管网、储配站和调压站（箱）等；应用设施由用户管道、燃气表和燃具、用气设备等组成。瓶装液化石油气供应系统由储存站、储配站、灌瓶厂、换瓶站、转运车和应用设施构成。此外，还应有满足需要的储气设施、调度控制系统、事故应急抢修系统和客户服务系统等。

城乡功能结构包括城市、乡镇、农村的功能类型和经济结构/产业结构、社会结构、空间结构。功能的类型包括特殊功能和综合功能。特殊功能即由于特定的条件所具备的其他城乡没有的功能，例如：港口城市、铁路交通枢纽城市、旅游乡镇等；综合功能即同时存在几种主导功能，例如：北京作为政治、文化、交通、信息中心，上海作为经济、文化、金融、航运中心。

燃气设施在选址布局时，要充分考虑城乡结构对用气的需求，同时在规划时可适度超前，满足城乡建设发展的需要，促进燃气行业发展。另外，要把安全放到重要的地位，充分考虑燃气发生事故的影响以及周边环境对燃气工程运行的影响。

《城乡规划法实施细则》中规定："城乡规划的编制，应当依据国民经济和社会发展规划，与土地利用总体规划相衔接，并体现主体功能区规划的要求。"城乡功能结构在规划阶段已确定，本条规定燃气供应系统设施设置与城乡功能结构协调一致，旨在强调规划的指导性，实现"一张蓝图绘到底"，指导城乡建设和燃气行业有序发展，满足供气安全。

【编制依据】

《中华人民共和国城乡规划法》

《城镇燃气管理条例》

【实施要点】

城乡规划是对一定时期内城乡土地利用和空间布局以及各项建设的综合部署，燃气供应设施是城乡建设的基础设施之一，与规划联系紧密。燃气供应系统设施的设置应在规划的指导下，与相应的城乡功能结构、与其他基础设施协调、统筹考虑。例如：门站、储配站等站址、管线位置应根据规划位置进行建设。

燃气设施建设应结合城乡建设发展的时序和用气需求，同步投入安全设施，鼓励技术进步和管理提升，保证安全供气。

【背景与案例】

城乡规划包括城镇体系规划、城市规划、镇规划、乡规划和村庄规划。城市规划、镇规划分为总体规划和详细规划。详细规划分为控制性详细规划和修建性详细规划。在规划区内的建设活动，均应符合规划要求。

2.2 建设要求

2.2.1 燃气供应系统应设置保证安全稳定供气的厂站、管线以及用于运行维护等的必要设施，运行的压力、流量等工艺参数应保证供应系统安全和用户正常使用，并应符合下列规定：

1 供应系统应具备事故工况下能及时切断的功能，并应具有防止管网发生超压的措施；

2 燃气设备与管道应具有承受设计压力和设计温度下的强度和密封性；

3 供气压力应稳定，燃具和用气设备前的压力变化应在允许的范围内。

【编制目的】

本条提出了燃气供应系统应具备的基本性能要求，目的是保证燃气供应系统安全运行。

【术语定义】

设计压力：在设计温度下，用于确定管道或容器的最小允许厚度的压力值。

设计温度：用于设计计算的温度值。

强度：表示工程材料抵抗断裂和过度变形的力学性能之一。常用的强度性能指标有拉伸强度和屈服强度（或屈服点）。铸铁、无机材料没有屈服现象，故只用拉伸强度来衡量其强度性能。高分子材料也采用拉伸强度。承受弯曲载荷、压缩载荷或扭转载荷时则应以材料的弯曲强度、压缩强度及剪切强度来表示材料的强度性能。

密封性：防止流体从相邻结合面间或者材料本体的微孔泄漏的性能指标。燃气工程中一般用单位时间压力下降的数值来测量密封性能。

用气设备：以燃气作燃料进行加热或驱动的较大型燃气设备，如燃气锅炉、燃气直燃机、燃气热泵、燃气内燃机、燃气轮机等。

【条文释义】

实现向用户连续、稳定、安全供气是燃气供应系统的基本功能要求。为了保证这一基本功能要求的实现，建设输送、储存调峰、运行管理等设施装置是必不可少的，这些设施也必须在合理可行、符合规范的工艺参数下运行。一个基本的燃气供气系统应该包括布置完整合理的管网、满足需要的储气设施、调度控制系统、事故应急抢修系统和客户服务系统等。

从安全上看，运行时不超过设计的压力级别且具备事故工况切断功能、管道设备具备足够的强度且密封良好、压力波动不超过管道及设备允许的工作范围等也是系统运行应具有的基本要求。一个基本的燃气供气系统不允许有一个简陋且不具有达到安全稳定供气要求的必要设施就投入供气。

【编制依据】

《城镇燃气管理条例》

【实施要点】

燃气供应系统的厂站主要有气源厂、门站、储配站等；管网主要有各级管网、调压设施、阀门及阴极保护设施等；配套的运行设施有数据采集和监控系统、信息化调度控制系统、事故应急抢修系统和客户服务系统等。各级管网应该根据工艺、敷设区域和用户需要确定设计压力和工作压力，燃具和用气设备应该按不同的气质种类在正常的压力范围内工作。

燃气供应系统在事故泄漏和设施维护时具备快速切断的功能是非常必要的；对于系统发生超压，也应该具有快速切断或者及时放散功能以保证安全。

燃气供应系统是一个压力系统，且运行介质具备易燃易爆特性，系统必须具备强度和密封性。所以必须在材质选择、壁厚选取、密封方式、管道试验等方面采取适宜的技术措施加以保证。

燃气供应系统的最终目的是让用户正常用气。供气压力稳定是燃具和用气设备正常工作的必要条件之一。

【背景与案例】

燃气供应系统由气源、输配设施和应用设施三部分组成。

燃气的气源主要有三类：

（1）天然气。主要组分是甲烷（CH_4），其次是乙烷（C_2H_6）和少量的其他气体。天然气有纯天然气（又称气田气）、含油天然气和石油伴生气，还有煤层气、页岩气等非常规天然气、煤矿开采中伴生的矿井气（又称矿井瓦斯）。天然气热值高，生产成本低，是理想的燃气气源。

（2）人工煤气。主要组分是甲烷（CH_4）和氢（H_2）。从煤加工得到的，称为煤制气或煤气，包括干馏气（如焦炉气等）和压力气化气（如鲁奇气等）；从石油加工得到的，称为油制气。人工气种类很多，但只有符合一定质量要求的，才能作为燃气。

（3）液化石油气。主要组分是丙烷（C_3H_6）和丁烷（C_4H_{10}），既可从纯天然气和石油伴生气中分离得到，也可从石油炼制中得到。

燃气供应系统建设的主要内容：

（1）根据有关政策和本地区能源资源情况，按照技术上可靠、经济上合理的原则，慎重地选择确定燃气的气源。要注意充分利用天然气和大型钢铁厂、炼油厂、化工厂等的可燃气体副产品。在建设投资方面，发展液化石油气一般比发展油制气经济，发展油制气又比发展煤制气经济。如果自建气源，必须要有足够的制气原料的供应和化工产品的销路。大中城市一般要有两个以上气源，以确保供气不致中断。在建设基本气源的同时，还应考虑机动气源和调峰气源（供高峰时间调节用的备用气源）。

（2）通过调查研究，根据需要和可能，确定燃气供应的规模。按照能源的综合平衡、环境保护的要求和投资能力，经过技术、经济比较，确定城市燃气的供气对象。城市燃气一般应优先满足综合效益最显著的城市生活用气。

（3）在计算各类用户的耗气量和总用气量的基础上，根据气源类型、城市规模、人口密度、建筑分布、用地发展的方向、大型用户的数量和分布、储气设备的类型、城市街道敷设各种压力燃气管的可能性、用户对燃气压力的要求、管材及其他设备的生产和供应等情况，选定合理的压力级制，确定经济合理的输配系统和调峰方式。

（4）在原则上确定燃气管网系统的压力级制后，进行燃气管网布置。燃气管网的主要任务是保证安全可靠地供给各类用户具有正常压力和足够数量的燃气。燃气管网的布置应根据全面规划和远近期结合、以近期为主的原则，作出分期建设的安排。按照压力高低的顺序，先布置高压、中压管网，后布置低压管网。布置燃气管网时，要尽量缩短线路，以节省材料和投资。燃气管网的布置要服从城市工程管线综合设计。为保证燃气供应的可靠性，城市的主要燃气干线应逐步连成环状。管网的布置，调压室的分布，储气库（站）和储配站的位置，必须严格遵守有关的安全规定。

2.2.2 燃气供应系统应设置信息管理系统，并应具备数据采集与监控功能。燃气自动化控制系统、基础网络设施及信息管理系统等应达到国家信息安全的要求。

【编制目的】

本条规定了燃气供应系统设置数据采集与监控管理信息化系统的基本要求，目的是加强燃气工程信息化建设，以信息化手段促进燃气安全生产。

【术语定义】

信息管理系统：采用现代数字化技术对信息进行采集、传递、储存、加工、维护和使用的应用软件。信息管理具有交叉性、综合性，由网络通信、数据库、计算机语言、统计学、运筹学、线性规划、管理学、仿真等多学科集合而成。

【条文释义】

燃气运行企业的性质与一般的公司、企业、单位有着很大的不同，既要管理大范围的燃气管网和燃气设备，又要面对众多用户的供气服务需要。信息管理系统能够对燃气供应实现科学严谨、高效规范的管理，提高运营企业的管理水平。数据采集与监控功能是信息管理系统应具有的主要功能，除此之外还应包括地理信息系统和客户实时服务系统等。由于供气系统是城市能源供应的生命线，建设时也需要更加注重信息安全。

【编制依据】

《中华人民共和国网络安全法》

《计算机信息系统安全保护条例》《关键信息基础设施安全保护条例》

《国务院办公厅关于加强城市地下管线建设管理的指导意见》（国办发〔2014〕27号）、《信息安全等级保护管理办法》（公通字〔2007〕43号）

【实施要点】

执行过程中，可通过现行行业标准《城镇燃气自动化系统技术规范》CJJ /T 259 和《城镇燃气工程智能化技术规范》CJJ /T

268 的规定支撑本条内容的实施。

【背景与案例】

燃气信息管理系统正在向智能化、智慧化方向发展。管网和厂站管理智能化是核心和基础。在燃气的整个厂站和管道中可以对各工艺参数、工作状态、周边环境和地下管线进行精确实时检测和完全掌控。在发生意外情况时，及时合理地进行处置。同时，在管网和厂站管理智能化的基础上向终端应用延伸，并融入智能计量和智能客户服务。终端应用将传统的燃气计量方式和现代互联网技术结合，通过软件系统、现场通信设备和数据传输设备等实现数据传输智能化、流量计费以及缴费自动化，实现对终端用户运营状况的监控和管理。智能客户服务则通过持续的大数据监测，从而得以高效率处理各方请求。最终将燃气与能源互联网结合，实现能源之间数据的互联互通，以提供最优质、最智能的能源系统服务。

2.2.3 燃气设施所使用的材料和设备应满足节能环保及系统介质特性、功能需求、外部环境、设计条件的要求。设备、管道及附件的压力等级不应小于系统设计压力。

【编制目的】

本条规定了燃气工程建设和燃气设施运行中对材料和设备选用的基本要求，目的是保证燃气系统安全和正常供气。

【术语定义】

燃气设施：用于燃气生产、储存、输配和供应的建（构）筑物、设备、管道及其附件等单元。

设计压力：在设计温度下，用于确定管道或容器的最小允许厚度的压力值。

【条文释义】

选用符合国家相关法律法规和强制性标准要求的材料和设备，是燃气设施设计和施工过程中的基本要求。设备的合理选型、管道及附件的合理选材是为了保证燃气系统安全和正常供气。而介质特性、功能需求、外部环境、设计压力、设计温度是决定设备选型、管道及附件选材的基本要素。

燃气的特性、压力和温度不同，其管道及附件所选择的材料不同。现行国家标准《城镇燃气设计规范》GB 50028、《液化石油气供应工程设计规范》GB 51142、《压缩天然气供应站设计规范》GB 51102、《压力管道规范　公用管道》GB/T 38942 等对管道及附件材料的选用进行了规定。例如，液态液化石油气管道和设计压力大于 0.4MPa 的气态液化石油气管道一般采用钢号 10、20 的无缝钢管，并符合现行国家标准《输送流体用无缝钢管》GB/T 8163 的规定，或符合不低于上述标准相应技术要求的其他钢管标准的规定。对于使用温度低于－20℃的管道可采用奥氏体不锈钢无缝钢管，其技术性能应符合现行国家标准《流体输送用不锈钢无缝钢管》GB/T 14976 的规定。

设备、管道及附件的压力等级不应小于系统设计压力的要求，此规定和现行特种设备安全技术规范《压力管道安全技术监察规程——工业管道》TSG D0001、《固定式压力容器安全技术监察规程》TSG 21 及现行国家标准《工业金属管道设计规范》GB 50316 的有关规定一致。

需要指出的是，本条规定并未限定在工程中某种材料的选用，工程中应积极采用经过实际验证效果良好的新设备、新材料，不断提高工程建设质量水平。

【编制依据】

《中华人民共和国节约能源法》

《建设工程勘察设计管理条例》

【实施要点】

执行过程中，可按现行国家标准《城镇燃气设计规范》GB 50028、《液化石油气供应工程设计规范》GB 51142、《压缩天然气供应站设计规范》GB 51102 和《压力管道规范　公用管道》GB/T 38942 的规定支撑本条内容的实施。

【背景与案例】

设备选型和材料选择是工程建设质量的关键环节。在具体实施上，应综合分析确定。如液态液化石油气管道工作压力较高，危险性较大，故通常管道上配置的阀门和附件的公称压力（等级）按其设计压力提高一级，留有一定安全裕量。站内液化石油气储罐、容器和管道上配置的阀门和附件的公称压力（等级）应高于其系统设计压力。这来自于液化石油气行业多年的工程实践经验。

在特种设备安全技术规范《压力管道安全技术监察规程——工业管道》TSG D0001—2009 中，较详细列出了材料选用的基本条件，包括：材料在最低使用温度下具备足够的抗脆断性；材料在使用条件下的稳定性（包括物理性能、化学性能、力学性能、耐腐蚀性能以及应力腐蚀破裂的敏感性等）；考虑在可能发生火灾和灭火条件下的材料适用性以及由此带来的材料性能变化和次生灾害；适合相应制造、制作加工（包括锻造、铸造、焊接、冷热成形加工、热处理等）的要求；材料组合使用时，注意其可能出现的不良影响等。

对于设备选型，相关标准均有具体要求，可根据情况综合确定。

2.2.4 在设计工作年限内，燃气设施应保证在正常使用维护条件下的可靠运行。当达到设计工作年限或在遭受地质灾害、运行事故或外力损害后需继续使用时，应对燃气设施进行合于使用评估。

【编制目的】

本条规定目的是使某一用途的燃气供应系统按照工作年限设定的标准进行建设，以满足适宜的建设质量要求。

【术语定义】

设计工作年限：工程设施或装置不需进行大修即可按其预定目的使用的期限。

合于使用评估：对含有缺陷结构能否适合于继续使用的工程

评估，一般应使用定量的评估方法。

【条文释义】

本条规定主要是要求燃气设施的建设单位应当按照国家有关工程建设标准，保证工程必须达到一定使用年限的质量要求；设施运营单位必须按照适宜的运行维护措施去管理这些设施。燃气经营单位应对燃气设施定期进行安全检查；定期进行巡查、检测、维修和维护，确保燃气设施的安全运行。

为保障供气系统的安全性，当达到设计工作年限时或遭遇重大事故灾害后应进行评估，再确定是否继续使用、进行改造或更换。继续使用应制定相应的安全保证措施。重大灾害指自然灾害（地震、水灾等）和人为灾害（施工外力、火灾等）。评估将在缺陷定量检测的基础上，通过理论分析与计算，确定缺陷是否危害结构的安全可靠性，并基于缺陷的发展规律预测研究，确定结构的安全服役寿命。

【编制依据】

《中华人民共和国建筑法》

《建设工程质量管理条例》

【实施要点】

燃气工程设计文件中，应规定设计工作年限。设计工作年限可根据工程类别确定，但不得低于《规范》的规定。

强制性国家工程规范《工程结构通用规范》GB 55001—2021 第 2.1.1 条规定：

结构在设计工作年限内，必须符合下列规定：

1 应能够承受在正常施工和正常使用期间预期可能出现的各种作用；

2 应保障结构和结构构件的预定使用要求；

3 应保障足够的耐久性要求。

强制性国家工程规范《工程结构通用规范》GB 55001—2021 第 2.2.2 条第 1 款规定：

房屋建筑的结构设计工作年限不应低于表 2.2.2-1 的规定。

表 2.2.2-1　房屋建筑的结构设计工作年限

类别	设计工作年限（年）
临时性建筑结构	5
普通房屋和构筑物	50
特别重要的建筑结构	100

【背景与案例】

“合于使用”评估技术是以断裂力学、材料力学、弹塑性力学及可靠性系统工程为基础，承认结构存在构件形状、材料性能偏差和缺陷的可能性，但在考虑经济性的基础上，科学分析已存在缺陷对结构完整性的影响，保证结构不发生任何已知机制的失效，因而被广泛应用于工程结构质量评估中。

对于工程结构质量评估，一般有下列五个步骤。第一，确定结构中是否存在损伤。由于设计、施工、材料等先天缺陷，或者使用荷载超过设计要求，或是在环境侵蚀、材料老化和荷载长期效应与突变效应等因素的耦合作用下，将导致结构存在不同情况的损伤。要确定结构处于什么环境中，遭遇什么荷载作用及什么部位发生了什么程度的损伤。第二，确定损伤的几何位置。每种结构都会不同程度地呈现出一定的损伤情况，要对关键部位的损伤进行较为准确评估，确保结构的承载力极限状态和正常使用极限状态下结构的稳定性、耐久性。达到这一目的应必须准确找到损伤的几何位置。第三，对损伤的严重程度进行量化。确定损伤的关键截面后，需要用一定的评价标准用来判定损伤的严重程度，即需要对损伤的严重程度进行量化，量化方法是关键。第四，预测结构的剩余使用寿命。经过量化后的损伤部位或者构件，将通过一系列评估标准较为准确可靠地预测其剩余使用寿命，给整个结构的评估带来有力参考，对结构后期的使用和维护带来显著方便。应采用适宜的预测方法。最后，对结构的完整性进行评价。应把局部的损伤情况放在总体中进行全面评估，对结构的完整性作出评价。要充分考虑局部对整体的影响强弱，是否是关键截面或者构件，对不同重要性的构件进行一定的折减。

2.2.5 燃气设施应采取防火、防爆、抗震等措施，有效防止事故的发生。

【编制目的】

本条规定了燃气设施应具备防火、防爆和抗震的基本功能要求，目的是保证燃气工程安全生产。

【条文释义】

燃气设施是我国基础设施的重要组成部分，是保证人民生活和社会经济活动运行的设施。这些设施形成网络系统，对城市、镇（乡）、村的正常运转起着重要的作用。燃气设施由于其运行介质的易燃易爆特性，极易发生火灾爆炸事故。一旦发生严重事故，整个社会生活都会受到影响，城市、乡镇、农村就会因社会服务功能中断而处于瘫痪状态，给正常生活造成极大不便，甚至会引发严重的次生灾害，严重威胁人民生命财产和城市安全。

【编制依据】

《中华人民共和国安全生产法》

【实施要点】

燃气厂站和管道因处理气质特性不同、规模不同、参数不同、设备类型不同、工艺流程不同，安全特性也有较大区别。除了在燃气工程建设过程中严格执行相关防火、防爆和抗震技术标准外，也需要在燃气设施运行过程中逐步建立燃气系统安全防控体系，防止因燃气设施受损引起次生灾害，在事故发生之前或发生早期，切断受影响区域的燃气输送，灾后尽快恢复因灾害破坏的燃气设施，减少损失，关闭需要抢修的管道和设备，对没有破坏的区域和用户尽量维持供气。

《规范》中涉及防火、防爆、抗震等的通用性要求和具体技术措施，可按现行强制性国家工程规范《建筑防火通用规范》、《工程结构通用规范》GB 55001、《建筑与市政工程抗震通用规范》GB 55002 及现行国家标准《建筑设计防火规范》GB

50016、《室外给水排水和燃气热力工程抗震设计规范》GB 50032和其他技术标准的规定支撑本条内容的实施。

【背景与案例】

燃气设施采取的防火、防爆措施主要有：建筑物或构筑物之间防火距离的设置和防火分区的间隔；消防道路和回车场地的设置；建筑物的耐火等级确定和耐火性能；生产用房建筑防爆类型和等级；有爆炸危险建筑的通风、泄压面积和不发火花地面的设置；有爆炸危险建筑的电气仪表设备选择及防静电措施；厂站的消防系统及灭火器设置。

燃气行业安全生产始终是第一位的，其特点是易燃、易爆。出于安全的考虑，防火防爆是确保安全的首要条件。防火防爆从字面意思来说指的是防止发生燃烧、着火，防止产生爆燃、爆轰、爆鸣、闪爆或爆炸。不管是化学性爆炸还是物理性爆炸，其爆炸体积相对比较大，破坏性非常大。为防止发生爆炸事故，采取的防爆措施均要尽可能把燃气空气混合性气体体积百分比浓度限制在爆炸上限和下限范围之外。

系统的设备、管道、阀门、法兰的泄漏，工艺操作人员、施工抢修人员的违章操作和误操作是防火防爆面临的主要危险。引起泄漏的原因大致有工艺设备、管道、阀门、法兰受到内外腐蚀、材质老化或其他外来因素的影响，常常会发生强度减弱引起破损致使泄漏；工艺操作不当，或安装施工中未按施工要领安装到位发生泄漏；设计欠缺、失误（例如材质错选）和施工质量不佳留下隐患等。在运行中进行设备抢修时，施工人员不遵守安全规章制度，任意或随意乱拆乱碰工艺设备管线、阀门、电气仪表等，也会引起危险。所以要防止火灾爆炸事故的发生，应从实际出发，强化消防安全管理，结合国家相关消防安全规定，加强制度建设，按照不同区域的特点采取不同针对性的消防措施和管理规定，把防火、防爆工作落实到位。

从全球重大地震灾害调查结果看，所有地震灾难都是因为建筑物的抗震设防标准不足、设计不当、施工不良和使用维护不善，再加上防灾意识不足，这几个因素交互影响的结果。由于燃气设施在社会生活中的重要性，应该高度重视抗震防灾工作。

抗震设防标准不足是指地震所引起的地震动烈度太大，超过预期的标准。建筑物的抗震设防标准是经过科学统计分析而计算出的各地的地震危害程度，并综合考虑经济与风险等因素而决定的。设计不当是指未经适宜的专业（抗震）设计。建筑物的设计必须依据抗震设计标准的规定，配合理论分析验算来决定柱、梁及墙等主要抗震构材的尺寸与配筋，并且需符合详细的耐震设计与施工细节标准。施工不良是指施工过程中没有切实遵守相关设计和规范，诸如钢筋摆放的数量、位置、搭接位置、弯钩角度与箍筋间距等，这些都对抗震能力有决定性影响。这在震灾调查结果与试验研究中是被确认的。建筑物在设计时都是根据原定的使用条件（用途）加以分析设计，若用途变更也可能导致载重变化而影响其抗震能力。使用维护不善是在房屋建造后，因为某些使用上的需要就直接大尺度的改建。若未经详细的工程分析并未做必要加固，会导致房屋抗震能力严重下降，而在强震中受到严重威胁。

2.2.6 管道及管道与设备的连接方式应符合介质特性和工艺条件，连接必须严密可靠。

【编制目的】

本条规定对连接方式和连接性能提出了原则要求，目的是保证燃气系统运行安全。

【条文释义】

燃气管道及管道与设备的连接方式有多种，如焊接、法兰连接、螺纹连接、卡套连接、卡压连接、环压连接等等，需要结合不同介质的特性和使用工艺条件确定。例如，燃气管道与燃具的连接，由于介质是低压燃气，采用金属软管时可采用螺纹连接。严密可靠是指连接的密封性和强度、抗拉拔等机械性能符合要求。

【实施要点】

连接形式应符合介质特性、设计压力、设计温度和管材性能等条件的要求。一般钢质燃气管道之间采用焊接连接，主要是因为钢材具有良好的可焊性。而管道与设备及阀门等一般采用法兰连接是为了便于安装、检修、拆卸、更换。例如，压缩天然气系统工作压力最高可达 25.0MPa，根据卡套式锥管螺纹管接头的使用范围，外径小于或等于 28mm 的钢管采用卡套连接是适宜的。

【背景与案例】

因为连接出现问题引发事故的案例很多。常见的是燃气管道与燃具采用软管连接，发生软管脱落、开裂等事故，是室内燃气供气系统的薄弱环节。

案例一：

某市一高层建筑，使用的是管道燃气。22 层某室居民表后管旋塞阀处在开启状态，连接旋塞阀胶管脱落，泄漏的燃气因用户开灯引起爆炸燃烧。此事故造成 1 人被烧伤，2 人被炸伤；楼内数十户门窗、墙体被炸塌。

案例二：

某市一小区发生一起天然气爆燃事故，造成 1 人受伤，其 20%烧伤，多处骨折，因脑挫伤引发脑水肿昏迷。各楼层均有不同程度破坏。事故调查认定为厨房燃气灶与软管连接处脱落，造成大量天然气泄漏。

2.2.7 设置燃气设备、管道和燃具的场所不应存在燃气泄漏后聚集的条件。燃气相对密度大于等于 0.75 的燃气管道、调压装置和燃具不得设置在地下室、半地下室、地下箱体、地下综合管廊及其他地下空间内。

【编制目的】

本条对燃气设施设置场所的条件提出要求，目的是防止燃气聚集后引起爆燃。

【术语定义】

燃具：以燃气作燃料的燃烧用具的总称，包括燃气热水器、燃气热水炉、燃气灶具、燃气烘烤器具、燃气取暖器等。

【条文释义】

燃气的泄漏是存在危险的，泄漏后的集聚给事故的发生创造了条件。所以在设置燃气设备管道和燃具的场所加强泄漏监测和通风等技术措施减少集聚是非常重要的。对于具体场所，应根据燃气特性和运行环境采取相应的有效措施。地下室、半地下室和地下箱内属通风不良场所，燃气相对密度大于等于 0.75 时，泄漏的燃气不易及时扩散，而且地下燃气设施损坏形成的泄漏具有隐蔽性，难以发现，极容易引发燃气事故和次生灾害。同时，地下、半地下建筑（室）发生火灾后，热量不易散失，温度高、烟雾大，燃烧时间长，疏散和扑救难度大，故规定相对密度（与空气密度的比值）大于等于 0.75 的燃气管道、调压装置和燃具不得设于地下室、半地下室、地下箱体、地下综合管廊及其他地下空间内。

【编制依据】

《工贸企业有限空间作业安全管理与监督暂行规定》（国家安全生产监督管理总局令第 59 号）

【实施要点】

在具体的工程实践中，可以在设置燃气设备、管道和燃具的建筑物或构筑物内从设计上加强自然通风。没有自然通风条件的，可以采取强制通风措施。例如，对于厂站内的压缩机间、调压间等建筑物，可采取加强泄漏监测、从建筑结构上设置自然通风通道、加设通风装置等措施；对于管道上的阀井等场所，可采取加强巡视和日常维护、加强泄漏监测检测，防止泄漏，并在作业时符合《规范》第 2.3.5 条的要求；对于装设燃具和计量装置的居民用气场所，应符合《规范》第 6.1 节的要求，管道和计量表装设在橱柜内时应设可开启拆卸及通气的结构。商业用户的用气场所应符合《规范》第 6.2.1 条的要求。

相对密度（与空气密度的比值）大于等于0.75的燃气管道、调压装置和燃具不得设于地下室、半地下室、地下箱体、地下综合管廊及其他地下空间内。而相对密度小于0.75的（如天然气等）燃气管道、调压装置和燃具是可以设置在地下室、半地下室和其他地下空间内的。例如，在城市用地紧张的情况下，就可以设置天然气地下调压站或结构紧凑、体积小、占地少的直埋天然气调压装置。

对于居民和商业用户燃气管道敷设在吊顶内时，可按现行国家标准《城镇燃气设计规范》GB 50028的规定支撑本条内容的实施。

【背景与案例】

燃气容易集聚的场所实际上是一个有限空间的问题。《工贸企业有限空间作业安全管理与监督暂行规定》（国家安全生产监督管理总局令第59号）第二条对有限空间进行了定义：有限空间是指封闭或者部分封闭，与外界相对隔离，出入口较为狭窄，作业人员不能长时间在内工作，自然通风不良，易造成有毒有害、易燃易爆物质积聚或者氧含量不足的空间。燃气运行单位存在的如容器、储罐、塔、阀井、阴井、沟渠和通风不良的建筑物内等，均属于受限空间，即存在一定危险性（如有毒有害气体、缺氧环境、照明不足、通风不畅）的密闭场所。

例如，阀门井是有限空间作业事故发生的主要场所，氮气窒息是导致事故的主要原因。事故原因多为燃气运行单位安全生产主体责任不落实，对有限空间作业安全生产工作不重视，安全生产管理不到位，作业人员的安全防护意识不强。应急预案没有覆盖到有限空间作业或相应的应急预案培训演练缺失，员工缺乏有限空间作业安全知识和自救互救能力。

对于有限空间采取的主要安全措施有：(1) 必须履行作业审批手续。凡进入有限空间进行施工、抢修、清理作业的，要进行作业审批。未经作业负责人同意，任何人不得作业。对危险性大的作业，可实行许可制、工作票制。对要害岗位和电气、机械等设备，可实行操作牌制度。（2）必须进行危害因素评估。作业前，应开展工作安全分析，辨识危害因素，评估潜在风险，应针对辨识出的每个受限空间，预先制定安全工作方案，并将危险有害因素、防控措施和应急措施告知作业人员。（3）必须对作业人员进行培训。作业前，针对受限空间内辨识出的危害因素，制定受限空间进入计划与救援计划，并对基本的急救互救知识、消防常识以及防护措施的使用进行培训。（4）必须进行作业环境检测。一是作业前，要对有限空间的氧浓度、有毒有害气体（如一氧化碳、硫化氢等）浓度等进行检测，检测结果符合作业条件后，方可作业。二是作业环境可能发生变化时，要对作业场所中的危害因素进行持续或定时检测。三是作业者、工作面发生变化时，视为进入新的有限空间，要重新检测后再进入。（5）必须采取有效的通风措施。作业前和作业过程中，要采取强制性持续通风措施，保持空气流通。严禁用纯氧进行通风换气。（6）必须设置安全警示标志。要根据有限空间的实际情况，设置明显的安全警示标志，进行危险提示、警示和告知。在有限空间进入点附近，要设置醒目的警示标志，防止未经许可人员进入作业现场，并保持出入口通畅。（7）必须配备防护设备设施。一是为作业人员配备符合国家标准要求的通风设备、检测设备、照明设备、通信设备、应急救援设备和个人防护用品。有限空间存在可燃性气体或爆炸性粉尘时，各项设备设施均应符合防火防爆安全技术要求。二是防护用品和应急救援设备设施应妥善保管，并按规定定期检验、维护，确保其处于正常状态。三是监督、教育作业人员按照使用规则佩戴和使用防护用品。（8）必须按要求配置监护人员。作业现场必须有负责人员和监护人员，不得在没有监护人员的情况下作业。对涉及易燃、易爆或易中毒物质的设备动火或进入内部工作时，监护人不应少于 2 人。监护人员必须每 2 分钟拖动救生绳一次，询问进入者身体情况。出现异常应立即将进入人员拖出。（9）严禁在事故发生后盲目施救。有限空间发生事故时，监护人员要及时报警，救援人员要做好自身防护，配备必要的呼吸器具和救援器材，严禁盲目施救，严禁无防护进入抢救，导致事故扩大。

2.2.8 燃具和用气设备的性能参数应与所使用的燃气类别特性和供气压力相适应，燃具和用气设备的使用场所应满足安全使用条件。

【编制目的】

本条规定对燃具和用气设备的安全使用提出了基本要求，目的是保证用户用气安全。

【术语定义】

用气设备：以燃气作燃料进行加热或驱动的较大型燃气设备，如燃气锅炉、燃气直燃机、燃气热泵、燃气内燃机、燃气轮机等。

【条文释义】

不同燃气的热值、密度、火焰传播速度等各不相同，因此，它们的燃烧特性也有所不同。在进行燃具设计时，需要考虑到燃气的燃烧特性。按某一种燃气设计的燃具，不能随意换用另外一种燃气，否则会发生回火、脱火、燃烧不完全等现象。曾经出现过因燃气组分变化导致大型发电设备无法正常运行的情况。所以，燃具和用气设备应按燃气类别和供气压力选用。

【编制依据】

《城镇燃气管理条例》

【实施要点】

燃具或用气设备在出厂时应具有铭牌，且应注明所适用的燃气种类。应根据燃具和用气设备产品说明书的要求选用。

执行过程中，可通过现行国家标准《城镇燃气设计规范》GB 50028、《燃气燃烧器具安全技术条件》GB 16914 和现行行业标准《家用燃气燃烧器具安装及验收规程》CJJ 12 的规定支撑本条内容的实施。

2.3 运行维护

2.3.1 燃气设施应在竣工验收合格且调试正常后，方可投入使用。燃气设施投入使用前必须具备下列条件：

1 预防安全事故发生的安全设施应与主体工程同时投入使用；

2 防止或减少污染的设施应与主体工程同时投入使用。

【编制目的】

本条规定了燃气工程验收和投入使用的程序要求，规定了投入使用前燃气工程中的安全设施和环境保护设施的建设要求。目的是保证燃气设施投运前的适用性，特别是一些竣工验收后没有立即投入运行的燃气设施，投运前应再次调试正常。

【术语定义】

竣工验收：在工程竣工之后，根据国家相关标准，对工程建设质量和成果进行评定的过程。

安全设施：用于预防生产和使用过程中易发生安全事故的建（构）筑物、设备、装置及其附件等单元。

【条文释义】

燃气设施在竣工验收合格且调试正常后方可投入使用，是保障燃气设施安全运行的重要保证，也是确保燃气设施满足各项设计指标要求的关键一环，必须严格执行国家工程管理的各项规章制度，认真做好竣工验收工作。通过验收工作可以及时发现工程施工过程中存在的问题，避免发生工程质量问题。工程竣工验收是一个工程质量监察控制的重要环节。

防止或减少污染的设施，又称环保设施，指用于控制污染和污染治理的监测手段、建（构）筑物、设备、装置及其附件等单元。

对燃气工程来说，安全设施和环保设施是落实国家相关政策，保证生产运行安全、控制污染所必需的。重视安全设施和环保设施的建设，做到安全环保设施与主体工程的同时投入使用，对防止和减少生产安全事故，控制污染具有重要的意义。

【编制依据】

《中华人民共和国安全生产法》《中华人民共和国环境保护法》《中华人民共和国环境噪声污染防治法》《中华人民共和国固体废物污染环境防治法》

《建设项目环境保护管理条例》《建设工程质量管理条例》

《房屋建筑和市政基础设施工程竣工验收规定》（建质〔2013〕171 号）

【实施要点】

燃气工程建设单位收到建设工程竣工报告后，应当组织设计、施工、工程监理等有关单位进行竣工验收。同时，应按《建设工程质量管理条例》规定的建设工程竣工验收条件和要求进行验收。燃气工程只有通过了竣工验收并调试正常后，才能正式投入生产使用。重视安全设施和环保设施的建设，做到安全设施、环保设施与主体工程同时投入使用，是强制性规范所控制的根本目标要求。

燃气生产安全事故的发生，很多是由于生产经营单位缺乏安全生产意识，在项目的建设阶段忽视生产和使用的安全要求，没有设计配备应有的安全设施。有些设计了却没有同时建成，从而导致项目运行后，存在着严重的安全隐患，而消除这些隐患往往需要付出巨大的代价，有些甚至不可能挽回，从而造成严重的资金浪费并可能造成生产安全事故。

噪声污染、固体废物污染在燃气工程建设和运行维护过程中可能对区域环境带来的负面影响，这些污染对环境和人身健康造成的损害通常又是不可逆的，因此对上述污染应从工程建设阶段加以控制。

【背景与案例】

案例一：

2014 年某日上午，蒋某某进厨房煮饭，当扭开燃气阀门时，因燃气泄漏，突然发生爆炸。爆炸致蒋某某头面部及左手烧伤，门窗也被毁坏。其燃气管道安装好后，燃气运行单位进行了验收，但供气前未进行必要的强度试验和严密性试验。相关行政主管部门发函称，燃气已投入使用，但尚未取得竣工验收报告、辖区无专业管护人员等，要求限期整改。燃气运行单位未对燃气管道安装进行必要的强度试验和严密性试验便草率供气使用，其行为违反了应尽的法定职责。供气后，燃气运行单位只进行了一次例行安全检查，并未对用户室内燃气设施部分做定期安全检查，未适当履行相应法定义务。

案例二：

2011 年某日，某钢铁公司发生煤气泄漏，导致部分作业人员及附近居民共有 114 人中毒。钢铁公司使用高炉煤气的轧钢厂、炼铁厂烧结车间按计划限电停产，煤气用量减少。因泥炮机无法正常使用，高炉采取减风方式生产；后又高炉加风生产，煤气量加大，造成该公司三台自备余热煤气锅炉因空气与煤气比例失衡全部熄火，电厂组织切断了进电厂煤气，导致煤气总管净煤气压力超过正常压力。设在轧钢厂的非标设备水封超压击穿，随后轧钢厂组织人员进行注水，煤气压力持续超压；水封被完全冲开，煤气大量泄漏。因煤气外泄，导致轧钢厂附近作业人员及居民煤气中毒。经分析，该事故暴露出以下主要问题：一是未按要求设置高炉剩余煤气放散装置，对煤气管网超压没有有效的控制手段。二是未履行建设项目安全设施“三同时”手续即投入生产运营；自行设计安装的轧钢厂煤气水封不符合安全要求，且与居民住宅区安全距离不足。三是煤气安全管理混乱。在当班调度接到煤气管网超压并造成大量泄漏的报告后，未及时下达对高炉进行减风或休风操作的指令，降低煤气管网压力，造成煤气大量持续泄漏。四是未设立煤气防护站，煤气事故报告处理和应急处置预案等制度不完善，责任不落实。五是企业管理人员、作业人员煤气安全素质和技能差，缺乏培训。

2.3.2 燃气设施建设和运行单位应建立健全安全管理制度，制定操作维护规程和事故应急预案，并应设置专职安全管理人员。

【编制目的】

本条规定了燃气工程建设和燃气设施运行中有关安全管理的基本要求，目的是保证燃气工程建设和燃气设施运营的安全。

【术语定义】

操作维护规程：对施工和运行维护过程中为满足安全和质量要求需要统一的技术实施程序、技能要求等事项所制定的有关操作要求。

事故应急预案：预先制定的对突发事件进行紧急处理的方案。

【条文释义】

燃气工程的建设和运行必须坚持安全第一、预防为主、综合治理的安全管理方针，建立健全安全生产责任制度和群防群治制度。

燃气工程设计应当符合国家有关强制性规范和技术标准，保证工程的安全性能。燃气工程施工应当根据工程的特点制定相应的安全技术措施；对专业性较强的工程项目，应当编制专项安全施工组织设计，并采取安全技术措施。施工现场应采取维护安全、防范危险、预防火灾等措施；有条件的，应当对施工现场实行封闭管理。施工现场对毗邻的建筑物、构筑物和特殊作业环境可能造成损害的，施工企业应当采取安全防护措施。

燃气运行单位应当建立健全安全管理制度，加强对操作维护人员燃气安全知识和操作技能的培训。燃气运行单位应当制定本单位燃气安全事故应急预案，配备应急人员和必要的应急装备、器材，并定期组织演练。

【编制依据】

《中华人民共和国安全生产法》

《国务院办公厅关于加强城市地下管线建设管理的指导意见》（国办发〔2014〕27号）

【实施要点】

燃气工程建设的各方责任主体及燃气运行单位应根据国家相关法律法规，结合工程具体情况，建立完善各自单位的安全管理制度，并加以落实。执行过程中，可通过现行行业标准《城镇燃气设施运行、维护和抢修安全技术规程》CJJ 51 的规定支撑本条内容的实施。

【背景与案例】

安全生产可采取一系列措施使生产过程在符合规定的物质条件和工作秩序下进行，有效消除或控制危险和有害因素，无人身伤亡和财产损失等生产事故发生，从而保障人员安全与健康、设备和设施免受损坏、环境免遭破坏，使生产经营活动得以顺利进行。安全生产是一项长期基本国策，是保护劳动者的安全、健康和国家财产，促进社会生产力发展的基本保证。在生产过程中，必须坚持“以人为本”的原则。在生产与安全的关系中，一切以安全为重，安全必须排在第一位。必须预先分析危险源，预测和评价危险、有害因素，掌握危险出现的规律和变化，采取相应的预防措施，将危险和安全隐患消灭在萌芽状态。企业各级管理人员坚持“管生产必须管安全”和“谁主管、谁负责”的原则，全面履行安全生产责任。

安全生产责任制是根据我国的安全生产方针“安全第一，预防为主，综合治理”和安全生产法规建立的各级领导、职能部门、工程技术人员、岗位操作人员在劳动生产过程中对安全生产层层负责的制度。安全生产责任制是以制度的形式明确规定企业内各部门及各类人员在生产经营活动中应负的安全生产责任，是企业岗位责任制的重要组成部分，也是企业最基本的制度。实践证明，凡是建立、健全了安全生产责任制的企业，各级领导重视安全生产工作，切实贯彻执行安全生产方针政策和安全生产法规，在认真负责地组织生产的同时，积极采取措施，改善劳动条件，安全事故就会减少。反之，就会职责不清，相互推诿，而使安全生产工作无人负责，无法进行，安全事故就会不断发生。安全生产工作事关最广大人民群众的根本利益，事关改革发展和稳定大局，需要高度重视。

安全生产责任必须“纵向到底，横向到边”，这就明确指出了安全生产是全员管理。就是生产经营单位从厂长、总经理直至每个操作工人，都应有各自己明确的安全生产责任；各业务部门都应对自己职责范围内的安全生产负责，这就从根本上明确了安全生产不是哪一个人的事，也不只是安全部门一家的事，而是事关全局的大事，这体现了“安全生产，人人有责”的基本思想。

燃气运行单位应当将安全生产责任的落实作为企业发展的关键。随着燃气供应工作水平的进一步提高，应当加强对安全生产责任的落实。燃气运行单位的领导应当重新树立对于安全生产责任的认知，并且加快对安全生产责任制度的建设，将安全生产责任制度的建设与落实列为工作重点，只有这样才能减少燃气运行单位可能出现的事故，进而实现自身的长远发展。

一是加大对安全生产责任制度的建设力度。应当从燃气运行单位的主要负责人入手，改变其对于安全生产的认知，从而实现以上带下思想的转变。应当紧抓工作的各项环节，并且建立与之相应的安全生产指标，让工作人员尽力达成指标，从而实现安全生产的目的。为了避免安全生产责任制度的落实，燃气运行单位还应当建立严格的责任追究制，做到不放过任何一个死角，让具体的责任落实到具体人员的身上，若是出现了问题，那么就应当及时予以追究。

二是贯彻以人为本的意识，并且将其贯彻在工作之中。为了达成这一目的，燃气运行单位应当从多个角度抓起，实现员工安全的提升。首先，燃气运行单位应当加强对员工的安全意识，不断提升员工的安全意识，让他们提升安全素质，从而形成“安全第一”意识的树立；其次，燃气运行单位还应当加大对安全生产的资金投入力度，建设更为完善的安全保障体系，从硬件上满足员工的安全需求，这样能够让员工在更为安全的环境下展开工作。此外，燃气运行单位还应当加强对员工的法律教育，让他们能够紧紧遵循国家的制度要求展开安全生产工作。

案例：

2012年某日下午，某市一燃气热电有限公司厂区内，启动锅炉房附属建筑增压站MCC控制间内发生燃气爆燃事故，造成2人死亡、1人重伤。经分析认定，这是一起由安全设施损坏和作业人员违章操作导致的生产安全责任事故。查明的事故直接原因是，防止天然气逆流的止回阀损坏失灵；运行巡检员违章操作，在实施管线燃气置换作业后，未按要求关闭一次阀（截止阀）、二次阀（手动球阀），致使天然气逆流至氮气管线系统，在氮气瓶间放散，并通过墙体裂缝扩散至增压站MCC控制间，遇配电柜处点火源发生爆燃。公司安全管理存在漏洞，对本单位从业人员的安全生产教育和培训不到位，作业人员未能熟练掌握氮气置换的操作规程；对燃气设施的日常巡查不到位，未能及时发现用于防止天然气逆流的止回阀失灵的情况；工作票制度管理流于形式，未能认真督促相关人员严格按照工作票制度要求到作业现场实施检查验收。

2.3.3 燃气设施的施工、运行维护和抢修等场所及重要的燃气设施应设置规范、明显的安全警示标志。

【编制目的】

本条规定了燃气设施设置标志、标识的基本要求，目的是保证燃气设施运行安全和施工作业安全。

【术语定义】

抢修：燃气设施发生危及安全的泄漏以及引起停气、中毒、火灾、爆炸等事故时，采取紧急措施的作业。

重要的燃气设施：燃气供应系统的各类燃气厂站、燃气管道和调压设施等。

【条文释义】

燃气具有易燃易爆的特性，燃气设施具有分布广的特点，所以应有对厂站外人员进行警示的措施；同时也应提醒从业人员的安全意识，切实减少各类违章行为，避免事故的发生。

燃气设施动火作业时可能会有燃气泄漏，因此划出作业区、并对作业区实施严格管理是非常有必要的，在作业区周围设置护栏和警示标志对作业人员可起到保护作用，对路人、车辆等可起到提示作用，对作业安全也是必须采取的措施。

【编制依据】

《城镇燃气管理条例》

【实施要点】

执行过程中，可通过现行行业标准《城镇燃气标志标准》CJJ /T 153 和现行国家标准《安全标志及其使用导则》GB 2894 的规定支撑本条内容的实施。

【背景与案例】

安全警示标志的设置有以下几方面的问题需要注意：

（1）设立的位置要正确。安全警示标志的设立位置不恰当，起不到应有的作用，还会因为位置不当，造成燃气设施被损坏。

（2）设立的数量要适当。警示标志的数量是保证标志能发挥作用的基础，太多会造成视觉污染，城镇环境不容许，经济、运行管理方面也有问题。太少则无用。比如管道上面多远距离一个，多大的面积、颜色、材料、安装方式等都需要遵循相关规定。

（3）标志的质量要合规。和所有产品一样，标志的质量直接影响使用效果和经济运行，城镇燃气经营企业在这方面也不能掉以轻心。标志大多在露天环境，日照、雨雪、污染物、飞鸟等都会损害标志，质量不好会导致警示失效。

（4）标志的维护要及时。警示标志的日常管理要列入设备设施巡查的内容，按照设置的时间、地段、质量等因素制定维修计划。对不适用的警示标志及时补充、完善、清洁、修缮，保证警示标志能正常发挥功能，不要出现事故，以及不要追责时出现标志不全、不清、不正确的误导责任。

（5）标志的保护要严格。燃气警示标志是公共设施，同样也是燃气设施保护范围内要保护的对象。对于破坏燃气警示标志的行为要制止，接到举报要采取行动，按照相关规定进行处置。

2.3.4 燃气设施的运行单位应配备具有专业技能且无间断值班的应急抢险队伍及必需的备品配件、抢修机具和应急装备，应设置并向社会公布24h报修电话和其他联系方式。

【编制目的】

本条提出了燃气经营企业应急抢险保障措施的基本要求，目的是快速反应，保证抢险抢修的及时性。

【条文释义】

确保燃气安全供应是燃气运行单位的重要职责。为了保障人身安全，燃气设施在发生事故时应有切实可行的应急队伍和抢修措施，将事故危害限制在最低程度内。配备队伍及机具装备，可以是运行单位自己组建，也可以外委专业公司进行服务，并明确衔接关系、各自责任和服务要求。

【编制依据】

《城镇燃气管理条例》

《住房城乡建设部办公厅关于印发农村管道天然气工程技术导则的通知》（建办城函〔2018〕647号）

【实施要点】

执行过程中，可通过现行行业标准《城镇燃气设施运行、维护和抢修安全技术规程》CJJ 51和《住房城乡建设部办公厅关于印发农村管道天然气工程技术导则的通知》（建办城函〔2018〕647号）的规定（主要在第4章“抢修”）支撑本条内容的实施。

应当注意的是，应急抢险队伍是安全生产运行管理中非常重要的必备措施；应急抢险设备器材应包括抢修车辆、抢修设备、抢修器材、通信设备、防护用具、消防器材、检测仪表等装备，并保证设备处于良好的状态。

【背景与案例】

某城市人行道下敷设的中压天然气市政管道发生泄漏，行人察觉到异常气味后拨打燃气运行单位抢险电话，燃气运行单位启动抢险应急预案，由抢修队伍接警之后立即赶赴现场，并由指挥中心查清泄漏管线的规格、材质、走向分布。现场抢险通过检漏仪等设备的检测分析，确定漏气位置并开挖。开挖时防止出现火花，所挖工作坑尺寸满足现场抢修作业的需要。作业点设置天然气浓度报警装置，监测到作业环境天然气浓度在爆炸极限浓度范围内，开启防爆风机设备强制通风，降低浓度至爆炸下限以内开始作业。抢修人员切断与事故管道有关的阀门，确定影响区域范围后立刻通知停气范围内的燃气用户，并通过放散管对管线进行降压处理。找出漏气点，发现是由于 *DN*400 钢管防腐层破坏后引起管道点蚀穿孔，确定采用补焊的方式进行抢修。准备现场防火工具，并由焊工用气割机在备用的 *DN*400 钢管上切下一块直径 200mm 的圆形天窗盖待用。管道压力降至低压后，清理漏点附近的防腐层，用天窗盖盖住漏点，安装抱卡将盖固定，用粘泥抹严缝隙，压力降至 200Pa 后，清理粘泥，并用电焊将天窗盖与原管道焊接牢固。焊接完毕后升压，待管道压力恢复正常，对抢修部位用肥皂液和嗅敏仪进行验漏。确认无泄漏后采用补伤片和热收缩带做好防腐并回填。抢修完毕，做好抢修记录。

燃气事故的发生既有偶然性，也有规律性，既有必然性，又有突发性，因此对事故的预防要采取主动措施。应急抢险队伍和装备的配备应根据不同类型的事故，如设备损坏、燃气泄漏、燃气着火、燃气爆炸或燃气中毒等，进行专业的训练和专门的装备，有效进行应急抢修，尽量降低事故产生的危害和造成的损失。

2.3.5 燃气设施可能泄漏燃气的作业过程中，应有专人监护，不得单独操作。泄漏燃气的原因未查清或泄漏未消除前，应采取有效安全措施，直至燃气泄漏消除为止。

【编制目的】

为了保证燃气设施现场操作人员及周边环境的人身财产安全提出本要求，同时规定了燃气设施抢险维修过程中解除安全措施的条件。

【条文释义】

在可能泄漏燃气的燃气设施作业过程中，尤其是有限空间内，为保证作业人员的人身安全，进入作业现场前要用适当的气体测试仪器测试密闭有限空间内的含氧量（19.5%～23.5%）以及是否存在危险气体，工作期间应对密闭空间进行持续的气体监测；工作时密闭空间内需持续保持空气流通；在密闭场地预备有安全带、救援绳，至少保持有2人在场，并进行安全监护。操作人员应严格按照操作规程和应急预案进行工作。

当事故泄漏原因未查清或泄漏隐患未消除时，现场存在发生中毒、着火、爆炸等事故的可能，因此应持续采取有效安全措施，如禁止点火源、设立安全区域等，直至消除泄漏为止，方能保证安全。

【实施要点】

执行过程中，可通过现行行业标准《城镇燃气设施运行、维护和抢修安全技术规程》CJJ 51、《城镇燃气管网泄漏检测技术规程》CJJ /T 215 和现行国家标准《缺氧危险作业安全规程》GB 8958、现行国家职业健康卫生标准《工作场所有害因素职业接触限值 第1部分：化学有害因素》GBZ 2.1 的规定支撑本条内容的实施。

在地下燃气调压室、阀门井、检查井等地下场所进行运行、维护和抢修作业时，这些场所中有可能存在可燃气体或其他有害气体，还有可能缺氧。如氧气浓度过低，会造成人员缺氧窒息；如一氧化碳或硫化氢浓度过高，对人员的安全也会造成威胁。因此，为保证人员安全，在检测确认无危险后，方可进入作业现场。其中可燃气体浓度小于爆炸下限的20%；氧气的浓度可参照现行国家标准《缺氧危险作业安全规程》GB 8958 中的规定：氧气浓度应大于19.5%；一氧化碳及硫化氢的浓度可参照现行国家职业健康卫生标准《工作场所有害因素职业接触限值 第1部分：化学有害因素》GBZ 2.1 中的规定：一氧化碳浓度小于

$30mg/m^3$，硫化氢浓度小于 $10mg/m^3$。要求操作人员采取轮换作业方式和有专人现场监护是为了协同作业，提高作业效率和抢修质量，更重要的是为了保障操作人员的人身安全，一旦发生意外能够得到及时救助。

发生燃气泄漏事故时，燃气运行单位一般均要求不少于 2 人同行或同时抵达现场。主要考虑泄漏现场工作较多、处置紧张、条件复杂等因素，以小组为单位处理抢险事故能有较高的效率，且增加安全冗余度。作业时，应确保通风、及时换气、检测现场空气的质量，监护人员做好相关记录；当作业环境不符合安全要求标准时，监护人员应和作业人员立即同时撤离，并采取相应措施直到环境再次符合作业环境的要求，方可恢复作业。监护人员在无安全保护措施的情况下，严禁进出作业空间。作业现场避免产生通风死角，对通风条件较差的深井等，应采用送风导管进行通风。现场应配备必要的抢救器具，包括呼吸器具、绳缆以及其他必要的器具和设备，以便在紧急情况下抢救作业人员。当出现紧急情况时，如有毒介质超标、工作空间坍塌等情况需要进行紧急施救时，应在第一时间进行通知，并有序撤离，禁止盲目救护。

地下燃气管道泄漏原因如果是第三方施工破坏，燃气管道设施一般处于暴露状况或往往泄漏气量较多，容易确定泄漏源；也有肇事单位掩埋管道设施进而瞒报的情况，从实践来看虽属于个案，但造成的后果往往较为严重；而腐蚀、老化等引起的泄漏速度慢、气量较少，加之受周边环境影响而难以确定泄漏源。当泄漏原因是第三方破坏时，抢修作业人员要向施工现场负责人等详细了解是否存在与泄漏源连通的其他地下空间，尤其是当前城市轨道交通、综合管廊等大型地下工程较多，造成地下空间连通关系复杂，应高度注意。

当由于管材腐蚀、老化引起泄漏事故时，泄漏速度慢、泄漏气量较小，易扩散至其他地下空间而聚集，由于难以被发觉和查明泄漏源，此类风险值很高。如报警人发现疑似燃气的臭味位置和周边燃气管道设施距离较远，或报警人说明有较长时间存在疑似燃气的臭味，应急抢险应提高响应级别，组织进行充分的准备，包括人员组织和分工、检查设备仪器、查询和确认管网信息（包括管道、管线及其他地下构筑物）、对疑似泄漏源周边的相关人员进行走访，尽快研判警戒和检测的范围，制定处置方案，确保公众安全。

泄漏情况严重或泄漏源一时难以确认，但确认泄漏气体主要成分和燃气相同时，应关闭泄漏源周围的阀门，划定警戒区域，警戒区域内杜绝一切电源明火；必要时应组织疏散人员、引导交通。

作业人员应结合报警信息、燃气管道图档信息及周边状况（特别是井、沟、渠等或其他密闭、半封闭空间）进行判断，同时，可采用下列方式远距离检测燃气浓度：（1）使用激光甲烷遥距检测仪远距离检测；（2）从下风向向上风向边检测边推进；（3）对夹层、井、沟等密闭、半封闭空间检测时，不应移动井盖、门或相关附件。当发生在居民户内时，应立即开门开窗通风，切断一切电源明火，防止发生爆炸事故。

燃气管道和设备维修，特别是泄漏抢修时，燃气极有可能窜入周边窨井、地下管线管沟和其他地下建（构）筑物等不易察觉的地方，因此燃气管道和设备抢修、维修之前，以及修复后，应在抢（维）修点周围做全面检查，不仅要及时发现泄漏点，还要尽快查明泄漏点周边可能窜入燃气的各类地下管线设施、地下建（构）筑物是否存在可燃气体，这是维（抢）修事前、事后均应高度关注的事项，保证彻底修复，并避免遗留隐患。

燃气运行单位应根据气源性质、管道设施布置、当地地形地貌以及已了解或排查临近燃气管道设施的建（构）筑物、占压圈占隐患等配置气体检测仪器、防爆风机、钻孔机、人工打孔钢钎等。气体检测仪器要稳定可靠、灵敏迅速。

燃气运行单位应落实作业人员泄漏检测、现场处置等技能培训（如进行技能岗位认证），从事泄漏检测的员工必须经过一定课时的培训并经考核达标后，方可从事该技能模块的工作。同时，燃气运行单位还应注意收集相关事故案例，组织从事泄漏检测的员工利用安全学习日、案例研讨等进一步提高技能水平；组织开展燃气泄漏处置演练，使泄漏检测、管道巡查、维修抢险等岗位的员工熟悉处置流程，掌握处置要点，包括现场处置人员的风险辨识和防范能力。燃气设施运营企业应建立健全燃气泄漏源查找、燃气泄漏现场处置流程和规程。

老旧管道和占压圈占管道是影响城市公共安全的重大隐患。为了尽快消除隐患实现本质安全，减少老旧管道发生泄漏的可能，应加强老旧管道巡检，加快改造更新；同时开展燃气管道设施占压圈占隐患治理工作，减少燃气泄漏后窜入临近建（构）筑物的可能。

【背景与案例】

案例一：

2013年某日，某市燃气服务站接到用户报修电话，用户反映家中似有燃气味。用户管理员没有因为用户的不确定而放松警惕，立即派维修员赶往现场查看处理。

维修员一走进楼道就感觉到了一股类似燃气的味道，他边上楼边打开了每层的楼道窗户。到7楼用户家却发现，厨房燃气设施均无漏点，可他们到客厅，检漏仪却不时发出报警声。于是，维修员将仪器放在电插孔处，检漏仪报警灯瞬间全部亮起。他敲敲墙，发现里面似乎是空的，来到楼道，未发现另有门、窗。维修人员迅速对7楼、8楼和相邻单元展开检查，并根据现场情况推测该建筑可能有废弃的井道，燃气泄漏后通过井道沿线缆进入居民家中，经向小区物业求证，了解该栋建筑确实存在废弃的电梯井，判断有可能是埋地管泄漏，立即向燃气运行单位报告，并迅速实施了现场警戒。

随后，燃气运行单位相关人员也赶到了现场，人员疏散、探边、断电、关闭调压柜、寻找电梯井泄放口等工作有序展开。经查，漏气系户外埋地燃气设施因长期花坛浇水，管道锈蚀穿孔所致，由于电梯井相对密闭，泄漏燃气窜入电梯井致使大量燃气聚集，此时，天然气浓度已达6%，现场人员清楚地意识到，此时如有不慎，一遇明火后果将不堪设想。面对危急情况，经再三讨论研究后，燃气运行单位在采取了防静电、防火、防爆等监护措施的基础上实施了从侧墙拆砖排漏的办法。经过两个多小时的紧张工作，19时，可燃气体得到排放，一起重大事故得到排除，小区1200多用户的生命和财产安全得以保护。

案例二：

2014年某日，某市一酒店前的窨井突然爆炸，10余个窨井盖飞起，有5辆汽车受损。城管与执法局联合排水、环保、安监等部门对爆炸的窨井展开实地勘测，但未找到引发爆炸的可燃气体。时隔40d，在同一酒店前，这些窨井再度发生爆炸。引起爆炸的明火源是当天婚礼燃放的烟花。经调查，事故原因是燃气（液化石油气）放散立管折裂引起泄漏，扩散到距离泄漏源2m外的雨水口，再通过截污管道进入污水管，最后到达事发点窨井。

该案例表明，相关单位对泄漏现场处置存在严重缺陷：（1）第一次现场排查不彻底，排查范围限于爆炸地点附近，未查明爆炸原因和可燃气体来源；（2）两次爆炸间隔长达40d，再一次达到那个程度说明燃气运行单位对燃气设施巡查巡检不到位；（3）相关单位对地下建（构）筑物的复杂性认识不足；（4）燃气图档资料管理不善，事发管道的竣工资料不齐全，并没有资料显示该处设有燃气设备，致使日常巡查遗漏该处燃气设施，未能发现燃气泄漏，加大了事故原因排查工作的难度。

案例三：

2005年某日，某市某地段铁路立交桥西侧一燃气阀门井发生大量燃气泄漏，泄漏燃气渗入城市下水道与某单位院内化粪池内沼气混合产生混合气体，从化粪池盖板外溢，遇院内小孩燃放烟花引发爆炸。造成单位约20m围墙垮塌，院内居民住宅墙体产生明显裂纹，西侧人行过道约200m长的地板砖炸拱或炸裂，有3个铸铁下水道井盖炸飞10多米远，数家门面20mm厚的玻璃被振碎。事故未造成重大财产损失及人员伤亡。

接报后，燃气运行单位迅速组织抢险人员进行抢险。一方面采取措施处理爆炸善后，另一方面立即向政府及相关安全监督管理职能部门报告，迅速启动城市燃气爆炸应急救援预案。相关工程技术人员对爆炸冲击波造成的居民住宅楼房屋振动造成的墙体裂纹等情况进行了技术鉴定；鉴定结论为：该房屋基础、墙体、楼板未发现异常情况，现有房屋结构安全。市技术质量监督局对泄漏阀门进行技术鉴定，鉴定意见书称：阀门井内阀体法兰端面造成整体断裂（阀门型号RP247F-16Q、ND300铸铁阀门）。从整体断裂面外观检查，阀体金粒粗大，颗粒不均匀，建议做金相分析处理。

闸阀断裂是造成燃气泄漏的直接原因。燃气平板闸阀遇寒冷天气热胀冷缩，阀门呈圆周（整体）断裂，造成大量燃气外泄。燃气管道（阀门）和城市下水道交叉交越，其邻近点防燃气泄漏措施不严密，导致泄漏燃气渗入下水道。院内燃放烟花爆竹引发燃气爆炸。

泄漏的燃气渗入到城市下水道且未被及时检测发现是产生爆炸的间接原因，下水道（1.8m宽×2.5m深）内积聚大量燃气，下水沟与院内化粪池（爆炸点）相连，燃气从化粪池盖板缝隙逸出，被燃放的烟花点燃爆炸，阀门泄漏点至爆炸点全长超过2.2km。

案例四：

2013年某日，某市燃气运行单位运行维护人员进行阀门井排水作业，当打开井盖时有天然气气味，一人便进入阀门井内维修，20min后出现昏迷情况，另一人立即报120、119、110，同时通知抢修班人员赶赴现场，某维修抢险人员到达现场后立刻进入阀门井内施救，也出现昏迷，二人随即被赶到的消防人员救出后立刻送往医院，维修抢险人员经抢救恢复健康，首先下井人员经抢救无效死亡。

案例五：

2010 年某日，某市燃气运行单位进行管道置换工作。上午开始置换最后一段管道，此段管道长约 2.5km，放散阀井深度约 2.6m。置换前工作人员按方案对井内气体进行检测，合格后进入阀井将临时放散胶管与放散操作阀进行连接。作业现场指挥查看阀井置换进展情况时，发现与阀门连接的胶管脱落，其不顾监护人员阻拦，进入阀井内试图关闭阀门，但阀井内已充满天然气，其进入阀井立即窒息昏迷，后经抢救无效死亡。

2.3.6 燃气设施现场的操作应符合下列规定：

1 操作人员应熟练掌握燃气特性、相关工艺和应急处置的知识和技能；

2 操作或抢修作业应标示出作业区域，并应在区域边界设置护栏和警示标志；

3 操作或抢修人员作业应穿戴防静电工作服及其他防护用具，不应在作业区域内穿脱和摘戴作业防护用具；

4 操作或抢修作业区域内不得携带手机、火柴或打火机等火种，不得穿着容易产生火花的服装。

【编制目的】

本条规定了燃气设施抢修现场安全警示要求和作业人员的安全防护要求，目的是保证现场作业人员的人身安全。

【条文释义】

燃气设施运行单位应当建立健全安全管理制度，加强对操作维护人员燃气安全知识和操作技能的培训。燃气设施运行单位应当制定本单位燃气安全事故应急预案，配备应急人员和必要的应急装备、器材，并定期组织演练。

燃气设施具有分布广的特点，对燃气设施动火作业时难免会有燃气泄漏，因此划出作业区域、并对作业区域实施严格管理是非常有必要的。在作业区域周围设置护栏和警示标志对作业人员可起到保护作用，对路人、车辆等可起到提示作用，对作业安全也是必须采取的措施。

燃气设施属于可能散发可燃气体的装置，进入抢修作业区域的人员应按规定穿着防静电服，包括衬衣、裤均应是防静电的。而且不应在作业区域内穿、脱防护用具（包括防护面罩及防静电服、鞋），以免在穿、脱防护用具时产生火花。燃气设施无论是正常运行维护操作还是应急抢险抢修作业时，均禁止非防爆手机、打火机等火种带入，这是最基本的安全要求。

【实施要点】

执行过程中，可通过现行行业标准《城镇燃气设施运行、维护和抢修安全技术规程》CJJ 51 的规定支撑本条内容的实施。

（1）燃气设施抢险作业警戒区的设定应根据泄漏燃气的种类、管道的运行压力、泄漏程度、风力风向、人员密集程度及其他环境条件等因素确定。警戒区域一般应设置警示锥、警戒式护栏、警示带、彩钢板维护、抢修告示牌等，夜间作业还应设置防爆警示灯。监护人员应密切看护，防止周围出现火源。

事故发生后，围绕事故发生点，由内及外拉设封锁线，设置警戒区。对大部分事故，通常应设三条封锁线，由内及外分别为现场封锁线、警戒封锁线和交通封锁线，对应设置三层警戒区。

警戒区划定后，在封锁线上设立警戒标志，布置警戒人员，禁止未被授权的人员、车辆进入警戒区，进入警戒区的人员、车辆要遵从警戒人员的指挥安排，遵守警戒区内的管理规定。警戒区内要严禁烟火，严禁使用非防爆的照明、摄录和通信设备，严禁穿化纤服装和带铁钉的鞋进入警戒区，不准携带铁质工具参加抢险救援活动，以防止产生撞击火花。

对于小规模的民用燃气泄漏事故，泄漏燃气浓度超过爆炸下限 30%的区域，划分为第一层警戒区；根据以往燃气爆炸案例中飞溅物可能散落的距离，在泄漏点周围半径 150m 内的区域，为第二层警戒区；对交通封锁线，可根据现场实际情况，由现场指挥长或当地交通管理部门确定。如果发生大规模泄漏，现场封锁线的设置可能会超出 150m 的范围，这时警戒封锁线的范围要相应扩大。

警戒区域划分还应与交通管制、维护现场治安秩序等工作相结合。同时还应根据现场情况作出危险性预判，依据可能发生的燃气事故危害类别、危害程度级别确定危险区域，必要时对周边群众进行紧急疏散，并确定事故现场人员撤离的方式、方法以及周边区域的单位、社区人员疏散的方式、方法，以及事故现场周边区域的道路隔离或交通疏导方案。

（2）静电无处不在，摩擦、压电效应、感应起电、吸附带电等都可以产生静电。在石化工业，美国从 1960 年到 1975 年由于静电引起的火灾爆炸事故达 116 起。1969 年底，在不到一个月的时间内，荷兰、挪威、英国三艘 20 万 t 超级油轮洗舱时产生的静电相继引发爆炸后，引起了世界范围内对静电防护的关注。我国近年来在石化企业曾发生 30 多起较大的静电事故，其中损失达百万元以上的有数起。对于静电事故的预防，国家质监局于 1990 年发布了《防止静电事故通用导则》，并于 2006 年进行了修订。

石油天然气领域，一些行业发展较先进的国家在多次事故之后，加强了对天然气设施防静电的研究，取得了一些可喜的成果，但石油天然气行业因静电引起的事故并未能完全杜绝。据日本官方统计，燃气火灾爆炸事故约有 10%属于静电事故。

燃气设施抢修人员进入作业区域时，穿脱和摘戴防护用具可能会导致静电火花的产生，从而引起火灾、爆炸事故，因此应当禁止。进入抢修作业区的人员按规定要求穿防静电服，包括衬衣、裤子均应是防静电的。

【背景与案例】

案例一：

2006 年某日，某公司在安装户外广告牌时，施工机械撞破燃气管道，造成泄漏。燃气运行单位根据事故应急预案开展抢险维修工作，并划分危险区域和警戒区域，危险区域内近百余户居民紧急疏散，警戒区域内进行封路和交通管制，主路交通中断

5h，辅路交通中断 9h。事故抢修工作开展顺利，无人员和财产损失。

案例二：

2013 年某日，某市一管线阀室发生爆燃事故，据目击者称火柱高达 20 多米，所幸无人员伤亡。事故原因是该阀室线路主切断阀采用的气液联动执行机构气缸内气体因气温变暖引起膨胀升压，执行机构梭阀泄放口发生排气，控制箱内产生可燃气体聚集并继续向箱外扩散，气液联动执行机构在主切断阀的上下游引压管为不锈钢管道，未涂覆防腐层或绝缘胶带，也未进行等电位连接且防静电接地不良，两根引压管在接入执行器时距离过近，由于电位差产生静电打火，引爆泄漏的天然气，酿成事故。

2.3.7 燃气设施正常运行过程中未达到排放标准的工艺废弃物不得直接排放。

【编制目的】

本条规定的目的是有效管理废弃物，防止因对其处置不当而造成环境安全事提出本要求。

【条文释义】

燃气运行单位的生产性污染排放主要包括废水、噪声和固体废弃物。废水主要来自燃气厂站的净化工艺、压缩机运行产生的污油和污水等，噪声源主要来源于高压门站及各中高压调压站及压缩机等动设备，固体废弃物主要是燃气厂站的塔器和过滤装置定期更换填料或滤芯产生的废弃物等。生活污染源排放包括各办公区产生的生活废水、食堂含油废水，供暖制冷系统的锅炉、直燃机等附属系统设施产生的天然气燃烧废气，办公生活垃圾等。

在燃气设施的运行过程中，应根据不同污染种类和环保要求，采取适宜有效的处理措施，确保排放达到相关标准。如生产工艺的废水中可能含有一些烃类物质，且挥发性很高，故限制其直接排入下水道，以确保安全。排出站外的污水应通过现行国家标准《污水综合排放标准》GB 8978 的规定支撑本条内容的实施，另外还要根据排放的地点确定具体的支撑实施标准。例如，直接排入城市下水道的污水，应符合现行国家标准《污水排入城镇下水道水质标准》GB/T 31962 的有关规定；野外直接排放的污水，应符合现行国家标准《地表水环境质量标准》GB 3838 的有关规定；直接排入农田的污水，应符合现行国家标准《农田灌溉水质标准》GB 5084 的有关规定。

【编制依据】

《中华人民共和国环境保护法》《中华人民共和国水污染防治法》《中华人民共和国大气污染防治法》《中华人民共和国固体废物污染环境防治法》《中华人民共和国环境噪声污染防治法》

【实施要点】

燃气工程建设和燃气设施运行中，减少污染的目标要求可通过下列国家标准的规定支撑本条内容的实施：粉尘和废气排放应符合现行国家标准《大气污染物综合排放标准》GB 16297 的有关规定；废水排放应符合现行国家标准《污水综合排放标准》GB 8978 的有关规定；固体废弃物排放应符合现行国家标准《一般工业固体废物贮存和填埋污染控制标准》GB 18599 的有关规定；噪声应符合现行国家标准《建筑施工场界环境噪声排放标准》GB 12523、《工业企业厂界环境噪声排放标准》GB 12348、《声环境质量标准》GB 3096 的有关规定。

【背景与案例】

燃气设施建设采取的环境保护措施一般有：

（1）燃气工程项目必须符合《规范》第 2.3.1 条的规定，严格执行“三同时”制度，即防治污染设施必须与主体工程同时设计、同时施工、同时投入运行。建设项目的可行性研究和设计必须有环境保护部分。按《中华人民共和国环境影响评价法》、《建设项目环境保护管理条例》，编制《环境影响报告书》或编制《环境影响报告表》。

（2）禁止向水体超标排放油类、酸液和汞、镉等剧毒物质以及放射性固体废弃物。

（3）严格执行国家产业政策，淘汰能耗高、浪费大、污染严重的工艺、装备和产品。

（4）控制各种固体废物乱排乱放。生活垃圾有处理设施的要及时处理，无处理设施的部门或单位要集中送到指定地点堆放，并做好堆放点的防护工作，防止垃圾飘散。禁止向路旁、沟边乱倒生活垃圾。

（5）设备购置或设备更新应符合环保、高效、低噪的技术性能，把环境和噪声危害减少到最小程度。

（6）生产过程要合理用水、节约用水，降低新鲜水消耗，提倡采用多次利用、循环使用，提高循环水利用率。

（7）积极开展植树造林、栽花种草，绿化、美化、净化环境。禁止乱砍滥伐树木和破坏绿地的行为。

3 燃 气 质 量

本章共十条，主要规定了进入燃气供应系统中的燃气性能、不同气质种类的燃气质量、燃气加臭处理和燃气中掺混空气等方面的规定。从燃气质量方面，对实现燃气工程的基本功能、发挥燃气工程的基本性能提出了具体技术规定，特别是明确了燃气的热值稳定性要求。

3.0.1 燃气工程供应的燃气质量应符合下列规定：

1 应符合国家规定的燃气分类和气质标准；

2 应满足各类用户的用气需求和使用条件；

3 发热量（热值）应保持稳定；

4 组分变化应保证燃具正常工作。

【编制目的】

本条提出了燃气供应系统所供应燃气质量的基本要求，目的是保证进入燃气管网的燃气质量符合要求。

【术语定义】

燃气分类：根据燃气的来源或燃气燃烧特性指数，将燃气分成的不同种类。

发热量：标准状态下，$1m^3$或1kg燃气完全燃烧所释放出的热量。也称热值。

【条文释义】

燃气作为一种公共事业的商品，其质量应该满足特定的要求且基本保持稳定。一是燃气是由多种可燃与不可燃的单一气体组成的混合气体，在我国作为城市燃气的主要气源有人工煤气、天然气、液化石油气三大类。二是燃气质量应满足用户的需求和使用条件，某些特殊用户可能需要改质或者调质。三是从交易公平和燃烧稳定出发，发热量应保持稳定。四是为保证燃烧器具的正常稳定工作，燃气成分应保持稳定。

【编制依据】

《城镇燃气管理条例》

【实施要点】

本条规定了燃气质量的基本要求。具体要求可按《规范》第3.0.2条～第3.0.6条的规定执行，主要包括确定基准气，确定基准气热值、华白数、燃烧势等指标及其允许变化范围；燃气中杂质最大含量的要求；其他有关燃气质量的限制性要求。

【背景与案例】

为满足燃气供应，大多数城镇的供气系统都从两个或者两个以上的气源供气。由于资源的不同，气质也有所不同，甚至有些具有较大的差异。当在同一管网内接受两种或两种以上的气源时，应考虑各种气源间的互换性，并应保证燃气用具在其允许的适应范围内安全工作，燃气的发热量应相对稳定。为了提高燃气供应安全保障度，目前全国各省（市、区）的燃气气源选择均呈现多元化的趋势。但是气源来源不同，组分不一，物性参数差别较大，终端用户的用气安全存在一定的安全隐患，如国内某城市由于煤制气气源组分波动，对下游电厂用户造成重大财产损失。因此，在气源引入前，需针对各种气源进行互换性分析研究，并制定切实可行的预案。

以某省2010～2020年间供应的9种气源为例，对所有气源在不同基准气情况下进行AGA和Weaver指数理论计算，预测各自的互换情况。通过理论预测，当选择华白数值位于所有气源华白数的60％位置的天然气作为基准气时，与其他气源置换不会引起严重的互换问题。为了验证理论预测的正确性，通过对具有代表性的样本灶，以此为基准气进行初状态调节后，分别对9种气源根据国家标准规定进行性能响应测试。实验结果显示，80％的样本在气源互换时均不会出现严重的互换问题，所选用的华白数值位于所有气源华白数的60％位置的天然气可以作为基准气来应对某省出现的多气源互换情况。

3.0.2 系统供应的燃气应确定基准发热量（热值），发热量（热值）变化应在基准发热量（热值）的±5%以内。燃气组分及杂质含量、露点温度和接气点压力等气质参数应根据气源条件和用气需求确定。

【编制目的】

为了保证供气系统稳定运行和燃具的正常使用，维护消费者合法利益，本条对燃气供应系统提出了热值和质量参数的要求。

【术语定义】

基准发热量：燃气供应系统中用以确定工艺参数和用户结算的燃气发热量。

【条文释义】

燃气热值是燃气作为商品的主要质量指标。热值保持稳定既是对消费者负责，也是燃具和用气设备安全运行的必要条件。一个燃气供气系统可能会接纳来自不同气源的燃气，其中基准发热量应考虑各个气源条件的组分、热值等参数综合确定，尽量达到各气源均不需进行热值调整即可进入供气管网。对于针对某单一用户供气的系统，则应满足该用户对于发热量等气质参数的要求，这往往由供需双方通过供气合同约定。

燃气燃烧器具都是根据一定的燃气组分设计和调整的。燃气组分发生变化，燃烧稳定性和烟气中的一氧化碳也会发生变化；当燃气组分变化偏离设计范围时，会产生熄火、回火、燃烧后烟气中含有过量的一氧化碳等有害气体，导致燃气燃烧器具不能正常使用，影响环境，浪费能源，甚至危害人民生命健康和安全。燃气发热量（热值）变化控制在基准发热量（热值）的±5%以内是综合考虑消费者利益和燃气供应系统运行状况、燃气燃烧器具性能要求的基础上确定的。从互换性的条件分析，燃气发热量的波动可以控制在±7%左右。考虑到对燃具热负荷的影响以及消费者利益的维护，本条规定燃气发热量的波动，应在所确定的基准发热量的±5%以内。

【编制依据】

《中华人民共和国消费者权益保护法》

【实施要点】

确定供气系统的基准发热量，一般需要在燃气工程前期规划阶段就加以确定。基准发热量应统筹考虑本系统各种来源的气源。对于单一特殊用户按双方供气合同确定。

【背景与案例】

参见第3.0.1条。

3.0.3 天然气及按天然气质量交付的页岩气、煤层气、煤制天然气、生物质气等的质量应符合下列规定：

1 天然气的质量应符合表3.0.3的规定；

表3.0.3 天然气的质量指标

高位发热量（MJ/m^3）	≥31.4
总硫（以硫计）（mg/m^3）	≤100
硫化氢（mg/m^3）	≤20
二氧化碳（y,%）	≤4.0

注：表中气体体积的标准参比条件是101.325kPa，20℃。

2 在天然气交接点的压力和温度条件下，天然气的烃露点应比最低环境温度低5℃；天然气中不应有固态、液态或胶状物质。

【编制目的】

本条规定了天然气及按天然气质量交付的页岩气、煤层气、煤制天然气、生物质气等的基本质量要求。

【术语定义】

天然气：蕴藏在地层中的可燃气体，组分以甲烷为主。按开采方式及蕴藏位置的不同，分为纯气田天然气、石油伴生气、凝析气田气和煤层气。

煤层气：与煤伴生、吸附于煤层内的烃类气体，组分以甲烷为主。

煤制天然气：以煤为原料制得的可燃气体，包括焦炉煤气、发生炉煤气和水煤气。

生物质气：由生物质气化、热解等工艺产生的合成气。

【条文释义】

本条依据现行国家标准《天然气》GB 17820 对天然气及按天然气质量交付的页岩气、煤层气、煤制天然气、生物质气等的质量指标提出要求。在燃气的输配、储存和应用的过程中，为了保证燃气系统和用户的安全，减少管道设备的腐蚀、堵塞和损坏，减轻对环境的污染和保证系统的经济合理性，要求燃气满足一定的质量指标并保持其质量的相对稳定是非常重要的。

【实施要点】

执行过程中，可通过现行国家标准《天然气》GB 17820 的内容修订而调整。

3.0.4 液化石油气的质量应符合表 3.0.4 的规定。

表 3.0.4 液化石油气的质量指标

项目	质量指标		
	商品丙烷	商品丙丁烷混合物	商品丁烷
密度（15℃）（kg/m^3）	报告		
蒸气压（37.8℃）（kPa）	≤1430	≤1380	≤485
组分			
C_3烃类组分（体积分数）（%）	≥95	—	—
C_4及C_4以上烃类组分（体积分数）（%）	≤2.5	—	—
（C_3+C_4）烃类组分（体积分数）（%）	—	≥95	≥95
C_5及C_5以上烃类组分（体积分数）（%）	—	≤3.0	≤2.0

续表 3.0.4

项目	质量指标		
	商品丙烷	商品丙丁烷混合物	商品丁烷
残留物			
蒸发残留物（mL/100mL）	≤0.05		
油渍观察	通过		
铜片腐蚀（40℃，1h）（级）	≤1		
总硫含量（mg/m^3）	≤343		
硫化氢（需满足下列要求之一）：			
乙酸铅法	无		
层析法（mg/m^3）	≤10		
游离水	无		

注：1 液化石油气中不允许人为加入除加臭剂以外的非烃类化合物；

2 每次以 0.1mL 的增量将 0.3mL 溶剂-残留物混合液滴到滤纸上，2min 后在日光下观察，无持久不退的油环为通过；

3 “—”为不得检出。

【编制目的】

本条规定了液化石油气的基本质量要求。

【术语定义】

液化石油气：常温、常压下的石油系烃类气体，经加压或降温得到的液态产物。组分以丙烷和丁烷为主。

组分：气体中包含的各种成分，以体积百分数或质量百分数计。

【条文释义】

本条依据现行国家标准《液化石油气》GB 11174 对液化石油气质量指标提出要求。在燃气的输配、储存和应用的过程中，为了保证燃气系统和用户的安全，减少管道设备的腐蚀、堵塞和损坏，减轻对环境的污染和保证系统的经济合理性，要求燃气满足一定的质量指标并保持其质量的相对稳定是非常重要的。

【实施要点】

执行过程中，可通过现行国家标准《液化石油气》GB 11174的内容修订而调整。

3.0.5 人工煤气的质量应符合表3.0.5的规定。

表3.0.5 人工煤气的质量指标

项目	质量指标
低热值[1]（MJ/m^3）	
一类气[2]	>14
二类气[2]	>10
杂质	
焦油和灰尘（mg/m^3）	<10
硫化氢（mg/m^3）	<20
氨（mg/m^3）	<50
萘[3]（mg/m^3）	$<50\times10^2/P$（冬天） $<100\times10^2/P$（夏天）
含氧量[4]（体积分数）	
一类气	<2%
二类气	<1%
含一氧化碳[5]（体积分数）	<10%

注：1 表中煤气体积（m^3）指在101.325kPa，15℃状态下的体积；

2 一类气为煤干馏气，二类气为煤气化气、油气化气（包括液化石油气及天然气改制）；

3 萘指萘和它的同系物α-甲基萘及β-甲基萘；在确保煤气中萘不析出的前提下，各地区可以根据当地燃气管道埋设处的土壤温度规定本地区煤气中含萘指标；当管道输气点绝对压力（P）小于202.65kPa时，压力（P）因素可不参加计算；

4 含氧量指制气厂生产过程中所要求的指标；

5 对二类气或掺有二类气的一类气，其一氧化碳含量应小于20%（体积分数）。

【编制目的】

本条规定了人工煤气的基本质量要求。

【术语定义】

人工煤气：以煤或液体燃料为原料经热加工制得的可燃气体。包括煤制气、油制气。

【条文释义】

本条依据现行国家标准《人工煤气》GB/T 13612 对人工煤气质量指标提出要求。在燃气的输配、储存和应用的过程中，为了保证燃气系统和用户的安全，减少管道设备的腐蚀、堵塞和损坏，减轻对环境的污染和保证系统的经济合理性，要求燃气满足一定的质量指标并保持其质量的相对稳定是非常重要的。

【实施要点】

执行过程中，可通过现行国家标准《人工煤气》GB/T 13612 的内容修订而调整。

3.0.6 当气源质量未达到本规范第 3.0.2～3.0.5 条规定的质量要求时，应对燃气进行加工处理。

【编制目的】

本条对质量不符合《规范》的燃气提出要求，目的是保证进入燃气管网的燃气质量。

【条文释义】

在燃气的输配、储存和应用的过程中，为了保证燃气系统和用户的安全，减少管道设备的腐蚀、堵塞和损坏，减轻对环境的污染和保证系统的经济合理性，要求燃气满足一定的质量指标并保持其质量的相对稳定是非常重要的。

【实施要点】

燃气加工处理的主要技术措施：用高热值燃气增加热值，或者用低热值燃气、空气（或惰性气体）掺混降低热值；通过裂解等改制方法改变组分。

【背景与案例】

工程实践中，经常使用掺混少量液化石油气来提高热值；为了增加气量，节约能源，掺混一部分低热值燃气；也根据需要对液化石油气或者重油（轻质油）或者天然气进行裂解，以适应原有人工燃气的供应过渡；工程中也可以采用液化石油气混空气作为天然气的补充或者替代气源。

3.0.7 燃气应具有当其泄漏到空气中并在发生危险之前，嗅觉正常的人可以感知的警示性臭味。

【编制目的】

本条规定了燃气必须具备特殊气味的基本要求，目的是保证燃气一旦泄漏后能被及时察觉。

【条文释义】

由于无味的燃气泄漏时无法察觉，泄漏时极易发生危险，所以要求燃气供应企业必须对燃气加臭。加臭对于提升燃气供应系统的安全性发挥巨大作用。臭味的强度等级，国际上，燃气行业一般采用 Sales 等级，是按嗅觉的下列浓度分级的：0 级——没有臭味；0.5 级——极微小的臭味（可感知的开端）；1 级——弱臭味；2 级——臭味一般，可由一个身体健康状况正常且嗅觉能力一般的人识别，相当于报警或安全浓度；3 级——臭味强；4 级——臭味非常强；5 级——最强烈的臭味，是感觉的最高极限，超过这一级，嗅觉上臭味不再有增强的感觉。

“可以感知”与空气中的臭味强度和人的嗅觉能力有关，是指嗅觉能力一般的正常人，在空气-燃气混合物臭味强度达到 2 级时，应能察觉空气中存在燃气。警示性是指所添加的臭剂必须具有刺鼻的臭味，与家庭其他气味不混淆，以增加用气的安全性。

【实施要点】

燃气一般情况下均应加臭，加臭量以不发生爆炸危险和中毒危险为原则。执行过程中，可通过现行行业标准《城镇燃气加臭技术规程》CJJ/T 148 的规定支撑本条内容的实施。

3.0.8 当供应的燃气不符合本规范第 3.0.7 条的规定时，应进行加臭。加臭剂的最小量应符合下列规定：

1 无毒燃气泄漏到空气中，达到爆炸下限的20%时，应能察觉；

2 有毒燃气泄漏到空气中，达到对人体允许的有害浓度时，应能察觉；

3 对于含一氧化碳有毒成分的燃气，空气中一氧化碳含量的体积分数达到0.02%时，应能察觉。

【编制目的】

本条规定了燃气加臭量的基本要求，目的是保证燃气一旦泄漏后能被及时察觉。

【术语定义】

加臭：向燃气中加注加臭剂的工艺。

加臭剂：一种具有强烈气味的有机化合物或混合物。

【条文释义】

美国和欧洲等国的燃气法规，对无毒燃气（如天然气、气态液化石油气）的加臭剂用量，均规定在无毒燃气泄漏到空气中，达到爆炸下限的20%时，应能察觉。

有毒燃气一般指含有一氧化碳的可燃气体。一氧化碳对人体毒性极大，一旦泄漏到空气中，尚未达到爆炸下限20%时，人体早就中毒。因此，对有毒燃气，应按在空气中达到对人体允许的有害浓度之时应能察觉来确定加臭剂用量。

含有一氧化碳的燃气泄漏到室内，室内空气中的一氧化碳浓度的增长是逐步累积的，但其增长开始时快而后逐步变缓，最后室内空气中一氧化碳浓度趋向于一个最大值X，并可用下式表示：

$$X = \frac{VK}{I}\% \qquad (1)$$

式中：V——泄漏的燃气体积（m^3/h）；

K——燃气中一氧化碳的含量（%）（体积分数）；

I——房间的容积（m^3）。

此式是在时间$t \rightarrow \infty$，自然换气次数$n=1$的条件下导出的。

对应于每一个最大值 X，有一个人体血液中碳氧血红蛋白浓度值，其关系见表 3-1。

空气中不同的一氧化碳含量与血液中最大的碳氧血红蛋白浓度的关系　　表 3-1

空气中一氧化碳含量 X（%）（体积分数）	血液中最大的碳氧血红蛋白的浓度（%）	对人体影响
0.100	67	致命界限
0.050	50	严重症状
0.025	33	较重症状
0.018	25	中等症状
0.010	17	轻度症状

美国和欧洲发达国家，对有毒燃气的加臭剂用量，均规定在空气中一氧化碳含量达到 0.025%（体积分数）时，臭味强度达到 2 级，以便嗅觉能力一般的正常人能察觉空气中存在燃气。从表 3-1 中可以看出，采用空气中一氧化碳含量 0.025% 为标准，达到平衡时人体血液中碳氧血红单位最高只能达到 33%，对人一般只能产生头痛、视力模糊、恶心等，不会产生严重症状。因此，可以理解为，空气中一氧化碳含量 0.025% 作为燃气加臭理论的“允许有害浓度”标准，在实际操作运行中，还应留有安全余量，《规范》规定采用 0.02%。

【实施要点】

执行过程中，可通过现行行业标准《城镇燃气加臭技术规程》CJJ/T 148 的规定支撑本条内容的实施。

3.0.9 加入燃气中的加臭剂应符合下列规定：

1 加臭剂的气味应明显区别于日常环境中的其他气味。加臭剂与燃气混合后应保持特殊的臭味，且燃气泄漏后，其臭味应消失缓慢。

2 加臭剂及其燃烧产物不应对人体有毒害，且不应对与其接触的材料和设备有腐蚀或损害。

3 加臭剂溶解于水的程度，其质量分数不应大于2.5%。

【编制目的】

本条规定了加臭剂的基本质量要求，目的是保证燃气一旦泄漏后能被及时察觉。

【条文释义】

加臭剂必须对人类和接触的材料无害。

对加臭剂的要求是参照美国联邦法典49CFR192（第49章第192部分）和美国国家标准《气体输送和分配管道系统》ANSI/ASME B31.8的要求进行规定的。

【实施要点】

执行过程中，可通过现行行业标准《城镇燃气加臭技术规程》CJJ/T 148的规定支撑本条内容的实施。

3.0.10 当燃气供应系统的燃气需要与空气混合后供应时，混合气中燃气的体积分数应高于其爆炸上限的2倍以上，且混合气的露点温度应低于输送管道外壁可能达到的最低温度5℃以上。混合气中硫化氢含量不应大于20mg/m^3。

【编制目的】

本条规定了液化石油气掺混空气作为燃气供应的基本质量要求，目的是保证进入燃气管网的燃气质量。

【术语定义】

爆炸上限：可燃气体与空气的混合物遇火源产生爆炸时的可燃气体最高体积分数。

【条文释义】

当液化石油气的体积分数距其爆炸上限较近时，易因为控制措施发生问题使混合气体达到爆炸极限内发生危险，所以混合比例应有一个安全的余量。当混合气的露点温度大于管道外壁温度时，混合气体中的液化石油气将发生再液化情况，影响运行安全。硫化氢含量不应大于20mg/m^3，是因为硫化氢气体对管道具有腐蚀作用，必须控制其含量。本条中气体体积的标准参比条件是101.325kPa，0℃。

【实施要点】

混合气的比例应远离爆炸上限。混合气的露点温度应控制在正常运行时，避免液化石油气再液化。

【背景与案例】

液化石油气爆炸上限按8.5%计，当液化石油气与空气的混合气（混合比例为4∶6）做主气源时，液化石油气的体积分数为40%，高于爆炸上限2倍（17%）。

4 燃 气 厂 站

本章共三节四十六条，主要规定了燃气厂站（不包括调压站和调压箱）中站区布置、厂站工艺以及燃气存储等方面的功能性能要求和技术措施。从燃气气源方面，对实现燃气工程的基本功能、发挥燃气工程的基本性能提出了具体技术规定。

4.1 站 区

4.1.1 燃气厂站的单位产量、储存量和最大供气能力等建设规模应根据燃气工程的用气规模和燃气供应系统总体布局的要求，结合资源条件和城乡建设发展等因素综合确定。燃气厂站应按生产或工艺流程顺畅、通行便利和保障安全的要求布置。

【编制目的】

本条对燃气厂站建设规模的确定做了原则性规定，同时对燃气厂站的总图布局提出了原则要求。目的是保证燃气厂站建设规模确定时的经济性和适应性，同时燃气厂站布局在保证安全的前提下，兼顾运行便捷、合理。

【条文释义】

燃气厂站的建设规模要立足实际，统筹可利用资源条件及规划的发展目标。在燃气厂站规划建设过程中，正确认识燃气发展和城乡建设之间的关系，不仅要考虑到城乡当前的建设发展要求，还要考虑到城乡未来的发展方向和发展需求，以减少燃气发展中的无序现象。

同时，燃气厂站在总图布局时，应考虑生产工艺流程的顺畅，检修维修通行方便，及生产区事故时尽可能减少对办公区域人员及厂站周边人员的波及和影响等。

【实施要点】

单位产量、储存量和最大供气能力是确定燃气厂站建设规模的主要因素，实践中应以城镇燃气专项规划为依据，做到远期、近期结合，同时兼顾供应用户类别、户数、用气量指标及用气特性等因素确定。

燃气厂站的类别和功能不同，决定建设规模的因素也不尽相同，执行过程中，可通过国家标准《城镇燃气设计规范》GB 50028—2006（2020 版）第 6.1.5 条、第 6.1.5B 条、第 6.1.5C 条、第 6.5.10 条、第 9.2.1 条和第 9.2.2 条，《压缩天然气供应站设计规范》GB 51102—2016 第 6.1.1 条～第 6.1.7 条和第 6.2.1 条，《液化石油气供应工程设计规范》GB 51142—2015 第 3.0.11 条、第 5.3.1 条、第 5.3.2 条、第 6.2.1 条、第 6.2.2 条、第 7.0.1 条和第 7.0.2 条的规定支撑本条内容的实施，也可参考下列要点：

（1）燃气厂站的供气规模应符合城镇总体规划的要求，根据供应用户类别、户数、用气量指标和用气规律等因素确定。储存设施的设计总规模应根据厂站功能、供气规模、气源来源、气源运输方式和运距、气候条件等因素确定。确定储气设施的单罐容积时，尚应考虑储气设施检修期间供气系统的调度平衡。

（2）当液化石油气储罐设计总容量大于 3000m^3 时，宜将储罐分别设置在灌装站和储存站。灌装站的储罐设计容量宜为 1 周的计算月平均日供应量，其余为储存站的储罐设计容量。当储罐设计总容量小于 3000m^3 时，可将储罐全部设置在储配站。

【背景与案例】

不同类型燃气厂站体现设计规模的参数见表 3-2。

不同类型燃气厂站建设规模表征一览表　　表 3-2

序号	厂站类别及功能	表征建设规模的参数
1	天然气门站	对应不同供气压力的供气规模
2	低压燃气储配站、高压（或压缩）天然气储配站、液化石油气（或液化天然气）气化站、瓶组站	储气设施类型、单个储气设施的容积、数量、总储存容积、对应供气压力的供气规模等

续表

序号	厂站类别及功能	表征建设规模的参数
3	压缩天然气加气站	天然气的处理规模、单个储气设施的容积、数量、总储存容积、装车位数量或规模
4	液化石油气储配站、液化天然气储配站	储气设施类型、单个储气设施的容积、数量、总储存容积、装卸车位数量或规模
5	液化调峰站	天然气的处理规模、单个储气设施的容积、数量、总储存容积、对应供气压力的供气规模等

4.1.2 液态燃气存储总水容积大于 3500m³ 或气态燃气存储总容积大于 200000m³ 的燃气厂站应结合城镇发展，设在城市边缘或相对独立的安全地带，并应远离居住区、学校及其他人员集聚的场所。

【编制目的】

本条主要对总水容积大于 3500m³ 的液态燃气厂站和总容积大于 200000m³ 气态燃气厂站的设置位置提出原则性要求。本条目的是在选址阶段减少燃气厂站生产、运行中对居住区、学校及其他人员集聚区域可能造成的影响。

【条文释义】

燃气厂站是城镇公用设施重要组成部分之一，其选址应符合城镇总体规划和城镇燃气规划的要求，同时应遵循保护环境、节约用地的原则，且应具有适宜的地形、工程地质、交通、供电、给水排水和通信等条件。

较大容积储存燃气的大型厂站，其危险性相对较大，发生事故时影响范围较大，可能造成严重后果，规定其建设在城乡的边缘或相对独立的安全地带，远离人员密集场所，避免造成重大人员伤亡。

【实施要点】

对于高压天然气储配站和压缩天然气储配站，存储总容积指站内气态燃气储气设施（包括储气罐、储气井、储气瓶组、气瓶车等）的储气量之和，按储气设施的几何容积与最高储气压力（绝对压力，10^2kPa）的乘积并除以压缩因子后的总和计算。对于低压燃气储配站，存储总容积按公称容积考虑。对于建有常压液态储罐的液化天然气场站和液化石油气场站，总水容积指公称容积；对于建有带压液态储罐的液化天然气场站和液化石油气场站，总水容积指几何容积。执行过程中，可通过现行国家标准《城镇燃气设计规范》GB 50028、《压缩天然气供应站设计规范》GB 51102—2016 第 4.1.2 条和第 4.1.6 条、《液化石油气供应工程设计规范》GB 51142—2015 第 3.0.5 条、第 3.0.13 条和第 5.1.2 条的规定支撑本条内容的实施，也可参考下列要点：

（1）总容积大于 200000m^3 的低压燃气储配站和高压天然气储配站为一级站，城市中心区不应建设一级燃气储配站，城市建成区不宜建设一级燃气储配站，一级储配站宜远离居住区、学校、医院、大型商场和超市等人员密集的场所，并应避开油库、危险化学品储存仓库、飞机场等重要目标。

（2）总储气容积大于 200000m^3 的压缩天然气供应站为一级站，总储气容积大于 30000m^3 且不大于 200000m^3 的压缩天然气供应站为二级站，一级、二级压缩天然气供应站宜远离居住区、学校、医院、大型商场和超市等人员密集的场所。

（3）总容积大于 1000m^3 的液化石油气供应站为三级及以上厂站，应设置在城镇的边缘或相对独立的安全地带，并应远离居住区、学校、影剧院、体育馆等人员集聚的场所。

（4）液化天然气场站总储存容积大于 3500m^3 时，因具有一定的规模，在选址时，宜设置在城镇的边缘或相对独立的地带，并宜远离居住区、学校、影剧院、体育馆、养老院等人员集聚的场所。

4.1.3 当燃气厂站设有生产辅助区及生活区时，生活区应与生产区分区布置。当燃气厂站具有汽车加气功能时，汽车加气区、加气服务用站房与站内其他设施应采用围护结构分隔。

【编制目的】

本条对站内除设有生产区，还设有生产辅助区及生活区的厂站，提出不同功能区块的布置要求；同时，对设有加气功能的燃气厂站，提出汽车加气区、加气服务用站房与站内其他设施应采用围护结构分隔。本条的目的是减少燃气厂站各分区之间相互影响，同时也避免和厂站运营无关人员随意进入生产区域。

【术语定义】

生产辅助区：燃气厂站中，不直接参加生产过程，但对生产起辅助作用的必要设施的设置区域。

生产区：燃气厂站中，由燃气生产工艺装置及其建（构）筑物组成的区域。

汽车加气区：加气站或加油加气合建站中，汽车停靠并进行加气作业的区域。

站房：用于加气站或加油加气站管理和经营，并可提供其他便利性服务的建筑物。

【条文释义】

站内除了包括生产区、生产辅助区，还会设有生活区，如办公楼、客服中心、培训中心等，生活区的办公人员往往和该燃气厂站的生产工艺没有直接关系。为安全管理，避免生产、办公互相干扰，也尽可能使非生产办公人员少受燃气厂站生产的影响，故提出燃气厂站除了设有生产区，同时设有辅助区和生活区时，要求生活区和生产区分区布置，按规范规定的防火间距进行总图布置。

燃气厂站具有汽车加气功能时，因加气车辆随机性较强，难以管理，为保证外来人员不能随便进入燃气厂站，故提出采用围护结构将汽车加气区、加气服务用站房和厂站其他设施隔开。

【实施要点】

执行过程中，可通过国家标准《城镇燃气设计规范》GB 50028—2006（2020年版）第6.5.5条和第9.2.7条、《压缩天然气供应站设计规范》GB 51102—2016 第 5.1.1 条和第 5.1.10 条、《液化石油气供应工程设计规范》GB 51142—2015 第 5.2.1 条的规定支撑本条内容的实施，也可参考下列要点：

（1）门站和储配站的总平面应分区布置，即分为生产区（包括工艺装置区、储罐区、加压区等）和辅助区。

（2）压缩天然气加气站、压缩天然气储配站的总平面应按生产区和辅助区分区布置。当压缩天然气加气站、压缩天然气储配站与压缩天然气汽车加气站合建时，应采用围墙将压缩天然气汽车加气区、加气服务用站房与站内其他设施分隔开。

（3）液化石油气储存站、储配站和灌装站站内总平面应分区布置，并应分为生产区（包括储罐区和灌装区）和辅助区。

（4）液化调峰站、液化天然气储配站、液化天然气常规气化站的总平面应按生产区和辅助区分区布置，并以隔墙隔开。当液化调峰站、液化天然气储配站、液化天然气常规气化站内设置汽车加气设施时，应采用高度不低于 2m 的不燃烧体实体围墙将汽车加气区、加气服务用站房与站内其他设施分隔开。

【背景与案例】

燃气厂站内因为涉及燃气的生产、储存、转运或转输等功能，而燃气具有易燃易爆的特点，因此总平面布置时，应分为生产区（包括工艺装置区、储罐区、加压区、装卸区等）和辅助区。当厂站同时设置有生活区，如办公楼、客服中心、培训中心等这些非生产用建筑时，生活区也应该与生产区分开布置。当压缩天然气储配站、液化调峰站、液化天然气储配站、液化天然气常规气化站内设置天然气汽车加气设施时，应采用围护结构将汽车加气区、加气服务用站房与站内其他设施分隔开。

案例：

某市一液化天然气场站除了具有液化天然气（LNG）卸车、储存、气化及装车功能外，为了满足 LNG 运输车用 LNG 燃料的加气功能，站内还设有 LNG 加气功能，则在总图布局时，场站根据功能需要，划分 LNG 储配功能区和 LNG 加气区两大区域，每个区域又可根据具体建设内容分为生产区和生产辅助区。为保证外来人员不能随便进入液化天然气场站，汽车加气区、加气服务用站房和场站其他设施之间设置了围护结构隔开。

4.1.4 燃气厂站内大型工艺基础设施和调压计量间、压缩机间、灌瓶间等主要建（构）筑物的设计工作年限不应小于50年，其结构安全等级不应低于二级的要求。

【编制目的】

本条规定了燃气厂站内主要建（构）筑物的设计工作年限及结构安全等级，目的是保证燃气厂站内主要建（构）筑物能满足厂站的安全运行和正常使用。

【术语定义】

设计工作年限：设计规定的结构或结构构件不需进行大修即可按预定目的使用的时间。

【条文释义】

燃气厂站内大型工艺设施主要指除尘器、过滤器、压缩机、膨胀机、冷箱、储罐、导热油炉、清管球收发装置以及各种塔器等。

燃气厂站主要建（构）筑物主要指站内大型工艺设施的基础和调压计量间、压缩机间、灌瓶间等，还应包括消防水泵房、变配电间、仪控间等生产辅助用房。

强制性国家工程规范《工程结构通用规范》GB 55001—2021第2.2.2条第1款规定：普通房屋和构筑物的设计工作年限为50年，故燃气厂站内主要建（构）筑物的设计工作年限不应小于50年是适宜的。

根据强制性国家工程规范《工程结构通用规范》GB 55001—2021第2.2.1条，结构设计时，应根据结构破坏可能产生后果的严重性，采用不同的安全等级。结构安全等级的划分为一级、二级、三级三个等级。结合国家标准《建筑结构可靠性设计统一标准》GB 50068—2018 第 3.2.1 条，大量的一般结构宜列入中间等级；重要结构应提高一级；次要结构可降低一级。至于重要结构与次要结构的划分，则应根据建筑结构的破坏后果，即危及人的生命、造成经济损失、对社会或环境产生影响等的严重程度确定。结构安全等级示例见表 3-3。

结构安全等级 **表 3-3**

安全等级	类型
一级	大型的公共建筑等重要结构
二级	普通的住宅和办公楼等一般结构
三级	小型的或临时性储存建筑等次要结构

一般情况下，建筑结构抗震设计中的甲类建筑和乙类建筑，其安全等级宜规定为一级；丙类建筑，其安全等级宜规定为二级；丁类建筑，其安全等级宜规定为三级。因燃气厂站属于易燃易爆场所，发生燃气事故时，会危及人的生命，造成经济损失，对社会或环境产生影响大，故站内大型工艺基础设施和调压计量间、压缩机间、灌瓶间等主要建筑物结构设计时，结构安全等级不应低于二级的要求。

【实施要点】

执行过程中，可通过强制性国家工程规范《工程结构通用规范》GB 55001—2021 第 2.2.1 条和第 2.2.2 条、现行国家标准《建筑结构可靠性设计统一标准》GB 50068 和《压缩天然气供应站设计规范》GB 51102—2016 第 7.1.1 条的规定支撑本条内容的实施。

燃气厂站内除尘器、过滤器、压缩机、膨胀机、冷箱、储罐、导热油炉、清管球收发装置和各种塔器等工艺设施的基础，以及调压计量间、压缩机间、灌瓶间、生产辅助用房和办公用房等的设计工作年限不应小于 50 年，且结构安全等级不应低于二级的要求。

4.1.5 燃气厂站边界应设置围护结构。液化天然气、液化石油气厂站的生产区应设置高度不低于 2.0m 的不燃性实体围墙。

【编制目的】

本条规定对燃气厂站尤其液态燃气厂站的围墙设置类型和设置高度提出了具体要求，目的是保证燃气厂站的运行安全。

【术语定义】

生产区：燃气厂站中，由燃气生产工艺装置及其建（构）筑物组成的区域。

【条文释义】

燃气厂站四周边界应设置围墙这是燃气厂站建设的最基本要求。设置围墙可以阻止无关车辆和人员进入站区，易于管理和保卫工作。对液化天然气、液化石油气厂站生产区的围墙提出要求，是考虑当厂站出现液化天然气、液化石油气泄漏事故，实体围墙作为最后保障，能阻挡事故的蔓延，另外因厂站围墙以外的明火无法控制，生产区设置高度不低于 2.0m 的不燃烧体实体围墙也是为了生产区的安全。

【实施要点】

执行过程中，可通过国家标准《城镇燃气设计规范》GB 50028—2006（2020 年版）第 9.2.7 条、《压缩天然气供应站设计规范》GB 51102—2016 第 5.1.3 条和 5.1.4 条、《液化石油气供应工程设计规范》GB 51142—2015 第 5.2.2 条的规定支撑本条内容的实施，也可参考下列要点：

（1）门站和储配站的四周边界应设置不燃烧体围墙。生产区应采用高度不低于 2.0m 的不燃烧体实体围墙；辅助区根据安全保障情况和景观要求，可设置不燃烧体非实体围墙。生产区与辅助区之间宜采用隔墙或栅栏隔开。

（2）压缩天然气加气站、压缩天然气储配站的四周边界应设置不燃烧体围墙。生产区围墙应采用高度不低于 2.0m 的不燃烧体实体围墙；辅助区根据安全保障情况和景观要求，可采用不燃烧体非实体围墙。生产区与辅助区之间宜采用围墙或栅栏隔开。压缩天然气瓶组供气站的四周边界应设置不燃烧体围墙，当采用非实体围墙时，底部实体部分高度不应小于 0.6m。

（3）液化石油气储存站、储配站和灌装站边界应设置围墙。生产区应设置高度不低于 2.0m 的不燃烧体实体围墙，辅助区可设置不燃烧体非实体围墙。

（4）液化天然气供应站四周边界应设置高度不低于 2.0m 的不燃烧体实体围墙。当液化天然气供应站的生产区设置高度不低于 2.0m 的不燃烧体实体围墙时，辅助区可设置非实体围墙，非实体围墙底部实体部分的高度不应小于 0.6m。

【背景与案例】

如某地拟建设一座液化天然气气化站，设计单位在进行总图布置时，应考虑生产区必须设置高度不低于 2.0m 的不燃性实体围墙（包括生产区和辅助区之间的分隔墙），而辅助区可结合城市景观需要设置栏杆或透空墙等非实体围墙，但非实体围墙的底部实体部分高度不应小于 0.6m。

4.1.6 燃气厂站内建筑物与厂站外建筑物之间的间距应符合防火的相关要求。

【编制目的】

本条规定目的是在燃气厂站选址及进行平面设计时，控制燃气厂站内各建（构）筑物与厂站外各类建（构）筑物之间的间距。

【条文释义】

燃气厂站的类别不同，安全性不同，执行的标准不同。同一类别燃气厂站，规模不同，建（构）筑物之间的防火间距也不同。燃气厂站内建（构）筑物和厂站外建（构）筑物之间按防火、防爆的要求控制足够的安全距离，是保障安全的重要措施。特别是厂站内外建（构）筑物在规划、建设时序上不协调时要严格管理。

【实施要点】

燃气厂站在选址和总平面图布置时，应根据厂站类别、站内建（构）筑物的内容及特性，依据城镇燃气相关标准的要求，确定厂站内各建（构）筑物与厂站外建（构）筑物之间的设计间距。

强制性国家工程规范《建筑防火通用规范》、《可燃物储罐、装置及堆场防火通用规范》对相关要求提出了底线性规定。具体到燃气输配场站、压缩天然气场站、液化石油气场站及液化天然气场站，执行过程中，可通过国家标准《城镇燃气设计规范》GB 50028—2006（2020 年版）第 6.5.2 条、第 6.5.5 条、第 6.5.12 条和第 9.2.4 条、《压缩天然气供应站设计规范》GB 51102—2016 第 4.2 章及《液化石油气供应工程设计规范》GB 51142—2015 第 5.2.8 条、第 5.2.9 条、第 5.2.14 条、第 5.2.16 条、第 5.2.20 条、第 6.1.3 条、第 6.1.7 条、第 6.1.12 条、第 7.0.4 条、第 7.0.7 条和第 8.0.4 条的规定支撑本条内容的实施，也可参考下列要点：

（1）对于天然气门站，生产区一般包括工艺装置区和放散总管（如果设置），生产辅助用房一般包括变配电仪控间、热水炉间（或锅炉房）等，选址和总图布置时，需结合上述建（构）筑物的功能和性质确定站内各建（构）筑物与站外各建（构）筑物的间距。

（2）设有储存设施的燃气厂站，生产区包括储气设施、工艺装置区和放散总管，有装卸车和燃气压缩功能的厂站还分别包括装卸车台和燃气压缩机房，生产辅助用房一般包括变配电间、仪控间、热水炉间（或锅炉房）、消防水池、消防水泵房、导热油设施等，故在选址和总图布置时，除需结合上述建（构）筑物的功能和性质确定站内各建（构）筑物与站外各建（构）筑物的间距，更需结合储气设施类型、单个储气设施的容积、数量、总储存容积确定站内储气设施与站外各建（构）筑物的间距。

【背景与案例】

某市一燃气公司拟建设一座液化天然气气化站，站内设有 8 台 150m^3 LNG 压力储罐，设计规模为 5 万 m^3/h、外供压力为

0.4MPa 的气化、调压、计量、加臭装置，以及相配套的辅助设施等。根据功能需求，该气化站除设有包括 8 台 150m³ LNG 压力储罐的储罐区，还需设有可燃介质工艺装置区、放散总管、消防水池、消防水泵房、门卫以及包括变配电间、热水炉间、控制室等辅助用房，在总图布局时，需依据国家标准《城镇燃气设计规范》GB 50028—2006（2020 版）第 9.2.4 条的规定，控制 LNG 储罐、天然气放散总管与站外建（构）筑物的防火间距，其他设施、建（构）筑物与站外建（构）筑物的间距应根据强制性国家工程规范《建筑防火通用规范》《可燃物储罐、装置及堆场防火通用规范》相关条款的要求控制与站外各建（构）筑物的间距。

4.1.7 不同介质储罐和相同介质的不同储存状态储罐应分组布置，组之间、储罐之间及储罐与建筑物之间的间距应根据储存介质特性、储量、罐体结构形式、维护操作需求、事故影响范围及周边环境等条件确定。

【编制目的】

本条规定了不同形式储罐和不同介质储罐布置的原则要求，目的是火灾发生时避免二次事故发生导致事故影响扩大化。

【术语定义】

储罐：用于储存燃气的钢质容器，设有进口、出口、安全放散口及检查口等。常用的燃气储罐形式有球罐、卧罐、立式圆筒罐等。

【条文释义】

不同介质储罐、相同介质不同储存状态储罐分开布置，一是为了管理方便，二是为安全。介质不同，特性不同。同一介质的状态不同，特性也不同，由于各种介质燃点和性质不同，设置在一起会增加防火和灭火难度，容易造成更大损失。此外，不同介质和相同介质不同状态的燃气储罐分组之间、储罐之间及储罐与建（构）筑物之间的间距，既要考虑防火、防爆的需要，还要保证正常维修使用的需要。

【实施要点】

强制性国家工程规范《建筑防火通用规范》《可燃物储罐、装置及堆场防火通用规范》对相关要求提出了底线性规定，具体到燃气输配厂站、压缩天然气厂站、液化石油气厂站及液化天然气厂站，执行过程中，可通过国家标准《城镇燃气设计规范》GB 50028—2006（2020 版）第 6.5.3 条、第 6.5.4 条、第 9.2.5 条、第 9.2.10 条和《压缩天然气供应站设计规范》GB 51102—2016 第 5.2.2 条、第 5.2.3 条、第 5.2.4 条、第 5.2.5 条、第 5.2.8 条、第 5.2.9 条和《液化石油气供应工程设计规范》GB 51142—2015 第 5.2.10 条、第 5.2.11 条、第 5.2.12 条的规定支撑本条内容的实施，也可参考下列要点：

(1) 固定容积天然气储罐的总储存容积大于 200000m^3 时，应分组布置。组与组之间的防火间距：卧式储罐，不应小于相邻较大罐长度的一半；球形储罐，不应小于相邻较大罐的直径，且不应小于 20m。压缩天然气总储存容积大于 200000m^3，应分组布置，储气井组与组之间的防火间距不应小于 20m。

(2) 全压力式液化石油气储罐区总储存水容积大于 3000m^3 时，应分组布置，组内储罐宜采用单排布置，组与组之间相邻储罐的净距不应小于 20m。

(3) 湿式储气罐之间、干式储气罐之间、湿式储气罐与干式储气罐之间的防火间距，不应小于相邻较大罐的半径。

(4) 固定容积天然气储罐之间以及液化石油气储罐与固定容积天然气储罐之间的防火间距，不应小于相邻较大罐直径的 2/3。

(5) 固定容积天然气储罐与低压燃气储罐之间、液化石油气储罐与低压燃气储罐之间的净距不应小于相邻较大罐的半径。

(6) 天然气储罐与储气井之间的防火间距不应小于 20m；总几何容积不大于 18m^3 时，固定式储气瓶组与气瓶车固定车位的防火间距不应小于 15m。

（7）全冷冻式液化石油气储罐与全压力式液化石油气储罐之间的防火间距不应小于相邻较大罐直径，且不应小于35m。

（8）当地下液化石油气储罐单罐容积小于或等于50m³，且总容积小于或等于400m³时，防火间距可减少50%执行。新建液化石油气储罐与原地下液化石油气储罐的间距（地下储罐单罐容积小于或等于50m³，且总容积小于或等于400m³时）也可减少50%。

（9）总储存水容积不大于2000m³的液化天然气储罐之间的净距不应小于相邻储罐直径之和的1/4，且不应小于1.5m；储罐组内的储罐不应超过2排。液化天然气储罐防护墙（堤）内不应设置其他可燃液体储罐。

（10）储罐与厂站内建（构）筑物之间的间距应根据储存介质特性、单罐储存规模及总储存规模储量、罐体结构形式，依据相关标准的要求确定，同时还要兼顾考虑维护操作的需求、事故影响范围及周边环境等因素。

【背景与案例】

对于燃气行业，不同介质储罐主要指液化石油气储罐、人工制气储罐以及天然气储罐这三类储罐；相同介质的不同储存状态储罐是指储存介质组分基本相同、而储存状态不同的储罐：对于天然气储罐，主要包括高压储罐、液化天然气储罐以及压缩天然气储罐（或储气井）；对于液化天然气储罐，根据储存压力不同，又分为常压低温储罐和低温压力储罐两种；对于液化石油气储罐，主要包括全压力储罐、半冷冻式储罐和全冷冻式储罐这三种；对于人工制气储罐，又包括湿式储气罐和干式储气罐两种。

储存介质特性主要包括状态、温度、密度等。

罐体结构根据结构形式，主要包括立式、卧式、球形等；根据敷设方式，又分为地上储罐和直埋储罐。

4.1.8 燃气厂站道路和出入口设置应满足便于通行、应急处置和紧急疏散的要求，并应符合表 4.1.8 的规定。

表 4.1.8　燃气厂站出入口设置

<table>
<tr><th>厂站类别</th><th>区域</th><th>对外出入口数量（个）</th><th>出入口的间距（m）</th></tr>
<tr><td rowspan="3">液化石油气储存站、储配站和灌装站</td><td rowspan="2">生产区</td><td>≥1</td><td>—</td></tr>
<tr><td>当液化石油气储罐总容积>1000m³时，≥2</td><td>≥50</td></tr>
<tr><td>辅助区</td><td>≥1</td><td>—</td></tr>
<tr><td>液化天然气供应站</td><td>生产区</td><td>当液化天然气储罐总容积>2000m³时，≥2</td><td>≥50</td></tr>
<tr><td>压缩天然气供应站</td><td>生产区</td><td>当压缩天然气供应站储气总容积>30000m³时，≥2</td><td>≥50</td></tr>
</table>

【编制目的】

本条规定了燃气厂站道路和出入口设置的要求，目的是发生事故时保证人员能够在短时间内撤离厂站。

【术语定义】

液化石油气储存站：由储存和装卸设备组成，以储存为主，并向灌装站、气化站和混气站配送转运液化石油气的专门场所。

液化石油气储配站：由储存、灌装和装卸设备组成，以储存液化石油气为主要功能，兼具液化石油气灌装作业为辅助功能的专门场所。

液化石油气灌装站：由灌装、储存和装卸设备组成，以液化石油气灌装作业为主要功能的专门场所。

液化天然气供应站：为城镇燃气用户提供液化天然气、气态天然气或其一，且具备天然气卸车、存储、液化、气化、气瓶灌装和装车等功能中某些功能的专门场所。一般包括天然气液化调峰站、液化天然气储配站、液化天然气气化站及其组合站。

【条文释义】

本条不仅规定了生产区出入口的数量，也对较大规模厂站生产区出入口的间距作出了规定，保证人员能够在短时间离开厂站。另外，此处要求设置的出入口是指直接通向市政道路的出入口。

【实施要点】

出入口设置应满足便于通行和紧急疏散的要求。

执行过程中，可通过国家标准《城镇燃气设计规范》GB 50028—2006（2020 版）第 9.2.9 条、《压缩天然气供应站设计规范》GB 51102—2016 第 5.1.2 条和《液化石油气供应工程设计规范》GB 51142—2015 第 5.2.3 条的规定支撑本条内容的实施，也可参考下列要点：

（1）门站和低压（高压）燃气储配站的生产区应至少设置 1 个对外出入口，总储存容积大于 20000m^3 的储配站的生产区宜设置 2 个对外出入口。

（2）一级、二级压缩天然气供应站应设 2 个对外出入口，三级压缩天然气供应站宜设 2 个对外出入口。

（3）液化石油气储存站、储配站和灌装站的生产区和辅助区至少应各设置 1 个对外出入口；对外出入口的设置应便于通行和紧急事故时人员的疏散，宽度均不应小于 4m。

（4）液化天然气气化站的生产区和辅助区至少应各设置 1 个对外出入口。

（5）对外出入口的设置应便于通行和紧急事故时人员的疏散。

【背景与案例】

某市拟建设一座液化天然气储配站，总储存规模为 3000m^3，在总图布局时，该站分生产区和生产辅助区，根据本条要求，生产区至少设 2 个直接通向市政道路的出入口。因用地紧张，生产区其中一个出入口只能和生产辅助区的主入口一起设置，需要在生产区和辅助区之间通过设置不低于 2m 的实体围墙进行分隔，以保证两个区域通行各自顺畅、互不干扰。

4.1.9 燃气相对密度大于等于 0.75 的燃气厂站生产区内不应

设置地下和半地下建（构）筑物，寒冷地区的地下式消火栓设施除外；生产区的地下排水系统应采取防止燃气聚集的措施，电缆等地下管沟内应填满细砂。

【编制目的】

本条规定目的是防止燃气相对密度大于等于0.75的液化石油气、液化天然气闪蒸气（BOG）气体积存，避免事故隐患。

【条文释义】

气态液化石油气的密度约为空气的2倍，天然气温度在－112℃以下时，密度大于空气密度。如果液化石油气或液化天然气大量泄漏，会在低洼处积存，不利于事故抢险和消除事故隐患。防止液化石油气或液化天然气聚集的措施：通常做法是将沟内填满中性砂。

【实施要点】

相对密度大于或等于0.75的燃气厂站生产区内不应设置地下和半地下建（构）筑物。执行过程中，可通过国家标准《城镇燃气设计规范》GB 50028—2006（2020版）第9.5.5条和《液化石油气供应工程设计规范》GB 51142—2015第5.2.4条的规定支撑本条内容的实施。

4.1.10 液态燃气的储罐或储罐组周边应设置封闭的不燃烧实体防护堤，或储罐外容器应采用防止液体外泄的不燃烧实体防护结构。深冷液体储罐的实体防护结构应适应低温条件。

【编制目的】

本条规定目的是防止液化天然气和液化石油气外泄、蔓延。

【术语定义】

防护堤：用于防止液化天然气、液化石油气或易燃制冷剂事故溢出的围挡设施，也称拦蓄堤或围堰。

深冷液体储罐：包括全冷冻液化石油气储罐和低温液化天然气储罐。

【条文释义】

设置封闭的不燃烧体实体防护堤是防止储罐或与储罐相连接管道发生破坏时，事故影响范围扩大，同时，避免泄漏的液态液化石油气或液化天然气外溢而造成更大的事故。

【实施要点】

执行过程中，可通过国家标准《城镇燃气设计规范》GB 50028—2006（2020 版）第 9.2.10 条和《液化石油气供应工程设计规范》GB 51142—2015 第 5.2.11 条的规定支撑本条内容的实施。

在实际工程建设中，当液化天然气或低温液化石油气采用双层储罐，外罐为不燃烧实体防护结构，且能容纳内罐破裂后溢出的液化天然气或低温液化石油气时，可不设单独的防护堤。

【背景与案例】

设置防护堤时，当在防护堤处或堤内低温储罐设置了防止储罐泄漏或火灾的设施时，防护堤内的有效容积不应小于防护堤内最大储罐的容积；当未设置防止储罐泄漏或火灾的设施时，有效容积不应小于防护堤内所有储罐的总容积。

防护堤内的有效容积是指防护堤内的容积减去积雪、其他储罐和设备等占有的容积和裕量。

4.1.11 燃气厂站内的建（构）筑物应结合其类型、规模和火灾危险性等因素采取防火措施。

【编制目的】

本条规定是对厂站内建（构）筑物安全防火控制的原则性要求，目的是保证燃气厂站的安全稳定运行。

【条文释义】

燃气厂站气源不同、功能不同，需配套建设的建（构）筑物也各不相同，相应防火要求也不相同，具体体现在防火间距、建筑防火、消防设施及防爆等方面的要求不同。同时燃气厂站在正常生产和运维中，也需要采取防火措施。

【实施要点】

厂站内消防系统和灭火器材的确定应按强制性国家工程规范执行。各建（构）筑物的防火措施应符合强制性国家工程规范《建筑防火通用规范》、《可燃物储罐、装置及堆场防火通用规范》和《消防设施通用规范》的规定，并通过国家现行标准《城镇燃气设计规范》GB 50028、《压缩天然气供应站设计规范》GB 51102、《液化石油气供应工程设计规范》GB 51142、《城镇燃气输配工程施工及验收规范》CJJ 33 和《城镇燃气设施运行、维护和抢修安全技术规程》CJJ 51 的规定支撑本条内容的实施，也可参考下列要点：

（1）低压（高压）燃气储配站、总几何容积大于等于 $500m^3$ 压缩天然气供应站、总储存容积大于等于 $500m^3$ 的液化石油气储存站、储配站和灌装站以及液化调峰站、液化天然气储配站、液化天然气常规气化站的生产区应设置环形消防车道，消防车道宽度不应小于 3.5m，纵向坡度不应大于 6%，消防回车场及消防车道应满足消防车辆最小转弯半径的要求，同时消防车道的做法应符合现行国家标准《建筑设计防火规范》GB 50016 的有关规定。

（2）总几何容积小于 $500m^3$ 压缩天然气供应站、总储存容积小于 $500m^3$ 的液化石油气储存站、储配站和灌装站以及液化调峰站、液化天然气储配站、液化天然气常规气化站的生产区可设置尽头式消防车道和面积不小于 12m×12m 的回车场地。

（3）门站、低压（高压）燃气储配站内露天工艺装置区边缘距明火或散发火花地点不应小于 20m，距办公、生活建筑不应小于 18m，距围墙不应小于 10m，与站内生产建筑的间距按工艺要求确定。

（4）具有爆炸危险场所的建筑物应符合现行国家标准《建筑设计防火规范》GB 50016 中“甲类生产厂房”的有关规定；耐火等级不应低于现行国家标准《建筑设计防火规范》GB 50016 对“耐火等级二级”的有关规定；门窗应向外开；建筑

应采取泄压措施，设计应符合现行国家标准《建筑设计防火规范》GB 50016 的有关规定；当生产用房内燃气密度大于或等于 0.75 时，生产用房应采用不发生火花地面。采用绝缘材料作整体面层时，应采取防静电措施。

（5）设有消防水系统时，消防水源应可靠；燃气厂站在同一时间内的火灾次数应至少按一次考虑，消防水池容量的确定应符合现行国家标准《建筑设计防火规范》GB 50016 和《消防给水及消火栓系统技术规范》GB 50974 的有关规定；消防水池应有防止被污染的措施。当火灾情况下能保证连续向消防水池补水时，其容量可减去火灾延续时间内的补水量，但消防水池的有效容积不应小于 $100m^3$，当仅设有消火栓系统时，不应小于 $50m^3$。消防水池应有就地水位显示，并应在控制室或值班室对消防水池的水位进行监控，并应设置高、低液位报警。严寒和寒冷地区的消防水池、消防给水管、消火栓、阀门井等应采取可靠的防冻措施。当室外消防用水量大于 20L/s 时，室外消防给水管网应采用环状管网，并应采用阀门将环状管网分成若干独立管段，每段内消火栓的数量不宜超过 5 个。向环状管网供水的输水干管不应少于 2 条，当其中一条发生故障时，其余的输水干管仍应能满足消防用水总量的供给要求。消防水泵应采用自灌式吸水，当消防水池处于低液位不能保证消防水泵再次自灌启动时，应设置辅助引水措施；消防水泵应能依靠管网压降信号自动启动，并应确保自接到启泵信号到消防水泵正常运转的时间不大于 2min。室外消火栓宜选用地上式消火栓，其大口径的出水口应面向道路；当设在可能受到撞击的地点时，应采取防护措施。当采用地下式消火栓时，应有明显的永久性标志。

（6）站内爆炸危险场所的电力装置设计应符合现行国家标准《爆炸危险环境电力装置设计规范》GB 50058 的规定；站内供配电及控制电缆的选择与敷设应符合现行国家标准《电力工程电缆设计标准》GB 50217 和《建筑设计防火规范》GB 50016 的有关规定。当在防爆区域内采用电缆沟方式敷设电缆时，电缆沟内应填砂。

(7) 具有爆炸危险场所的建筑，承重结构应采用钢筋混凝土或钢框架、钢排架结构。钢框架和钢排架应采用防火保护层。

(8) 甲类生产用房采用机械通风方式时，送、回风系统应采用防爆型的通风设备。

(9) 甲、乙类生产用房内供暖管道和设备的绝热材料应采用不燃材料，其他建筑宜采用不燃材料，不得采用可燃材料。

(10) 站内建筑物灭火器的配置应符合现行国家标准《建筑灭火器配置设计规范》GB 50140 的有关规定。

(11) 燃气厂站内的仪表选型应满足工艺参数、安装环境、控制水平等要求，自动控制系统的设置应满足站内正常生产及开停车的要求。仪表选型应符合现行行业标准《石油化工自动化仪表选型设计规范》SH/T 3005 或《自动化仪表选型设计规范》HG/T 20507 的有关规定。设置在爆炸危险区域的仪表还应符合现行国家标准《爆炸危险环境电力装置设计规范》GB 50058 的有关规定。

(12) 燃气厂站应至少设置 1 台直通外线的电话。在爆炸危险场所应使用防爆型电话。

(13) 厂站在施工过程中，应遵守国家和地方有关安全、防火等有关方面的规定。

(14) 燃气厂站检修、维修、抢修时，在进入燃气调压室、压缩机房、计量室、瓶组气化间等场所作业时，当维修电气设备时，应切断电源；带气检修维护作业过程中，应采取防爆和防中毒措施，不得产生火花。

(15) 消防设施和器材的管理、检查、维修和保养等应设专人负责，并应定期对其进行检查和补充，消防设施周围不得堆放杂物。消防通道的地面上应有明显的安全标志，并保持畅通无阻。

(16) 不得携带火种、非防爆型无线通信设备进入厂站内生产区，未经批准不得在厂站内生产区从事可能产生火花性质的操作。

4.1.12 燃气厂站具有爆炸危险的建（构）筑物不应存在燃气聚积和滞留的条件，并应采取有效通风、设置泄压面积等防爆措施。

【编制目的】

本条规定目的是防止燃气和其他有害气体在建（构）筑物内聚积和滞留，从而引发事故。

【条文释义】

由于建筑结构存在爆炸危险性气体有可能聚集的死角，为避免出现因生产过程中的天然气或其他可燃介质泄漏、聚集而引发事故的情况。因此当放散气体的相对密度小于或等于0.75，视为比室内空气轻，或虽室内空气重但建筑内放散的显热全年均能形成稳定的上升气流时，为防止聚集，宜从房间上部区域排出；当放散气体的相对密度大于0.75，视为比室内空气重，且建筑物内放散的显热不足以形成稳定的上升气流而沉积在下部区域时，为防止聚集，宜从下部区域排出总排风量的2/3，上部区域排出总排风量的1/3。吸风口布置在有爆炸危险物质或有害物质浓度最大的区域，一是为了合理组织室内气流，避免使含有大量有爆炸危险物质或有害物质的空气流入没有或仅有少量有害物质的区域；二是为了提高全面排风系统的效率，创造较好的劳动条件。

【实施要点】

有爆炸危险的建（构）筑物内不应存在燃气聚积和滞留的死角，严禁在厂房内直接放散燃气和其他有害气体。

执行过程中，可通过国家标准《城镇燃气设计规范》GB 50028—2006（2020年版）第9.6.2条和《液化石油气供应工程设计规范》GB 51142—2015第5.2.4条、第7.0.2条、第7.0.10条、第10.1.1条、第10.1.2条和第10.2.2条的规定支撑本条内容的实施，也可参考下列要点：

（1）液化石油气供应站不得设置在地下或半地下建筑上。

（2）液化天然气厂站在蒸发气体比空气重的地方，应在蒸发气体聚集最低部位设置通风口。

（3）设有可燃介质工艺设备的建（构）筑物应有良好的通风措施，机械通风系统应采用防爆型设备，并应与可燃气体检测报警系统联锁。正常通风量应按房屋全部容积换气次数不小于 6 次/h 确定。

（4）燃气热水炉间或锅炉房、燃气发电机房应设置通风设施，正常通风量应按换气次数不小于 6 次/h 确定。风机应选用防爆型。当采用机械通风时，机械通风设施应设置导除静电的接地装置。

（5）制冷机房事故排风口的高度宜按制冷剂的种类确定。氟制冷机房应分别计算通风量和事故通风量；当机房内设备放热量的数据不全时，通风量可按照 4 次/h～6 次/h 确定。

（6）非供暖地区燃气厂站具有爆炸危险的建筑物宜采用敞开式、半敞开式的钢筋混凝土框架结构或钢结构，顶棚宜采用隔热、防雨、不燃的轻质材料。

【背景与案例】

建（构）筑物设计时应采取能有效防止可燃蒸气积聚的措施，如顶棚应尽量平整、避免死角、厂房上部空间通风良好等。如果由于建筑结构存在爆炸危险性气体有可能聚集的死角，在结构允许的情况下，在结构梁上设置连通管进行导流排气，或其他导流设施，以避免事故发生。

设有可燃介质工艺设备的建（构）筑物、燃气锅炉房、燃气发电机房等应设置事故通风系统。事故通风宜由经常使用的通风系统和事故通风系统共同保证，在发生事故时，应能保证提供所需的事故通风量。事故通风量宜根据工艺设计条件通过计算确定，且换气次数不小于 12 次/h。事故通风的吸风口应设在爆炸危险物质放散量可能最大或聚集最多的地点。对事故排风的死角处应采取导流措施。当工作场所设置有爆炸危险气体检测及报警装置时，事故通风装置应与报警装置联锁；当爆炸危险性气体浓度达到爆炸下限（体积分数）的20%时，应能自动启动事故通风的风机。事故通风的通风机，应分别在室内及靠近外门的外墙上设置电气开关。对于防爆的事故通风设备，当设备停止运行会造成安全事故或仅允许设备短时间停止运行时，应设置备用设备。备用设备的性能应与最大一台事故通风设备的性能一致。

另外，燃气厂站设置放空总管时，管口应高出距其25m范围内的建（构）筑物2m以上，且距地面高度不得小于10m；压缩机、分离器、过滤器等工艺设备的操作放散、检修放散、安全放散的就地放散管管口应高出距其10m范围内的建（构）筑物或露天设备平台2m以上，且距地面高度不得小于5m。

4.1.13 燃气厂站内的建（构）筑物及露天钢质燃气储罐、设备和管道应采取防雷接地措施。

【编制目的】

本条规定目的是避免雷电引起燃气厂站安全生产事故的发生。

【条文释义】

建（构）筑物及露天钢质燃气储罐、设备和管道采取防雷接地措施主要是将雷电通过接地装置泄入大地，避免事故发生。依据现行国家标准《建筑物防雷设计规范》GB 50057中建筑物的防雷分类，工业企业内有爆炸危险的露天钢质封闭储罐和建（构）筑物划为第二类防雷建筑物，其防雷接地措施按现行国家标准《建筑物防雷设计规范》GB 50057“第二类防雷建筑物”的规定执行。

另外，进入燃气厂站的运输车应按照要求停车入位，并应采取静电接地措施。

【实施要点】

燃气厂站内的储罐、可燃介质工艺装置、生产区的罩棚、有封闭外壳的橇装工艺设备和压缩机室、调压计量室等有爆炸危险的生产厂房应有防雷接地设施，且站内防雷设施应处于正常运行状态。

对于露天设置、壁厚不小于4mm架空钢质燃气管道或壁厚不小于2.5mm其他介质的钢质管道，可利用其作为接闪器。当利用管道支柱作为接地引下线时，间距不应大于18m；当个别间距大于18m但平均间距不大于18m时，应将支柱间距作为引下线间距。每根引下线的冲击接地电阻不宜大于10Ω。

架空并行敷设的钢质燃气管道，当净距小于100mm时，应采用金属线跨接，跨接点间距不应大于30m。当交叉净距小于100mm时，其交叉处也应跨接。

燃气厂站内建（构）筑物防雷装置的接地（独立接闪装置的接地装置除外）、防静电接地、电气和电子信息系统接地等应共用接地装置，接地电阻应取其中最小值，且不宜大于4Ω。单独设置的工艺装置，接地电阻不宜大于100Ω。地上或管沟敷设的金属管道始末端应做接地连接，接地电阻不宜大于100Ω。

为保证站内防雷设施处于正常运行状态，每年雨季前应对接地电阻进行检测，其接地电阻值应符合设计要求；防静电装置每年检测不得少于2次。

厂站内其他建（构）筑物的防雷分类和防雷措施可通过现行国家标准《建筑物防雷设计规范》GB 50057的规定支撑本条内容的实施。自控系统的防雷措施可通过现行国家标准《建筑物电子信息系统防雷技术规范》GB 50343的规定支撑本条内容的实施。燃气厂站防雷设施的运行维护可通过现行行业标准《城镇燃气设施运行、维护和抢修安全技术规程》CJJ 51的规定支撑本条内容的实施。

4.2 工　　艺

4.2.1 燃气厂站的生产工艺、设备配置和监测控制装置应符合安全稳定供气、供应系统有效调度的要求，且应技术经济合理。

【编制目的】

本条对燃气厂站的工艺流程、设备选择和仪表控制系统的功能提出了最基本要求，目的是保证燃气厂站满足安全稳定供气和有效调度的要求。

【条文释义】

燃气厂站是燃气系统的重要组成部分，燃气系统最重要的就是安全稳定供气并具备系统调度的条件，所以要求厂站工艺方案的确定、设备选型和仪表控制设备的配置时，要以保证安全、稳定供气为根本，兼顾燃气系统调度要求和技术经济合理。

【实施要点】

燃气厂站工艺和设备能力应适应输配系统的输配气能力和调度、调峰的要求，同时还需兼顾智能化管理的需求。执行过程中，可通过现行国家标准《城镇燃气设计规范》GB 50028、国家标准《压缩天然气供应站设计规范》GB 51102—2016 第6.2.1条和第6.2.23条和《液化石油气供应工程设计规范》GB 51142—2015的规定支撑本条内容的实施。

【背景与案例】

根据国家标准《城镇燃气设计规范》GB 50028—2006（2020版）第6.1.3A条的规定，城镇燃气应具有稳定可靠的气源和满足调峰供应、应急供应等的气源能力储备。燃气作为城乡发展的重要基础设施，保证稳定供应是基本要求，也是社会稳定的根本需要。《国务院关于促进天然气协调稳定发展的若干意见》（国发〔2018〕31号）也把确保民生用气稳定供应作为总体目标。

燃气厂站作为燃气气源的供应主体，肩负着保供气安全、保供气稳定的重要作用，故在主要工艺方案的确定、设备的选型和配置以及厂站监测控制系统的合理配置时，应在兼顾技术性的基础上，要考虑能满足正常供气的同时，还需要具有可调节性，以满足燃气系统的调度需要。

4.2.2 燃气厂站内燃气管道的设计工作年限不应小于30年。

【编制目的】

本条规定了燃气厂站内燃气管道的设计工作年限。

【术语定义】

设计工作年限：设计规定的结构或结构构件不需进行大修即可按预定目的使用的时间。

【条文释义】

燃气厂站内燃气管道的设计工作年限是对管道耐久性的要求，站内常温燃气管道一般采用碳素钢管，低温液化天然气管道采用不锈钢管。根据国内外工程建设运行经验，不锈钢管道和腐蚀控制良好的碳素钢管道正常运行状况下寿命可超过30年。

本条规定厂站内燃气管道的设计工作年限不应小于30年与《规范》和国家现行相关标准中对燃气输配管道的设计工作年限的要求是一致的。但该设计工作年限数值是最低要求，厂站内主要工艺设施的设计工作年限宜与所在主要建（构）筑物的结构安全等级相协调。

【实施要点】

管道设计工作年限并不等同于判废年限，是否合于继续使用应根据管道运行和检验情况评估确定。为使站内燃气管道达到本条规定的工作年限，设计阶段应合理选材、按规范要求设计，精心组织建设施工，运行使用期间应按相关标准的要求进行维护。燃气厂站内属于压力管道监督管理范畴的燃气管道，还应按照现行特种设备安全技术规范《压力管道定期检验规则——工业管道》TSG D7005的要求进行年度检查和定期检验，根据安全状况等级综合评定确定是否继续使用。

4.2.3 设备、管道及附件的连接采用焊接时，焊接后的焊口强度不应低于母材强度。

【编制目的】

本条规定对焊接接口的强度提出了基本的指标性要求，目的是保证焊口的焊接质量。

【术语定义】

焊接：把金属工件加热，使接合物表面成为塑性或流体从而接合成一体的管道连接方式。包括气焊、电焊、冷焊等方式。

【条文释义】

焊口是管道整体质量的重要控制点。钢管焊口强度不低于母材强度是工业金属管道的通用要求。母材强度是设备、管道设计的依据，材料选型是在满足设计工作条件前提下进行的，因此为保证整个设备、管道能够在设计条件下正常工作，要求焊接连接的焊口强度必须等于或高于母材强度。焊接同种钢材时，所选用焊缝金属的性能和化学成分一般应与母材相当。限制焊接材料中易偏析元素和有害杂质的含量，合理选择焊缝金属的合金成分，可提高焊缝的抗裂性能和脱渣性能。

【实施要点】

管道焊接材料应根据工作条件、物理性能、化学成分、接头形式等因素确定，应选用抗裂纹能力强、脱渣性好的材料。

特种设备安全技术规范《压力管道安全技术监察规程——工业管道》TSG D0001—2009 第六十二条、第六十三条规定了工业管道焊接工艺、焊接材料等的基本要求。

国家标准《压力管道规范　工业管道　第 4 部分：制作与安装》GB/T 20801.4—2020 第 7.1.2 条、第 7.2.1 条规定了工业管道焊接工艺评定、冲击试验、焊接材料选用等要求。

4.2.4　燃气厂站应根据应急需要并结合工艺条件设置全站紧急停车切断系统。当全站紧急停车切断故障处理完成后，紧急停车切断装置应采用人工方式进行现场重新复位启动。

【编制目的】

本条规定目的是保证燃气厂站的运行安全。

【术语定义】

紧急停车切断装置：使阀门或设备在紧急情况下迅速切断或

停止运行的装置。

【条文释义】

燃气厂站设置紧急切断装置，可以在事故（火灾、超压、泄漏等）发生初期，迅速切断主要工艺动力设备的电源并关闭厂站重要的工艺管道阀门，阻止事态进一步扩大，是重要的安全防护措施。“紧急停车切断装置应只能现场人工复位”是为了防止系统误动作，一般紧急停车切断装置启动后必须要人工确认工艺设施恢复正常后，方可手动复位。紧急停车切断装置可与厂站控制系统合并设置。

为保证厂站全站紧急停车切断装置的稳定、可靠，应定期进行检查和维护。

【实施要点】

执行过程中，厂站燃气报警控制系统的设计、安装、验收、使用和安装可通过现行行业标准《城镇燃气报警控制系统技术规程》CJJ/T 146 的规定支撑本条内容的实施。紧急停车切断装置的设置可通过国家现行标准《城镇燃气设计规范》GB 50028、《压缩天然气供应站设计规范》GB 51102、《液化石油气供应工程设计规范》GB 51142 和《城镇燃气设施运行维护和抢修安全技术规程》CJJ 51 的规定支撑本条内容的实施。

紧急停车切断装置的设置也可参考下列要点：

（1）在事故状态下，应能够迅速切断设备电源、关闭重要的工艺阀门。

（2）全站紧急停车的启动装置应设置在控制室（或值班室）或现场疏散口处，现场紧急停车按钮应设置在距被保护设备 15m 外且易于操作之处，并应注明其功能；全站紧急停车切断装置的设置应根据工艺流程、应急需要和关闭程序进行设计。

（3）进、出站燃气管道的紧急停车切断装置应在控制室设置启动装置。

（4）储气罐、装卸车的紧急停车切断装置应在就地和控制室设置启动装置，并应同时联锁对应工作压缩机、泵等紧急停机。

（5）每台压缩机、泵紧急停车启动装置应在就地和控制室设置。

（6）紧急停车装置应设计为故障安全型。

（7）紧急停车装置应只能现场人工复位。

（8）应定期对全站紧急切断装置进行检查和维护。

4.2.5 燃气厂站内设备和管道应按防止系统压力参数超过限值的要求设置自动切断和放散装置。放散装置的设置应保证放散时的安全和卫生，不得在建筑物内放散燃气和其他有害气体。

【编制目的】

本条规定对燃气厂站内设备和管道出现超压情况时的保护措施和保护装置提出了要求。

【条文释义】

在设备和天然气管道上设置切断阀、紧急切断阀、安全阀，当某种原因使控制点的压力超过设定值时，自动将燃气气源切断或将超压燃气排放至大气，是事故状态下的保护措施，可以避免事故扩大。为保障放散时的安全和卫生，需要在设计时合理确定放散管的高度及其与建筑物之间的距离。切断阀设置的地点应在安全位置，事故情况下应便于操作，能够快速切断气源，并应避开事故多发区。

【实施要点】

燃气厂站内设备和管道应设置放散和切断装置。

执行过程中，可通过现行国家标准《城镇燃气设计规范》GB 50028、《液化石油气供应工程设计规范》GB 51142 和《压缩天然气供应站设计规范》GB 51102 的规定支撑本条内容的实施。

国家标准《城镇燃气设计规范》GB 50028—2006（2020 年版）第 6.5.7 条、第 9.2.12 条、第 9.4.7 条、第 9.4.10 条、第 9.4.11 条、第 9.4.12 条、第 9.4.13、第 9.4.15 条、第 9.4.16 条、第 9.4.21 条规定了门站和储配站、液化天然气厂站切断、

安全放散、集中放散等的相关安全保护措施要求。

国家标准《液化石油气供应工程设计规范》GB 51142—2015 第 9.3.5 条、第 9.3.7 条、第 9.3.9 条规定了液化石油气储罐接管、气液分离器、缓冲罐、气化器等的安全阀和放散管的配置要求。

国家标准《压缩天然气供应站设计规范》GB 51102—2016 第 6.2.6 条、第 6.2.7 条规定了压缩天然气供应站切断阀、安全阀、放散管等工艺安全保护装置的设置要求。

【背景与案例】

某市超高压天然气管网门站进出口管道上设置气液联动紧急切断阀，在事故状态下可以实现紧急切断。站内调压装置采用串联监控工艺方案，监控调压器和主调压器串联，调压器选用自力式调压器，监控调压器安装在主调压器的上游，监控调压器上游设有超压切断阀。当主调压器出现故障时，监控调压器投入工作状态，保证系统下游不超压，维持下游的正常供气。超压切断阀是压力安全系统中第二级安全装置，设置在监控调压器上游，当测量值大于设定值时切断供气管路并发出报警信号，以保证下游设施的安全。

为保护站内各承压设备和管道超压泄放的需要，对可能超压的设备、管道设置安全阀及放散系统，以保证安全。站内过滤器、调压器、流量计、集气管、收发球筒等工艺设备或管道检修维护时，可通过设置的手动放散阀进行放散。工艺系统的各放散口汇总至放散总管进行集中放散，集中放散管设置在站内的室外独立区域，与站内外其他建（构）筑物的间距按规范要求进行控制。集中放散管管径 $DN200$，满足最大放空量要求，材质为 16Mn、高度 20m 且高于邻近建筑 2m 以上。放散管底部弯管和相连接的水平管道埋地敷设，出地面前的弯管处设固定墩锚固。

4.2.6 进出燃气厂站的燃气管道应设置切断阀门。燃气厂站内外的钢质管道之间应设置绝缘装置。

【编制目的】

本条规定对燃气厂站进出站管道阀门和绝缘装置的设置提出了要求。

【条文释义】

燃气进出厂站管道设置切断阀门，作用是发生事故或故障时能及时切断燃气，是防止事故扩大的一种安全措施。燃气进出站管道设置绝缘装置，主要考虑是将站内管道与站外采用阴极保护防腐的钢质输配管道之间进行绝缘隔离；当站内埋地管道采取阴极保护措施时，还可防止阴极保护系统站内外的干扰，延长管道使用寿命。

【实施要点】

阀门应能实现进出站管道的切断。钢质管道站内外防腐及阴极保护做法不同，故要求设置绝缘装置。

执行过程中，可通过现行国家标准《城镇燃气设计规范》GB 50028 和《压缩天然气供应站设计规范》GB 51102 的规定支撑本条内容的实施。

国家标准《城镇燃气设计规范》GB 50028—2006（2020 年版）第 6.5.7 条、《压缩天然气供应站设计规范》GB 51102—2016 第 6.2.11 条分别规定了门站和储配站、压缩天然气加气站和储配站进出站管线切断阀门设置的要求。

【背景与案例】

某市燃气运行单位建设天然气门站接收上游长输管线气源，进站管道为 *DN*150 钢管、压力 3.0～4.5MPa；经过滤、计量、调压后向城市管网供气，其中一级调压至 1.6MPa，接 *DN*500 次高压钢管出站；二级调压至 0.35MPa，接 *DN*450 中压钢管出站，出站后经钢塑转换接头过渡后接 *dn*450 市政中压 PE 管道。

进站管道分别设置电动球阀，可通过站内 ESD 系统实现紧急切断，也可与工艺监控超限报警信号或泄漏报警、火灾报警等信号联锁切断，并具备通过 SCADA 系统由调度中心进行远程切断的功能，对保证厂站工艺安全和生产调度具有重要作用。

进站钢管设置 Class300 *DN*150 绝缘接头，出站次高压钢管设置 Class150 *DN*500 绝缘接头，绝缘接头选择整体型直埋式。中压钢管出站后经钢塑转换接头过渡为 PE 管材，不需要设置绝缘接头。由于次高压管道采取了外加电流阴极保护，与站内管道采取绝缘措施后能够防止阴极保护电流流失，且为了防止绝缘接头遭受雷电高电压冲击而受损，采用成双的锌合金阳极构成接地电池，保护绝缘接头。

4.2.7 液化天然气、液化石油气液相管道上相邻两个切断阀之间的封闭管道应设安全阀。

【编制目的】

本条规定目的是防止两个切断阀之间的封闭液相管道超压造成事故。

【条文释义】

液化石油气和液化天然气液相管道形成封闭管段的两个切断阀之间设置管道安全阀，是为了防止两个阀门关断后，介质吸热膨胀超压破坏管道而发生泄漏事故。

【实施要点】

执行过程中，可通过现行国家标准《城镇燃气设计规范》GB 50028 和《液化石油气供应工程设计规范》GB 51142 的规定支撑本条内容的实施。

国家标准《城镇燃气设计规范》GB 50028—2006（2020 年版）第 9.4.7 条和国家标准《液化石油气供应工程设计规范》GB 51142—2015 第 5.3.19 条分别规定了液化天然气和液化石油气液相管道可能形成封闭的管段上安全泄放装置设置的相关要求。

4.2.8 压缩天然气、液化天然气和液化石油气运输车在充装或卸车作业时，应停靠在设有固定防撞装置的固定车位处，并应采取防止车辆移动的措施。装卸系统上应设置防止装卸用管拉脱的联锁保护装置。

【编制目的】

本条规定目的是保证车辆在充装或卸车作业时的安全。

【条文释义】

压缩天然气、液化石油气及液化天然气气瓶车或运输车在固定车位停靠对中后，可采用车带固定支柱等设施进行固定，固定设施必须牢固可靠，在充装作业中严禁移动车辆以确保充装安全。装卸车装置是燃气厂站与气瓶车或运输车相连进行压缩天然气、液化石油气及液化天然气装卸的重要工艺设备，且为事故多发环节，装卸管上设置拉断阀是防止万一发生误操作将其管道拉断而引起大量压缩天然气、液化石油气或液化天然气泄漏。

另外，为保证厂站装卸设施可靠，应对包括万向充装装置、装卸软管及拉断阀等的装卸装置定期进行检查、检验和维护，有老化或损伤时应及时更换。

【实施要点】

执行过程中，可通过国家标准《压缩天然气供应站设计规范》GB 51102—2016 第 5.1.6 条、第 5.1.7 条和第 6.2.9 条、《液化石油气供应工程设计规范》GB 51142—2015 第 5.2.6 条和第 5.3.14 条及行业标准《城镇燃气设施运行、维护和抢修安全技术规程》CJJ 51－2016 的规定支撑本条内容的实施，也可参考下列要点：

（1）运输车在充装或卸车作业时应停靠在设有固定防撞装置的固定车位处，并应有防止车辆移动的有效措施。在连接装卸车装置前，运输车必须处于制动状态。

（2）液化石油气汽车槽车装卸、液化天然气运输车充装应采用万向充装管道系统；当采用奥氏体不锈钢波纹软管卸车时，其设计爆裂压力不应小于系统最高工作压力的 5 倍。

（3）装卸系统上应设置防止装卸用管拉脱的联锁保护装置。采用拉断阀时，拉断阀的拉断力应为 800～1400N。

（4）装卸操作应符合下列规定：

1）应检查连接部位，密封应良好，自动、联锁保护装置应正常，接地应良好；

2）接好装卸装置时，操作人员不得面对阀门；

3）与作业无关人员不得在附近停留；

4）充装压力不得超过气瓶的设计工作压力；

5）雷电天气、附近发生火灾、有燃气泄漏、压力异常及存在其他不安全因素时，不得进行装卸车作业。

（5）装卸完成，应关闭阀门，在卸除装卸装置后，运输车方可启动。

（6）应对包括万向充装装置、装卸软管及拉断阀等的装卸装置定期进行检查、检验和维护，有老化或损伤时应及时更换。

【背景与案例】

在压缩天然气、液化天然气和液化石油气厂站的可燃介质管道系统，除运输车和厂站内设置的装卸口连接为可拆卸口外，其余均为固定的焊接接口或法兰接口，焊口的强度、法兰的密封性能均通过验收，且能满足厂站的正常运行，在厂站运行中，即使出现泄漏，也只能是微小泄漏，也能通过站内设置的可燃气体报警装置及关断系统发现和处置，而可拆卸口处如果出现管道拉脱事故，则会出现大量泄漏，影响大，虽然厂站可通过装卸系统上设置的阀门切断，但对于运输车，不是所有的车辆自带紧急切断阀，而且即使带紧急切断阀，也需要在运输车驾驶室操作，泄漏量大的时候可能会存在无法进入驾驶室操作的情况，故本条提出运输车在充装或卸车作业时，除了应停靠在设有固定防撞装置的固定车位，采取防止车辆移动的措施，还需在装卸系统上设置防止装卸用管拉脱的联锁保护装置，以保证装卸过程的安全。

4.2.9 向液化天然气和液化石油气槽车充装时，不得使用充装软管连接。

【编制目的】

本条规定目的是保证液态燃气充装工作的安全。

【条文释义】

根据《国务院安委会办公室关于进一步加强危险化学品安全生产工作的指导意见》（安委办〔2008〕26号）的要求，在危险化学品槽车充装环节，推广使用万向充装管道系统代替充装软管，禁止使用软管充装液氯、液氨、液化石油气、液化天然气等液化危险化学品，故本条提出不得使用充装软管连接的要求。

万向管道装卸臂充装系统是由多个旋转接头、多节管径相同或不同、长短不一的管道、管件、球阀、法兰、快装接头、松套法兰、防静电装置、弹簧缸平衡装置等组成的管道系统，可实现一组管道在三维空间完成指定动作。在工作使用中如有静电发生，金属能导电消除静电。同时，可避免在充装过程中胶管因吸热（放热）产生冻（灼）伤。

【编制依据】

《国务院安委会办公室关于进一步加强危险化学品安全生产工作的指导意见》（安委办〔2008〕26号）

【实施要点】

液化石油气汽车槽车、液化天然气运输车充装应采用万向充装管道系统，并应设置拉断阀。

【背景与案例】

某市燃气公司拟建一座液化天然气、液化石油气合建的综合储配站，站内设有液化天然气、液化石油气的装车外运功能，则根据本条，站内必须分别设置液化天然气和液化石油气万向管道装卸臂充装系统向液化天然气和液化石油气槽车充液。

4.2.10 燃气调压装置及其出口管道、后序设备的工作温度不应低于其材质本身允许的最低使用温度。

【编制目的】

本条规定目的是保证调压装置及其后序管道和设备在设计工况下正常工作。

【术语定义】

调压装置：由调压器及其附属设备组成，将较高燃气压力降至所需的较低压力的设备单元总称，包括调压器及其附属设备。

工作温度：在正常操作条件下，工艺系统内介质的温度。

【条文释义】

压力较高的燃气经过调压装置降至较低压力时，因节流效应，局部吸热量很大，温度降低较多，一旦超过系统允许的运行温度，可能会造成危及设备、管道等的安全事故，因此，应采取燃气加热或其他措施，保证设备和管道的工作温度不低于其材质本身允许的最低使用温度。

【实施要点】

设备和管道的工作温度不应低于其材质本身允许的最低使用温度。

执行过程中，可通过现行国家标准《城镇燃气设计规范》GB 50028 和《压缩天然气供应站设计规范》GB 51102 的规定支撑本条内容的实施。

国家标准《城镇燃气设计规范》GB 50028—2006（2020 年版）第 6.5.7 条、第 6.6.8 条、第 6.6.13 条规定了门站和储配站、调压站（或设置调压器的场所）设置调压装置时采暖或保温的相关要求。

国家标准《压缩天然气供应站设计规范》GB 51102—2016 第 6.2.25 条规定了压缩天然气储配站、瓶组供气站应对压缩天然气调压节流引起温降的加热工艺要求。

【背景与案例】

燃气调压装置及其出口管道、后序设备的材质选择应满足设计温度要求，在实际运行过程中，还应保证工作温度不超出设计温度范围。例如，某城镇燃气企业天然气门站从上游长输管线分输站接气，长输管线正常运行压力为 4.0～6.3MPa。按照供气合同，门站接收天然气压力为 1.6MPa、温度为不低于 5℃，但在冬季高峰期由于上游调峰能力不足，长输管线压降过大，实际向下游门站供气的压力仅能达到0.4 MPa，因压降过大而引起输气温降过大，分输站加热装置设计加热能力不足，导致向门站供气的温度远低于设计工况，仅有−16℃，造成下游门站工艺管道和设备外壁出现大面积结霜甚至结冰现象，必须紧急增设加热装置，否则来气温度一旦低于管道或设备材料本身允许的最低使用温度，可能导致材料失效而引发重大事故。

4.2.11 燃气厂站内的燃气容器、设备和管道上不得采用灰口铸铁阀门与附件。

【编制目的】

本条规定了燃气容器、设备和管道选材的限制要求。

【条文释义】

灰口铸铁材质脆、韧性差，受到外力影响极易发生断裂或破裂接口易松动，造成燃气泄漏的风险较大。燃气厂站内燃气容器、设备和管道数量多、布置复杂，泄漏的燃气极易引起爆炸事故，造成人员伤亡，影响公共安全。

【编制依据】

《建设部推广应用和限制禁止使用技术》（原建设部公告第218号）

【实施要点】

燃气容器、设备和管道严禁采用灰口铸铁阀门及附件，管件应采用机制管件。

特种设备安全技术规范《压力管道安全技术监察规程——工业管道》TSG D0001—2009第二十四条规定："铸铁管道组成件的使用除符合本规程第二十五条的规定外，还应当符合以下要求：（一）铸铁（灰铸铁、可锻铸铁、球墨铸铁）不得应用于GC1级管道，灰铸铁和可锻铸铁不得应用于剧烈循环工况；（二）球墨铸铁的使用温度高于−20℃，并且低于或者等于350℃"。

《城镇燃气设计规范》GB 50028—2006（2020年版）第

6.3.1 条规定："中压和低压燃气管道宜采用聚乙烯管、机械接口球墨铸铁管、钢管或钢骨架聚乙烯塑料复合管，并应符合下列要求：……；2 机械接口球墨铸铁管道应符合现行的国家标准《水及燃气管道用球墨铸铁管、管件和附件》GB/T 13295 的规定；……"。第 6.4.4 条规定："高压燃气管道采用的钢管和管道附件材料应符合下列要求：……；6 管道附件不得采用螺旋焊缝钢管制作，严禁采用铸铁制作"。

《液化石油气供应工程设计规范》GB 51142—2015 第 9.1.4 条规定："液化石油气储罐、其他容器、设备和管道不得采用灰口铸铁阀门及附件，严寒和寒冷地区应采用钢质阀门及附件"。

《压力管道规范 工业管道 第 2 部分：材料》GB/T 20801.2—2020 第 6.1.2.1 条规定："表 A.1 所列的灰铸铁和可锻铸铁用于管道组成件时，应符合下列规定：a）灰铸铁管道组成件的使用温度应不低于－10℃且不高于 230℃，压力额定值应不大于 2.0MPa；b）可锻铸铁管道组成件的使用温度应不低于－20℃且不高于 300℃，压力额定值应不大于 2.0MPa；c）灰铸铁和可锻铸铁管道组成件不得用于 GC1 级管道或剧烈循环工况；d）灰铸铁和可锻铸铁管道组成件用于 GC2 级管道时，其使用温度应不高于 150℃，最高允许工作压力应不大于 1.0MPa；e）应采取防止过热、急冷急热、振动以及误操作等安全防护措施；f）制造、制作、安装过程中不得焊接"。第 6.1.2.2 条规定："除符合 6.1.2.1 要求外，灰铸铁和可锻铸铁管、管件、管法兰、阀门的适用压力-温度额定值还应符合 GB/T 20801.3—2020 表 13 相应标准的规定"。

【背景与案例】

灰口铸铁中的碳元素全部或大部分以片状石墨状态存在，其断口呈暗灰色；具有良好铸造性能，切削加工性好，减磨性、耐磨性好，熔化配料简单，成本低，广泛用于制造结构复杂铸件和耐磨件。但由于灰口铸铁内存在片状石墨，石墨的存在如同在钢的基体上存在大量小缺口，既减少承载面积，又增加裂纹源，所以灰口铸铁强度低、韧性差，不能进行压力加工。

灰口铸铁管道、阀门出现问题的原因主要有：（1）铸铁件铸造质量不高，管道、管件、阀体和阀盖体上有砂眼、松散组织、夹渣等缺陷；（2）低温冻裂；（3）被重物撞击、碾压后损坏。

例如，多年前某地人工煤气利用工程，灰口铸铁管道直埋穿越道路处被改建施工运输材料的重型车辆碾压开裂，造成燃气泄漏事故。

4.2.12 储存、输送低温介质的储罐、设备和管道，在投入运行前应采取预冷措施。

【编制目的】

预冷是储存、输送低温介质的厂站投入运营前的一个重要环节，本条规定目的是保证低温设备及管道安全投入运行。

【条文释义】

在投入使用前，站内低温设施需要做好各种检验和测试工作，提前发现问题，解决存在隐患，确保投产安全。主要检验和测试低温设备和管道的低温性能；检验低温材料质量是否合格；检验焊接质量；检验管道冷缩量和管托支撑变化；检验低温阀门的密封性；使储罐达到工作状态，测试储罐真空性能。

【实施要点】

储罐、设备和管道在正式进入低温液体前进行预冷可以检验和测试低温储罐、设备和管道的低温性能，主要包括：（1）低温材料质量；（2）焊接质量；（3）管道冷缩量和管托支撑变化；（4）低温阀门的密封性；（5）使储罐达到工作状态，测试储罐保冷性能。预冷时，储罐和管道温度要逐步降低，避免急冷，防止温度骤降对设备和管件造成损伤。

执行过程中，可通过现行国家标准《城镇燃气设计规范》GB 50028 的规定支撑本条内容的实施。国家标准《城镇燃气设计规范》GB 50028—2006（2020 年版）第 9.2.11 条规定了液化天然气低温泵应采取预冷措施的要求。

【背景与案例】

以液化天然气（LNG）储存为例，任何一种形式的 LNG 储罐，在建成正常投运前，均需进行预冷并达到合格标准，不同结构 LNG 储罐的预冷要求无明显差异。LNG 储罐的预冷不仅仅指储罐本体的预冷，还包括储罐附属管道等的预冷。储罐的内层容器及管路采用奥氏体不锈钢材料，奥氏体不锈钢具有优异的低温性能，但线膨胀系数较大。在低温条件下，不锈钢收缩率约为千分之三，对于 304 材质管路，在工作温度为－162℃时，100m 管路大约收缩 300mm。液化天然气管路的两个固定点之间，由于冷收缩产生的应力，可能远远超过材料的屈服点。特别是对于 LNG 储罐内的管道要求更加严格，一旦出现问题，将会产生严重后果。在 LNG 设备和管路上，虽然在设计时考虑了冷收缩的补偿，但是在温度变化速率较大时，还是存在由于温度变化过快、热应力过大而使材料或连接部位产生损坏的问题。这就要求低温管道和设备在输入低温液体前，必须先进行预冷操作，以确保投运安全。

案例：

某市 LNG 调峰气化站设有储存容积 50000m^3的 LNG 储罐 1 座、100m^3的 LNG 缓冲罐 1 座，投运前对 LNG 储罐和相关管路进行预冷。预冷可采用 LNG 或液氮介质，本工程罐容较大、工艺管路较为复杂，完全采用 LNG 预冷后的天然气放空量较大，不仅造成天然气资源的浪费，而且由于预冷过程中的冷缩现象，可能导致法兰等连接密封部位的 LNG 发生泄漏，增加预冷过程中发生事故的风险。液氮的沸点为－196℃，远低于 LNG 的沸点（－162℃），本工程 LNG 储罐设计温度为－168℃，采用液氮预冷可能会造成预冷后储罐温度过低的问题。为避免储罐温度过低造成的过大温度应力，预冷时还需特别注意储罐温度，保证预冷后的储罐温度在设计温度允许范围内。技术人员在制定本工程的预冷方案时，综合考虑上述两方面因素，提出了液氮＋LNG 预冷方案，先利用液氮预冷到一定温度后，再用 LNG 将储罐预冷到工作温度。此方案既减小了完全采用 LNG 预冷带来的泄漏风险，又避免了液氮预冷导致的温度过低问题，达到了安全、经济的效果。

储罐和管路总体预冷实施前，应完成以下工作：

（1）LNG 气化补气装置提前自预冷完毕。

（2）小型液氮气化器已提前自预冷完毕。

（3）低温管道应划分预冷管段，每个管段作为一个独立单元进行检查。检查的主要内容有：①管段安装完毕，符合设计要求，并经吹扫、试压合格；②管道支架固定牢靠，固定支架符合要求；③管道上每个截止阀、功能阀全开直通；④仪表安装完毕，仪表阀启闭正常；⑤管道与设备按设计要求连通。

（4）站内场地、生产设施、生产辅助设施、安全控制系统等均应具备试生产运行条件。

预冷采用液氮槽车通过 LNG 装卸装置，向 100m^3 的 LNG 缓冲罐输送液氮。配置 7 台液氮槽车、5 台低温气化器（出口温度−160℃）、2 台常温气化器（出口温度约−10℃）、1 台低温流量计以及相关的仪表、阀门和管道。每台气化器能力为 2000m^3/h 左右，总气化能力达到 14000m^3/h。预冷时间约 157h，用氮量 1255t。平均用氮量约 8t/h，合氮气量约 6400m^3/h。

低温氮气注入口选在 BOG 管路，管径 *DN*400，对目标管道进行正向预冷。低温氮气放空点选在气体流通末端、管廊钢结构平台的最高处。氮气放空口安装临时通风立管，立管高度约 3m，以保证足够的通风空间。为避免形成层流，设置多个氮气排放点，且管径尺寸不大于氮气注入点的尺寸，放空口设置操作用的放空阀组和安全阀组。

储罐预冷过程的关键是确保温度从室温下降至低温过程中，储罐均匀变形，避免过高的温度应力导致储罐损坏。根据 EN 14620 的规定，利用罐内热电偶温度计进行测量，控制内罐冷却速度保持在 3℃/h，不得超过 5℃/h；相邻热电偶之间的最大温差不超过 20℃；任意 2 个热电偶之间的温差最大不超过 20℃；

储罐压力应控制为操作压力。在 LNG 卸料总管液氮预冷过程中，管道温度的监控是关键环节，需要通过管道温度的实时监测来及时调节进口低温氮气的温度，进而控制温降速率。卸料管道进行预冷时，液氮必须通过气化器气化之后，才可以进入卸料管道，且低温氮气温度控制必须可靠，管道的温降速率应控制在 10℃/h 以下。在预冷后期，管道温度降低相同的幅度所需的冷量将会增大，冷量的调节则可通过低温直供气与常温气化器协同配合来完成。为了方便操作与控制，分为 0℃、−30℃、−60℃、−90℃等温度节点来调整氮气化器的工况，以控制温降速率。一般管道顶底部温差要求小于 50℃，从安全平稳角度考虑，LNG 温差必须小于 40℃。氮气注入设备的温度监测点能够就地显示，预冷时可根据管道入口温度的变化来调节气化器流量。卸料总管沿线温度监控点有多组，每组有温度探头，分别安装在管道的顶部与底部，具有就地显示和远传功能。在实际投产试运行过程中，中控室配备操作人员监控管道温度，每 0.5h 记录 1 次，同时计算出管道顶部与底部的温差。当顶底部温差超过 30℃时，可以通过关闭隔断阀升压至 0.2MPa 后爆吹来减小温差。

总体预冷过程中，LNG 储罐内部温度变化曲线下降平稳，预冷工艺过程控制良好，储罐内部平稳达到预冷温度，且各处温差小，避免了温度应力对储罐的冲击，保证了预冷过程的安全性。

4.2.13 燃气膨胀机、压缩机和泵等动力设备应具备非正常工作状况的报警和自动停机功能。

【编制目的】

本条规定目的是保证膨胀机、压缩机和泵等设备的正常、安全工作。

【条文释义】

在膨胀机、压缩机和泵附近设置报警和自动停机装置，当机组运行处于危险状态时，可就地停止运行、切断气源，起到安全保护作用，避免可能造成的财产损失和人员伤亡事故。

【实施要点】

执行过程中，可通过现行国家标准《城镇燃气设计规范》GB 50028、《压缩天然气供应站设计规范》GB 51102、《液化石油气供应工程设计规范》GB 51142 和现行行业标准《城镇燃气设施运行、维护和抢修安全技术规程》CJJ 51 的规定支撑本条内容的实施，也可参考下列要点。

燃气厂站压缩机、膨胀机、泵应设置就地操作盘及成套控制柜，且应设置自动和手动停车装置。

压缩机各级排气温度大于限定值时，应报警并人工停车。发生下列情况之一时，应报警并自动停车：(1) 各级吸、排气压力不符合规定值。(2) 冷凝水（或风冷鼓风机）压力和温度不符合规定值。 (3) 润滑油压力、温度和油箱液位不符合规定值。(4) 压缩机电机过载。(5) 压缩机进气管道上应设置手动和电动（或气动）控制阀门，并与进口压力低限报警联锁；当进入压缩机的燃气来自储气罐时，还应与储气罐的低位报警联锁。压缩机出气管道上应设置安全阀、止回阀和手动切断阀。出口管道安全阀的泄放能力不应小于压缩机的安全泄放量。

透平膨胀机的联锁保护控制系统主要是防止膨胀机超速和轴承烧坏。液化调峰站增压透平膨胀机的膨胀端进口应设置紧急切断阀。

液化石油气和液化天然气泵的设置应符合下列要求：(1) 泵的进口应设置放空阀，出口应设置止回阀、放空阀；(2) 泵的安装高度应保证不使其发生气蚀；(3) 设有振动监测系统、电流过载保护系统、低电流保护系统、氮气密封保护系统、低流量报警、低压力报警；(4) 宜设事故停车联锁装置。

为保证燃气膨胀机、压缩机和泵等动力设备安全、可靠运行，应对膨胀机、压缩机和泵及配套设施定期进行测试、检修、维护。

【背景与案例】

燃气厂站燃气动设备主要包括燃气膨胀机、压缩机和泵，不同类型燃气厂站的动设备使用情况可参见表 3-4。

不同类型燃气厂站的动设备使用情况　　表 3-4

厂站类别	燃气膨胀机	燃气压缩机	可燃流体泵
门站	—	—	—
燃气储配站	—	√	—
压缩天然气厂站	—	√	—
液化石油气厂站	—	√	√
液化天然气供应站	√	√	√

4.2.14 液化天然气和低温液化石油气的储罐区、气化区、装卸区等可能发生燃气泄漏的区域应设置连续低温检测报警装置和相关的联锁装置。

【编制目的】

本条规定目的是当发生低温燃气泄漏事故时能得到及时发现、处理，避免更严重的事故发生。

【术语定义】

储罐区：生产区中设置燃气储罐的区域。

【条文释义】

液化天然气和低温液化石油气的储罐区、气化区、装卸区等发生低温燃气泄漏时，能及时地检测并联锁相关设备，起到安全保护作用，避免可能造成财产损失和人员伤亡事故。

【实施要点】

可燃介质工艺装置区、低温液化石油气/液化天然气储罐区、低温液化石油气/液化天然气装卸区等可能出现液化天然气或低温液化石油气泄漏形成积液的地点应设置低温检测装置，对于设置固定式泡沫灭火系统的场所，低温检测装置宜与泡沫泵和泡沫控制阀联锁；对于在罐区、装卸区、可燃介质工艺装置区设置相配套紧急切断阀的，也宜考虑联锁。执行过程中，可通过国家标准《城镇燃气设计规范》GB 50028—2006（2020 年版）第 9.4.19 条和《液化石油气供应工程设计规范》GB 51142—2015

的规定支撑本条内容的实施。

【背景与案例】

某液化天然气供应站，根据功能需要，站内生产区包括液化天然气卸车区、储罐区和可燃介质工艺装置区。因采用的是常压单容液化天然气储罐，故储罐周边设有防护堤，且在围堰内设有导流槽和集液池，同时在卸车区周边也设有导流槽和集液池。相应的站内也设有固定式泡沫灭火系统。储罐上在进、出液管道上设有紧急切断阀，用于储罐高低液位超限的切断以及厂站事故时的紧急切断。在卸液过程中，假如在卸车区的导流槽或集液池处经 2 个以上低温检测装置检测到泄漏的低温液体，则在处置事故的同时，需联锁启动储罐进口的紧急切断阀关闭，而且根据事故情况确定是否启动泡沫泵和泡沫控制阀联锁。

4.2.15 燃气厂站的供电电源应满足正常生产和消防的要求，站内涉及生产安全的设备用电和消防用电应由两回线路供电，或单回路供电并配置备用电源。

【编制目的】

本条规定对燃气厂站的用电安全提出了要求，目的是保证燃气厂站安全连续运行和事故时消防系统能正常供电。

【术语定义】

备用电源：当正常电源断电时，由于非安全原因用来维持电气装置或其某些部分所需的电源。

【条文释义】

国家标准《供配电系统设计规范》GB 50052—2009 中“二级负荷”（由两回线路供电）的电源要求从供电可靠性上完全满足燃气供气安全的需要。另外，当采用两回线路供电有困难时，通过燃气或燃油发电机等自备电源来保证供电，既能够节省投资，可操作性强；又符合工程实际建设条件。

按照现行国家标准《建筑设计防火规范》GB 50016 的有关规定，当消防系统采用自备发电机作为第二电源时，应能保证在

30s 内供电，并提出“消防用电设备的供电在其配电线路的最末一级配电箱处设置自动切换装置”的要求。

燃气厂站涉及生产安全的设备需结合厂站的功能、定位以及设备的配置确定，一般站内应至少包括监控、事故切断及停车、事故处理等装置或设备的用电。涉及生产安全的用电设备一旦停电会存在安全隐患，尤其是厂站控制系统、紧急停车装置、可燃气体检测报警系统等，在外部电源不能保证的情况下，系统的数据有可能丢失，控制系统无法进行应急处理，所以燃气厂站控制系统、紧急停车装置、可燃气体检测报警系统一般要求设置不间断电源，且不间断电源应选择抗干扰能力强、输入输出端均有隔离装置的产品，其不间断供电时间应结合外电的可靠性确定。

【实施要点】

执行过程中，可通过现行国家标准《城镇燃气设计规范》GB 50028、《压缩天然气供应站设计规范》GB 51102 和《液化石油气供应工程设计规范》GB 51142 的规定支撑本条内容的实施，也可参考下列要点：

(1) 门站和气态燃气储配站的供电系统设计应符合现行国家标准《供配电系统设计规范》GB 50052 中“二级负荷”的规定。

(2) 压缩天然气加气站和作为可间断供气用户气源的压缩天然气储配站内生产用电、生活用电的供电系统设计应符合现行国家标准《供配电系统设计规范》GB 50052 中“三级负荷”的规定，站内消防用电和自控系统用电的供电系统设计应符合现行国家标准《供配电系统设计规范》GB 50052 中“二级负荷”的规定。当压缩天然气储配站作为不可间断供气用户的气源时，生产用电、消防用电和自控系统用电的供电系统设计应符合现行国家标准《供配电系统设计规范》GB 50052 中“二级负荷”的规定。

(3) 液化石油气储存站、储配站和灌装站内消防水泵及消防应急照明和液化石油气气化站、混气站的供电系统设计应符合现行国家标准《供配电系统设计规范》GB 50052 中“二级负荷”的规定。液化石油气储存站、储配站和灌装站其他电气设备的供电系统可为三级负荷。

（4）液化天然气供应站内涉及生产安全的设备用电及消防用电的负荷等级应符合现行国家标准《供配电系统设计规范》GB 50052 中“二级负荷”的规定。向用气不可中断用户供气的液化天然气供应站的生产、消防用电的负荷等级应符合现行国家标准《供配电系统设计规范》GB 50052 中“二级负荷”的规定。

4.2.16 燃气厂站仪表控制系统应设置不间断电源装置。

【编制目的】

本条规定目的是保证厂站仪表控制系统的供电安全。

【术语定义】

不间断电源：在外部供电中断后能持续一定供电时间的电源，包括交流不间断电源和直流不间断电源。

【条文释义】

燃气厂站仪表控制系统设置不间断电源装置，是为保证控制系统在外电断电时可以正常工作以及数据不丢失，同时保证控制系统能够进行应急处理。不间断电源应选择抗干扰能力强，输入输出端均有隔离装置的产品，具体不间断供电时间应结合燃气厂站的工艺特点及外电的可靠性确定。

【实施要点】

燃气厂站工艺过程控制系统、紧急停车装置、可燃气体检测报警系统等应设置不间断电源。执行过程中，可通过现行国家标准《城镇燃气设计规范》GB 50028、《压缩天然气供应站设计规范》GB 51102 和《城镇燃气自动化系统技术规范》CJJ/T 259 的规定支撑本条内容的实施。

【背景与案例】

对于“二级”供电负荷的燃气供应站，控制系统不间断电源设备工作时间不宜小于 30min。对于“三级”供电负荷的燃气供应站，有人值守站不间断电源设备工作时间不宜小于 4h，无人值守站不间断电源设备工作时间不宜小于 8h。

4.2.17 燃气厂站内可燃气体泄漏浓度可能达到爆炸下限 20% 的燃气设施区域内或建（构）筑物内，应设置固定式可燃气体浓度报警装置。

【编制目的】

在具有燃气泄漏和爆炸危险的场所设置固定式可燃气体浓度报警装置，目的是保证燃气厂站的运行安全。

【术语定义】

可燃气体：以一定比例与空气混合后，将会形成爆炸性气体环境的气体或蒸气。

爆炸下限：可燃气体、蒸气或薄雾在空气中形成爆炸性气体混合物的最低浓度。空气中的可燃性气体或蒸气的浓度低于该浓度，则气体环境就不能形成爆炸。

可燃气体浓度报警装置：接收典型可燃气体探测器及手动报警触发装置信号，能发出声、光报警信号，指示报警部位并予以保持的控制装置。也称可燃气体报警控制器。

【条文释义】

在燃气厂站内具有爆炸危险的场所设置的可燃气体泄漏报警控制系统，探测器应设置在现场，报警器应就地设置或设在有值班人员的场所。规定可燃气体泄漏报警器的报警浓度应取爆炸下限的 20%，是参考国内外相关技术标准确定的。“20%”是安全警戒值，以警告操作人员迅速采取排险措施。

【实施要点】

在生产、储存、使用、转输可燃气体的场所和有可燃气体产生的场所，如燃气储罐区、可燃介质工艺装置区、燃气压缩机房、装卸台、燃气锅炉间或热水炉间等场所应设置可燃气体探测报警系统，可燃气体探测报警浓度应为天然气爆炸下限的 20%（体积百分数），可燃气体探测器应采用固定式。

执行过程中，可通过现行国家标准《城镇燃气设计规范》GB 50028、《压缩天然气供应站设计规范》GB 51102、《液化石油气供应工程设计规范》GB 51142 和现行行业标准《城镇燃气报警控制系统技术规程》CJJ/T 146 的规定支撑本条内容的实施。

【背景与案例】

（1）可燃气体探测器的探测点应根据释放源的特性、生产区布置、地理条件及环境气候、操作巡检路线等条件，选择在气体易于积聚和便于采样检测之处设置。

（2）设置可燃气体探测器的场所宜配置声光报警器。

（3）报警控制器应设置在有人值守的监控室内，并宜与自控系统连接。

（4）应设置两级报警。可燃气体的一级报警浓度设定值不应大于其爆炸下限值（体积分数）的 20%，可燃气体的二级报警浓度设定值不应大于其爆炸下限值（体积分数）的 40%。

（5）应根据需要配置适量的便携式可燃气体探测器。

4.2.18 燃气厂站内设置在有爆炸危险环境的电气、仪表装置，应具有与该区域爆炸危险等级相对应的防爆性能。

【编制目的】

本条规定目的是保证燃气厂站内设置在有爆炸危险环境的电气、仪表装置运行安全。

【条文释义】

爆炸危险区域的范围划分与诸多因素有关，如：可燃气体的泄放量、释放速度、浓度、爆炸下限、闪点、相对密度、通风情况、有无障碍物等。

具体设计时，需要结合燃气厂站的实际情况进行爆炸危险区域范围的划分和相应的设计才能保证安全。

【实施要点】

设置在爆炸危险区域电气、仪表设备的选型、安装和线路的敷设等应符合现行国家标准《爆炸危险环境电力装置设计规范》GB 50058 的有关规定。执行过程中，可通过现行国家标准《城镇燃气设计规范》GB 50028、《压缩天然气供应站设计规范》GB

51102、《液化石油气供应工程设计规范》GB 51142 和《爆炸危险环境电力装置设计规范》GB 50058 的规定支撑本条内容的实施，也可参考下列要点：

（1）气态相对密度小于或等于 0.75 的燃气（包括压缩天然气）厂站生产区域所有场所的释放源应划分为二级释放源，存在二级释放源的场所可划为 2 区，少数通风不良的场所可划为 1 区。相对密度大于 0.75 的气态燃气厂站生产区域释放源的划分可参照液化石油气站场。

（2）液化石油气供应站内灌瓶间的钢瓶灌装嘴、铁路槽车和汽车槽车装卸口的释放源可划分为一级释放源。液化石油气供应站其他生产区爆炸危险区域的等级，宜根据释放源级别和通风等条件划分：存在一级释放源的区域可划为 1 区，存在二级释放源的区域可划为 2 区；当通风条件良好时，可降低爆炸危险区域等级；当通风不良时，宜提高爆炸危险区域等级。有障碍物、凹坑和死角处，宜局部提高爆炸危险区域等级。

（3）液化天然气供应站生产区域所有场所的释放源应属于二级释放源。存在二级释放源的场所可划分为 2 区，少数通风不良的场所可划分为 1 区。

【背景与案例】

根据国家标准《爆炸危险环境电力装置设计规范》GB 50058—2014，爆炸性气体环境应根据爆炸性气体混合物出现的频繁程度和持续时间分为 0 区、1 区、2 区，其中，0 区应为连续出现或长期出现爆炸性气体混合物的环境；1 区应为在正常运行时可能出现爆炸性气体混合物的环境；2 区应为在正常运行时不太可能出现爆炸性气体混合物的环境，或即使出现也仅是短时存在的爆炸性气体混合物的环境。

释放源应按可燃物质的释放频繁程度和持续时间长短分为连续级释放源、一级释放源、二级释放源，其中，连续级释放源应为连续释放或预计长期释放的释放源。下列情况可划为连续级释放源：（1）没有用惰性气体覆盖的固定顶盖储罐中的可燃液体的表面；（2）油、水分离器等直接与空间接触的可燃液体的表面；（3）经常或长期向空间释放可燃气体或可燃液体的蒸气的排气孔和其他孔口。

一级释放源应为在正常运行时，预计可能周期性或偶尔释放的释放源。下列情况可划为一级释放源：（1）在正常运行时，会释放可燃物质的泵、压机和阀门等的密封处；（2）储有可燃液体的容器上的排水口处，在正常运行中，当水排掉时，该处可能会向空间释放可燃物质；（3）正常运行时，会向空间释放可燃物质的取样点；（4）正常运行时，会向空间释放可燃物质的泄压阀、排气口和其他孔口。

二级释放源应为在正常运行时，预计不可能释放，当出现释放时，仅是偶尔和短期释放的释放源。下列情况可划为二级释放源：（1）正常运行时，不能出现释放可燃物质的泵、压缩机和阀门的密封处；（2）正常运行时，不能释放可燃物质的法兰、连接件和管道接头；（3）正常运行时，不能向空间释放可燃物质的安全阀、排气孔和其他孔口处；（4）正常运行时，不能向空间释放可燃物质的取样点。

4.2.19 燃气厂站爆炸危险区域内，可能产生静电危害的储罐、设备和管道应采取静电导消措施。

【编制目的】

本条规定目的是避免静电引起燃气厂站爆炸危险区域内安全生产事故的发生。

【术语定义】

静电：一种处于相对稳定状态但不是静止不动的电荷，由它所引起的磁场效应较之电场效应可以忽略不计。可由物质的接触与分离、介质极化和带电微粒的附着等物理过程而产生。

【条文释义】

静电在有爆炸危险性环境中容易引起爆炸，为避免静电引发爆炸危险，提出有爆炸危险性的环境应采取静电防护措施的需求。静电接地主要是将人体产生的静电通过接地装置消除，可防止事故发生。

【实施要点】

设置在燃气厂站爆炸危险区域内，且可能产生静电的储罐、设备和管道应采取静电导消措施。

执行过程中，可通过现行国家标准《城镇燃气设计规范》GB 50028、《压缩天然气供应站设计规范》GB 51102、《液化石油气供应工程设计规范》GB 51142 和现行行业标准《石油化工静电接地设计规范》SH/T 3097 的规定支撑本条内容的实施，也可参考下列要点：

（1）厂站内产生静电危险的金属容器、设备和管道应采取静电接地措施。除独立接闪装置的接地装置外，站内各类接地系统的接地装置均可用于静电接地。钢质燃气管道可通过与工艺设备金属外壳的连接进行静电接地。

（2）输送易燃易爆介质的架空管道在进出装置区处、穿过不同爆炸危险环境的边界处、管道分叉处等应接地。

（3）槽车装卸台（口）处应设置防静电临时接地装置和能检测跨接线及监视接地装置状态的防爆静电接地仪。

（4）架空钢质燃气管道在进出装置区处、建筑物处、不同爆炸危险环境的边界处、管道分叉处等位置应接地。对于长距离无分支管道，应每隔 80～100m 与接地体可靠连接，当管架的接地电阻小于 100Ω 时，亦可作为接地体。

（5）静电接地、防雷接地及保护接地可合并使用。

（6）埋地金属管道和具有阴极保护的金属管道可不采取防静电接地措施。

（7）每组防静电接地装置的接地电阻不应大于 100Ω。

（8）厂站内爆炸危险区域内的所有钢质法兰及金属管道上非良好导电性连接管道的两端应采用金属导体跨接。

（9）厂站内静电接地设计应符合现行行业标准《石油化工静电接地设计规范》SH/T 3097 的有关规定。

4.2.20 进入燃气储罐区、调压室（箱）、压缩机房、计量室、瓶组气化间、阀室等可能泄漏燃气的场所，应检测可燃气体、有害气体及氧气的浓度，符合安全条件方可进入。燃气厂站应在明显位置标示应急疏散线路图。

【编制目的】

本条规定目的是保证现场操作人员的人身安全。

【术语定义】

可燃气体：以一定比例与空气混合后，将会形成爆炸性气体环境的气体或蒸气。

【条文释义】

在对燃气设施进行运行、维护和抢修作业时，操作人员经常会进入地下燃气调压室、阀门井、检查井等地下场所。在这些场所中，有可能存在可燃气体或其他有害气体，还有可能缺氧。如氧气浓度过低，会造成人员缺氧窒息；如一氧化碳或硫化氢浓度过高，对人员的安全也会造成威胁。因此，为保证人员安全，在检测确认无危险后，方可进入作业现场。其中可燃气体浓度应为0；氧气的浓度可参照现行国家标准《缺氧危险作业安全规程》GB 8958的规定：氧气浓度大于19.5%；一氧化碳及硫化氢的浓度可参照现行国家职业卫生标准《工作场所有害因素职业接触限值 第1部分：化学有害因素》GBZ 2.1的规定：一氧化碳浓度小于30mg/m^3，硫化氢浓度小于10mg/m^3。

【实施要点】

执行过程中，可通过现行行业标准《城镇燃气设施运行、维护和抢修安全技术规程》CJJ 51的规定支撑本条内容的实施，也可参考下列要点：

人员进入燃气调压室、压缩机房、计量室、瓶组气化间、阀室、阀门井和检查井等场所前，应先检查所进场所是否有燃气泄漏；人员在进入地下调压室、阀门井、检查井内作业前，还应检查其他有害气体及氧气的浓度，确认安全后方可进入。作业过程中应有专人监护，并应轮换操作。

人员在进入燃气调压室、压缩机房、计量室、瓶组气化间、阀室、阀门井和检查井等场所作业时，做好下列安全防护：（1）应穿戴防护用具，进入地下场所作业应系好安全带；（2）维修电气设备时，应切断电源；（3）带气检修维护作业过程中，应采取防爆和防中毒措施，不得产生火花；（4）应连续监测可燃气体、其他有害气体及氧气的浓度，如不符合要求，应立即停止作业，撤离人员。

4.2.21 除装有消火装置的燃气专用运输车和应急车辆外，其他机动车辆不得进入液态燃气储存灌装区。

【编制目的】

本条规定对进入燃气厂站的车辆提出了基本要求，目的是保证燃气厂站安全。

【术语定义】

灌装区：在液化石油气或液化天然气厂站中，对钢瓶进行灌装作业的区域。

【条文释义】

因为燃气厂站生产、储存、使用、转输的介质具有易燃易爆的特点，所以燃气厂站严禁烟火是保证厂站安全运营的最基本保障。

【实施要点】

进入厂站生产区的机动车辆应在排气管出口加装消火装置，并应限速行驶。对于有液态燃气灌装功能的燃气厂站，除需要灌装液化石油气/液化天然气或需要把充装好的液化石油气/液化天然气钢瓶外运至销售点的装有消火装置的燃气专用运输车，其他机动车辆不得进入液态燃气储存灌装区（装有消火装置应急车辆除外）。

执行过程中，可通过现行行业标准《城镇燃气设施运行、维护和抢修安全技术规程》CJJ 51 的规定支撑本条内容的实施。

4.3 储罐与气瓶

4.3.1 液化天然气和容积大于 $10m^3$ 液化石油气储罐不应固定安装在建筑物内。充气的或有残气的液化天然气钢瓶不得存放在建筑内。

【编制目的】

本条规定目的是保证液化天然气储罐和钢瓶的使用安全。

【条文释义】

液化天然气储存温度低，且储罐和钢瓶内的液化天然气易受环境温度影响，当外界温度高时，储罐和钢瓶内液化天然气因为温度升高，容易气化，进而易造成罐内或瓶内气相空间压力升高，出现超压放空现象，如设置在建筑物内，放散会引起可燃介质集聚，容易发生事故，遇有其他紧急情况时，储罐或天然气钢瓶安装在建筑物内不便于搬运，故提出液化天然气储罐、充气的或有残气的液化天然气钢瓶不得固定安装、存放在建筑物内。另外，容积大于 $10m^3$ 液化石油气储罐因外形尺寸较大，不便于室内安装、检修及维护，故提出容积大于 $10m^3$ 液化石油气储罐不应固定安装在建筑物内。

【实施要点】

液化天然气储罐、充气的或有残气的液化天然气钢瓶不得安装、存放在建筑物内。容积大于 $10m^3$ 液化石油气储罐不应固定安装在建筑物内。

4.3.2 燃气储罐应设置压力、温度、罐容或液位显示等监测装置，并应具有超限报警功能。液化天然气常压储罐应设置密度监测装置。燃气储罐应设置安全泄放装置。

【编制目的】

为了保证各类储罐的运行安全，本条规定了各类储罐上监测仪表和安全泄放装置的设置要求。

【术语定义】

液化天然气常压储罐：设计承受内压力小于 100kPa（表压，

在罐顶计）的液化天然气储罐。

【条文释义】

介质、设计压力、设计温度是燃气储罐设计的基础参数，罐容或液位是保证储罐正常运行的基本参数，为保证储罐在正常工况运行，故要求设置压力、温度、罐容或液位显示及报警和安全泄放装置。

低压燃气储罐应设置高低位报警装置是防止罐内储量过高或过低，出现低压储罐漏气或顶部塌陷等事故。

由于不同时间常压储罐储存的液化天然气组分可能会有不同，可能存在新旧液化天然气的液体密度不同的现象，密度差会产生分层现象，存储时就会有扰动现象，剧烈的扰动就是翻滚现象，液体挥发，使储罐内的温度上升，压力也急剧上升，会超过常压储罐的设计压力，大量放空容易发生事故。故要求液化天然气常压储罐沿液化天然气储罐高度设置密度监测装置，防止翻滚事故，同时根据检测的数据确定相关安全措施。

液化天然气和液化石油气储罐设置高低液位报警装置是为了保证储罐的使用安全，同时设置联锁，是为保证事故状态的远程切断。

【实施要点】

燃气储罐应根据储存介质、储罐形式设置压力、温度、罐容或液位显示等，同时设报警和安全泄放装置。低压燃气储罐应设置高低位报警装置。液化天然气常压储罐应设置随时监测密度的装置。液化天然气和液化石油气储罐应设置高低液位报警装置；液化天然气和液化石油气储罐的液相管应设置紧急切断阀，并应与储罐液位控制联锁。

执行过程中，可通过现行国家标准《城镇燃气设计规范》GB 50028、《压缩天然气供应站设计规范》GB 51102、《液化石油气供应工程设计规范》GB 51142 和现行行业标准《城镇燃气设施运行、维护和抢修安全技术规程》CJJ 51 的规定支撑本条内容的实施。监测装置和安全泄放装置的设置也可参考下列要点：

（1）低压燃气储气罐应设储气量指示器，储气量指示器应具有显示储量及可调节的高低限位声、光报警装置；干式储气罐应设置紧急放散装置。高压天然气储气罐应设置压力检测报警、联锁装置。高压天然气储气罐应分别设置安全阀、放散管和排污管。

（2）压缩天然气一个储气瓶组的汇气管道应分别设置切断阀、安全阀及压力检测装置。

（3）液化石油气储罐应设置就地显示的液位计、压力表；当全压力式储罐小于3000m^3时，就地显示液位计宜采用能直接观测储罐全液位的液位计；应设置远传显示的液位计和压力表，且应设置液位上、下限报警装置和压力上限报警装置；应设置温度计。

（4）液化天然气储罐应设置液位检测装置，并应设定高低位报警和高高位、低低位联锁。液化天然气储罐应设置压力检测装置，并应设定高低限报警。当采用单罐容积大于10000m^3的液化天然气常压罐时，宜设置3套独立的液位计，其中1套专用于高液位检测的液位计宜选用雷达液位计或伺服液位计，另2套液位计宜选用伺服液位计；应设置密度测量装置，且应与液位计测量系统相互独立运行；用于控制及联锁保护的压力检测仪表宜采用三选二冗余配置，并应设定压力高限报警；罐顶放散管口处宜设置低温检测及报警装置和高温检测及报警装置。

4.3.3 液化天然气和液化石油气储罐的液相进出管应设置与储罐液位控制联锁的紧急切断阀。

【编制目的】

本条规定目的是保证液化天然气和液化石油气储罐的运行安全。

【术语定义】

紧急切断阀：当接收到控制信号时，能自动切断燃气气源，并能手动复位的阀门。

【条文释义】

液化天然气和液化石油气储罐的液相进管设置与储罐液位控制联锁的紧急切断阀，是为防止储罐充液时超过液位上限；液相管道出口设置与储罐液位控制联锁的紧急切断阀，是为了避免储罐出液时，罐内液位低于液位下限，以保证储罐安全。

【实施要点】

液化天然气和液化石油气储罐应设置高、低液位报警装置；液化天然气和液化石油气储罐的液相管应设置紧急切断阀，并应与储罐液位控制联锁。

执行过程中，可通过现行国家标准《城镇燃气设计规范》GB 50028 和《液化石油气供应工程设计规范》GB 51142 的规定支撑本条内容的实施。

4.3.4 低温燃气储罐和设备的基础，应设置土壤温度检测装置，并应采取防止土壤冻胀的措施。

【编制目的】

本条规定目的是避免燃气厂站内低温储罐和设备基础因为受低温影响、产生冻胀，从而对基础造成破坏，影响低温储罐和设备的安全。

【条文释义】

低温燃气储罐和设备由于低温介质的传导作用，使得地基土极易产生冻胀并使土体隆起，进而造成基础破坏，因此为消除这一不利因素，除了在土壤中或罐底板与基础底板表面之间设置温度检测装置外，还必须采取措施防止储罐或设备基础因土壤冻胀而被损坏。

【实施要点】

液化天然气子母罐、粉末堆积绝热液化天然气球罐、低温常压储罐宜整体坐落于高架平板基础之上，储罐基础承台距地面的高度不应小于 1500mm；对于可能受到土壤冻结或冻胀影响的储罐基础和设备基础，应设置温度监测系统和电加热保护装置。

对于环境气化装置，可采用加高装置支腿的措施。

4.3.5 当燃气储罐高度超过当地有关限高规定时，应设飞行障碍灯和标志。

【编制目的】

本条规定目的是对设置在航路上的超高燃气储罐进行警示性提示，保证航路上飞行器的飞行安全。

【条文释义】

根据《中华人民共和国民用航空法》的规定：在民用机场及其按照国家规定划定的净空保护区域以外，对可能影响飞行安全的高大建筑物或者设施，应当按照国家有关规定设置飞行障碍灯和标志，并使其保持正常状态。

【编制依据】

《中华人民共和国民用航空法》

【实施要点】

结合燃气储罐项目建设所在地区的有关地方限高要求，设置飞行障碍灯和标志。

4.3.6 燃气储罐的进出口管道应采取有效的防沉降和抗震措施，并应设置切断装置。

【编制目的】

本条规定目的是防止燃气储罐的进出口管道受到温度、储罐沉降和地震影响时受到破坏。

【术语定义】

沉降：在荷载作用下管道产生的竖向移动，包括下沉和上升。

【条文释义】

储罐是燃气厂站的重要设施，和罐相连接的管道在设计时应根据需要进行防沉降和抗震计算，同时管道上设置切断装置，当事故时能快速切断，防止事故蔓延。

【实施要点】

储罐燃气进、出气管的设计应能适应储气罐地基沉降引起的变形，并应设置切断装置。

燃气储罐的进出口管道的抗震措施应按现行强制性国家工程规范《建筑与市政工程抗震通用规范》GB 55002 的规定执行。执行过程中，可通过现行国家标准《室外给水排水和燃气热力工程抗震设计规范》GB 50032、《建筑工程抗震设防分类标准》GB 50223 和现行行业标准《城镇燃气设施运行、维护和抢修安全技术规程》CJJ 51 的规定支撑本条内容的实施。

4.3.7 燃气储罐的安全阀应根据储存燃气特性和使用条件选用，并应符合下列规定：

1 液化天然气储罐安全阀，应选用奥氏体不锈钢弹簧封闭全启式安全阀。

2 液化石油气储罐安全阀，应选用弹簧封闭全启式安全阀。

3 容积大于或等于 $100m^3$ 的液化天然气和液化石油气储罐，应设置 2 个或 2 个以上安全阀。

【编制目的】

本条规定对燃气储罐的安全保护提出了要求，目的是保证储罐的运行安全。

【术语定义】

安全阀：安装在设备或管道上，当设备或管道中的介质压力超过规定值时能自动开启卸压的阀门。

【条文释义】

安全阀的结构形式应选用弹簧封闭全启式。选用封闭式，可防止气体向周围低空排放。选用全启式，其排放量较大。容积 $100m^3$ 及以上的储罐容积较大，故规定设置 2 个或 2 个以上安全阀。

【实施要点】

执行过程中，可通过现行国家标准《城镇燃气设计规范》

GB 50028、《液化石油气供应工程设计规范》GB 51142 的规定支撑本条内容的实施，也可参考下列要点：

（1）高压储气罐应设置安全阀。

（2）液化石油气储罐应选用弹簧封闭全启式安全阀，且整定压力不应大于储罐设计压力。

（3）液化天然气压力罐应选用低温全启封闭式弹簧安全阀，每个储罐设置安全阀的数量不得少于 2 个。

4.3.8 液态燃气储罐区防护堤内不应设置其他可燃介质储罐。不得在液化天然气、液化石油气储罐的防护堤内设置气瓶灌装口。

【编制目的】

本条规定目的是保证储罐区的安全。

【术语定义】

防护堤：用混凝土等耐火或耐低温材料，沿储罐或储罐区四周设置的不燃烧体实体围挡，主要用于防止液化天然气、液化石油气或易燃制冷剂溢出或火灾蔓延。也称拦蓄堤或围堰。

【条文释义】

防护堤内严禁设置气瓶灌装口是为了防止灌装气瓶时假如出现漏气现象，影响液化石油气、液化天然气储罐的运行安全。液态燃气储罐区防护堤内不应设置其他可燃液体储罐是防止其中一种形式储罐发生事故时殃及另一种形式储罐。

【实施要点】

液化天然气、液化石油气储罐的防护堤内不应设置其他可燃液体储罐，同时不应设置气瓶灌装口。

执行过程中，可通过国家标准《城镇燃气设计规范》GB 50028—2006（2020 版）第 9.2.10 条的规定支撑本条内容的实施。

4.3.9 严寒和寒冷地区低压湿式燃气储罐应采取防止水封冻结

的措施。

【编制目的】

本条规定目的是保证严寒和寒冷地区低压湿式燃气储罐的正常运行。

【术语定义】

严寒地区：最冷月平均温度不高于－10℃，且平均温度低于5℃的天数不少于145d的地区。

寒冷地区：最冷月平均温度不高于－10～0℃，且平均温度低于5℃的天数大于等于90d小于145d的地区。

低压燃气储罐：工作压力（表压）一般在10kPa以下，依靠容积变化储存燃气的储气罐。分为湿式储气罐和干式储气罐两种。

【条文释义】

防止湿式储罐的水槽内水结冻，引起钟罩升降不畅，以至卡死，造成储罐损坏。

【实施要点】

执行过程中，可通过现行国家标准《城镇燃气设计规范》GB 50028的规定支撑本条内容的实施。

4.3.10 低压干式稀油密封储罐应设置防回转装置，防回转装置的接触面应采取防止因撞击产生火花的措施。

【编制目的】

本条规定目的是保证低压干式稀油密封储罐的正常运行。

【术语定义】

防回转装置：在稀油柜中，与柜筒体防回转柱一起防止活塞水平旋转的机械装置。

【条文释义】

低压干式稀油密封储罐活塞导轮受力位置对应活塞和筒体立柱部位，一旦活塞旋转后导轮压在筒体侧板部位将致筒体损坏和密封失效，因此活塞相对于筒体的水平旋转量必须控制。低压干式稀油密封储罐属于爆炸危险环境，防回转装置安装在活塞上，故应采取措施防止运行中产生火花。

【实施要点】

低压干式储气罐密封系统，必须能够可靠地连续运行。执行过程中，可通过现行国家标准《城镇燃气设计规范》GB 50028和《工业企业干式煤气柜安全技术规范》GB 51066 的规定支撑本条内容的实施。

4.3.11 不应直接由罐车对气瓶进行充装或将气瓶内的气体向其他气瓶倒装。

【编制目的】

本条规定禁止了两种充装行为，目的是保证气瓶在充装过程中的安全。

【条文释义】

因为槽车配备的仪控装置无法和厂站内固定储罐配备的仪控装置在同一个等级上，向气瓶充装时无法实现报警、联锁控制，而且气瓶也必须在充装台等固定位置，通过专用充装设备、检漏装置、检测装置、信息登记等一系列工作程序，才能保证安全充装，故不允许罐车对气瓶进行充装。同样气瓶对气瓶倒装因无法实现报警、联锁控制，而且气瓶也无法保证在充装台等固定位置，通过专用充装设备、检漏装置、检测装置、信息登记等一系列工作程序充装，故不允许。

【编制依据】

《住房和城乡建设部等部门关于加强瓶装液化石油气安全管理的指导意见》（建城〔2021〕23 号）

【实施要点】

气瓶应在灌装台进行灌装和存放，灌装台应设置计量衡器、灌瓶质量复检装置、检漏装置和气瓶灌装标识码检测系统，检测系统应具有自动记录的功能，并应对气瓶灌装及进、出库信息进行记录。执行过程中，可通过现行国家标准《液化石油气供应工程设计规范》GB 51142 的规定支撑本条内容的实施。

4.3.12 气瓶应具有可追溯性，应使用合格的气瓶进行灌装。气瓶灌装后，应对气瓶进行检漏、检重或检压。所充装的合格气瓶上应粘贴规范明显的警示标签和充装标签。

【编制目的】

本条规定目的是保证气瓶在使用过程中的安全。

【术语定义】

灌装：将液态液化石油气或液化天然气灌入钢瓶中的工艺过程。

【条文释义】

通过钢瓶标识码检测系统对钢瓶加装可追溯的条形码，一方面便于企业对钢瓶的管理；另一方面，有充装记录数据，也便于追溯，故使用合格的气瓶是保证气瓶使用安全的根本。灌装后对气瓶进行检漏，也是为了保证气瓶的使用安全。同样气瓶的灌装量是必需严格控制的，如果灌装时超过规定的重量，将有可能超压，尤其对于充装液化石油气或液化天然气时，由于液化气体的膨胀系数比其压缩系数大一个数量级，其膨胀量远大于可压缩量，一旦温度上升，将导致“满液”的气瓶内压力急剧上升，有可能超过设计压力，出现事故。因此，气瓶超装具有较大的危险性。

【编制依据】

《住房和城乡建设部等部门关于加强瓶装液化石油气安全管理的指导意见》（建城〔2021〕23 号）

【实施要点】

气瓶应在灌装台进行灌装和存放，灌装台应设置计量衡器、灌瓶质量复检装置、检漏装置和气瓶灌装标识码检测系统，检测系统应具有自动记录的功能，并应对气瓶灌装及进、出库信息进行记录。钢瓶上应设置可识别的标识码，而且灌装站应建立钢瓶充装销售信息管理系统。执行过程中，可通过现行国家标准《液化石油气供应工程设计规范》GB 51142 和现行行业标准《城镇燃气设施运行、维护和抢修安全技术规程》CJJ 51 的规定支撑本条内容的实施。

5 管道和调压设施

本章共三节六十二条，主要规定了燃气管道和调压设施中输配管道、调压设施以及用户管道等方面的规定。从燃气输配方面，对实现燃气工程的基本功能、发挥燃气工程的基本性能提出了具体技术规定。

5.1 输配管道

5.1.1 输配管道应根据最高工作压力进行分级，并应符合表5.1.1的规定。

表5.1.1 输配管道压力分级

名称		最高工作压力（MPa）
超高压		$4.0<P$
高压	A	$2.5<P\leqslant4.0$
	B	$1.6<P\leqslant2.5$
次高压	A	$0.8<P\leqslant1.6$
	B	$0.4<P\leqslant0.8$
中压	A	$0.2<P\leqslant0.4$
	B	$0.01<P\leqslant0.2$
低压		$P\leqslant0.01$

【编制目的】

本条规定目的是针对不同等级的管道提出针对性的技术要求，从而可以提高工程建设的经济合理性，同时也有利于根据不同等级管道的安全风险程度进行区别性的管理措施。

【术语定义】

最高工作压力：正常工作情况下，管道内部能达到的最高压力。

【条文释义】

研究表明，燃气管道运行压力与管道泄漏事故安全影响程度成正比关系，因此应根据不同的压力分级提出不同的设计、施工、检验等技术方案，以及针对性的运行管理要求。按压力进行分级、进行建设和管理是在保证安全的前提下，降低建设和运行成本的有效方法。

我国城镇燃气行业管道等级划分长期采用“设计压力”的分级办法，设计压力是指在相应设计温度下，考虑安全放散装置启动压力及仪表误差等条件用以计算确定管道壁厚的压力取值，其值不得小于管道的最高工作压力。根据最高工作压力和设计压力的定义，一般情况下：P(设计压力)＝n(倍数大于等于 1)×P(最高工作压力)，n 可由相关设计规范去确定。由于设计压力取值是大于等于管道的最高工作压力，两者之间存在关联关系。所以技术人员习惯于采用设计压力值来进行管道分级，其实准确的分级应按最高工作压力分级，这样避免了按设计压力分级对燃气输配系统所带来的更高要求，从而降低了建设和运行成本。

按最高工作压力对管道进行分级是国际通行做法。例如，英国燃气工程师协会的 IGE 标准按最高操作压力（MOP：Maximum Operating Pressure）将燃气管道分为 7bar、7～16bar、16bar 以上（1bar＝0.1MPa）。

需要强调的是，一是《规范》中并未规定超高压管道最高工作压力上限。一般情况下，应控制在不超过 10MPa。二是本条只是规定按最高工作压力来进行分级，并不是用最高工作压力取代设计压力来进行设计和计算等。

【实施要点】

对管道按照压力分级管理是管道建设科学合理的有效措施。在材质选择方面，可根据压力等级选择不同的材料；在设计方法上，选线原则、壁厚计算选取方法、敷设方式等也有不同；在运行管理方面，保护范围和控制范围、巡线、事故抢修、安全管理方式等也都有不同的要求。

【背景与案例】

英国气体工程师学会标准 IGE/TD/1《高压燃气钢管输送》推荐用于输送干天然气（主要成分甲烷）、加臭或不加臭、最大操作压力（MOP）为 16～100bar、温度为－25～120℃（含120℃）钢质管线和配套设施的设计、施工、检查、试验、运行和维护。

英国气体工程师学会标准 IGE/TD/3《钢管和 PE 管配气管道》推荐用于干天然气（主要成分甲烷、加臭或不加臭）和液化石油气（LPG）配气管线钢管和 PE 管的设计、施工、检查、试验、运行和维护，包括现状管线改造和连接。IGE/TD/3 适用于天然气 MOP 不超过 16bar、温度－25～40℃的钢质管线及天然气 MOP 不超过 10bar、温度 0～20℃的 PE 管线。对于气态液化石油气（LPG），MOP 不超过 2bar。图 3-1 引自 IGE/TD/3 Edition4（原图标题为“FIGURE 1-PRESSURE TERMINOLOGY”），对燃气管道的强度试验压力（STP）、最大事故压力（MIP）、操作压力（OP）、最高操作压力（MOP）术语进行了说明。

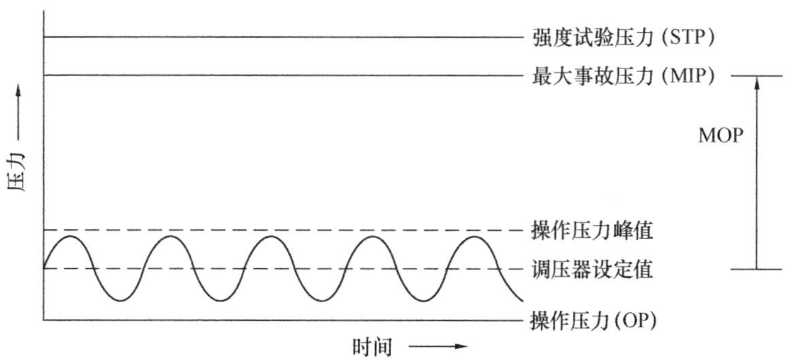

图 3-1　IGE/TD/3 对燃气管道压力的术语说明示意图

例如，某城市燃气高压管道进入三级地区段的设计管径 DN500、设计压力 2.5MPa，初始设计和投运阶段确定的最大工作压力 2.5MPa（高压 B 级），管道本体设计按设计压力计算壁厚并选取管材，管材选型为直缝双面埋弧焊钢管 D508×11.9（mm），根据国家标准《城镇燃气设计规范》GB 50028—2006（2020 年版）第 6.4.12 条规定，规划选线控制管道与建筑物之间的水平净距不小于 5.0m。管道运行 3 年后，由于该区域内城建发展较快，管道沿线建筑物日益密集，地区等级提高至四级，且局部地段新建建筑物与管道的水平净距仅有 3.0m，为保证管道安全运行，最高工作压力降低为 1.6MPa（次高压 A 级），能够满足设计规范规定的四级地区管道压力、壁厚及管道与建筑物水平间距的要求。

5.1.2 燃气输配管道应结合城乡道路和地形条件，按满足燃气可靠供应的原则布置，并应符合城乡管线综合布局的要求。输配管网系统的压力级制应结合用户需求、用气规模、调峰需要和敷设条件等进行配置。

【编制目的】

本条规定了燃气管网路由选择、管道布置的基本原则，以及确定输配系统压力级制时应重点考虑的因素。

【术语定义】

压力级制：城镇燃气管道的设计压力分级体系。

【条文释义】

城乡路网是燃气管网布置的基本依托条件，沿道路敷设管道也是各市政专业管线工程的常规做法。满足燃气可靠供应则是所有燃气管网设计必须考虑的重要因素。

燃气输配系统按照压力级制可分为：（1）一级系统：仅用低压管网来分配和供给燃气，一般只适用于小城镇的供气系统。如供气范围较大时，则输送单位体积燃气的管材用量将急剧增加。（2）两级系统：有低压和中压或低压和次高压两级管网组成。（3）三级系统：包括低压、中压（或次高压）和高压的三级管网。（4）多级系统：由低压、中压、次高压和高压，甚至超高压管网组成。

低压一级系统、中-低压两级系统在我国城镇燃气发展的早期阶段有所应用，主要输配气源为人工燃气或液化石油气、液化石油气混空气，随着我国城乡建设的快速发展，天然气气源也快速普及，目前低压一级系统已基本绝迹，除了一些供气规模较小的管网仍在采用中-低压两级系统，三级系统和多级系统已成为天然气时代输配系统的主流配置。

【实施要点】

市政管网一般不进入居住小区或工、商业建筑物红线内，特别是市政主干管道应沿供气区域内的主要道路敷设，为保证燃气供应的安全和可靠性，主要燃气管道还应连接成环。高、中压燃气干管应靠近大型用户，尽量靠近调压站，以缩短支管长度；燃气管道沿道路敷设，有利于合理利用土地，也便于施工作业和运行期间的巡检、维护等管理。

执行过程中，可通过现行国家标准《城镇燃气设计规范》GB 50028 的规定支撑本条内容的实施。城镇燃气输配系统压力级制的选择，以及门站、储配站、调压站、燃气干管的布置，应根据燃气供应来源、用户的用气量及其分布、地形地貌、管材设备供应条件、施工和运行等因素，经过多方案比较，择优选取技术经济合理、安全可靠的方案。城镇燃气干管的布置，应根据用户用量及其分布全面规划，并宜按逐步形成环状管网供气进行设计。

【背景与案例】

案例一：

法国城市燃气管网根据功能的不同分为一级管网、二级管网和三级管网。

来自长输管线 6.0MPa 的高压天然气经过城市门站调压至 1.9MPa 输入城市燃气一级管网。一级管网沿高速公路敷设，主要承担城市燃气输送责任，为二级管网提供气量。城市燃气一级管网的天然气经区域调压站调压至 0.4MPa 供应城市燃气二级管网。二级管网沿城市主干道路敷设，压力为 0.4MPa，承担部分城市燃气输送责任和主要配送责任，为三级管网提供气量，或通过专线向大用户供气。

城市燃气二级管网的天然气经用户调压站调压至 0.04MPa 或 2100Pa 后供应城市燃气三级管网。三级管网沿城市支路敷设，分为 0.04MPa 和 2100Pa 两种压力级制，连接中小用户，0.04MPa 管网呈支状结构，2100Pa 管网视连接用户数量的不同呈环状或支状结构，承担送气功能。法国典型城市燃气管网结构见图 3-2。

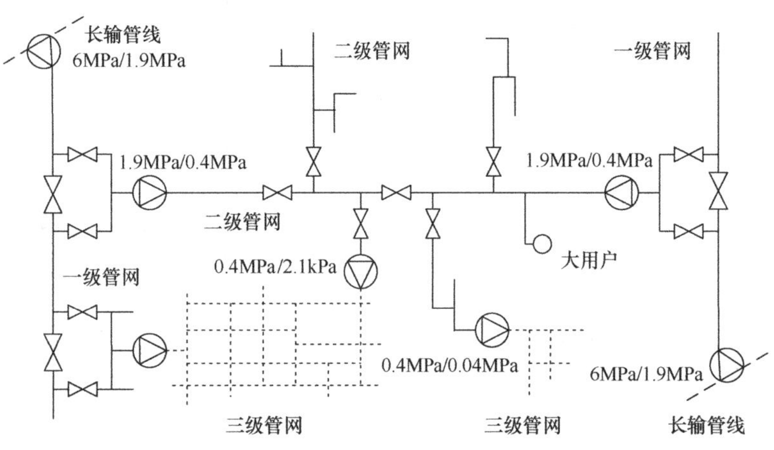

图 3-2　法国城市燃气典型管网系统示意图

由于法国城市燃气管网历史悠久，部分管网老化严重，法国燃气输配公司（GrDF）近年来对老旧管网进行了优化改造升级。大幅度提高了中压供气比例，降低了区域调压站的数量，缩小了管道直径，提高了管网输配效率，同时也节省了改造投资。改造后，0.04～0.4MPa 中压管道在管网系统中的长度占比达到 91%，5kPa 以下管道在管网系统中的长度占比仅为 5%，大于 0.4MPa 的管道在管网系统中的长度占比为 4%。

案例二：

某特大型城市燃气管网设计为多压力级制输配系统，输配系统建设包括超高压、高压、次高压、中压、低压管道。超高压、高压管道远离城市中心区，沿城区外围高速公路敷设，次高压管道沿城市快速路敷设，中压主干管道沿市内市政道路敷设形成三纵四横的环状管网布局，中压支管进入小区或工、商业用户建筑红线后调至低压，通过低压配气支管向终端燃具和用气设备供气。高（超高、次高）压管道沿高速公路和城市快速路敷设，有利于减少管道对城市总体规划建设的影响，也更容易控制管道与建筑物的间距，既提高了安全性又有利于实施；中压主干管网以多环状供气，经分析论证，水力工况良好，且能够应对某一调压站停供事故状态下的安全稳定供气。

5.1.3 液态燃气输配管道、高压A及高压A以上的气态燃气输配管道不应敷设在居住区、商业区和其他人员密集区域、机场车站与港口及其他危化品生产和储存区域内。

【编制目的】

本条规定了不得进入对人员和社会安全影响较大的特定场所的燃气管道类别，是针对液态燃气管道、高压A及高压A以上的气态燃气管道规划路由选线提出的基本原则要求。

【术语定义】

居住区：城市干道或自然分界线所围合，并与居住人口规模（30000～50000人）相对应，配建有满足居民生活所需的公共服务设施的聚居地。

危化品：在储存和使用过程中有可能引起理化危险、健康危险或环境危险的化学品。

【条文释义】

输送液态燃气的管道一般指液态液化石油气输送管道，高压A及高压A以上的气态燃气管道一般指高、超高压天然气管道。该两类管道危险性和破坏性显著，发生事故后引发的人员伤亡和社会财产损失较大，应当避免敷设于本条规定的这些区域。

液态燃气管道、高压A及高压A以上的气态燃气管道敷设于居民区、商业区和人员密集区域、机场车站及港口，发生火灾、爆炸事故后产生的影响是直接的；敷设于其他危化品生产和储存区域，发生火灾、爆炸事故后容易引发危化品泄漏或者爆炸等次生灾害，加重事故的影响。人员密集区域的范围根据实际情况具体判定。

【编制依据】

《中华人民共和国消防法》

《危险化学品目录（2015 版）》

【实施要点】

执行过程中，可通过现行国家标准《城镇燃气设计规范》GB 50028 和《液化石油气供应工程设计规范》GB 51142 的规定支撑本条内容的实施。

高压燃气管道不应通过军事设施、易燃易爆仓库、国家重点文物保护单位的安全保护区、飞机场、火车站、海（河）港口码头。当受条件限制管道必须在本条所列区域内通过时，必须采取安全防护措施。

输送液态液化石油气管道不得穿过居住区和公共建筑群等人员集聚的地区及仓库区、危险物品场区等；不得穿越与其无关的建筑物；不得穿过水源保护区、工厂、大型公共场所和矿产资源区等。

【背景与案例】

案例一：

2012 年 12 月 11 日 12 时 41 分，位于美国西弗吉尼亚州的哥伦比亚输气公司管径 508mm 的州际埋地天然气管道发生破裂燃烧。该段天然气管线最大允许运行压力为 6.89MPa，管道破裂时压力约为 6.40MPa。

管道中心线两侧各 200m 内有 10 到 46 栋居民楼聚集，管道破裂导致 6.1m 长的管段断开并弹出落在距离其原始位置约 12m 的地方。影响了沿管道长 335m、宽约 250m 的范围，摧毁了附近的 3 座房屋和停放在破裂中心点附近的车辆。事故处理耗费近

900 万美元。

案例二：

2014 年某日，我国台湾省某城市发生地下丙烯管线大爆炸，爆炸范围涉及 1.5km，烈焰高度达 15 层楼高，沿道路爆炸坑洞长度达百米，至少 50 名消防员与多辆消防车陷入坑洞。事故共造成 32 人死亡、321 人受伤。

经调查，事故系该城市某化工厂输送丙烯的管线因轻轨施工造成破损，丙烯泄漏汽化后沿设有盖板的雨水沟槽蔓延，在相对密闭的有限空间内聚集，并与空气混合体积比达到爆炸极限，遇火源引发连环爆炸。发生事故的丙烯管道沿线周边区域内居民较为密集，市政管网设施复杂，泄漏和爆炸产生的次生危害极为严重。

5.1.4 输配管道的设计工作年限不应小于 30 年。

【编制目的】

本条规定提出了燃气管道设计工作年限的基本要求。

【术语定义】

设计工作年限：设计规定的结构或结构构件不需进行大修即可按预定目的使用的时间。

【条文释义】

根据国内外燃气管网建设运行经验，钢质管道在腐蚀控制良好的条件下寿命可超过 30 年；聚乙烯管和铸铁管的使用寿命一般可达 40～50 年。为保证燃气工程质量，规定燃气管道及附属设施的设计工作年限不应小于 30 年。

【实施要点】

燃气管道采用抗腐蚀能力强的材料进行制造或者做好易腐蚀管材的防腐涂层，能够延长管道的使用年限。加强管道的安全维护，防止外部破坏、建构筑物占压等，不仅能够减少或避免安全事故的发生，客观上也能够起到尽可能保证燃气管道达到预期使用寿命的作用。

需要说明的是，目前提出的燃气管道设计工作年限实际上是指管道的预期使用寿命，是在建设运行经验的基础上提出的，并没有科学严谨的具体设计方法能够明确给出管道实际可达到的工作年限。因此，燃气管道的设计工作年限并不等同于判废年限，对于管道服役实际剩余寿命的判定还应结合管道的运行状况，采取科学有效的检测方法对其进行分析评价。属于压力管道监督管理范畴的燃气管道，应按照压力管道定期检验的要求定期检验和评估管道工作和运行状况，合理评价其剩余寿命。高压管道的设计还应尽量满足管道内检测设备的通过能力，应用内检测技术对管道的壁厚和腐蚀状况进行检测。

【背景与案例】

案例一：

我国于 1961 年开始建设第一条长距离天然气输送管线——巴渝线输气管道，管径 *DN*400、长度 54.7km，1963 年建成投运。其中长江以北段（九宫庙站至北岸清管站）于 1989 年进行改线，并同时换管更新，1991 年投入使用，至今已运行超过 30 年。

案例二：

广州市于 20 世纪 80 年代开始建设人工制气供气项目，统计数据显示，1990 年之前建成投运的中、低压钢质管道约 93km 仍在正常运行，服役时间已超过 30 年。1991～2000 年建成投运的中、低压钢管和 PE 管约 1650km 作为中心城区的主干管网正常运行，部分管道服役时间已达到或接近 30 年。

案例三：

上海市是我国城市燃气发展历史最为悠久的城市，最早于 1862 年由英国商人开始筹建人工煤气项目。新中国成立后，经历多年的发展建设，特别是 20 世纪 70 年代末、80 年代初，开始大范围发展和普及管道燃气应用，在此期间敷设的部分燃气管道运行至今，服役时间已超过 30 年。

5.1.5 输配管道与附件的材质应根据管道的使用条件和敷设环境对强度、抗冲击性等机械性能的要求确定。

【编制目的】

本条规定了选用燃气管道与附件材质时，对其材料性能的基本要求。

【术语定义】

强度：表示工程材料抵抗断裂和过度变形的力学性能之一。常用的强度性能指标有抗拉强度和屈服强度（或屈服点）。铸铁、无机材料没有屈服现象，故只用抗拉强度来衡量其强度性能。高分子材料也采用拉伸强度。承受弯曲载荷、压缩载荷或扭转载荷时则应以材料的弯曲强度、压缩强度及剪切强度来表示材料的强度性能。

抗冲击性：输配管道与附件结构受外界冲击作用下不发生结构整体破坏的能力。

【条文释义】

输配管道的附件主要包括：阀门、绝缘接头、凝水缸、波纹管调长器等。

管道的使用条件主要指输送介质的物理特性，运行压力、温度参数；敷设环境主要指在直埋或架空等不同敷设方式下管道所处的不同外部环境，如环境温度，埋地敷设时的岩土地质特性、地下水位、土壤腐蚀性，架空敷设时的紫外线辐射、雨雪、酸雨、外力冲击等情况。

燃气管道管材及附件的使用性能是材料在管道工作过程中所应具备的性能，包括力学、物理、化学性能，它是管道选材的最主要依据。使用性能是在分析管道的工作条件，包括输送介质、运行压力、环境温度和敷设方式等，以及管道的失效形式基础上提出来的。

不同压力级制的燃气管道使用的管材及性能应根据设计压力、温度、燃气特性和敷设条件等选用，其性能指标应主要考虑强度、韧性等机械性能。燃气输配管道主要选用钢管和PE管，两种管材的性能指标特征差异较大。

钢管的强度性能指标一般包括屈服强度、抗拉强度、断裂伸长率等。钢管的屈服强度是金属材料发生屈服现象时的屈服极限，亦即抵抗微量塑性变形的应力。钢管的抗拉强度是金属由均匀塑性形变向局部集中塑性变形过渡的临界值，也是金属在静拉伸条件下的最大承载能力。钢管管材的冲击功试验可用来检测其韧性指标，落锤撕裂试验可用来检测其止裂性能。

聚乙烯（PE）管力学性能指标主要包括静液压强度、断裂伸长率、耐慢速裂纹增长、耐快速裂纹增长、压缩复原等，静液压强度是PE材料关键性能，影响着管材的耐压强度和使用寿命。PE混配料的最小要求强度（MRS）以管材形式采用测试混配料的长期静液压强度并外推得出。

【实施要点】

执行过程中，可通过现行国家标准《城镇燃气设计规范》GB 50028的规定支撑本条内容的实施。燃气输配工程压力级制较多，不同压力级制管道选用时要求管材性能的侧重点也有一定的差异。

超高压、高压和次高压A级管道与次高压B、中压、低压管道管材性能要求差异很大。特别是超高压和高压管道对钢管的强度（承压能力）、韧性、止裂性要求高，燃气组分中含硫量、含氢量较高时，还需要考虑管材抗硫化氢应力腐蚀（SSC）性能或抗氢致裂纹（HIC）性能。此外，高（超高）压管道一般敷设于城市外围，还有可能穿过地质断裂带或煤矿采空区等地段，高（超高）压管道穿过上述地段时还应考虑采用具有大应变性能的管材。

中、低压燃气管道因内压较低，其可选用的管材比较广泛，其中聚乙烯管由于质轻、施工方便、使用寿命长而被广泛使用在燃气输配领域。机械接口球墨铸铁管主要用来替代灰口铸铁管，铸铁熔炼时在铁水中加入少量球化剂，使铸铁中石墨球化，使其比灰口铸铁管具有较高的抗拉、抗压强度，其抗冲击性能为灰口铸铁管10倍以上。钢骨架聚乙烯塑料复合管结构为内外两层聚乙烯层，中间夹以钢丝缠绕的骨架，其刚度较纯聚乙烯管好，但开孔接新管比较麻烦，故只作输配气干管使用。

目前国内超高压、高压和次高压A级燃气管道一般选用现行国家标准《石油天然气工业　管线输送系统用钢管》GB/T 9711中PSL2级管材，钢级的选择根据设计压力和管径进行计算比选。管型为直缝双面埋弧焊管（SAWL）、螺旋缝双面埋弧焊管（SAWH）、直缝电阻焊管（HFW）、无缝管（SMLS）。通球管线用管件一般选用非标管件，感应加热推制弯管（热煨弯管）、冷弯管，非通球管线一般选用标准管件，钢质无缝对焊管件或钢板制对焊管件。

次高压B级燃气管道推荐选用现行国家标准《石油天然气工业　管线输送系统用钢管》GB/T 9711中标准管材。现状运行的城镇燃气管道中，有很多次高压B级管道采用现行国家标准《低压流体输送用焊接钢管》GB/T 3091中标准Q235B钢级直缝高频电阻焊、螺旋缝埋弧焊管材，并已有多年使用的历史。

中、低压管道管材选用相比高、次高压管道更为宽泛，管材选用应符合国家标准《城镇燃气设计规范》GB 50028—2006（2020年版）第6.3节、第6.4节的相关规定。此外，现行国家标准《石油天然气工业　管线输送系统用钢管》GB/T 9711源自美国石油学会标准API 5L和国际标准ISO 3183，在石油天然气行业影响力巨大，近年来已不仅用于高、次高压管道建设，有部分燃气企业选用现行国家标准《石油天然气工业　管线输送系统用钢管》GB/T 9711中PSL1级钢管用于中、低压管道建设，可供借鉴。

【背景与案例】

某焦炉煤气混氢气输气管线工程，途经2省3市4区2县，线路总长217.5km，输气规模为16.1亿m^3/年。该项目气源含有大量的氢气及少量的二氧化碳，杂质中含有微量硫化物，输气用管必须解决介质引起的管材氢损伤、氢和湿硫化氢腐蚀、高温氢和硫化氢腐蚀、二氧化碳腐蚀等问题。

经过研究论证，提出了管材选择的三项原则：一是选择控制管材化学成分中碳、磷、硫、锰组分和总碳当量值尽量低的管材；二是选择强度极限较低的管材，保证管材的塑性和韧性；三是为了消除易引发氢致裂纹（HIC）的硬点裂源，选择轧制后热处理的管材。最终的实施方案选择了现行国家标准《石油天然气工业　管线输送系统用钢管》GB/T9711 中 PSL2 级 L245NB 直缝埋弧焊接钢管。

5.1.6 输配管道及附属设施的保护范围应根据输配系统的压力分级和周边环境条件确定。最小保护范围应符合下列规定：

1 低压和中压输配管道及附属设施，应为外缘周边 0.5m 范围内的区域；

2 次高压输配管道及附属设施，应为外缘周边 1.5m 范围内的区域；

3 高压及高压以上输配管道及附属设施，应为外缘周边 5.0m 范围内的区域。

【编制目的】

本条规定了燃气管道及附属设施的保护范围的划定原则和最小保护范围的要求，保护主体是既有输配管道及附属设施。

【条文释义】

作为市政基础设施的燃气管道设施输送的介质为易燃易爆危险品，与地上、地下各类建（构）筑物相邻相随。在实际运行中，第三方破坏已经成为燃气设施损坏和事故的首要原因，所以必须明确燃气管道及附属设施的保护和控制范围的划定原则和最小范围。燃气管道压力和周边环境条件不同，带来的事故后果和影响也不同，保护和控制范围应综合考虑确定。

本条根据国内一些省市如上海市、江苏省、广东省、浙江省、山东省、安徽省等地方燃气管理条例或地方燃气管道设施保护管理办法的相关规定来要求的。最小保护和控制范围内的其他建设活动，极易引起燃气设施的损坏造成事故，必须严格控制和监管。

现行的燃气工程技术规范所规定的间距要求是燃气设施施工和运行维护所要求的空间，以周边环境和其他设施作为被保护对象。

【编制依据】

《城镇燃气管理条例》

【实施要点】

最小保护和控制范围主要根据压力分级和周边环境条件确定。周边环境条件发生变化时，保护范围应该适当扩大。

5.1.7 输配管道及附属设施的控制范围应根据输配系统的压力分级和周边环境条件确定。最小控制范围应符合下列规定：

1 低压和中压输配管道及附属设施，应为外缘周边0.5m～5.0m范围内的区域；

2 次高压输配管道及附属设施，应为外缘周边1.5m～15.0m范围内的区域；

3 高压及高压以上输配管道及附属设施，应为外缘周边5.0m～50.0m范围内的区域。

【编制目的】

本条规定了燃气管道及附属设施的控制范围的划定原则和最小控制范围的要求，保护主体是既有输配管道及附属设施。

【条文释义】

参见第5.1.6条。

【编制依据】

《城镇燃气管理条例》

【实施要点】

参见第5.1.6条。

5.1.8 在输配管道及附属设施的保护范围内，不得从事下列危及输配管道及附属设施安全的活动：

1 建设建筑物、构筑物或其他设施；

2 进行爆破、取土等作业；

3 倾倒、排放腐蚀性物质；

4 放置易燃易爆危险物品；

5 种植根系深达管道埋设部位可能损坏管道本体及防腐层的植物；

6 其他危及燃气设施安全的活动。

【编制目的】

本条提出了燃气管道及附属设施的保护范围内禁止导致燃气设施损坏的第三方活动的主要类型，保护主体是既有输配管道及附属设施。

【条文释义】

建设建筑物、构筑物或者其他设施，在过近的地方建设极易对燃气管线造成占压，引起管线的破坏。泄漏的燃气也容易进入建（构）筑物集聚，酿成重大事故。进行爆破、取土等作业：这一类作业带来的震动、基础沉陷和机械碰撞等极易引起管道的接口松动甚至直接损坏，造成燃气泄漏事故。倾倒、排放腐蚀性物质：这类物质可以对管道及防腐层有较大的腐蚀作用，且埋地管道腐蚀穿孔不易发现，极易引发着火爆炸事故。放置易燃易爆危险物品：易燃易爆物质放置在同样是危险物燃气附近，对于双方都是很大的安全隐患，一旦发生事故，影响很大。种植根系深达管道埋设部位可能损坏管道本体及防腐层的植物：深根植物生长过程中的巨大力量会引起管道移位、变形，防腐层破坏，对管道破坏作用很大。其他危及燃气设施安全的活动：除了前五项活动以外的对管道安全运行有较大威胁或危害、影响较大的活动。可根据国家相关法律和标准、进行安全评价等方式来判断。

【编制依据】

《城镇燃气管理条例》

【实施要点】

本条要求的含义是严格控制对管道安全运行有较大威胁的活

动。实际操作时应根据周边环境、技术措施等具体情况，加以具体分析，既确保燃气设施安全，又为其他设施建设提供条件。

【背景与案例】

从本条要求看，如何防止第三方给燃气设施造成破坏成为保障燃气管网安全运行的重点。主要的建设活动具体有：取土、挖塘、修渠、修建养殖水场，排放腐蚀性物质，堆放大宗物资，采石、盖房、建温室、垒家畜棚圈、修筑其他建（构）筑物，种植深根植物，爆破、开山以及隧道、桥梁等工程。

从第三方施工破坏的影响因素分析看，应该在以下几方面采取措施：(1) 加强人员的安全教育，主要是针对管网管理人员、业主代表、第三方施工人员的安全教育。(2) 加强燃气设施本质安全，主要有管道材料、管道敷设、管道覆土厚度、管道附加保护措施和管道线路标识。(3) 加强工程管理水平，主要有管道资料完整性、管道保护制度制定、巡检管理、公共安全宣传、事故应急机制、管理机构人员配置等方面。

落实本条要求，必须通过各方面的积极努力才能有效降低事故的发生。燃气运营企业必须积极发挥自身作用，联动各方信息互动，做好安全宣传工作，才能推动本质安全型企业持续不断发展，切实保障燃气管网安全运行。

5.1.9 在输配管道及附属设施保护范围内从事敷设管道、打桩、顶进、挖掘、钻探等可能影响燃气设施安全活动时，应与燃气运行单位制定燃气设施保护方案并采取安全保护措施。

【编制目的】

本条提出了第三方在燃气管道及附属设施的保护范围内从事不可避免的建设活动时的要求，保护主体是既有输配管道及附属设施。

【条文释义】

敷设管道、打桩、顶进、挖掘、钻探等建设活动在保护范围内，有时不可避免。这类活动使用的机具极易对燃气管道造成损坏。不具备双方认可的保护方案就不具备施工许可的条件。

【编制依据】

《城镇燃气管理条例》

【实施要点】

某些可能对管道有较大威胁但又必须进行的活动应严格监控。

【背景与案例】

参见第 5.1.8 条。

5.1.10 在输配管道及附属设施的控制范围内从事本规范第 5.1.8 条列出的活动，或进行管道穿跨越作业时，应与燃气运行单位制定燃气设施保护方案并采取安全保护措施。在最小控制范围以外进行作业时，仍应保证输配管道及附属设施的安全。

【编制目的】

本条提出了燃气管道及附属设施的控制范围内发生导致燃气设施损坏的第三方活动的主要类型及处理措施，保护主体是既有输配管道及附属设施。

【条文释义】

参见第 5.1.8 条。

【编制依据】

《城镇燃气管理条例》

【实施要点】

在控制范围内从事《规范》第 5.1.8 条规定的建设活动，仍要采取必要的措施保护燃气设施，避免安全事故。在控制范围外的作业，也要根据所从事活动的影响范围，评估是否会对燃气设施产生影响，当有影响时要采取必要的措施。

【背景与案例】

参见第 5.1.8 条。

5.1.11 钢质管道最小公称壁厚不应小于表 5.1.11 的规定。

表 5.1.11 钢质管道最小公称壁厚

钢管公称直径 *DN*（mm）	最小公称壁厚（mm）
*DN*100～*DN*150	4.0
*DN*200～*DN*300	4.8
*DN*350～*DN*450	5.2
*DN*500～*DN*550	6.4
*DN*600～*DN*700	7.1
*DN*750～*DN*900	7.9
*DN*950～*DN*1000	8.7
*DN*1050	9.5

【编制目的】

本条规定了钢质燃气管道的最小公称壁厚。

【条文释义】

规定钢管最小公称壁厚一方面是考虑管材的基本强度性能，另一方面是考虑满足管道在正常搬运、敷设过程中所需的刚度要求，一般来说，通过规定钢管径厚比数值保证钢管圆截面不会失稳，本条规定的各公称直径钢管最小壁厚除了考虑圆截面失稳问题，还考虑到防雷电击穿的最小壁厚要求，并结合工程实际应用经验确定。

【实施要点】

影响钢管壁厚选择的因素主要是强度和刚度，酸性环境下工作的钢管，及输送介质组分特殊的钢管还应考虑一定的腐蚀裕量。

国家标准《城镇燃气设计规范》GB 50028—2006（2020 年版）规定了钢质燃气管道壁厚计算公式（此规范式 6.4.6），次高压及以上压力级制管道壁厚选择应按该公式计算确定。根据经验，高压燃气管道在选择适宜钢级的条件下，计算选取壁厚一般均大于本条规定的最小壁厚，能够满足避免圆截面失稳的径厚比。中、低压管道壁厚选择如果按公式计算则远小于本条规定的最小壁厚，需要参考本条规定选择壁厚规格。

研究表明，钢管的径厚比小于140时，正常情况下不会出现刚度问题。国家标准《输气管道工程设计规范》GB 50251—2015第5.1.3条规定，输气管道的最小管壁厚度不应小于4.5mm，钢管外径与壁厚之比不应大于100。美国《管道安全法天然气部分》49CFR192.112规定了钢管采用最大允许操作压力设计选型时，管材径厚比不应大于100。建议在实际工程建设中，燃气管道钢管壁厚的选择除了满足《规范》要求的最小壁厚以外，尽量保证钢管的径厚比不小于100。

高压、超高压燃气管道钢管壁厚选择在满足管材强度、刚度的前提下，还应进行强度稳定性校核，当管道埋深较大（如定向钻穿越段）或外荷载较大（如直埋敷设在车行道下）时，还应进行径向稳定性校核计算。

【背景与案例】

某城市天然气高压管道，设计管径 *DN*250、设计压力4.0MPa，拟选用无缝钢管，壁厚选择和相关校核计算如下：

（1）直管段壁厚计算

根据国家标准《城镇燃气设计规范》GB 50028—2006（2020年版）的规定，钢管壁厚与设计压力、钢管外径、钢管的屈服强度、强度设计系数及温度折减系数有关，钢管直管段壁厚按下式计算：

$$\delta = \frac{PD}{2\sigma_s \varphi F t}$$

式中：δ——钢管计算壁厚（mm）；

P——设计压力（MPa）；

D——钢管外径（mm）；

σ_s——管材最小屈服强度（MPa）；

φ——焊缝系数，无缝钢管取1；

F——强度设计系数；

t——温度折减系数，取1。

（2）弯头、弯管壁厚计算

根据国家标准《城镇燃气设计规范》GB 50028—2006（2020 年版）的规定，弯头和弯管的管壁厚度按下式计算：

$$\delta_b = \delta m$$

$$m = \frac{4R - D}{4R - 2D}$$

式中：δ_b ——弯头和弯管的管壁厚度（mm）；

δ ——弯头和弯管所连接的直管段管壁计算厚度（mm）；

R——弯头和弯管的曲率半径（mm）；

m ——弯头和弯管的管壁厚度增大系数；

D——弯头和弯管的外直径（mm）。

（3）壁厚选取规格

选择 L290 钢级，按三级地区强度系数 0.4 计算，本项目高压管道直管计算壁厚为 7.42mm，热煨弯管（6D）计算壁厚为 7.76mm。计算壁厚远大于本条规定的 DN250 管道最小壁厚（4.8mm），根据钢管常规壁厚系列进行选型，直管、弯管管材统一选取壁厚 8.0mm。

管材规格选用国家标准《石油天然气工业　管线输送系统用钢管》GB/T 9711—2017 中 PSL2 级 L290N SMLS D273×8.0。

（4）管道强度校核

参考国家标准《输气管道工程设计规范》GB 50251—2015 附录 B，对于埋地管道进行应力校核。对于埋地受约束热胀直管段，按最大剪切应力强度理论计算的当量应力必须满足下式要求：

$$\sigma_e = \sigma_h - \sigma_L < 0.9\sigma_s$$

$$\sigma_L = \mu\sigma_h + E\alpha(t_1 - t_2)$$

$$\sigma_h = \frac{Pd}{2\delta}$$

式中：σ_e——当量应力（MPa）；

σ_h——由内压产生的环向应力（MPa）；

σ_L——轴向应力（MPa）；

E——钢材的弹性模量（2.07×10^5 MPa）；

α——钢材线膨胀系数（1.2×10^{-5} m/m·℃）；

μ——泊松比，取 0.3；

P——设计压力（MPa）；

d——管道内径（mm）；

δ——管道壁厚（mm）；

σ_s——管材最小屈服强度（MPa）；

t_1——管道下沟回填时温度（℃）；

t_2——管道的工作温度（℃）。

其中：管线设计压力（P）为 4.00MPa，钢管外径（D）为 0.2730m，管道公称壁厚（δ）为 0.0080m，钢管最低屈服强度（σ_s）为 290.0MPa，管道安装闭合时大气温度（t_1）为 40.0℃，管道内输送介质温度（t_2）为 15.0℃。

由内压产生的环向应力：

$$\sigma_h = P(D-2\delta)/(2\delta)$$

$$= 4\times(0.273-2\times0.008)\div(2\times0.008)$$

$$= 64.3(\text{MPa})$$

由弹性敷设（$R=1000D$）产生的弯曲应力：

$$\sigma_b = \pm ED/(2R)$$

$$= \pm 205000\times0.273\div(2\times1000\times0.273)$$

$$= \pm 102.5(\text{MPa})$$

由内压和温度变化产生的轴向应力：

$$\sigma_L = \mu\sigma_h + E\alpha(t_1-t_2)$$
$$= 80.8(\text{MPa})$$

轴向组合应力：

$$\sigma_a = \sigma_L \pm \sigma_b$$

因 $\sigma_L > 0$

$$\sigma_a = 80.78 + 102.5$$
$$= 183.3(\text{MPa})$$

当量应力：

$$\sigma_e = \sigma_h - \sigma_a$$
$$= 64.25 - 183.28$$
$$= -119.0(\text{MPa})$$

校核应力：

$$0.9 \times \sigma_s = 0.9 \times 290$$
$$= 261(\text{MPa})$$

强度满足要求。

(5) 开挖直埋穿越道路管道径向变形校核

钢管径向变形计算参考国家标准《输气管道工程设计规范》GB 50251—2015 第 5.1.4 条的公式；车辆荷载技术指标参考行业标准《公路工程技术标准》JTG B01—2014。

其中：钢管外直径（D）为 0.2730m，钢管壁厚（δ）为 0.0080m，管顶回填土高度（H）为 1.20m，土壤容重（γ_{soil}）为 18.0kN/m³，基座系数（K）为 0.108，回填土的变形模量（E'）为 1.0MPa。

垂直土荷载：

$$W_e = \gamma_{soil} DH$$
$$= 18 \times 0.273 \times 1.2$$
$$= 5.9(\text{kN})$$

车辆荷载：

汽车荷载横向分布宽度：

$$a = H \times \tan(30^\circ) \times 2 + (0.6 + 1.3 + 1.8 \times 2)$$
$$= 1.2 \times \tan(30^\circ) \times 2 + (0.6 + 1.3 + 1.8 \times 2)$$
$$= 6.89(\text{m})$$

汽车荷载纵向分布宽度：

$$b = H \times \tan(30°) \times 2 + (0.2 + 1.4)$$
$$= 1.2 \times \tan(30°) \times 2 + (0.2 + 1.4)$$
$$= 2.99(\mathrm{m})$$

汽车荷载：

$$P = 4 \times 140/(a \times b)$$
$$= 4 \times 140/(6.89 \times 2.99)$$
$$= 27.18(\mathrm{kN/m^2})$$

地面车辆传到钢管上的荷载：

$$W_q = PD$$
$$= 27.18 \times 0.273$$
$$= 7.4(\mathrm{kN/m})$$

钢管径向变形：

钢管变形滞后系数 $J=1.5$，管材的弹性模量 $E=205000\mathrm{MPa}$。

钢管的平均半径：

$$r = (D - \delta)/2$$
$$= (0.273 - 0.008)/2$$
$$= 0.1325(\mathrm{m})$$

单位长度管壁截面的惯性：

$$I = \delta^3/12$$
$$= 0.008^3/12$$
$$= 0.000000043(\mathrm{m^4/m})$$

单位管长上的总垂直荷载：

$$W = W_e + W_q$$
$$= 5.9 + 7.4$$
$$= 13.3(\mathrm{kN/m})$$
$$= 0.0133(\mathrm{MN/m})$$

钢管在外荷载作用下的径向变形：

$$\Delta_X = JKWr^3/(EI + 0.061E'r^3)$$

$$= 1.5 \times 0.108 \times 0.0133 \times (0.1325^3) \div$$

$$[205000 \times 0.000000042667 + 0.061 \times 1 \times (0.1325^3)]$$

$$= 0.001(\mathrm{m})$$

钢管径向变形校核：

$$\Delta_X/D = 0.001/0.273$$

$$= 0.4\% < 3\%$$

稳定性满足要求。

5.1.12 聚乙烯等不耐受高温或紫外线的高分子材料管道不得用于室外明设的输配管道。

【编制目的】

本条规定了禁止聚乙烯等高分子材质管道使用的场所。

【条文释义】

燃气管道室外明设主要指室外架空安装。聚乙烯管道机械强度相对于钢管较低，室外明设采用聚乙烯管材时，管道受碰撞易破损，导致漏气。另据研究表明，室外大气环境中紫外线会加速聚乙烯材料老化，从而降低管道力学性能和耐压强度。因此室外明设时严禁采用聚乙烯管材。

【实施要点】

执行过程中，可通过现行国家标准《燃气用埋地聚乙烯（PE）管道系统　第1部分：管材》GB/T 15558.1、《燃气用埋地聚乙烯（PE）管道系统　第2部分：管件》GB/T 15558.2、《燃气用埋地聚乙烯（PE）管道系统　第3部分：阀门》GB/T 15558.3和现行行业标准《聚乙烯燃气管道工程技术标准》CJJ 63的规定支撑本条内容的实施。

美国国家标准《国家燃气规范》NFPA54（ANSI Z223.1）第5.6.4条规定：塑料刚性管、半刚性管和管件只在室外地下使用。

聚乙烯燃气管道严禁室外明设的原因主要是考虑其抗外力破坏和耐候性差的问题，除了不得明设的要求外，还应注意聚乙烯管道出地面与地上钢管连接时应采用钢塑转换管件，防止外力破坏和聚乙烯管道直接裸露在大气环境中。钢塑转换管件连接后应对接头进行防腐处理，防腐等级应满足设计要求。

【背景与案例】

自1956年铺设第一条聚乙烯燃气管道以来，到20世纪70年代，在欧洲和北美，聚乙烯管道在燃气领域得到迅速的推广应用。聚乙烯管道在各国燃气管道上的广泛应用已成为管道领域最为引人注目的成就。在燃气输配领域，无论是对于新铺设或旧管道的修复和更新，聚乙烯管均占有重要的市场份额。欧洲的聚乙烯燃气管道普及率极高，如英国、丹麦等国均超过90%，法国1998年以后新敷设的燃气管道选用聚乙烯管材的比例几乎达到100%。早在1988年，在慕尼黑召开的国际煤联配气委员会会议，委员们一致认为采用聚乙烯埋地燃气管道质量可靠，运行安全，维护简便，费用经济。这种共识显然是50年来聚乙烯管道与其他管道反复比较、竞争后达成的。

世界各国对于聚乙烯管道用于燃气输配时均要求“埋地”使用，这是基于多年实践经验深刻认识到聚乙烯管材强度和耐候性差得出的一致认识，我国燃气行业推广使用聚乙烯管材以来一直秉承了埋地使用的要求。

5.1.13 埋地输配管道不得影响周边建（构）筑物的结构安全，且不得在建筑物和地上大型构筑物（架空的建、构筑物除外）的下面敷设。

【编制目的】

本条规定了地下燃气管道不得影响周边建（构）筑物结构安全影响的基本要求。

【术语定义】

构筑物：为某种使用目的而建造的、人们一般不直接在其内部进行生产和生活的工程实体或附属建筑设施。

【条文释义】

架空的建、构筑物主要指过街楼、道路、铁路等。

地下燃气管道对周边建（构）筑物结构安全的影响包括施工安装阶段由于管沟开挖、非开挖施工产生结构基础破坏或失稳的直接安全影响，以及燃气管道施工完成后运行期间发生燃气泄漏引发火灾、爆炸等事故的间接安全影响。

规定地下燃气管道不得在建筑物和地上大型构筑物下面敷设，一方面是考虑到建（构）筑物沉降可能对燃气管道产生破坏，从而引发管道泄漏，且建（构）筑物下方埋设的燃气管道出现泄漏后容易窜入建（构）筑物主体内，发生火灾或爆炸事故对公共设施和公共安全造成较大危害；另一方面是为了保证燃气管道运行期间应具备必要的巡检、维护、抢修等作业条件。

【实施要点】

地下燃气管道不得影响周边建（构）筑物的结构安全，首先应当按照国家标准《城镇燃气设计规范》GB 50028—2006（2020 年版）表 6.3.3-1 控制燃气管道与建（构）筑物的间距。在保证此规范要求间距的前提下，管道施工过程中还应当做好对建（构）筑物基础的临时保护措施，比如管沟开挖时采用管沟侧壁支护等。

燃气管道在架空的建（构）筑物的下方敷设时，同样应注意不得影响建（构）筑物基础的安全，按国家标准《城镇燃气设计规范》GB 50028—2006（2020 年版）表 6.3.3-1 要求，控制燃气管道与建（构）筑物基础（包括结构承台）的间距。

采用非开挖方式顶管、定向钻等工法穿越水利堤防工程、铁路、公路、市政道路、地上轨道交通设施等构筑物时，还应遵循相关设施的专业法规和标准规定，并根据具体情况与权属单位协商确定穿越方案。

【背景与案例】

案例一：

某城市燃气管道需穿越一条厂矿铁路专线，经多次协商，铁路方同意采用定向钻穿越方案。燃气管道穿越段长度约 280m，规格 D273.1×9.5（mm），钢管焊接成型后进行整体回拖。

为保证铁路运行安全，根据铁路方面要求，燃气管道穿越深度为铁路路基下方 15m，定向钻施工采用 68t 钻机，钻机场地 30m×25m，出土点场地 15m×15m，管道曲率半径 1500D 进行导向操作，每 10m 角度变化 1°，在穿过铁路后进行抬升角度，出、入土角拟控制在 8°以内。考虑到穿越土层有细沙，施工中优化膨润土泥浆配比进行注浆护壁，确保成孔。在扩孔过程中，为确保铁路安全，安排专人每 2h 采用水准仪观测沉降一次，计划当发现 2 次沉降观测差值达到 2mm 时立即停止作业，对孔内进行注浆封孔。

该燃气管道穿越铁路工程顺利完成施工，管道和铁路运行状况良好。

案例二：

2021 年某日，某社区集贸市场发生燃气爆炸事故，造成 26 人死亡，138 人受伤。

经调查，事故直接原因是天然气中压钢管严重锈蚀破裂，泄漏的天然气在建筑物下方河道内密闭空间聚集，遇餐饮商户排油烟管道火星发生爆炸。事故也暴露了违规建设形成隐患、隐患长期得不到排查整改、物业管理混乱、现场应急处置不当等问题。该事故是一起重大生产安全责任事故。

涉事故建筑物是该城市一座社区集贸市场，坐落于某河道上，西端邻近过河桥梁，东端毗邻小区居民楼。建筑物为 2 层钢混结构，一层为商铺，事故发生时有多家商户正在营业，另有多家商户存在留人夜宿守店情况；二层为老年人活动中心、培训机构等。

建筑物东、西两端原为河道的开敞部分，1995 年，东向距离涉事故建筑 6.2m 处建设了居民楼，并用水泥板材在两栋建筑之间搭设成跨河道的便民通道，此时涉事故建筑物东侧形成密闭空间；涉事故建筑物主体西侧 6.5m 处建有一座过河桥梁，2007 年，某单位未经批准，违法违规在涉事故建筑物西侧与过河桥梁之间加建一间房屋，并进行出租利用。自此，涉事故建筑物底部与下方河道形成南北封闭、东西局部封堵的密闭空间。

事发地铺设有中、低压燃气管道共 5 根。其中，河堤边市政道路敷设有 $D159\times6$ （mm）中压干管和 26＃楼 $DN80$ 低压管；南北向有 A 小区供气 $D57\times4$ （mm）中压支管（事故泄漏管线）、B 小区 $D108\times4$ （mm）中压支管、C 小区 $D89\times5$ （mm）中压支管。

涉事故管道为向 A 小区供气的中压支管，采用 $D57\times4$ （mm）无缝钢管，设计压力 0.4MPa、工作压力 0.25MPa。该管道起点接自涉事故建筑物东北侧河道外 1.5m 处埋地铺设的市政路 $D159\times6$ （mm）中压干管，横跨河道，穿过涉事故建筑物下方空间，从涉事故建筑物南侧进入 A 小区。

管道泄漏点位于涉事故建筑物下方河道墙体南侧排水口附近。该管道于 2005 年竣工验收，2008 年，因 A 小区 2 号楼燃气管道附近化粪池发生闪爆伤人事件，供气企业对靠近化粪池的中压支管进行局部迁移改造，造成部分管段进入建筑物下方的密闭空间内。

根据模拟分析计算，涉事故建筑物底部河道内引起爆炸的天然气体积约 $600m^3$，爆炸当量 225kgTNT。爆炸现场涉事故建筑物为中心向四周辐射。涉事故建筑物损坏严重，并对周边商铺和 1678 户居民住宅产生影响。经专家评估论证认定：涉事故建筑物东南角下方河道内 $D57\times4$ （mm）中压天然气管道紧邻 A 小区排水口，受长期潮湿环境影响，且管道弯头外防腐未按规范施工，企业未及时巡检维护，导致管道腐蚀穿孔发生泄漏，泄漏的天然气在河道内密闭空间蓄积，形成爆炸性混合气体。泄漏点上方餐厅炉灶燃烧工作时，吸油烟机将炉灶火星吸入直径 40cm 的 PVC 排烟管道排至河道密闭空间，引爆空间内的爆炸性混合气体，致事故发生。

5.1.14 埋地输配管道应根据冻土层、路面荷载等条件确定其埋设深度。车行道下输配管道的最小直埋深度不应小于 0.9m，人行道及田地下输配管道的最小直埋深度不应小于 0.6m。

【编制目的】

本条规定了地下燃气管道埋深的确定方式和最小直埋深度要求。

【条文释义】

本条规定的最小直埋深度指燃气管道直接覆土埋设时管顶至地坪表面的垂直距离。

《规范》对车行道下燃气管道最小埋深的规定是为了避免因埋设过浅使管道承受过大的车辆荷载作用，出现超出管道强度稳定性能力而造成管道失效，引发泄漏事故。

燃气管道的敷设深度还应考虑埋设区域的土壤冻土深度，一方面原因是燃气管道可能会由于其输送的气源质量或物理特性，埋设在土壤冰冻线以下时内部会出现结冰造成冰堵或再液化现象，影响正常供气；另一方面原因是燃气管道受土壤冻胀力影响，可能会产生变形、位移的情况，存在安全隐患，冻胀严重时，燃气管道容易被破坏，引发燃气泄漏安全事故。

我国燃气工程标准关于管道最小埋深规定的具体数值最早来源是根据铸铁管相关技术标准进行验算取得的，在发展过程中吸收借鉴了国内燃气事业发展较早城市的经验，特别是引进聚乙烯管材后，经过多年实践得到了一定的验证。本条所规定的覆土深度，对于一般材质和规格的燃气管道具有适应性。

【实施要点】

地下燃气管道的最小埋深除应符合本条规定外，还应充分考虑土壤冰冻线深度、管道材质、燃气气质等因素。

最高工作压力 1.6MPa 以上的管道直埋敷设在车行道下时，建议对车行道下的燃气管道进行强度、疲劳、变形和稳定性校核。

【背景与案例】

目前国外有关燃气管道埋设深度的规定，如表 3-5 所示。

国外燃气管道的埋设深度 **表 3-5**

国家	条件			管顶最小埋深（m）	备注
美国	一级地区	正常土质		0.762	美国联邦法规 49-192《气体管输最低安全标准》
		岩石		0.457	
	二、三、四级地区	正常土质		0.914	
		岩石		0.610	
	一级地区	正常土质		0.610	美国国家标准/美国石油学会标准《输气和配气管道系统》ANSI/ASME B31.8
		岩石	≤*DN*500	0.305	
			＞*DN*500	0.457	
	二级地区	正常土质		0.762	
		岩石		0.457	
	三、四级地区	正常土质		0.762	
		岩石		0.610	
	位于公路、铁路穿越处的排水沟底	正常土质		0.914	
		岩石		0.610	
英国	$P \leqslant 0.7$MPa	车行道		0.75	英国气体工程师学会标准《钢管和 PE 管配气管道》IGE/TD/3
		绿化带			
		人行道		0.60	
		开阔野外和农田		1.10	
	0.7MPa＜$P \leqslant 1.6$MPa				
日本	干管	一般		1.20	《道路施行法》第 12 条及《本支管指南（设计篇）》；《供给管、内管指南（设计篇）》
		特殊情况		0.60	
	供气管车行道			＞0.60	
	供气管非车行道			＞0.30	

2008 年某日，某市市政道路发生一起燃气泄漏事故。该道路改造施工过程中，道路施工单位不慎将埋于路面地下的天然气

管道挖断，造成天然气大量泄漏。由于泄漏点位周围居民区密集，燃气泄漏给附近居民生命财产安全带来的安全风险极大，情况危急。相关部门急救措施得当，天然气泄漏事故很快得到控制，未造成人员伤亡和群众财产损失，但是造成数千用户停气数天。

事故发生后，工程队立即停止施工，并立即向燃气运行单位和工程单位报告。燃气企业工作人员赶到后立即关闭向该处供气的管道阀门，并对靠近燃气泄漏位置的居民进行疏散，同时彻查附近有无火源等，防止再次发生意外事故。燃气运行单位某负责人称，造成天然气泄漏的原因在于道路施工单位野蛮施工。负责工程现场施工的管理人员称，被挖断的天然气管道埋深严重不足，管顶距离路面只有 0.20m 左右。

5.1.15 当输配管道架空敷设时，应采取防止车辆冲撞等外力损害的措施。

【编制目的】

本条规定了对架空燃气管道的防护要求。

【条文释义】

燃气输配管道一般采取埋地敷设的方式，特殊情况下架空敷设，比如跨越河流、道路、铁路等障碍物，或者是一些配气支管沿用气建筑、围墙、专用支柱等架空敷设。

燃气管道本体的设计一般是从承压强度和管体自身的刚度、稳定性来考虑的，架空敷设的燃气管道在特殊情况下存在受到车辆冲撞等外力损害的可能性，应在可能受到外力损害的位置设置一定的辅助设施进行有效防护。

【实施要点】

近年来随着公路、铁路安全保护相关法规和标准的发布实施，燃气管道跨越公路、铁路敷设的做法基本不再采用，利用专用管桥或随道路桥梁跨越河流的情况仍然较为常见。燃气管道架空跨越河流、铁路、道路和其他管线时，一般需要征询对方权属或管理单位的意见，允许跨越时应按照现行国家标准《城镇燃气设计规范》GB 50028规定的垂直净距要求进行建设。当铁路、道路、其他管线权属或管理单位提出特殊保护要求时，应研究应对措施，在满足燃气专业相关规范的前提下由双方协商确定最终方案。

防止车辆冲撞等外力损害的有效防护措施可根据工程实际情况确定，常规做法包括在易受外力损害的部位加防撞墩、护栏或车挡等。

【背景与案例】

2016年某日午间，某市一小区发生架空燃气管道泄漏事故。事发时一辆驶进小区的大货车将一根直径100mm的架空燃气管道撞裂，造成燃气泄漏事故。接警后，消防、交警、民警和燃气抢险人员及时处置，没有造成事故。

交警对事故现场采取临时交通管制，燃气抢险人员在消防员的监护下，用堵漏材料对距离地面3m多高的受损燃气管道进行处置，肇事的一辆大货车停在不远处。肇事男司机称，因为其驾驶的大货车车帮较高，在事发时，他为了避让迎面驶来的车辆，车帮不慎撞上了架空的燃气管道。燃气抢修人员介绍，为了不耽误市民中午做饭用气，他们对被撞裂的管道采取临时堵漏措施，下午再进行更换，“受损的架空管道为直径100mm的燃气低压管道，共有6000余户居民用气受到影响”。

事发当天下午，燃气抢险人员开始对受损管道采取降压并更换管道，抢修工作在傍晚前结束，并恢复正常压力供气。根据《城镇燃气管理条例》和道路交通安全法规，肇事司机被追责并承担相应的赔偿。

5.1.16 输配管道不应在排水管（沟）、供水管渠、热力管沟、电缆沟、城市交通隧道、城市轨道交通隧道和地下人行通道等地下构筑物内敷设。当确需穿过时，应采取有效的防护措施。

【编制目的】

本条规定了燃气管道不得敷设于其他专业管沟或隧道，目的是避免燃气泄漏通过其他专业管沟、隧道窜入其他场所，引发次生事故。

【条文释义】

地下空间资源紧张，城市地下管线（沟）错综复杂，燃气泄漏后容易通过其他管道或管沟等窜入人员生活、生产和服务场所并产生聚集，且管沟、隧道等地下空间内也容易聚集泄漏的燃气，易引发火灾或爆炸事故，带来人员伤亡和社会影响危害。

本条规定不应敷设燃气管道的地下构筑物不包括地下综合管廊。

【实施要点】

执行过程中，可通过现行国家标准《城镇燃气设计规范》GB 50028 的规定支撑本条内容的实施。地下燃气管道从排水管（沟）、热力管沟、隧道及其他各种用途沟槽内穿过时，应将燃气管道敷设于套管内，套管两端应采用柔性的防腐、防水材料密封。

燃气管道设施和地下空间或管道（线）的关系复杂，由于本身都是隐蔽工程，加之建设、产权或管理单位之间无沟通机制或沟通不足，相关的运行管理信息形成孤岛，加剧了安全隐患演化为事故的可能。地下空间或管道（线）多、关系复杂以及老化的区域一般都是成熟区域，有人口密度大、人员活动多、交通繁忙等特点，加之更多外部干扰因素，如沼气、废气等干扰，一旦发生燃气窜入其他地下空间或管道（线）而发生燃爆、爆炸乃至引发火灾，将造成严重的人员伤亡和财产损失。

为了避免和减少因燃气泄漏窜入其他地下空间引发的安全事故，首先应当禁止燃气管道与排水管、热力管、电缆同沟敷设，禁止燃气管道进入通行隧道。其次应当按现行国家标准《城镇燃气设计规范》GB 50028 的规定，做好燃气管道穿越排水管（沟）、热力管沟、隧道及其他各种用途沟槽时的保护措施。另外对于周边存在其他专业管线、沟槽的燃气管道，还应采取重点巡检、监测等措施，做好事故分析预判、预警工作，避免次生火灾、爆炸事故的发生。

【背景与案例】

案例一：

2013 年某日晚，某酒楼地下室北起第三开间东墙下燃气蒸柜的鼓风机的电源线故障，引燃其绝缘皮，引起蒸柜上部的排油烟风道口及其油垢着火。酒楼业主及相关施工人员严重违反有关法律法规，未经相关管理部门批准，私自将地下室厨房的排油烟道（东西向）埋设于室外的人行道下，并与当地燃气公司埋设在人行道下的聚乙烯天然气管道（南北向）交叉，且烟道的下底面低于天然气管道，造成聚乙烯天然气管道裸露横穿于烟道内，直接受油烟气的热作用侵蚀，地下厨房起火后，火焰沿烟道排出，导致聚乙烯管道强度下降并产生破口，上、下长度 68mm，左、右长度 59mm，使天然气泄漏并沿排油烟道直接扩散至酒楼内外，形成爆炸性混合气体。该事故造成 2 人死亡、6 人重伤，直接经济损失达 971.5 万元；涉及企业、政府及其职能部门责任人员 30 名，建议移交司法机关处理人员 10 人，其中 7 人被追究刑事责任，受到党纪、政纪处分或作出其他处理人员 20 人。

案例二：

2013 年某日，某酒店前的窨井突然爆炸，10 余个窨井盖飞起，有 3 辆汽车受损；2013 年 12 月 2 日，在同样的位置，这些窨井再度爆炸，威力比第一次更强，被炸飞的窨井盖最高飞起将近 20m，巨大的冲击波将一辆轿车的后方侧裙及车尾保险杠撕裂。两次爆炸都是由泄漏燃气引起的，泄漏燃气来自 600m 外一个花坛下方管道，燃气渗进泥土，进入雨水管道，蹿至事发窨井。

案例三：

2004 年某日，某居民楼外的人行道下突然发生天然气爆炸事故，造成 5 人死亡，35 人不同程度受伤，其中 1 人为重伤，附近一楼 10 余居民的房屋被毁，临街一楼 12 间门面受损，近 50m 长范围内的街道一片狼藉，直接经济损失 150 万元左右。

事故发生前曾有市民向燃气公司报警称闻到臭味，经燃气公司服务人员现场调查，因未发现泄漏源而未予以及时处理，最终酿成惨祸。

事故原因是距离爆炸处 20m 处与地沟交叉的天然气管道发生腐蚀穿孔，泄漏的燃气渗透到地沟并沿着地沟扩散，最后经地沟渗透到负一楼与人行道平层间的缝隙，与空气形成爆炸性气体，达到爆炸极限后遇人行道上不明火源而引发爆炸。

5.1.17 当输配管道穿越铁路、公路、河流和主要干道时，应采取不影响交通、水利设施并保证输配管道安全的防护措施。

【编制目的】

本条规定了燃气管道穿越重要障碍时采取安全防护措施的基本原则，同时避免对交通、水利设施产生影响。

【条文释义】

燃气管道穿越铁路、公路、河流和主要干道工程是燃气管网建设过程中的重要节点，而铁路、公路、河流和主要干道均具有重要的交通运输功能，河道、河堤还具有水利灌溉、防洪蓄水等功能，为保证双方安全，穿越时应采取一定的安全防护措施。

【实施要点】

执行过程中，可通过国家现行标准《城镇燃气设计规范》GB 50028 和《城镇燃气管道穿跨越工程技术规程》CJJ/T250 的规定支撑本条内容的实施。

燃气管道穿越铁路、公路、河流和主要干道的方式有开挖和非开挖穿越两种方式。开挖穿越对交通和水利设施影响较大，需做好施工期间的交通组织和保护方案；非开挖方式对穿越对象影响较小，是目前国内燃气行业普遍采用的方式。

铁路路基段禁止开挖穿越，铁路高架段、公路、其他道路、河流开挖穿越允许直埋通过，直埋通过时主要靠加大埋深、设置警示标识等措施保证安全，必要时需采取一定的工程保护措施，比如开挖穿越铁路高架段、公路、其他道路时，设置钢筋混凝土套管保护或管沟顶面加设钢筋混凝土盖板的方式非常普遍，要求较高时也可砌筑或浇筑管涵用于敷设管道，管涵回填细土或中粗砂后顶部加钢筋混凝土盖板保护。管沟加设混凝土盖板或砌筑管沟加混凝土盖板保护、混凝土套管或钢套管保护也是英国气体工程师学会标准《高压燃气钢管输送》IGE/TD/1 和《钢管和 PE 管配气管道》IGE/TD/3 推荐的埋地管道防护做法。

非开挖穿越主要采用顶钢筋混凝土套管或定向钻方式，穿越铁路、公路和城市主干道路一般为顶管方式，钢筋混凝土套管对燃气管道具备良好的保护效果，需要注意顶管施工过程中应做好顶进作业的土压平衡，密切监测地面沉降，防止施工作业的不利影响。穿越完成后应特别注意做好套管两侧的封堵，并设置检漏管。穿越河流一般采用定向钻方式，定向钻穿越高等级河道时，应注意对河堤的保护，比如定向钻穿越黄河时按照管理单位的要求，为了防止河堤发生管涌，不允许定向钻直接在河堤下方穿过，必须在河堤内侧河道滩涂上完成定向钻穿越，管道过河堤采用爬堤的方式通过。

【背景与案例】

案例一：

某地区超高压天然气管道需穿越黄河，管道设计压力 8.0MPa、管道规格 $D711\times17.48$（mm）、钢级 L450MB，穿越段黄河主槽及滩区总宽度约 9.2km。采用连续 6 条定向钻穿越，每 2 条定向钻之间采用基坑开挖、管线连头，共 5 个基坑，其中黄河主河槽内连头基坑深度约为 22m，其余滩内 4 座用于焊接连头的基坑深度为 14m，基坑进行专项设计，分级开挖并采用拉森钢板桩支护、钢管内支撑加固。

黄河大堤采用爬越方式通过。根据有关要求，爬越大堤需预先把该段堤防加高至 30 年后的标准，然后管道紧靠加高后的堤防边坡爬越。根据计算，堤顶处爬越管堤管顶覆土 1.5m，大堤顶宽 12m。加高的大堤沿管道方向两侧按 1∶3 边坡放坡。爬越大堤内坡护坡宽度为管道中心两侧各 20m，坡砌底标高与该段黄河最大冲刷线平齐。

为不影响大堤的安全，在现有的淤背面内建筑土台，在台顶敷设管道，管道顶覆盖土厚 1.5m，确保管道不破坏现有的淤背面，顺管道覆盖土层宽度 5m，边坡 1：5，并植草皮防护。大堤加高加固土方土质满足黄河下游堤防加高加固用土标准，并将堤坡成台阶状，再分层填筑。为确保管道安全，大堤迎水面垂直管道两侧各 20m 采用浆砌石护岸，迎水面其余部分和背水面边坡植草皮防护。

案例二：

某特大型城市高压天然气管线需穿越京珠高速公路，经研究论证并与高速公路管理单位协商，采用顶钢筋混凝土套管保护的方式进行穿越。

该段天然气管线设计压力 5.0MPa，采用 X65（L450）钢级 $D711\times17.5$（mm）直缝双面埋弧焊钢管，套管顶进长度 60m。

套管采用符合现行国家标准《混凝土和钢筋混凝土排水管》GB/T 11836 的 DRCP 1500×2000 Ⅲ C 规格钢筋混凝土管，其管底最低点控制标高为 5.50m。顶管穿越地基土层主要在淤泥质土层及砂质黏性土层。

为避免和减少顶管作业对路面的影响，设计考虑加大顶管作业深度，套管管顶覆土厚度最小 4.55m，施工前由施工单位制定详细的施工方案，征得公路及相关监督管理部门的许可，并上报规划、建设、监理等相关部门，经同意并批复后开始正式施工。

施工过程中严密注意顶进方向的准确性，顶进套管时，每顶进一根套管，测量中心线方向偏移量，当方向发生偏移时及时纠偏。

工作井及接收井均按钢筋混凝土沉井做法施工，内穿燃气管道安装有缠绕锌带牺牲阳极。施工安装完成后采用红砖、沥青油麻丝、绝缘胶板等对套管两端进行密封，并引出检漏管至地面以便日常巡检检查。在两侧穿越点设置标志桩，穿越管线与道路边线的交叉点处设警示牌，以便警示及保护天然气管道。

5.1.18 河底穿越输配管道时，管道至河床的覆土厚度应根据水流冲刷条件及规划河床标高确定。对于通航的河流，应满足疏浚和投锚的深度要求。输配管道穿越河流两岸的上、下游位置应设立标志。

【编制目的】

本条规定了燃气管道河底穿越时的最小埋深以及穿越点设置标志的要求。

【条文释义】

燃气管道河底穿越的最小覆土深度要求，是为了保证管道不会裸露于河床上。河道还有疏浚和投锚的情况，疏浚时容易使管道覆土破坏，引起管道水下失稳，投锚时铁锚可能冲击管道，引起破坏，为保证水下燃气管道安全运行，本条提出了相关要求。

燃气管道穿越河流两岸的标志是为了标示管线位置，通航河道还应设置禁止抛锚的警示标志。

【实施要点】

执行过程中，可通过国家现行标准《城镇燃气管道穿跨越工程技术规程》CJJ/T 250、《城镇燃气标志标准》CJJ/T 153、《内河交通安全标志》GB 13851 等的规定支撑本条内容的实施。

【背景与案例】

某省市一燃气企业 2017 年开工建设一项高压天然气管线工程。高压管道设计压力 6.3MPa、设计管径 *DN*700，管线穿越“引江济淮”重大水利工程规划河道。“引江济淮”工程是该省水资源配置战略工程和经济社会发展与水环境改善的重大基础设施，工程以城乡供水和发展航运为主，结合灌溉补水和改善巢湖及淮河水环境等功能。工程利用现有和新辟河道双线引江，切岭穿越江淮分水岭，疏浚皖北河流实施江水北送。

穿越地点位于某市西郊，管道经过区域规划河底宽约 60m，河面宽度约 170m。经与水利部门沟通协调并报送设计方案，行政主管部门最终批准本段穿越采用定向钻方式，要求穿越河道深度为河床下不小于 9.5m，工程实施前按照行业管理部门要求进行航道条件影响评价和洪水影响评价审查。

穿越工程所在航段航道规划等级为Ⅱ级，设计最高通航水位 23.85m，设计最低通航水位 17.4m。规划河道顺直，水深充裕，河势稳定，穿越断面选择适宜。

穿越点交通运输较为方便，地势平坦开阔，现状地貌为农田，作为定向钻穿越的施工场地条件良好，场地地貌恢复工作量较小。西侧穿越点有充足的场地安放钻机、设置蓄水池、泥浆池，可作为定向钻钻机作业场地，即入土点侧；东侧穿越点场地开阔，地势平坦，可作为管道组焊场地，即出土点侧。定向钻出、入土点距离规划河堤均大于 100m。

穿越段穿过的地基土层有素填土、黏土、粉土、粉质黏土、粉土夹粉砂、强风化泥质砂岩、中风化泥质砂岩。地基土层岩土特性比较适合定向钻工法施工。

穿越段高压天然气管道设计压力 6.3MPa，采用 L485M 钢级 $D711\times12.7$（mm）直缝双面埋弧焊钢管，外防腐层为挤压聚乙烯三层结构加强级。穿越方向为东西向，管道与河道交叉角度约 72°，起始里程桩为 K15＋360.0，末点里程桩为 K16＋084.6，定向钻穿越段水平长度 725m，穿越最大深度约 29m。穿越入土角 9°，出土角 6°，穿越最低点管道顶部与河道底部净距大于 10m。定向钻穿越管段纵向设有 2 处弹性曲线，曲率半径为 $1500D$。穿越施工进展顺利，管道组焊、无损检测、补口、打压与定向钻成孔、扩孔工作同步开展，至回拖完成用时约 15d。

由于天然气管道工程定向钻施工建设时序早于“引江济淮”工程，为避免水利工程后续施工弃土及荷载对管线的影响引发事故，充分考虑水利工程渠道开挖施工、弃土、运输、碾压、复耕等荷载的影响，在管道回拖结束后，用水泥和水玻璃浆置换空腔内的泥浆。管道施工结束后，对出、入土位置设置地面临时标志，并在穿越施工竣工后 10 日内向水利部门提交竣工图纸资料，以便水利工程施工过程中加强对天然气管线的保护。“引江济淮”

水利工程规划河道建成后，重新设置管道穿越点永久标志，并按照航道部门规定设置禁止抛锚标志。

5.1.19 输配管道上的切断阀门应根据管道敷设条件，按检修调试方便、及时有效控制事故的原则设置。

【编制目的】

本条规定了燃气输配管道设置切断阀门的基本原则。

【条文释义】

燃气输配管道上设置的切断阀门是为了满足重要的工艺操作和安全切断功能需要，以便于在维修或续建新管道时安全作业，并能够在事故发生时及时切断气源，其位置需要根据具体情况而定。

【实施要点】

执行过程中，可通过现行国家标准《城镇燃气设计规范》GB 50028 的规定支撑本条内容的实施。

合理配置燃气输配管道切断阀门能够提高管网工作的可靠性，设置阀门应充分考虑到便于运行管理操作、有效隔离事故管段等因素，尽可能降低管网发生故障时对供气功能的影响，但更多的阀门会带来更高的建设和运行维护成本，且更多的阀门接口也可能增加燃气泄漏的风险，因此在实际工程中应特别注意阀门配置方案的科学合理性。

燃气输配管网中较长的管道需要设置分段阀门，支管的起点处需设置阀门，河流等重要穿越段两侧需设置阀门。

次高压 A 及以下压力级制的燃气管道分段阀门的设置，重点考虑当 2 个相邻阀门关闭后受它影响而停气的用户数不应太多，以往的经验是每 1km～2km 设置 1 个。次高压和中压地下管道阀门安装的常规做法是设置在地下或半地下式阀井内，或采用直埋钢质球阀、直埋钢质闸阀、直埋 PE 球阀等方式。

高压燃气管道应按照现行国家标准《城镇燃气设计规范》GB 50028 规定的最大分段间距要求设置分段阀门。我国高压燃气管道线路主切断阀一般选用带加长阀杆的直埋球阀，执行机构一般选用电液联动或气液联动执行器，执行器位于加长阀杆顶部地上安装，线路主切断阀上下游设置放空旁路和阀组，并引至集中放空立管排放。阀室根据自动化水平的建设需要，配置电源和仪表控制机柜，具备远程控制功能的 RTU 监控阀室目前在国内建设较为普遍。由于阀室数量较多，安装阀组的阀室建筑物属于甲类厂房，其耐火、防爆等要求较高，近年来，一些城市的高压管线工程也开始改进做法，阀组区露天设置或仅做轻钢结构顶棚，简化了土建工程，也有利于安全。

【背景与案例】

现行国家标准《城镇燃气设计规范》GB 50028 关于高压管道分段阀门设置的最大间距参考和借鉴了美国联邦法规《天然气和其他气体的管道运输：联邦最低安全标准》49CFR192（第 49 章第 192 部分）的相关规定，并在此基础上对三级地区阀门间距提高了要求，两者间距对比详见表 3-6。

中、美高压燃气管道分段阀门间距对比　　表 3-6

地区等级	阀门间距	
	GB 50028	49CFR192 ANSI/ASME B31.8
一级地区	32km	20mi（32km）
二级地区	24km	15mi（24km）
三级地区	13km	10mi（16km）
四级地区	8km	5mi（8km）

法国城市燃气管网根据功能的不同分为一级管网、二级管网和三级管网，并对不同等级管网阀门的设置原则进行了详细规定，法国城市燃气典型管网系统见第 5.1.2 条图 3-2。

一级燃气管网的任何一点出现事故，最多关闭 4 个阀门，关闭阀门后被封闭的燃气管道内水容积：1.6MPa 的燃气管道被封闭最大水容积为120m^3，0.8MPa的燃气管道被封闭最大水容积为80m^3，被封闭管道的长度最大为5km。二级燃气管网的任何一点出现事故，最多关闭3个阀门，关闭阀门后被封闭的燃气管道内水容积最大为80m^3，被封闭的中小口径燃气管道内水容积最大为40m^3，管道长度最大为4km，受影响用户数量小于1500户。三级燃气管网的任何一点出现事故，最多关闭1个阀门，关闭阀门后被封闭的燃气管道内水容积最大为40m^3。

法国燃气法规从切断阀门数量、切断管网水容积、切断管网长度、切断用户数量等方面规定了城市燃气管网切断阀门的设置原则，缩短了事故工况下管网的控制响应时间，减少了管网的燃气放散量，降低了管网的影响用户数量。

5.1.20 埋地钢质输配管道应采用外防腐层辅以阴极保护系统的腐蚀控制措施。新建输配管道的阴极保护系统应与输配管道同时实施，并应同时投入使用。

【编制目的】

本条规定对埋地钢管的外防腐和电化学腐蚀的控制提出了要求，明确了新建输配管道和阴极保护系统应同时投入使用的原则。

【术语定义】

防腐层：涂覆在管道及其附件表面上，使其与腐蚀环境实现物理隔离的绝缘材料层。

【条文释义】

防腐层是埋地钢质管道外腐蚀控制的最基本方法，外防腐层的功能是把埋地管道的外表面与环境隔离，以控制腐蚀并减少所需的阴极保护电流，改善电流分布，扩大保护范围。

埋设在地下的金属管道面临的挑战就是腐蚀问题，金属腐蚀有化学腐蚀、电化学腐蚀和物理腐蚀。化学腐蚀是金属表面与非电解质发生化学反应而导致腐蚀；电化学腐蚀是金属表面接触电解质而发生阳极反应、阴极反应，并产生电流，由于阳极区金属正离子进入电解质而形成腐蚀；物理腐蚀是金属与某些物质接触发生溶解导致。地下直埋钢管所发生的腐蚀主要是电化学腐蚀。

防腐层和阴极保护系统是管道腐蚀控制的两个基本措施，与管道同时施工、同时投产以保证防腐层的完整性和阴极保护的有效性，腐蚀控制效果才能得到保障。

埋地钢质管道的腐蚀控制采用外防腐层辅以阴极保护的联合保护方式是各个国家的普遍做法，美国腐蚀工程师协会标准《地下或水下管路系统外部腐蚀控制》NACE RP 0169、英国国家标准《阴极保护》BS 7361 等都有相关规定。做好埋地钢质燃气管道的防腐关系到燃气输配管网的寿命及功能完整，以及管网系统的安全性和经济性。

【实施要点】

执行过程中，可通过国家现行标准《埋地钢质管道直流干扰防护技术标准》GB 50991、《埋地钢质管道交流干扰防护技术标准》GB/T 50698 和《城镇燃气埋地钢质管道腐蚀控制技术规程》CJJ 95 的规定支撑本条内容的实施。

常用的管道外防腐层有：挤压聚乙烯防腐层、熔结环氧粉末防腐层、双层环氧防腐层等等，需根据气候、土壤环境和个地燃气发展状况选择。

常用的阴极保护有牺牲阳极法、强制电流法，或两种方法的结合。管道进行阴极保护设计时，还应尽量避免对相邻金属管道或构筑物造成干扰，并合理设置电绝缘装置。管道沿线如果存在与电气化轨道交通系统、电力输配系统、其他阴极保护系统等干扰源接近的情况，应采取排流保护等措施。

管道的阴极保护具有连续性，不能间断，因此良好的运行管理是保持阴极保护效果的保证，燃气公司应按规定对阴极保护系统进行周期性检测并记录监测数据，以保证阴极保护系统的有效性。

设计前应对管道沿线的土壤种类、土壤腐蚀性、地下水位、杂散电流分布等进行测试和分析，根据土壤测试结果、管道的防腐层、相邻管线情况及阴极保护的经济性，选择合理的阴极保护方式。

管道防腐层补伤或焊接防腐补口需要选择与原防腐层相溶性好的防腐材料，补伤材料的内层与防腐层的外层应有很好的粘结性。补口技术和工艺是保证补口质量的关键，补口的防腐性能不应低于原防腐层。

【背景与案例】

2012 年某日晚，某市一条市政道路下南北走向的 *DN*500 中压燃气管道发生泄漏，泄漏燃气窜入位于燃气管道上方的暖气沟中，遇明火引发爆炸。该燃气管线与某铁路线并行，间距 48m，爆炸事故导致铁路上行停运 2h，下行停运 1h。经抢修发现，在不到 10m 长的球墨铸铁管上发现 9 处腐蚀穿孔。

一直以来，球墨铸铁管被认为耐腐蚀性能良好，出现腐蚀穿孔情况较为罕见，事故鉴定专家初步判断该管道可能是受电气化铁路杂散电流影响发生电化学腐蚀。经专业检测单位对该 *DN*500 中压燃气管道周围进行杂散电流测试评价，地电位梯度垂直方向为 4.6mV/m，平行方向为 5.7mV/m，地电位梯度综合评价结果为杂散电流影响严重。管地电位为－0.623V，而管地电位干扰最小值为－0.816V，最大值为－0.415V，管地电位最大正向偏移值为 208mV，杂散电流影响表现为影响严重，且远远大于标准中规定的排流最大值 100mV，达到了 2 倍多。

事故发生后，专业机构通过对交流杂散电流的几种排流方法（包括直接排流法、隔直排流法、负电位排流法）各自特点的比较，结合管线现状和实际，制定了采用极性排流和负电位排流相结合的方式进行排流的解决方案，即排流装置（如二极管）进行极性排流的同时，接地极选用镁合金阳极。这样既具有两种排流方式的优点，也弥补了两种排流方式的缺点。其特点是：杂散电流排流装置安装简便、应用范围广、不需要电源、杂散电流排流效果好，在杂散电流排流的同时还可以向管线提供阴极保护电流，并也解决了负电位排流法中牺牲阳极极性逆转的问题。通过采用极性排流和负电位排流相结合的方式进行排流，排流效果显著，排流处管道受杂散电流影响程度大大降低，无论管地电位波动值还是管地电位正向和负向偏移量都大大降低。

经分析研究，导致燃气管道失效的最主要原因包括第三方破坏，施工或管材缺陷，以及钢管腐蚀。从事故率的“浴盆曲线”规律看，早期故障期约为管道建成投产后0～5年，这个时期主要是由于设计和施工上的缺陷（如管材、焊接质量等问题）导致管道故障。固定故障期约为5年～20年，这个阶段发生事故的原因主要是第三方施工、误操作和腐蚀。耗损故障期是指20年以后，由于腐蚀、管道逐渐老化成为导致事故发生的主要原因。

5.1.21 埋地钢质输配管道埋设前，应对防腐层进行100%外观检查，防腐层表面不得出现气泡、破损、裂纹、剥离等缺陷。不符合质量要求时，应返工处理直至合格。

【编制目的】

本条规定了埋地钢管敷设时管道防腐层外观质量的检查、处置要求。

【术语定义】

防腐层：涂覆在管道及其附件表面上，使其与腐蚀环境实现物理隔离的绝缘材料层。

【条文释义】

管道防腐层的质量及完整性是保证防腐效果的关键，为避免在运输、储存及施工各环节发生的破损带到工程里，应在施工环节对外观质量进行检查，并应对不合格处及时进行修复处置。

【实施要点】

管道外防腐方式及检验要求是管道设计的重要部分，对此设计文件要有相应的内容。防腐层的选择要考虑土壤环境、施工条件、管道寿命、与阴极保护相配合的经济性等等，常用的防腐层有挤压聚乙烯防腐层、熔结环氧粉末防腐层、双层环氧防腐层等。

执行过程中，可通过现行行业标准《城镇燃气输配工程施工及验收规范》CJJ 33、《城镇燃气埋地钢质管道腐蚀控制技术规程》CJJ 95 的规定支撑本条内容的实施。

【背景与案例】

某高压天然气管网主干线选用 L450M 钢级 *DN*750 规格直缝双面埋弧焊钢管，工厂预制挤压聚乙烯 3 层结构外防腐层。施工单位在防腐管运输储存、布管组焊、下沟回填阶段均采取了防腐层保护措施，并在下沟前进行了防腐层外观检查和电火花检漏，回填后采用地面音频与电火花相结合的防腐层检漏措施，确保防腐层的完整性。

防腐管材运输储存阶段：管材装卸使用专用吊具，轻吊轻放，避免摔、磕、碰，绑扎牢固。装车时，管材与车架或立柱之间、防腐管之间，防腐管与捆扎绳之间应妥善设置软质材料衬垫，捆扎绳外应套橡胶管或其他软套。防腐管分层堆放，每层防腐管之间应垫放软垫，最下层管子的下面铺枕木或沙袋，管子距离地面应大于 200mm。最下层的防腐管应用楔子楔住，防止滚管。

布管组焊阶段：选择平坦，无块石、积水和其他坚硬物体的堆管场地，并在防腐管下面垫 2 条土埂、沙袋或草袋。堆管位置应远离高压线，避免放电击穿防腐层。管道焊接时，为保证焊接飞溅不烫伤防腐层，在管口两端铺上 2 块胶皮，同时电焊地线卡子绑上柔性材料。

下沟回填阶段：下沟前，检查外防腐层的外观，目视外观平滑，无暗泡、麻点、皱折、裂纹和可见漏点，并使用电火花检漏仪检漏，重点检查管线底部和管子与支墩接触部位的防腐层，发现存在破坏或针孔立即修补。管道下沟时，避免与沟壁碰撞，必要时在沟壁突出位置垫上胶皮或草袋。下沟后立即组织细土回填，避免尖锐石块或杂物破坏防腐层，原土回填时，顺着管沟将原土抛入沟内，石头回填粒径不得超过 250mm。管沟回填后，由专业人员进行地面音频检漏，对查找出来的疑似漏点安排专人进行人工开挖，并使用电火花检漏仪进行复检，查出漏点进行修补，合格后方可重新回填。对管体 3 层 PE 防腐层，采用高压电火花检漏仪检查，检漏电压不低于 25kV，对双层环氧粉末喷涂总厚度 800μm 防腐的热煨弯头，采用低压电火花检漏仪检查，检漏电压不低于 4kV。

5.1.22 输配管道的外防腐层应保持完好，并应定期检测。阴极保护系统在输配管道正常运行时不应间断。

【编制目的】

本条规定了燃气管道运行期间防腐层和阴极保护系统的基本要求。

【术语定义】

阴极保护：通过降低腐蚀电位，使管道腐蚀速率显著减小而实现电化学保护的一种方法。

【条文释义】

埋地钢管采用性能良好的外防腐涂层并配置阴极保护系统进行防腐控制是延长管道寿命、减少管道运行故障的有效手段。管道运行期间保持防腐层完好和阴极保护系统工作正常、不间断，是实现设计工作年限和安全运行的必要条件，定期对防腐层检测、对阴极保护系统的检测和维护，是燃气输配钢质管道运行维护的重点。

【实施要点】

腐蚀控制是一项科学性、实践性和长效性的工作，对在役燃气管道的防腐控制管理工作主要包括本条规定的两个方面：一是做好管道防腐层的检查维护工作，保持防腐层完好；二是做好管道阴极保护系统的运行管理，保证阴极保护系统持续正常运行。燃气管道运行单位应根据相关标准规定，选择适宜的检测技术，建立针对管道腐蚀控制系统的定期检测制度及操作手册，以及相对应的维护、维修流程，并留有完整的检测数据及维护维修记录。执行过程中，可通过现行行业标准《城镇燃气埋地钢质管道腐蚀控制技术规程》CJJ 95 和特种设备安全技术规范《压力管道定期检验规则——公用管道》TSG D7004—2010 的规定支撑本条内容的实施。

【背景与案例】

1. 钢管防腐层检测技术发展

钢管外防腐层检测技术已较为成熟，且该项工作易于开展、成本较低。目前主要采用不开挖的无损检测技术，通过该技术可以及时了解管道的腐蚀状态，为后面的开挖检测、维修或评价提供依据。管道防腐层检测技术主要有以下几种。

（1）皮尔逊法（PERSON）

原理：皮尔逊法又称电压差法。在管道与大地之间施加交流信号，当防腐层存在缺陷时，交流信号漏入大地，电流密度随着与破损点的距离增大而减小，在破损点的上方地表面形成一个交流电压梯度，可以利用适当的滤波接收装置测出漏入大地的电位梯度，并由此确定缺陷的位置。检测内容：防腐层破损点。优缺点：可检测防腐层破损点和金属物体，不能检测破损程度及是否剥离，易受外界干扰，检测速度慢。目前该方法在国内已被广泛使用。

（2）直流电位梯度法（DCVG）

原理：当直流信号流经管道时，由于防腐层破损处与土壤间的电阻比防腐层完整处与土壤间的电阻小，故流经管道破损处的电流较大，因而在土壤中产生一个电位梯度场。直流电位梯度法就是采用高阻抗毫伏表测量地面上位于电位梯度场内的两参比电极间的电位差。参比电极之间的极性可用来确定产生所得电位梯度的电流方向，追踪电流的轨迹可确定缺陷的位置。检测内容：防腐层缺陷。优缺点：可计算防腐层缺陷大小，抗外界干扰能力强，操作简单、准确，但无法检测防腐层是否剥离，检测速度慢。目前国内已引进该方法。

(3) 管中电流法（PCM）

原理：管道防腐层和大地之间存在着分布电容耦合效应，且防腐层本身也存在着弱而稳定的导电性，使电流信号在管道和外防腐层完好时的传播过程中呈指数衰减规律。当管道防腐层破损后，管中电流便由破损点流向大地，管中电流会明显衰减，引发地面的磁场强度急剧减小，由此可对防腐层破损点进行定位。检测内容：防腐层老化。优缺点：可检测防腐层绝缘性能、管道走向、埋深，功能多，但当有干扰或土壤电阻率高时，准确度低。目前该方法在国内已有应用。

(4) 标准管/地电位检测（P/S）

标准管/地电位检测是一种为了控制管道外壁腐蚀、监控阴极保护效果的测试技术。其原理：采用万用表测试接地 Cu/Cu-SO_4 电极与管道金属表面某一点之间的电位，通过电位距离曲线了解电位分布情况，用以区别当前电位与以往电位的差别，可用来了解阴极保护系统及管道防腐层的状况。其特点是能在阴极保护系统运行状态下，沿管道测量测试桩处的管/地电位。检测内容：阴极保护效率。优缺点：可快速检测阴极保护效果，但不能确定缺陷大小和位置，无法检测防腐层是否剥离。

(5) 密间距电位检测（CIPS）

原理：密间距电位检测与标准管/地电位检测相似，但在更小的间距（1～5m）读取电位数据。实际上是对标准管/地电位测试的一种改进，是国外评价阴极保护系统是否达到有效保护的首选标准方法之一。检测内容：防腐层缺陷和阴极保护效率。优缺点：可确定防腐层缺陷的位置、大小，并确定破损程度，可检测阴极保护效果，但易受外界干扰，检测速度慢。

(6) 电位梯度法（ACVG）

原理：给管道施加一个交流信号，通过沿管道检测该电流信号在管道中的衰减状况，来确定防腐层破损位置。沿管道流动的电流信号大小取决于管道的自身性质与管道防腐层状况。当管道防腐层状况良好时，电流信号将按恒定的衰减率减小；当防腐层有破损时，由于管道与土壤直接接触，电流信号将由此大量流出管道，造成沿管道流动的电流信号衰减率突增，由此来确定管道防腐层破损位置。检测内容：防腐层破损点。优缺点：可检测防腐层破损点大小，微小漏点也能测到，但不能指示缺陷的严重程度、CP 效率和防腐层剥离，易受外界电流干扰。

（7）变频-选频法

原理：向地下防腐蚀管道施加一个电流信号，通过测量电流信号的传输衰减求出管道防腐层的绝缘电阻值。可用于连续管道中任意长管段绝缘电阻的测量，适用于长输管道防腐层质量检测，在阴极保护设计、保护效果评估等方面也是一项实用技术。检测内容：防腐层绝缘电阻。优缺点：可检测防腐层平均漏电阻，可评价防腐层综合保护性能，受地面环境影响较小，但不能检测出具体破损点位置，人为因素多，误差大。目前该方法在国内已有应用。

2. 杂散电流检测技术

目前常用的杂散电流检测技术有电流测量技术、土壤电位梯度检测技术、管/地电位连续动态监测技术以及智能杂散电流检测技术（SCM）等。智能杂散电流检测仪就是基于 SCM 开发的一种仪器，它能够沿管道路线检测管道上任何杂散电流的大小和方向，排除不需要的干扰信号，确定干扰源类型和来源。

3. 管道工程防腐层完整性及阴极保护有效性测试要点

（1）管道自然电位测试

在管道下沟后、连通前，应完成管道沿线自然电位测试，测试记录应完整。

（2）防腐层完整性检测

引起埋地管道外部腐蚀的原因主要为涂层缺陷，在管道存在涂层缺陷的部位，当阴极保护失效时，就可能加速埋地管道外腐蚀的发生和发展。为提前预控管道的腐蚀风险，充分体现完整性管理中预防为主的指导思想，根据国家标准《埋地钢质管道腐蚀防护工程检验》GB/T 19285—2014 的相关规定，管道下沟回填密实后，需对全线管道进行地面检漏测量，准确确定破损点位置，定性判断防腐层质量。在阴极保护系统调试时，应按国家标准《钢质管道外腐蚀控制规范》GB/T 21447—2018 中的要求对保护电位进行测试，确认管道得到充分保护后方可交工，否则施工单位应对防腐层进行修补。

（3）阴极保护有效性评价

在管道试运行调试期，为消除管道外表面上的腐蚀活跃点，正确评价管道沿线各处是否获得有效的阴极保护，是否存在欠保护或过保护情况，应对全线进行密间隔（CIPS）测试，并调试最佳恒电位仪控制电位，使沿线各点的 UOFF 电位均在允许的准则电位范围内。所有参数的现场测试按照国家标准《埋地钢质管道阴极保护参数测量方法》GB/T 21246—2020 的要求执行。

案例一：

某市一大型住宅片区天然气供气管道建成 7 年后方准备通气投运，因管网空置时间较长，通气前供气企业对片区内的埋地庭院管道进行防腐层检测与修复，并进行设备维修、仪表校验、管道强度及气密试验等，达到合格后方予通气投运。

埋地钢质管道包括 0.4MPa、*DN*150 中压管道 1.74km，0.4MPa、*DN*50 中压管道 3.13km，2.5kPa、*DN*50 低压管道 5.0km，2.5kPa、*DN*25 低压管道 0.12km，防腐层为特加强级环氧煤沥青涂层。

检测采用管中电流法（PCM），利用管网阀门为节点进行分段，利用 PCM 设备对管道精确定位、测量埋深，初步确定防腐层破损段点，再配合使用某品牌 SL2088 型号的专用防腐层检测仪精确检测分析，在工作图上精确标注腐蚀点位，现场开挖进行防腐层修补，管体腐蚀严重的更换管段。具体如下：

将 PCM 发射机与管道连接，发射机向管道上同时发射多种频率的检测电流，电流沿管道流动并随距离增加而衰减。PCM 发射机的信号输出线与目标管道相连，连接接地线，接地效果越好，接收机接收到的信号抗外界干扰就越强，越利于定位管道和读取防腐层漏点信号，实际操作过程中在距离目标管道至少 45m 处打接地桩进行接线，效果良好。PCM 接收机在地面通过接收管道上电流信号产生的磁场，直接确定管道的位置和走向，精确测出管道埋深。

利用 SL2088 防腐层检测仪作业时，采用双人横向走位，保证检测仪的检漏测线与管道位置保持垂直，检测过程中缓慢行走，且检漏线尽量拉直不接触地面，在所测管道防腐层完好管段调节增益，使检测接收仪保持 50mV 左右的静态信号。当管道防腐层有破损时，检测接收仪信号值会突然增大，判断为防腐层破损漏点位置，此时采用“固定地电位比较法”进行验证，即一人在漏点旁 5～6m 处站立不动，另一人沿管道上方漏点处缓慢走动，此时检测接收仪示值有大小变化，最大值处即为防腐层破损位置。实际操作时，采取四人一组开展工作，第一人在原 PCM 管道定位地面标记的基础上，持 SL2088 防腐层检测仪再次确定管道位置、走向，第二、三人跟随，持检测仪对管道防腐层进行检测，在地面标定出判断为管道防腐层破损段点位置，第四人进行记录，将防腐层破损处准确在管道施工平面图上作好标记。

根据检测结果对可疑管段进行开挖，针对防腐层破损情况和管道腐蚀情况确定修复方案。对于管体局部面、段出现少量点斑，防腐层外观颜色、光泽变化不明的，采取防腐层补伤修复的方法，使用铁刷除净管体局部原防腐层并除锈，重新进行防腐层修补涂覆。对于管体锈蚀穿孔或管体局部出现较多麻点、鼓泡，腐蚀凹坑（斑）明显的，采取直接更换管段（带防腐层）的修复方法。

案例二：

某市新建天然气超高压管道，设计管径 *DN*700、设计压力 6.3MPa、平面长度 51.6km，采用 L485M 直缝埋弧焊钢管。

管道的外防腐采用 3 层 PE 防腐层加电化学保护的联合保护方案。电化学保护方式采用强制电流阴极保护。在未设置阴极保护站的厂站和阀室内分别设置 1 套电位远传设备，实现对该处干线管道阴极保护电位的监控。为检测管道阴极保护参数，在线路管道上设置多种类型的阴极保护测试桩。对可能存在交流干扰的地段采取集中接地、屏蔽线防护、固态去耦合器接地防护等综合干扰防护措施以减缓其对管道的影响。

阴极保护测试系统方案主要包括以下内容：

（1）检测功能

阴极保护电位参数主要包括：保护电位、电流和防腐层电阻，为运行管理中了解和掌握阴极保护系统的工作情况，检测和评价阴极保护的有效性，需设置必不可少的检测设施。

（2）检测设施

沿管线设置的电流测试桩和电位测试桩；通过与 RTU 阀室或厂站 SCADA 系统配合，同步采集监测阴极保护系统保护电位、供电情况等重要数据的远传设备。

（3）测试桩布置原则及制作方式

每 800m 设置 1 支电位测试桩；每 3km 设置 1 支电流测试桩；在钢筋混凝土套管保护段单侧增设 1 支电位测试桩；电位测试桩和电流测试桩可兼做线路里程桩。

测试桩桩体采用定制的玻璃钢成品，测试桩电缆采用 YJV-0.6/1，1×6mm^2电缆。电流测试桩采用 4 线式，电位桩采用 2 线式。

（4）阴极保护数据远传

阴极保护站均具有与 SCADA 系统相结合的功能，将阴极保护站重要参数（管/地电位、输出电压、输出电流）远传到控制中心，运行管理人员能方便、及时地了解阴极保护运行情况或判断故障原因。

在未设置线路阴极保护站的厂站和阀室安装电位远传设备，实现该处阴极保护管/地电位的采集与远传功能。电位传送器将 0～－3V 的管/地电位信号转换成 4～20mA 的 RTU 输入信号，再通过通信线路传输至控制中心，实行保护电位的远程采集与远传；同时在“通/断”测试期间，控制中心可以及时获知同一时刻被保护管道的管/地电位，并以此为参考调整每个阴极保护站阴极保护电源设备的控制电位，使全线阴极保护系统处于最佳的工作状态。

5.1.23 聚乙烯管道的连接不得采用螺纹连接或粘接。不得采用明火加热连接。

【编制目的】

本条规定了聚乙烯管道禁止采用的连接方式。

【条文释义】

聚乙烯管道的使用性能很大程度上与所选用的接头结构和连接工艺有关，目前国际上聚乙烯燃气管道的连接普遍采用不可拆卸的焊接接头，以保证聚乙烯管道接头的强度高于管材自身强度。不得采用明火是因为聚乙烯材料是可燃材料，明火会引起聚乙烯材料燃烧和变形，同时，明火加热也不能保证加热温度的均匀性，影响接头连接质量。

管道连接是管网整体质量的重要控制点。聚乙烯管道主要采用热熔连接和电熔连接，其中电熔连接又包括电熔承插连接和电熔鞍形连接。电熔连接技术及电熔焊机已经应用多年，技术成熟，自动化程度较高，操作简单，受环境、人为因素影响较少，接头较为牢固可靠，但管件加工工艺复杂，成本较高。热熔连接是将需要连接管材的管端贴靠在加热板上，使管端加热至熔融程度，然后迅速除去加热板，把已熔融的两端相互对接在一起，施加一定的压力，达到所规定的时间，直到接头冷却。热熔连接受环境、人为因素影响较大，接头质量没有电熔连接的可靠，但成本较低。

【实施要点】

执行过程中，可通过国家现行标准《聚乙烯燃气管道工程技术标准》CJJ 63 和《压力管道规范　公用管道》GB/T 38942 的规定支撑本条内容的实施。

聚乙烯管道连接时，采用专用连接机具可有效保证连接质量。施工中使用全自动焊机，通过参数设定、能量输出控制等，焊口可实现一致性、可靠性、重复操作，有效控制焊口质量。

为了保障输送易燃易爆燃气的聚乙烯管网的安全性能，国家标准《压力管道规范　公用管道》GB/T 38942—2020 已明确热熔焊接全部使用全自动热熔对接焊机。但全自动热熔对接焊机也有其局限性，就是只能用于直管与直管对接，而且更适合沟上布管连接，在沟下连接时受工作面制约严重。此外，管道小壁厚管材热熔接面较小，不适合采用热熔对接。

下列情况建议采用电熔连接：（1）壁厚＜10 mm 的管材；（2）管件与管件或管件与直管的连接；（3）必须沟下连接作业时；（4）不同材料等级的管材；（5）新旧管道的连接；（6）带气管道碰口或修补。

【背景与案例】

2011 年某日上午 6 时 30 分左右，某市一小区 4 栋 203 室南阳台发生燃爆，安装在阳台的洗脸池和洗衣机损坏，阳台窗帘过火烧坏，靠近厨房的客厅天花板炸开，据当事人介绍，爆燃火苗由洗衣机的下水口喷出。6 时 40 分左右，小区 16 栋 206 室室内发生燃爆，室内物品几乎全部烧毁，爆炸的冲击波冲毁了 206 室的门窗及部分墙体，震坏了本栋楼房和前后楼房的部分玻璃，事故造成 3 人受伤，直接经济损失约 1460 万元人民币。

经事故调查组勘验分析，此次事故发生的原因是该小区西侧人行道下中压燃气管道（管道材质 PE80、管径 *dn*110、设计压力 0.4MPa、运行压力 0.35MPa）末端热熔连接管帽与直管的接口开裂导致管帽脱落，造成燃气泄漏。接头脱落处 3m 左右范围内分别有雨水管道和雨水井、污水管道和污水井，该处地下管道泄漏出来的燃气在漏气点附近地面冒出，同时扩散到附近的雨水管井和污水管井中，泄漏的燃气通过雨水管道、污水管道进入附近的建筑物内部。可燃气体遇到小区 4 栋 203 室和 16 栋 206 室明火造成燃爆。

根据事故调查分析，管帽与直管接缝处裂口较平整，接口连接或存在严重质量缺陷，怀疑是焊前接口清洁不足、热熔温度偏低或对接时间不足。断裂接口存在两道接缝痕迹，怀疑管帽为重复使用的旧材料。

5.1.24 输配管道安装结束后，必须进行管道清扫、强度试验和严密性试验，并应合格。

【编制目的】

本条规定了燃气输配管道安装完成后必须保证清扫、试压合格的要求。

【术语定义】

强度试验：为检查管道及附件的强度进行的压力试验。

严密性试验：在规定的压力和保压时间内，对管道及附件进行的泄漏检验。

【条文释义】

管道安装完成后进行的管道清扫、强度试验和严密性试验是工程的重要环节。管道在安装过程中难免有焊渣、泥土、水等杂质进入，会影响气质和下游设备的正常使用，必须清除。强度试验是检验管道的强度，用较大的压力，观察压力有无下降、确定管道有无破损。严密性试验是检验管系的严密性，查看管道、阀门、接头之类的有没有安装到位，有无渗漏、降压现象。

【实施要点】

执行过程中，可通过国家现行标准《城镇燃气输配工程施工及验收规范》CJJ 33 和《压力管道规范　公用管道》GB/T 38942 的规定支撑本条内容的实施。

铸铁管道、小口径或长度较短的钢管和聚乙烯管，不适合采用清管球（器）清扫，一般直接采用压缩空气或氮气进行吹扫。

大口径、长距离管道直接采用气体吹扫的效果和技术经济性较差，一般更适合清管球（器）清扫，或者采取清管与吹扫相结合的方式。清管进出口应设置临时收、发球（器）装置，不同管径的管道应断开后分别进行清管，清管时的最高压力不应大于设计压力。

输配管道强度试验期间应注意划定试验区域，在试压结束前应对划定区域进行防护警戒。次高压 A 及以上压力级制的管道强度试验介质应采用清洁水，在特殊地段采用空气做强度试验时，应注意控制试验压力，且焊缝应经过 100%无损检测合格，并制定专项施工组织方案，确保试验安全可控。

【背景与案例】

某市天然气工程包括门站 1 座、次高-中压调压站 1 座，1.6MPa 次高压管道 9km、0.4MPa 中压管道 15.26km，管道安装完成后进行清扫、试压。

为保证施工质量和安全，根据行业标准《城镇燃气输配工程施工及验收规范》CJJ 33—2005 第 12.2.3 条、第 12.3.2 条的规定，次高压、中压管线均以 500m 为一个吹扫段，进行分段吹扫，次高压管道强度试验以 5km 为一个试压段，中压管道以 1km 为一个试压段，分别进行分段强度试压。每段强度试压合格后进行严密性试验。

管道清扫采取清管球清管与压缩空气吹扫相结合的方式。设置临时清管装置发送泡沫清管球进行扫水清管后，采用压缩空气吹扫管道，吹扫压力最大为 0.3MPa，吹扫气体流速控制在 25m/s 左右，吹扫口与地面的夹角 30°～45°。线路阀井内的波纹管调长器不参与吹扫，吹扫前用临时短节替换波纹管调长器，吹扫合格后重新安装。吹扫出口进行安全防护并加固，吹出的杂质不得进入已合格的管道，管道反复多次吹扫，当目测排气无烟尘时，在排气口设置白布或白漆木靶板检验，5min 内靶上无铁锈、尘土等其他杂物为合格。

由于管道建设地点位于城市建成区，考虑到气压试验发现严重问题时泄压速度缓慢，对管道缺陷部位产生撕裂的冲击波危害巨大，为了降低试压对周边公众的安全影响，选择清洁水作为试压介质。

管道所在区域地形起伏较大，管道试压注水时，若管内空气不能顺利排除，很容易造成气堵，这样不仅升压速度缓慢，而且气体的压缩性影响了试压结果的稳定性和准确性。因此，水压试验前先在管内放置隔离清管器，注水推动清管器以保证排净管内空气。

次高压管道强度试验压力为设计压力的 1.5 倍，即 2.4MPa，压力升至试验压力的 50%，进行初检，观察无泄漏、异常，继续升压至试验压力，稳压 4h，观察压力计不小于 30min，无压力降为合格，气密性试验压力为设计压力的 1.15 倍，即 1.84MPa，稳压 24h，每小时记录不少于 1 次，当修正压力降小于 133Pa 为合格。

中压管道强度试验压力为设计压力的 1.5 倍，即 0.6MPa，压力升至试验压力的 50%，进行初检，观察无泄漏、异常，继续升压至试验压力，稳压 4h 后，观察压力计不小于 30min，无压力降为合格，气密性试验压力为设计压力的 1.15 倍，即 0.46MPa，稳压 24h，每小时记录不少于 1 次，当修正压力降小于 133Pa 为合格。

开展试压工作应特别关注安全管理，组织技术交底，使所参与吹扫、试压人员熟悉掌握工艺流程及其技术要求；试压前按方案要求拆装好系统中的临时盲板、过滤器及仪表件，逐个检查阀门的开关状态，防止引起串气、漏气现象，仪表元件的拆装应做好现场状态标识及记录标识，现场状态标识以挂牌方式进行。

在对管道进行分段试压、管线连头完成后，考虑到连头焊口较多，对全线进行一次站间总体严密性试验，使用空压机连续注气 62h 后，实现了分段试压和总体试压均一次成功。

5.1.25 输配管道进行强度试验和严密性试验时，所发现的缺陷必须待试验压力降至大气压后方可进行处理，处理后应重新进行试验。

【编制目的】

本条规定是保证处置压力试验所发现管道缺陷时的作业安全。

【术语定义】

强度试验：为检查管道及附件的强度进行的压力试验。

严密性试验：在规定的压力和保压时间内，对管道及附件进行的泄漏检验。

【条文释义】

试验发现缺陷时，应进行处理，但不允许管道带压进行作业，必须待试验压力降至大气压后，再进行焊接、切割、拆卸法兰或丝扣等作业，保证施工安全。缺陷处理完成后，重新进行压力试验，直至合格。

【实施要点】

执行过程中，可通过现行行业标准《城镇燃气输配工程施工及验收规范》CJJ 33 的规定支撑本条内容的实施。试验时所发现的缺陷，必须待试验压力降至大气压后进行处理，处理合格后应重新试验。

【背景与案例】

某城市建设 1.6MPa 次高压天然气管道，管道安装完成后进行分段试压，试压介质采用清洁水，注水完成后逐步升压至强度试验压力。保压过程中发现压力无法稳定，怀疑管道中的空气未排净，打开高点排气阀门排气后继续升压至试验压力，仍然无法保持压力，疑有微量泄漏。施工人员对管道全线接口进行检查，发现一处焊口存在缺陷导致漏损。为保证安全，将管道泄压后再进行返工修补。

泄压时从试压头注水口或排气口进行排放，并使用足够强度和安全的排水管，泄压过程中缓慢地开关放水阀，按照一定的速率减压，防止引起振动或产生水击荷载损伤管道。排水管道要有足够的强度、安全的支撑，并在排水端固定排水管以免排水时摆动。

泄压后对缺陷焊缝进行修复，无损检测合格后对管道重新注水进行压力试验，直至试压合格。

5.1.26 输配管道和设备维修前和修复后，应对周边窨井、地下管线和建（构）筑物等场所的残存燃气进行全面检查。

【编制目的】

本条规定了燃气管道和设备维修前后对周边设施存留可燃气体情况的检查要求。

【条文释义】

燃气管道和设备维修，特别是泄漏抢修时，燃气极有可能窜入周边窨井、地下管线管沟和其他地下建（构）筑物等不易察觉的地方，因此燃气管道和设备抢修、维修之前，以及修复后，应在维（抢）修点周围做全面检查，保证彻底修复，并避免遗留隐患。

【实施要点】

执行过程中，可通过现行行业标准《城镇燃气设施运行、维护和抢修安全技术规程》CJJ51 的规定支撑本条内容的实施。管道和设备修复后，应对夹层、窨井、烟道、地下管线和建（构）筑物等场所进行全面检查。

管道和设备维（抢）修时不仅要及时发现泄漏点，还要尽快查明泄漏点周边可能窜混燃气的各类地下管线设施、地下建（构）筑物是否存在可燃气体，这是维（抢）修事前、事后均应高度关注的事项。重点要加强人员技能、机具仪器配置、处置演练等各方面工作。

（1）配置专业仪器。燃气设施运营企业应根据气源性质、管道设施布置、当地地形地貌以及已了解或排查临近燃气管道设施的建（构）筑物、占压圈占隐患等配置气体检测仪器、防爆风机、钻孔机、人工打孔钢钎等。气体检测仪器要稳定可靠、灵敏迅速。

（2）培训作业人员。燃气设施运营企业应落实作业人员泄漏检测、现场处置等技能培训，比如进行技能岗位认证，从事泄漏检测的员工必须经过一定课时的培训并经考核达标后，方可从事该技能模块的工作。同时，企业还应注意收集相关事故案例，组织从事泄漏检测的员工通过安全知识学习、案例研讨等进一步提高技能水平；组织开展燃气泄漏处置演练，使泄漏检测、管道巡查、维修抢险等岗位的员工熟悉处置流程，掌握处置要点，包括现场处置人员的风险辨识和防范能力。

（3）规范燃气设施维（抢）修现场处置流程和规程。燃气设施运营企业应建立健全燃气泄漏源查找、燃气泄漏现场处置流程和规程。

【背景与案例】

案例一：

2014 年某日，某酒店前的窨井突然爆炸，该地区城管与执法局联合排水、环保、安监等部门对爆炸的窨井展开实地勘测，但未找到引发爆炸的可燃气体。时隔 40d 以后，同在该酒店前，这些窨井再度发生爆炸。引起爆炸的明火源是当天婚礼燃放的烟花。经调查，事故原因是液化石油气放散立管折裂引起泄漏，扩散到距离泄漏源 2m 外的雨水口，再通过截污管道进入污水管，最后到达事发点窨井。

相关单位对泄漏现场处置存在以下严重缺陷：（1）第一次现场排查不彻底，排查范围限于爆炸地点附近，未查明爆炸原因和可燃气体来源；（2）两次爆炸间隔长达 40d，说明燃气公司对燃气设施巡查巡检不到位；（3）相关单位对地下建（构）筑物的复杂性认识不足；（4）燃气图档资料不齐全，无资料显示事发处建设有燃气设施，致使日常巡查遗漏，未能发现燃气泄漏，加大了事故原因排查工作的难度。

案例二：

2005 年某日 15 时 50 分，某市一座铁路立交桥西侧一燃气阀门井发生大量燃气泄漏，泄漏燃气渗入城市下水道与 A 公司院内化粪池内沼气混合产生混合气体，从化粪池盖板外溢，遇院内小孩燃放烟花引发爆炸。造成该公司约 20m 围墙垮塌，院内居民住宅墙体产生明显裂纹，道路西侧人行过道约 200m 长的地砖炸拱或炸裂，有 3 个铸铁下水道井盖炸飞 10 多 m 远，数家门面 20mm 厚的玻璃被震碎。事故未造成重大财产损失及人员伤亡。

事发当日 14 时左右，燃气运行单位抢险值班室接到一市民举报电话，称一座铁路立交桥下西侧的燃气阀门井发生大量燃气泄漏。接报后，燃气公司迅速组织抢险人员进行抢险。15 时 50 分，燃气运行单位又接到 A 公司院内燃气爆炸的报告，他们一方面采取措施处理爆炸善后，另一方面立即向市政府及相关安全监督管理职能部门报告，迅速启动城市燃气爆炸应急救援预案。技术质量监督部门对泄漏阀门进行技术鉴定，鉴定意见书称：阀门井的闸阀断裂是造成燃气泄漏的直接原因。闸阀遇寒冷天气热胀冷缩，阀盖整体断裂，造成大量燃气外泄。燃气管道和城市下水道交叉交越，导致泄漏燃气渗入下水道，院内燃放烟花爆竹引发燃气爆炸。

泄漏的燃气渗入到城市下水道且未被及时检测发现是产生爆炸的间接原因，一段 1.8m 宽、2.5m 深的下水道内积聚大量燃气，下水沟与 A 公司院内化粪池（爆炸点）相连，燃气从化粪池盖板缝隙逸出，被燃放的烟花点燃爆炸，阀门泄漏点至爆炸点全长超过 2.2km。

5.1.27 输配管道和无人值守的调压设施应进行定时巡查。对不符合安全使用条件的输配管道，应及时更新、改造、修复或停止使用。

【编制目的】

本条规定了保障输配管道和无人值守的调压设施安全运行的基本管理要求。

【条文释义】

燃气经营企业应当对输配管道和无人值守的调压设施日常运

行情况进行巡视、检查，确保管网安全供气。并应定期进行检测、维修，确保其处于良好状态；对管道安全风险较大的区段和场所应当进行重点监测，采取有效措施防止管道事故的发生。对不符合安全使用条件的管道，管道企业应当及时更新、改造或者停止使用。

【编制依据】

《国务院办公厅关于加强城市地下管线建设管理的指导意见》（国办发〔2014〕27号）

【实施要点】

《国务院办公厅关于加强城市地下管线建设管理的指导意见》（国办发〔2014〕27号）要求：各城市要定期排查地下管线存在的隐患，制定工作计划，限期消除隐患。加大力度清理拆除占压地下管线的违法建（构）筑物。清查、登记废弃和“无主”管线，明确责任单位，对于存在安全隐患的废弃管线要及时处置，消灭危险源，其余废弃管线应在道路新（改、扩）建时予以拆除。

执行过程中，可通过国家现行标准《燃气系统运行安全评价标准》GB/T 50811和《城镇燃气设施运行、维护和抢修安全技术规程》CJJ 51的规定支撑本条内容的实施。

燃气管网的日常巡检是保证供气企业正常运营的重点工作，由配置专业工具和设备的专业班组定时完成。通过巡检，可以检查管道周围环境状况，通过对管道沿线的异常情况进行分析，以便及时发现危害管道安全运行的因素以及在管道附近的施工活动，及时处置，避免对管道造成危害，减少事故发生的概率。

传统巡检主要通过人员目视观察发现异常情况，地上设施的运行情况较容易观察，埋地管道巡检则可以通过观察沿线地面状况，如树木、植被生长是否异常，河塘、水沟、雨后路面是否有气泡溢出等情况辅助判断，通过嗅觉识别燃气加臭剂气味也是判断埋地管道泄漏的重要手段。此外，借助一定的辅助仪器设备能够提高巡检效率和隐患识别能力，比如地下管道探测仪、移动式可燃气体探测仪等，沿管位进行探测，特别是路面裂缝处、各类地下管线的井、室处，应重点监测是否存在燃气泄漏。巡检发现埋地燃气管道泄漏后，在初步判定的大致范围内，用防爆钎沿管线间隔一定间距打孔，打孔时应注意控制位置和深度，避开地下管线，通过孔洞引导泄漏燃气通向地面，对比各孔燃气浓度进一步判断泄漏点的准确位置，以便进行抢险修复。

近年来，随着数字信息技术的快速发展，燃气经营企业已经开始以燃气管网的地理信息系统为基础平台，借助无线通信、卫星定位等技术开展燃气管网巡检工作，大幅度提升巡线工作质量和效率。光纤辅助监测、激光甲烷泄漏检测设备、智能巡线车、无人机等技术也在快速投入实际应用。管道巡检工作将会从以往的传统人工巡检逐渐向更加高效、精准的多技术手段结合的智能化巡检转变。

【背景与案例】

案例一：

2004 年某日，某市居民楼一楼发生天然气爆炸事故（事故经过详见第 5.1.16 条的案例三）与燃气运行单位巡检不到位有很大的关系。

事故发生前近一个月时，该幢楼房一楼门市发现燃气臭味，但未引起重视，至事故发生前 9 日，承租一楼某门市的店主发现臭味浓烈，遂向燃气企业报告。检修人员现场查勘后无法确认臭味来源，因该位置存在污水道，怀疑为污水井气味，未进一步使用可燃气体检测仪进行排查，且未向相关负责人汇报。事故发生当日气压较低，19 时 30 分开始降雨，至 19 时 45 分左右发生爆炸，现场约 60m 长度的夹墙及污水道盖板被炸烂，冲击波将建筑物负一楼的砖墙摧毁，室内物品被掀起飞至永宁河边，造成重大伤亡事故。

事故发生后，经现场勘验，爆炸区内 139.3m 管线存在破口泄漏，怀疑泄漏气体通过污水道进入建筑物夹墙内的相对密闭空间，与空气混合形成具有爆炸危险气体，经污水道盖板缝隙扩散至人行道，遇明火引发爆炸。

该事故管道在不符合安全使用条件的情况下带病运行，未得到及时处置，最终酿成惨剧。事故暴露了当地燃气企业安全意识淡漠、巡线工作不到位、检漏仪器设备配置不足等问题。事故发生后，专家组和行政主管部门提出以下整改要求：(1) 开展燃气管道安全检查，对老旧管道进行清理和耐压试验，及时更新问题管道，消除安全隐患。(2) 对类似违章建筑、违规使用情况进行清理，对建筑物占压管道进行排查，消除隐患。(3) 燃气企业应当加强对员工的压力管道安全知识、操作技能岗位培训、强化安全意识，配备有效的检漏仪器设备，建立健全安全规章制度、进一步明确责任，层层落实到基本一线岗位。(4) 进一步强化对城市燃气行业的监督管理，确保燃气压力管道安全法规得到贯彻落实。(5) 强化社区安全管理组织建设，增强公众安全使用燃气知识，建立燃气安全隐患举报、整治、监督、反馈制度，遇到隐患，及时报告、及时处置。

案例二：

某地区天然气利用工程管网分布较广，特别是高压管道及其附属设施多位于野外，极易遭到自然或人为因素的破坏，从而影响供气安全，根据当地地广人稀、管网分散的实际情况，运营企业建立了信息化巡检系统。该巡检系统主要由手持终端、无线服务网络、监控管理中心组成。在管道巡检工作中，巡检人员配置手持终端，手持终端将实时接收卫星发送定位、时间等信息，且每隔 3min 将定位信息及巡检时发现的事件状况信息通过 GPRS 无线服务网络发送至监控管理中心的数据库服务器。监控管理中心通过使用管网地理信息系统（GIS）方法来记录统计燃气管道沿线状况，结合数据采集和监控系统（SCADA），监控人员实时详尽地了解管道的各类信息，为监控人员的业务操作与管理决策提供辅助，实现对管道科学有效的管理，提高工作效率和管理质量。

案例三：

某城市高压燃气管道大多数敷设于市东北郊区位置，线路全长约 400km，沿线设有 30 多个厂站，其中 13 个厂站有人值守，其余厂站均为无人值守厂站。依托 GIS 系统将管道分为 8 个巡检区，每区管线长度为 40km～50km，每个巡检区设置约 20 个巡检点，每天进行一次人工巡检。

以该燃气运行单位某段高压管线巡检区为例，片区内管道服役年限均在 10 年以上，且管道多穿越农田，受政策影响，农田下方管道缺少巡检；少部分沿河道铺设，管道距离河道最近距离为 50cm，河道进行清淤工作时，沿河管道破坏风险增高，且播种期间农民挖土将河水引流至农田可能将管道损坏。人工日常巡检的重点为第三方破坏及燃气泄漏，由于巡线路线大多为土路，恶劣天气下巡检工作难以展开，巡检难点在于确定管道上方是否存在河道清淤、农田偷土、活动板房占压及标识桩损坏丢失等情况。此外，该巡检区位于两座城市的行政区交接处，协调工作存在一定困难。

为解决人工巡检效率低、难度大的问题，燃气运行单位尝试利用无人机载巡检系统对某段高压燃气管道巡检区进行厂站和管道巡检，在巡线过程中，首先选择需要巡检的区域，选定后无人机从当前位置起飞，自行飞至标记点，并开始对该区域进行监测，并拍摄相关图片，分析是否存在第三方占压，监测完成后，无人机自行返回起飞点，巡检工作结束。在巡检报告中生成无人机飞行轨迹、巡检时间、地点、检测区域图片信息等。无人机变焦镜头回传的视频信息经过数据处理模块分析后，对监测区域内的人、车辆进行识别，并在图片中标注，同时报警提示巡检人员监测区域存在第三方占压情况。整个巡检过程由专门的终端程序进行显示与控制，实现飞行控制与巡检路径记录功能的深度融合，管理人员仅需要面对一套系统即可完成飞行与巡检控制。

在巡检过程中，终端程序可以记录飞机的飞行轨迹，即巡检路径，且具有人机交互功能和美观、实用、易操作的人机交互界面。在完成巡检之后，终端程序可以自动生成带有轨迹、事件记录的巡检报告。巡检报告可以通过电子邮件发送至指定的邮箱，也可以直接连接打印机输出，签字作为日常工作记录存档。

上述巡检方案通过采用无人机搭载高清摄像头和激光甲烷遥测设备的巡检方式自动、快速获取管道及周边的数据信息。相比于人工或车辆巡检，无人机巡检适合大范围、长距离的野外作业，管道周边的环境呈现比较直观；无人机可监测人工巡检、车载巡检难以监测到的区域，提高了巡检的效率与准确性；对于第三方占压情况，通过智能化的图片分析报警机制，提高了信息处理的速率，减少人工作业量，提高安全预警的可靠性。

案例四：

2021 年某日，某市社区集贸市场发生的燃气爆炸事故（事故经过详见第 5.1.13 条的案例二）与燃气企业巡检不到位有很大的关系。事故调查报告指出，该事故管道运营企业多年来一直未下河道对集贸市场中压燃气管道开展巡查检查，事故发生后为逃避责任追究，在《巡线登记台账》中伪造补登巡线记录。且未按照《特种设备安全监察条例》的规定对包括事故管道在内的中压管道开展定期检查。未依法开展每年一次的年度检查或委托具有资质的第三方机构开展检验检测。未定期对管道的外防腐层进行检查和维护。

5.1.28 输配管道沿线应设置管道标志。管道标志毁损或标志不清的，应及时修复或更新。

【编制目的】

本条规定燃气输配管道应设标志以标记管线位置，并起到安全提醒和警示作用。

【条文释义】

燃气输配管道标志在安全生产中起着重要的作用，正确使用标志标识能够提醒人员注意危险因素的存在，从而避免事故的发生，同时也便于管道运行、维护和抢修过程中快速准确识别相关设施。

【编制依据】

《城镇燃气管理条例》

【实施要点】

执行过程中，可通过现行行业标准《城镇燃气标志标准》CJJ/T 153的规定支撑本条内容的实施。

城镇燃气标志的类型按基本功能可划分为安全标志、专用标志两大类。安全标志可分为四种类型：禁止标志、警告标志、指令标志、指示标志；专用标志可分为三种类型：输配管线标志、设施名称标志、站内地上工艺管道标志。

城镇燃气标志的类型按设置位置划分包括：地面标志、地上标志、地下标志。地面标志设置在地面，用于表明地下燃气管道位置，可采取粘贴式、地砖式等多种形式。管道阀门井盖、凝水缸防护罩及阴极保护测试桩的保护盖等也具备地面标志的功能，能够起到提示地下燃气管道位置的作用，有助于供气管道的运行管理。地上标志设置在地上且高出地面，用于表明地下燃气管道位置、属性，常见的里程桩、转角桩、交叉桩、穿越桩、警示牌等均属此类。地下标志直接埋设于地下，可实现地下燃气管道定位、示踪、警示等作用，随埋地管道敷设的警示带、示踪线、电子标识器等均属此类。

【背景与案例】

案例一：

2016年某日18时左右，某勘察设计单位在城市中心城区某道路工程地质勘察项目QZK176号钻孔施工时，钻破当地燃气经营企业的次高压天然气管道，导致燃气泄漏，未造成人员伤亡，造成经济损失约253万元，社会影响恶劣。

勘察单位虽然已与燃气运行单位进行沟通，但在尚未最终确认管道走向位置，并约定次日进行确认的情况下，擅自安排钻孔作业，导致钻头侧面击中埋深12m、运行压力1.5MPa、规格

$D406 \times 7.1$（mm）的次高压燃气管道，在管壁上造成了长约10cm、宽约2cm的长条形裂口，导致燃气泄漏。因停钻后钻头卡在裂口处，一定程度上抑制了泄漏量，否则后果更加不堪设想。

本次事故也反映出当地燃气运行单位存在安全管理工作不到位的问题。燃气运行单位未及时将管道竣工资料报送主管单位备案，也未向规划部门申请办理竣工线位的规划核实，在与勘察单位多次沟通时未能提供管道竣工图纸，且在事发区域未按照标准规范要求设置燃气管道标志桩和警示牌。

案例二：

2021年某日17时28分，某镇发生燃气管道泄漏事故。该事故未造成人员伤亡，但对该镇200余户居民供气造成影响。因该事故，作业单位3人被刑拘，相关单位14人被处分或诫勉谈话。

事故发生于城市郊区田间路附近，涉事工程勘察企业在使用钻机进行土壤取样钻孔作业时，导致地埋的燃气管道破损，造成燃气泄漏，施工人员未采取应急抢险措施并逃离现场。

经调查，该事故的直接原因为，作业单位未与属地相关部门和燃气运行单位进行对接，并共同制定燃气设施保护方案、未查明作业范围内地下燃气管线的情况下，擅自安排作业人员在距离燃气管道0.3m距离以内盲目进行钻孔作业，导致$dn200$中压燃气PE管道破损。

应急管理部门表示，作业公司违反《城镇燃气管理条例》第三十四条，依据《城镇燃气管理条例》第五十条，建议由城市管理部门对其进行处罚。同时，因涉嫌过失损坏易燃易爆设备罪，公司实际控制人、作业现场负责人、钻探机操作人员被依法刑事拘留。

燃气运行单位作为燃气管线产权单位，违反《城镇燃气管理条例》第三十五条有关规定，未在燃气管道附近设置安全警示标志，巡查制度不完善，巡查记录不全，存在未标明具体巡线时间等问题，依据《城镇燃气管理条例》第四十八条有关规定，建议由城市管理部门对该公司进行处罚。

5.1.29 废弃的输配管道及设施应及时拆除；不能立即拆除的，应及时处置，并应设置明显的标识或采取有效封堵，管道内不应存有燃气。

【编制目的】

本条规定了废弃输配管道及设施的处置要求，以避免废弃输配管道及设施可能残存燃气或误导错接等安全风险。

【条文释义】

废弃的燃气管道不做拆除时，占用和浪费管线廊道资源，不利于城乡基础设施管理，且在其他相关工程施工过程中，易错接而引发安全事故。废弃管道进行封堵时，管道内部可能残存燃气，而废弃后通常不再进行正常的巡检管理，处于失控状态，安全隐患较大。因此，明确已废弃的燃气管道，燃气经营企业应对废弃管道进行拆除，暂时无法拆除的应采取一定的安全措施，包括设置明显的标识、对废弃管道进行封堵等，封堵前还应吹扫排空燃气。

【编制依据】

《国务院办公厅关于加强城市地下管线建设管理的指导意见》（国办发〔2014〕27号）

【实施要点】

《国务院办公厅关于加强城市地下管线建设管理的指导意见》（国办发〔2014〕27号）要求对于存在安全隐患的废弃管线要及时处置，消灭危险源，其余废弃管线应在道路新（改、扩）建时予以拆除。

执行过程中，可通过现行行业标准《城镇燃气设施运行、维护和抢修安全技术规程》CJJ 51的规定支撑本条内容的实施。

处置废弃管道的最佳方式是对其进行及时拆除，在实际工作中由于地下管网的复杂性，以及工程建设和管理程序等因素的制约，拆除管道的难度和费用可能超过新建管道工程，因此经常有废弃管道不能及时拆除的情况，有些也许会长时间原地存留，此时应进行妥善处理。为了防止运行管线误接至废弃管道上，应对废弃管道进行吹扫置换，并设置明显的标识或进行有效的封堵，还应注意保存管线建设和废弃处置的档案资料。

【背景与案例】

案例一：

2000 年某日 0 时 06 分，某玻璃生产企业发生地下废弃天然气管道爆炸事故，造成 15 人死亡、56 人受伤，其中重伤 13 人，直接经济损失 342.6 万元。

事故发生当日晚 10 时 37 分，该企业玻璃窑炉三车间内的电缆沟内可燃气体爆燃，将车间内电缆沟中间人孔和西侧人孔盖板冲开。企业和消防队共同开展灭火作业，至当晚 11 时 58 分扑灭火焰。由于断电停止供风，玻璃炉窑停止燃烧加热，为防止炉内高温玻璃液快速降温引发生产事故，生产人员按照操作规程开启备用系统进行加热。2 月 19 日 0 时 06 分，车间内 5 号炉东侧发生爆炸，当场死亡 12 人、受伤 59 人，其中 1 人在送医途中死亡，2 人伤势过重，经抢救无效死亡。

经现场勘查及物证技术鉴定，证实该车间所在位置原埋设有当地油田 *DN*500 天然气输气管线，因该地块建厂而将管道废弃，废弃管道内仍有残存的天然气，车间内的电缆沟发生火灾时对废弃管道产生高温烘烤作用，烘烤时间约 1h21min，管内压力升高后将废弃管道端口的焊接封堵盲板冲开，可燃气体向外泄漏，受到 5 号窑炉蓄热室墙体阻挡形成了相对密闭的爆炸环境，由窑炉明火引发爆炸。

废弃天然气管道处置不当是本次爆炸事故的根本原因。工厂车间建设过程中，未挖出拆除废弃的输气管道，而仅做切割并焊接盲板封堵，留下了重大安全隐患。

案例二：

2013 年某日 22 时 50 分，某城市一座商厦发生天然气爆燃事故，导致 4 人死亡、38 人受伤，过火面积达 2 万 m^2，直接经济损失约 4743 万元。

事故发生当月 23 日，燃气运行单位曾接到群众报告称事发商场门口人行道附近有天然气泄漏。当日，燃气运行单位所在事发区域的巡检站赶赴现场进行核查，确认该位置确实存在天然气泄漏。23 日至 26 日 22 时左右，燃气运行单位组织人员对该段管道进行开挖维修，期间发现原有 $DN50$ 管道部分管段锈蚀严重后进行停气，并进行切改更换作业。完成新建 $DN80$ 管道 80m 左右，并将新管道与旧管进行碰口对接。26 日 22 时 18 分，开启上游供气阀门；26 日 22 时 26 分，商场员工发现熟食操作间有大量天然气泄漏，立即组织紧急撤离；26 日 22 时 50 分，商场地下一楼扩散的天然气达到爆炸下限，遇电源火花发生爆炸。爆炸引发商场地下一楼、地上一、二楼和市总工会文化宫地下一、二楼相继着火燃烧，冲击波对商场外部人员和车辆造成了伤害。

经调查，燃气管道维修更换过程中，施工人员将新建管道与 1 根已废弃的供气管道进行了碰接，该管道废弃后未及时拆除，且未做封堵处理，并缺少清晰标识。接通并开阀后，天然气通过废弃管道进入商场地下一楼的熟食操作间，在商场地下一楼大量聚集后形成爆炸混合气体，引发严重的爆炸事故。

5.1.30 暂时停用的输配管道应保压并按在用管道进行管理。

【编制目的】

本条规定了燃气输配管道暂时停用时应采取的基本安全措施。

【条文释义】

燃气管道暂时停用是相对永久停用或废弃而言的。保压是指管道在暂停使用期间仍然通入气体并保持一定的压力，按照正在运行的管道进行维护管理。

【编制依据】

《国务院办公厅关于加强城市地下管线建设管理的指导意见》

（国办发〔2014〕27 号）

【实施要点】

根据《国务院办公厅关于加强城市地下管线建设管理的指导意见》（国办发〔2014〕27 号）的要求提出本条规定。停用或废弃燃气管道的产权或使用单位应对停用或废弃的燃气管道尽管理义务和责任。对不能立即拆除的停用和废弃燃气管道，应采取保压、惰性气体置换等有效措施密封；未经许可，不得对废弃的燃气管道动火。

燃气管道短期暂停使用时，一般情况下可不做特殊处置，关闭末端阀门后按在用管道维护管理即可，具备条件时也可同时关闭起始端阀门，此时应特别注意监视管道的压力变化情况。管道较长时间停用时，建议降压或采用氮气进行吹扫置换，特别是暂停使用的高压管道，降压或充氮保护能够显著降低安全风险，便于维护管理。重新投运时宜进行强度试验和气密性试验，试压要求按现行行业标准《城镇燃气输配工程施工及验收规范》CJJ 33 的规定执行。

与本条规定类似的情况还有建成后暂时无法投运的管道，执行过程中，可通过现行行业标准《城镇燃气设施运行、维护和抢修安全技术规程》CJJ 51 的规定支撑本条内容的实施。

【背景与案例】

某燃气企业建设一条 6.3MPa 超高压天然气专线向某多晶硅工厂供气，管道规格为 L415M D508×8.0（mm），平面长度约 6km。管道建成投产后，以 5.5MPa 运行压力向工厂供气 1 年，后因多晶硅产业产能过剩，产品市场低迷，该用户被迫停止生产，同时停止用气。停用初始阶段，供气企业未采取特殊措施，管道维持 5.5MPa 压力，按正常运行状态进行巡检和维护管理，8 个月后该工厂正式破产倒闭，供气企业在短期内未开发出新用户的情况下，对管道进行了降压处理，按 0.2MPa 压力进行保压。

5.2 调 压 设 施

5.2.1 不同压力级别的输配管道之间应通过调压装置连接。

【编制目的】

本条规定是保证燃气输配系统安全、稳定、连续运行。

【术语定义】

调压装置：由调压器及其附属设备组成，将较高燃气压力降至所需的较低压力的设备单元总称，包括调压器及其附属设备。

【条文释义】

由于各类燃气用户所需要的燃气压力不同，而且管网采用不同的压力级制输送也比较经济，所以在气源压力具备足够条件的情况下，输配管网采用高压、中压、低压等多压力级制的系统方案是很普遍的。在燃气输配系统中，压力调节装置是用来调节燃气供应压力的降压设备，其基本任务是将前级较高的进口压力调节至下游所需要的压力。

燃气以一定的压力在密闭管道里输送，压力越高释放后的绝对体积也越大，燃气的危险程度与输送的压力成正比关系。不同压力级别的管道其相应的设计、施工等安全要求是不同的。为保障整个燃气输配系统的安全、稳定及连续地运行，规定不同压力级别的燃气管道之间应通过压力调节装置连接。这充分体现了燃气调压系统是整个燃气输配体系里极为关键的部分，也是燃气供应安全、稳定及连续的重要保障设施。

【实施要点】

城镇燃气输配系统中不同压力级别管道之间主要通过调压站、调压箱等调压设施连接。执行过程中，有关调压站、调压装置的设计要求可通过现行国家标准《城镇燃气设计规范》GB 50028 的规定支撑本条内容的实施。

【背景与案例】

英国气体工程师学会标准《输配系统调压设施》IGE/TD/13 推荐用于按照 IGE/TD/1、IGE/TD/3、IGE/TD/4 标准建设的调压设施（PRI，即 Pressure Regulating Installations）的设计、施工、检查、测试、操作和维护，可供参考借鉴。

案例一：

某城市天然气输配系统为高压-次高压-中压-低压管道组成的多压力级制管网，如图 3-3 所示。

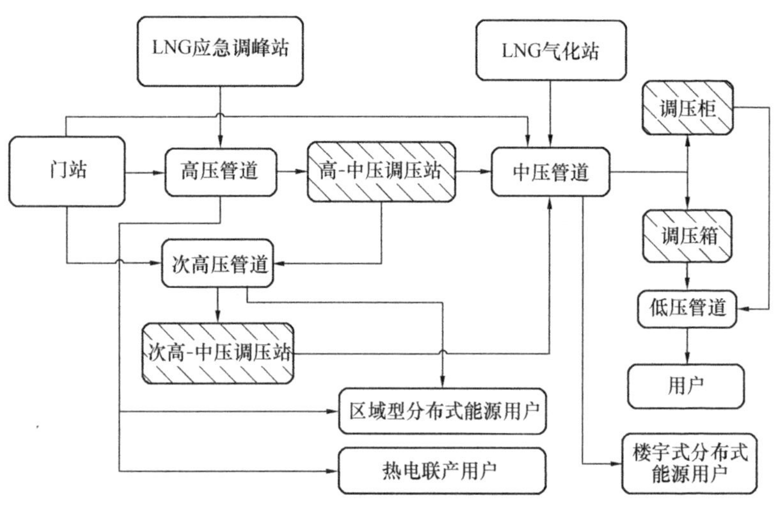

图 3-3　通过调压设施连接的多压力级制输配系统示意图

城市门站接收长输天然气管线来气后经 3 级调压装置向下游管网供气，第 1 级调压出站为高压管道，分别向高-中压调压站、高压供气的热电联产电厂、区域型分布式能源站输送天然气，城市液化天然气应急调峰站（以海运码头接收站的形式设置）接收液化天然气经高压气化后也进入高压管道；第 2 级调压出站为次高压管道，分别向次高-中压调压站、次高压供气的区域型分布式能源站输送天然气；第 3 级调压出站为中压管道，向中压市政管网供气。

高-中压调压站设置 2 级调压装置，第 1 级调压出站为次高压管道，向次高-中压调压站输送天然气，第 2 级调压出站为中压管道，向中压市政管网供气。

次高-中压调压站设置1级调压装置，向中压管网供气。

液化天然气气化站中压气化的天然气进入中压管网供气。

中压管网接出支管向中-低压调压柜、调压箱分配天然气，或向楼宇式分布式能源站等大用户供气。

中-低压调压柜、调压箱调压后，通过低压管道向居民和工、商业用户供应天然气。

该输配系统中，门站、高-中压调压站、次高-中压调压站、调压箱（柜）将各压力级制管网连接在一起，形成了满足多种类型用户供气需要的供气系统，且管道从城市外围至工业区、商业区、居民区形成了不同压力梯次，有利于工程建设的实施、运行和安全管理。

案例二：

2014年某日，某市一职工食堂燃气泄漏并发生爆炸事故，造成2名员工死亡、食堂设施严重损毁，直接经济财产损失285万元。

经调查，该食堂使用液化石油气进行烹饪，气源由一座液化石油气气化站供应，气化站运行人员在夏季违规关闭站内电加热气化装置，也未采用空温式气化器，直接通过气相管路经气相调压装置减压供气，由于换热不足导致气化不完全，造成调压装置上游中压管道气液两相共存，两相介质进入下游低压管道后气化膨胀，管线压力升高并超过用气设备前的G2.5级膜式燃气表的承压能力（公称规格为30kPa），造成燃气表爆裂，导致燃气发生泄漏，进而引发爆炸事故。

本案例中由于气液两相介质通过中-低压调压装置进入低一级别的管道系统，导致下游超压后膜式表破裂，引发严重事故，体现出调压装置连接不同压力级制管网功能的重要性。

5.2.2 调压站的选址应符合管网系统布置和周边环境的要求。

【编制目的】

本条规定了调压站选址应遵循的基本原则。

【术语定义】

调压站：设有调压系统的建（构）筑物和附属安全装置的总称，具有调压功能，可兼具计量功能。

【条文释义】

由于我国城乡建设发展速度很快，土地日趋紧张，特别是规模较大的入口压力为高（超高）压的调压站选址十分困难。所以，在输配系统规划设计阶段，不仅要确定燃气管线的路由，还要为调压站做好选址落地工作，以便规划部门预留设施用地，并充分考虑站点与周边其他建（构）筑物的水平净距。

【实施要点】

执行过程中，有关调压站与周边建（构）筑物间距控制的要求可通过现行国家标准标准《城镇燃气设计规范》GB 50028 的相关规定支撑本条内容的实施。调压站噪声排放的要求可通过现行国家标准《工业企业厂界环境噪声排放标准》GB 12348、《声环境质量标准》GB 3096 的相关规定支撑本条内容的实施。

调压站的选址首先应根据城市总体规划的用气性质、规模等布置燃气管道，燃气管道位置确定后，尽可能在负荷中心和大用户附近设置调压站。调压站站址的选择既要满足供气的工艺需求，又要符合与周边建（构）筑物安全间距控制的要求，还要充分考虑运行产生的噪声对周边环境的影响。

调压站对周边环境影响的一大因素是噪声污染，采取降噪措施首先可从调压器降噪着手，调压器噪声的产生主要源于调压器阀口的节流效应，可在阀口处安装消声器以进行降噪，能够在一定程度上隔断噪声的传播。对于轴流式调压器，采用扩口式结构能够降低调压器出口处的流体速度，减少噪声的出现。其次还可以针对管路系统采取降噪措施，主要是适当增大管径、降低气体流速，从而起到降噪作用。

【背景与案例】

案例一：

某特大型城市各种压力级制的调压站、调压箱中，涉及较大压差、较大流量、存在一定噪声问题的调压站约 79 座。近年来不断增加的噪声扰民问题，高噪声环境引起的职工运行及维护检修设备的劳动保护问题，以及噪声及噪声引起的振动可能引发的安全隐患，引起燃气企业的高度重视。

针对这种情况，燃气企业某区域分公司连续 3 年对管辖的调压站、调压箱进行了全面的数据监测、噪声超标情况调研和降噪技术、设备的考察。特别是对市区环线道路沿线的 40 座比较典型的次高压 A 及以上压力级制的调压站噪声进行实地测量后，发现在冬季供暖期用气高峰时这些调压站内的噪声达 96dB～115dB，站外环境噪声达 65dB～80dB，明显超过相关标准要求。

案例二：

某市燃气运行单位在某住宅小区的两栋住宅楼之间设置 1 座落地式调压箱。小区居民投诉称调压箱发出的噪声严重干扰正常生活。经多次投诉反映，燃气运行单位派人采取了降噪措施。

案例三：

某城市高压天然气管网的一座高-中压调压站，设计压力 5.0MPa（进站）/0.4MPa（出站），设计供气规模 $7.2\times10^4\,Nm^3/h$，主要工艺功能包括过滤、计量、加热、调压、集中放散。该调压站功能较复杂，选址时除了满足规范规定的与站外建（构）筑物间距以外，还应对集中放散管天然气排放、加热装置燃烧尾气排放、调压装置节流和气体放散噪声等污染排放情况进行分析。

经过专业机构分析评估，拟选站址未进入生态敏感区。集中放散气体经 15m 高的放散管高空排放，由于天然气放散仅在设备检修或超压时发生，放散频率很低，放散时间较短，放散量较小，并且泄漏物质主要为甲烷，质量较轻，选址周边较为空旷，在高空中很快扩散，根据预测结果，一般放散停止 10min 后，总烃浓度即可降到 $2mg/m^3$ 以下。天然气加热装置的热水机组尾气采用烟气管道收集，并引至调压站辅助用房屋顶高空排放，排放高度不低于 8m，根据对所选机组燃烧特性分析，尾气排放浓度符合国家标准《锅炉大气污染物排放标准》GB 13271—2014

的规定。调压站选址周边200m范围内无住宅和公共建筑，正常运行期间，预测厂界噪声能够满足国家标准《工业企业厂界环境噪声排放标准》GB 12348—2008规定的2类标准，且在场界外85m，噪声贡献值衰减至50dB（A），正常运行期间不会对敏感点声环境造成不良影响。天然气集中放散期间，放散噪声可能超标，但放散主要在事故或检修时出现，对周边敏感点影响程度较小。该调压站选址获得了批准。

5.2.3 进口压力为次高压及以上的区域调压装置应设置在室外独立的区域、单独的建筑物或箱体内。

【编制目的】

本条规定了次高压及以上区域调压装置设置位置的基本原则，目的是降低其对周边环境的安全影响风险。

【术语定义】

区域调压装置：为某个区域供气的调压设备单元。

【条文释义】

考虑到工业用户和商业用户的专用调压装置一般设置在其专有产权范围内，所处环境相对独立，事故风险影响相对较小，因此本条仅针对区域调压装置作出规定。区域调压站更具有公用属性，可能设置在公共区域内，进口压力为超高压、高压、次高压的调压装置发生事故后，泄漏的燃气压力高、流量大，可能会引起严重的火灾或爆炸事故，公共安全影响风险较大。要求此类调压装置应设置在室外独立区域、单独的建筑物或箱体内，这也是目前的常规做法。

【实施要点】

执行过程中，有关调压站与调压装置的设置要求可通过现行国家标准标准《城镇燃气设计规范》GB 50028的规定支撑本条内容的实施。

随着新材料、新技术的发展，调压设备的安全性能不断提高，但从近期不断发生的危险化学品和化工重特大事故对周边建筑的影响看，火灾爆炸事故造成的人员和财产损失，随着与事故源距离的增加而降低。燃气调压设施与周边的建（构）筑物保持一定的间距十分必要，另一方面还应重点从提高调压装置的本质安全着手，并加强运行期间的安全管理，以保障人身安全和公共安全。

【背景与案例】

英国气体工程师学会标准《输配系统调压设施》IGE/TD/13 第 5.2 条规定了选择调压设施位置时，应注意避免以下位置：（1）靠近住宅建筑或可能进行住宅建筑开发的区域；（2）靠近高层建筑，建筑周围的涡流可能导致放散气体的扩散出现问题（IGE/SR/23 是针对燃气放散的专项技术标准）；（3）架空电力线下方或附近；（4）交通运输活动等可能对装置造成损害的危险场所。

案例一：

2010 年某日 18 时 10 分左右，某市一居民小区内，发生天然气调压站泄漏爆燃事故。事故发生后，小区内 700 多名居民被安全撤离，未造成人员伤亡。

该调压站位于小区 1 号楼和 2 号楼之间，事故发生时调压站已被自行车棚遮挡，车棚内存放自行车和电动车。据小区某居民介绍，事发时突然听到爆炸声，随后停电，从窗口可以看到车棚窜起了火光。

消防人员于 18 时 13 分接到报警电话，共出动 4 个消防中队、11 辆消防车、69 名消防人员，救援人员于 18 时 20 分抵达现场，并与燃气运行单位取得联系，及时关闭了事故调压站上下游管道距离最近的阀门。20 时 30 分，消防人员完成现场冷却降温，并将管道内残余燃气稀释后，供气企业抢险人员关闭了调压装置阀门。20 时 40 分，险情被排除。

案例二：

2005 年某日 16 时 07 分，某市一座商场的西侧门前人行道下方的地下调压间发生爆炸。爆炸冲击波将调压间顶部现浇混凝土盖板和附着于盖板上的彩色花砖、砂石等抛洒散落，盖板翻转 180°后，倾斜状反扣在原位，冲击波掀起的花砖和砂石溅射后洒落范围约10m，因溅射物冲击造成周边人员伤亡，另有人员跌落坠入地下调压间内。事故共造成2人死亡，15人受伤。

地下调压间长3.5m、宽4m、深3.6m，为现浇钢筋混凝土结构，顶部盖板上方铺有砂石、水泥花砖，花砖上表面与周围路面平齐。调压间内装有2台落地式调压箱，分别供应居民和燃气锅炉用气，顶部设有2个ϕ159钢管制成的通风孔和2个检查孔，空间相对密闭，燃气放散管口未引出至地面上，调压间外部无警示标识和防护栏。

事故后经调查组勘验、测试，调压装置的工艺设备和管路均未发现泄漏点，调查组认为可能导致天然气泄漏的唯一部位只有供居民用气的调压箱安全放散阀。由于主调压器发生故障，出口的低压管道超压（现场勘验证实该调压装置设置的2块50kPa量程压力表指针已打坏）过程中，安全放散阀起跳并开始放散，而超压切断阀未及时切断，持续超压和放散过程中在地下密闭空间内形成了爆炸危险气体环境，天然气从顶部孔洞溢出后遇地面明火引发爆炸。

5.2.4 独立设置的调压站或露天调压装置的最小保护范围和最小控制范围应符合表5.2.4的规定。

表5.2.4 独立设置的调压站或露天调压装置的最小保护范围和最小控制范围

<table>
<tr><th rowspan="2">燃气入口压力</th><th colspan="2">有围墙时</th><th colspan="2">无围墙且设在调压室内时</th><th colspan="2">无围墙且露天设置时</th></tr>
<tr><th>最小保护范围</th><th>最小控制范围</th><th>最小保护范围</th><th>最小控制范围</th><th>最小保护范围</th><th>最小控制范围</th></tr>
<tr><td>低压、中压</td><td>围墙内区域</td><td>围墙外3.0m区域</td><td>调压室0.5m范围内区域</td><td>调压室0.5m～5.0m范围内区域</td><td>调压装置外缘1.0m范围内区域</td><td>调压装置外缘1.0m～6.0m范围内区域</td></tr>
</table>

续表 5.2.4

燃气入口压力	有围墙时		无围墙且设在调压室内时		无围墙且露天设置时	
	最小保护范围	最小控制范围	最小保护范围	最小控制范围	最小保护范围	最小控制范围
次高压	围墙内区域	围墙外 5.0m 区域	调压室 1.5m 范围内区域	调压室 1.5m～10.0m 范围内区域	调压装置外缘 3.0m 范围内区域	调压装置外缘 3.0m～15.0m 范围内区域
高压、高压以上	围墙内区域	围墙外 25.0m 区域	调压室 3.0m 范围内区域	调压室 3.0m～30.0m 范围内区域	调压装置外缘 5.0m 范围内区域	调压装置外缘 5.0m～50.0m 范围内区域

【编制目的】

本条规定了调压设施的最小保护范围和最小控制范围，保护主体是既有独立设置的调压站或露天调压装置。

【术语定义】

调压站：设有调压系统的建（构）筑物和附属安全装置的总称，具有调压功能，可兼具计量功能。

调压装置：由调压器及其附属设备组成，将较高燃气压力降至所需的较低压力的设备单元总称，包括调压器及其附属设备。

【条文释义】

燃气调压设施也是燃气供应系统的重要设施，应该和管道一样，确定保护和控制范围。参见第 5.1.6 条～第 5.1.10 条。

【编制依据】

《城镇燃气管理条例》

【实施要点】

本条规定的保护对象是调压设施，最小保护和控制范围按调压装置入口压力和设置方式进行分类。独立设置是指调压站或调压设施边界相对于周边建（构）筑物有一定距离，无毗邻或直接悬挂在建筑物外墙的情况。围墙是指调压站或调压设施边界设置的具有基础的永久性围护结构。露天设置的调压设施指未设置在建筑物内，具备或不具备箱体保护的调压设施。

【背景与案例】

参见第 5.1.8 条。

5.2.5 在独立设置的调压站或露天调压装置的最小保护范围内，不得从事下列危及燃气调压设施安全的活动：

1 建设建筑物、构筑物或其他设施；

2 进行爆破、取土等作业；

3 放置易燃易爆危险物品；

4 其他危及燃气设施安全的活动。

【编制目的】

本条规定明确了燃气调压设施的最小保护范围和最小控制范围内禁止第三方建设活动的主要类型，保护主体是既有独立设置的调压站或露天调压装置。

【条文释义】

参见第 5.1.8 条。

【编制依据】

《城镇燃气管理条例》

【实施要点】

参见第 5.1.8 条。

【背景与案例】

参见第 5.1.8 条。

5.2.6 在独立设置的调压站或露天调压装置的最小控制范围内从事本规范第 5.2.5 条列出的活动时，应与燃气运行单位制定燃气调压设施保护方案并采取安全保护措施。在最小控制范围以外进行作业时，仍应保证燃气调压设施的安全。

【编制目的】

本条规定对在调压设施最小控制范围内从事《规范》第5.2.5条规定的建设活动提出了要求，保护主体是既有独立设置的调压站或露天调压装置。

【条文释义】

参见第5.1.8条。

【编制依据】

《城镇燃气管理条例》

【实施要点】

参见第5.1.8条。

【背景与案例】

参见第5.1.8条。

5.2.7 调压设施周围应设置防侵入的围护结构。调压设施范围内未经许可的人员不得进入。在易于出现较高侵入危险的区域，应对站点增加安全巡检次数或设置侵入探测设备。

【编制目的】

本条规定提出了燃气调压设施的安全防控要求。

【术语定义】

探测：对显性风险事件和（或）隐性风险事件的感知。

【条文释义】

调压设施是供气专用设施，无关人员进入应得到许可。设施周围应有不易让人进入的围护结构。对于处于人流较大区域的调压设施，应增加安全巡视等安全措施。

【编制依据】

《城镇燃气管理条例》

【实施要点】

围护结构一般是指具有基础的实体、半实体围墙和箱体保护结构等，可根据调压设施工艺和安全管理需要、周边情况设置。

进入调压设施的人员需要经过必要的审批手续。围护结构不能太过简易，应有效阻隔无关人员进入。特殊地段应加强安保措施或安全防范技术措施。

5.2.8 调压设施周围的围护结构上应设置禁止吸烟和严禁动用明火的明显标志。无人值守的调压设施应清晰地标出方便公众联系的方式。

【编制目的】

本条规定了燃气调压设施安全标识的要求。

【条文释义】

燃气调压设施为易燃易爆场所，应严格禁烟和禁止动用明火。为了应付紧急情况，在现阶段，紧急联系电话号码是方便快捷的有效联系方式。

【实施要点】

执行过程中，可通过现行国家标准《消防安全标志　第1部分：标志》GB 13495.1的规定支撑本条内容的实施。

调压设施边界应有禁烟和禁火标志。紧急联系号码也应该清晰标出。

5.2.9 调压站的调压装置设置区域应有设备安装、维修及放置应急物品的空间和设置出入通道的位置。

【编制目的】

本条规定提出了燃气调压设施的场地和通道要求。

【条文释义】

调压设施属于生产设施，日常应有安装维护操作，也有可能出现紧急情况，所以必须有足够的空间来完成日常维护和应急工作。出入通道也是日常维护和应急所必需的。

【实施要点】

执行过程中，可通过现行国家标准《城镇燃气设计规范》GB 50028的规定支撑本条内容的实施。

5.2.10 露天设置的调压装置应采取防止外部侵入的措施，并应与边界围护结构保持可防止外部侵入的距离。

【编制目的】

本条规定提出了燃气调压设施的露天设置设备的安全要求。

【条文释义】

外部侵入包括人员侵入和物品侵入，措施包括设置有效围护结构。保持一定距离主要是防止外部人员使用日常工具对设备造成损坏。

【编制依据】

《城镇燃气管理条例》

【实施要点】

对于露天设置的调压装置，防止外部侵入的措施主要有：设置人员值守；按《规范》第5.2.7条设置具有基础的实体、半实体等围护结构；在箱体保护结构外设置栅栏等隔挡设施；设置视频监控等安防设备等。

5.2.11 设置调压装置的建筑物和容积大于1.5m^3的调压箱应具有泄压措施。

【编制目的】

本条规定了设置调压装置的建筑物和容积大于1.5m^3的调压箱的防爆要求。

【条文释义】

调压站和容积大于1.5m^3的调压箱属于甲类厂房和具有爆炸危险的密闭空间，一般情况下，等量的同一爆炸介质在密闭的小空间内和在开敞的空间爆炸，爆炸压强差别较大。在密闭的空间内，爆炸破坏力将大很多，因此相对封闭的有爆炸危险性厂房或密闭空间需要考虑设置必要的泄压设施。

【实施要点】

为在发生爆炸后快速泄压和避免爆炸产生二次危害，泄压措施的设计应考虑以下主要因素：

（1）泄压设施需采用轻质屋盖、轻质墙体和易于泄压的门窗，设计尽量采用轻质屋盖。易于泄压的门窗、轻质墙体、轻质屋盖，是指门窗的单位质量轻、玻璃受压易破碎、墙体屋盖材料容重较小、门窗选用的五金断面较小、构造节点连接受到爆炸力作用易断裂或脱落等。

（2）在选择泄压面积的构配件材料时，除要求容重轻外，最好具有在爆炸时易破裂成非尖锐碎片的特性，便于泄压和减少对人的危害。同时，泄压面设置最好靠近易发生爆炸的部位，保证迅速泄压。对于爆炸时易形成尖锐碎片而四面喷射的材料，不能布置在公共走道或贵重设备的正面或附近，以减小对人员和设备的伤害。

有爆炸危险的甲、乙类厂房爆炸后，用于泄压的门窗、轻质墙体、轻质屋盖将被破坏，高压气流夹杂大量的爆炸物碎片从泄压面喷出，对周围的人员、车辆和设备等均具有一定破坏性，因此泄压面积应避免面向人员密集场所和主要交通道路。

（3）对于北方和西北、东北等严寒或寒冷地区，由于积雪和冰冻时间长，易增加屋面上泄压面积的单位面积荷载而使其产生较大静力惯性，导致泄压受到影响，因而设计要考虑采取适当措施防止积雪。

总之，设计应采取措施，尽量减少泄压面积的单位质量（即重力惯性）和连接强度。执行过程中，调压箱泄压的有关技术要求可通过现行国家标准《城镇燃气设计规范》GB 50028 的规定支撑本条内容的实施，建筑泄压的有关技术要求可通过现行国家标准《建筑设计防火规范》GB 50016 的规定支撑本条内容的实施。

5.2.12 调压站、调压箱、专用调压装置的室外或箱体外进口管道上应设置切断阀门。高压及高压以上的调压站、调压箱、专用调压装置的室外或箱体外出口管道上应设置切断阀门。阀门至调压站、调压箱、专用调压装置的室外或箱体外的距离应满足应急操作的要求。

【编制目的】

本条规定了调压站、调压箱、专用调压装置进、出口管道上设置切断阀门的要求。

【条文释义】

阀门是调压站或调压箱的重要附属设备，便于定期检查、维护和更换等需要时及紧急情况下切断气源。规定高压及高压以上的调压站、调压箱、专用调压装置的室外或箱体外出口管道上应设置切断阀门，阀门设置的距离应满足应急操作的要求，主要目的是当调压场所发生重大事故及火灾时，在站外切断燃气，以切断进站气源和出站燃气为目的，进一步保证了供气的安全，减轻灾害的程度。执行过程中，可通过现行国家标准《城镇燃气设计规范》GB 50028 的规定支撑本条内容的实施。

5.2.13 设置调压装置的环境温度应保证调压装置活动部件正常工作，并应符合下列规定：

1 湿燃气，不应低于 0℃；

2 液化石油气，不应低于其露点。

【编制目的】

本条规定对调压装置设置的环境温度按不同气源提出了要求，目的是要保证调压装置正常、可靠工作。

【术语定义】

环境温度：在正常操作条件下，工艺系统所在环境的温度。

【条文释义】

大部分调压装置要求的工作温度为－20℃～60℃，当调压器超出允许温度范围工作时，会影响调压精度与调压器寿命。当环境温度过低时，对于湿燃气及干燃气中残留的一些水分就会产生冰冻现象，甚至在调压器阀口产生冰堵，严重时使其发生故障及至不能工作。

调压器长期超出允许温度范围工作时，其皮膜和橡胶密封件会发生韧性降低、老化、脆化，造成安全隐患甚至事故。

【实施要点】

调压装置安装要根据不同燃气类别、气质与环境温度确定安装位置与安装形式。在低温地区可采用伴热、设保温箱、安装在室内、调压室供暖等形式；在高温地区要避免暴露在阳光下暴晒。

当气源为液化天然气等低温气体时，更应重视环境温度的影响。

【背景与案例】

在我国淮河流域以南的非供暖城市，冬季温度偏低，且由于气候潮湿，其湿度也偏大，一些安装在室外未采取保温措施的调压装置工作时出现结冰、冰堵的情况时有发生，影响正常供气。

5.2.14 对于存在燃气相对密度大于等于 0.75 的可燃气体的空间，应采用不发火花地面，人能够到达的位置应使用防静电火花的材料覆盖。

【编制目的】

本条提出了燃气调压设施内运行相对比重较大的燃气的安全要求，目的是防止在建筑空间内形成引发爆炸的条件。

【术语定义】

不发火花地面：在受摩擦、冲击或冲擦等机械作用时不会产生火花（或火星），避免所在空间可燃物引燃引爆的地面覆盖层。

【条文释义】

相对密度大于等于 0.75 的可燃气体自然扩散会在建筑下部空间靠近地面处积聚，故应采取不发火花地面。同时，在这样的空间里面，除地面外，一些维护人员可能行走站立的地方，如钢梯平台等，也应该采取防静电火花的措施。

【实施要点】

运行介质相对密度大于等于 0.75 的燃气的调压室，地面使用不发火花材料。其他维护人员可能到达的地方也应有防止静电产生火花的措施。防爆场所不发火花地面的面层种类较多，可分为：不发火花屑料类（不发火花混凝土、砂浆、水磨石、沥青砂浆、沥青混凝土等）；木质类（禁止使用铁钉）；橡皮类；菱苦土类；塑料类。实践中应根据取材难易、技术经济等因素综合确定。

5.2.15 当调压节流效应使燃气的温度可能引起材料失效时，应对燃气采取预加热等措施。

【编制目的】

本条规定提出了防止燃气调压装置节流效应温度降低使材料失效的要求，目的是保证燃气系统的安全稳定运行。

【术语定义】

节流效应：流体流动时由于通过截面突然缩小（如孔板、阀门等）而使压力降低的热力过程，也称焦耳汤姆逊效应。

【条文释义】

本条要求是为了避免因燃气的温度过低引起管道材料的脆性失效、管壁结露结冰、管道冰堵，从而影响燃气系统的安全稳定运行。在调压装置中，气体压力突降会引起温度降低，造成管壁结露结冰的现象。当燃气中水分含量较高时，也有可能形成水合物堵塞，影响正常运行。

【背景与案例】

天然气压力每降低 1MPa，温度大约降低 4℃～5℃，解决燃气温度过低的一般方法：（1）锅炉加热：锅炉需与调压现场保持一定安全距离，此方法投资和后续维护保养费用较大，一般用于常年运行的大规模调压站或者已经具备锅炉设施的场所。（2）电加热：由于耗电量较大，成本较大，一般用于小规模调压站短时间加热。（3）电热伴热带：伴热带功率较小，热效率较低，一般用于管径较小的调压信号管保温。（4）感应毯加热：感应毯通过不断变换的高频磁场的感应作用到调压器金属体上产生涡流，使调压器金属自身发热来加热燃气。

5.2.16 调压装置的厂界环境噪声应控制在国家现行环境标准允许的范围内。

【编制目的】

对调压装置运行产生的噪声提出了应控制在国家现行环境标准允许范围内的要求，目的是保证燃气设施工作时满足国家对噪声的环境保护要求。

【术语定义】

厂界：以法律文书（如土地使用证、房产证、租赁合同等）确定的业主拥有使用权（或所有权）的场所或建筑物边界。各种产生噪声的固定设备的厂界为其实际占地的边界。

环境噪声：在某一环境下由多个不同位置的声源产生的总的噪声。

【条文释义】

调压装置运行时不可避免地会产生噪声，流速越大，气体进出口压力差越大，噪声就越大。进口压力较高的调压站、调压柜对设置间距有要求，距离住宅区等需要保持和维护安静的区域排放限值要求较高。

【编制依据】

《中华人民共和国环境噪声污染防治法》

【实施要点】

选择设备时，其噪声指标要符合国家相关标准，根据设备安装区域控制调压装置的噪声值。调压站围墙、调压箱体外缘等边界处噪声检测值需满足现行国家标准《工业企业厂界环境噪声排放标准》GB 12348 的要求，当不能满足要求时，可采用设隔声墙、隔声箱、加大与区域间距等措施。

【背景与案例】

国家标准《声环境质量标准》GB 3096—2008 中声环境功能区分类如下：

0 类声环境功能区：指康复疗养区等特别需要安静的区域。

1 类声环境功能区：指以居民住宅、医疗卫生、文化教育、科研设计、行政办公为主要功能，需要保持安静的区域。

2 类声环境功能区：指以商业金融、集市贸易为主要功能，或者居住、商业、工业混杂，需要维护住宅安静的区域。

3 类声环境功能区：指以工业生产、仓储物流为主要功能，需要防止工业噪声对周围环境产生严重影响的区域。

4 类声环境功能区：指交通干线两侧一定距离之内，需要防止交通噪声对周围环境产生严重影响的区域，包括 4a 类和 4b 类两种类型。4a 类为高速公路、一级公路、二级公路、城市快速路、城市主干路、城市次干路、城市轨道交通（地面段）、内河航道两侧区域；4b 类为铁路干线两侧区域。

国家标准《工业企业厂界环境噪声排放标准》GB 12348—2008 要求工业企业环境噪声不得超过表 3-7 中规定的排放限值。

工业企业环境噪声排放限值　　表 3-7

厂界外声环境功能区类别	时段	
	昼间	夜间
0	50	40
1	55	45
2	60	50
3	65	55
4	70	55

5.2.17 燃气调压站的电气、仪表设备应根据爆炸危险区域进行选型和安装，并应设置过电压保护和雷击保护装置。

【编制目的】

本条规定了调压站的电气、仪表设备按爆炸危险区域进行选型和安装，设置过电压及雷击保护装置的要求。目的是避免过电压和雷击对调压站的电气、仪表设备造成破坏。

【术语定义】

爆炸危险区域：爆炸性混合物出现的或预期可能出现的数量达到足以要求对仪表的结构、安装和使用采取预防措施的区域。

过电压：峰值超过系统最高相对地电压峰值或最高相间电压峰值时的任何波形的相对地或相间电压，分别为相对地或相间过电压。

雷击：对地闪击中的一次放电。

【条文释义】

电气设备的防爆性能应与爆炸危险物质的危险性相适应，防爆电气设备的类型应与爆炸危险场所的种类、等级相适应。在爆炸危险环境使用的电气设备，其结构上应能防止使用中产生的火花、电弧等引燃环境中爆炸性混合物。

调压装置在泄漏或超压放散的情况下，四周一定范围内会有易燃易爆气体存在，此时若采用非防爆型电气或仪表，设备启动其电火花遇燃气会发生燃烧甚至爆炸，因此应根据爆炸危险区域的分区、电气仪表设备的种类和防爆结构的要求，选择相应的电气仪表设备。同时应设置过电压保护、雷击保护装置，避免因过电压、雷击造成仪表、动力设备的损毁，甚至引起火灾、易燃气体爆炸等重大安全事故。

【实施要点】

在夏季雷暴天气较多时，各类型厂站内露天设置的一些电气装置、仪表遭雷击破坏的情况时有发生，对安全运行造成很大隐患。

调压站中电气设备选型与安装要严格控制，按保护级别选用防爆结构为本质安全型或隔爆型的设备，并按防爆要求进行安装。在每一级变压器控制箱中安装浪涌保护器，保护电气设备与仪表免受过电压损毁。

调压站内要安装避雷针，并应确保调压装置在接闪器保护范围内，同时做好避雷网的安装。

5.2.18 调压系统出口压力设定值应保持下游管道压力在系统允许的范围内。调压装置应设置防止燃气出口压力超过下游压力允许值的安全保护措施。

【编制目的】

本条规定对调压系统出口压力进行了限制，目的是保证下游燃气设施的安全运行。

【条文释义】

管道系统中其管道设计压力、设备选型压力、系统运行压力都应在系统允许的压力范围内，不得超压，调压系统出口压力设定值应符合这一要求。因此，调压装置应设置超压安全保护装置，以确保系统压力在允许范围内正常运行，在调压系统失效时超压安全保护装置应能自动运行。

【实施要点】

选择调压装置时，可选择带超压保护功能的调压器，当调压器本身无此功能时，应在系统中设置超压切断阀，并在调压器下游设安全放散阀，当调压站进口压力为高压时，也可在调压器前设电动（液动、气动）阀。引入管后的用户调压器不在此范围。

5.2.19 当发生出口压力超过下游燃气设施设计压力的事故后，应对超压影响区内的燃气设施进行全面检查，确认安全后方可恢复供气。

【编制目的】

本条规定提出了当发生超压事故后，恢复供气的限制要求。目的是确保安全供气。

【条文释义】

当调压装置出口压力超过下游燃气设施的设计压力后，势必会对下游燃气设施造成冲击，导致损坏，故障处理后必须对事故影响区内的燃气设施进行全面检查，确保安全后再恢复通气，避免发生二次事故。

【实施要点】

供气单位应建立完善的抢修抢险管理制度以及应急预案，当超压事故发生后，切断调压设施前、后的阀门，迅速启动应急预案。事故处理完毕后，对事故影响区内的燃气设施逐一排查并进行全面检查，对受到超压影响的设施予以维修或更换，进行通气前的试压、置换，对区域内的用户做好恢复供气的通知与宣传。执行过程中，可通过现行行业标准《城镇燃气设施运行、维护和抢修安全技术规程》CJJ 51 的规定支撑本条内容的实施。

5.3 用 户 管 道

5.3.1 用户燃气管道最高工作压力应符合下列规定：

1 住宅内，明设时不应大于 0.2MPa；暗埋、暗封时不应大于 0.01MPa。

2 商业建筑、办公建筑内，不应大于 0.4MPa。

3 农村家庭用户内，不应大于 0.01MPa。

【编制目的】

本条规定了不同类型用户燃气管道的最高工作压力。

【术语定义】

暗埋：在已竣工建筑的地面垫层或墙体开槽敷设燃气管道的方式。

暗封：燃气管道敷设在吊顶、橱柜、装饰层、管道井等空间内，以及地面垫层或墙体的管槽内的安装方式。

家庭用户：以燃气为燃料进行炊事或制备热水为主的用户。

【条文释义】

燃气用户主要有家庭用户、商业和工业用户。各类用户所使用的燃具或用气设备有不同的压力需求，在满足燃具和用气设备正常燃烧工况的前提下，燃气输送压力是确定燃气管道管径、壁厚等的重要技术参数。具体数值由设计人员根据燃具、用气设备的数量、安装条件及用户要求等因素确定，设计压力不得大于本条用户燃气管道最高工作压力的规定。

【实施要点】

执行过程中，可通过现行国家标准《城镇燃气设计规范》GB 50028的规定支撑本条内容的实施。各类燃气用户室内管道设计、施工验收时应严格执行本条规定。可对各类用户的运行压力进行监测，并应有记录。

5.3.2 用户燃气管道设计工作年限不应小于30年。预埋的用户燃气管道设计工作年限应与该建筑设计工作年限一致。

【编制目的】

本条规定了用户燃气管道设计工作年限。

【术语定义】

设计工作年限：设计规定的结构或结构构件不需进行大修即可按预定目的使用的时间。

预埋：管道直接浇筑或砌筑在墙体内与建筑同时实施的安装方式，管道预埋是管道暗埋形式之一。

【条文释义】

用户管道的设计工作年限与输配管道的设计工作年限一致。对于预埋在建筑结构中的管道，设计工作年限要与建筑结构设计工作年限一致。

【编制依据】

《建设工程质量管理条例》

【实施要点】

燃气管道要经历设计、施工、使用（正常维护）、报废、拆除等阶段。

设计时，应根据管道的设计压力、温度、介质特性、环境因素等进行合理选材，使燃气管道在正常维护条件下工作年限不低于30年。

目前，用户燃气管道采用的钢管、铜管等传统管材在正常维护和使用下工作年限可超过30年。部分新型管材的使用周期也接近30年，且在正常运行中。用户燃气管道可选用管材的种类较多，每种管材都有其优缺点，通常情况下根据管道的设计压力、温度、介质特性、环境等因素，并依据现行标准合理选材。《规范》在实施过程中，既可以采用现行国家标准《城镇燃气设计规范》GB 50028 推荐采用的管材，也可以依据《规范》所规定的燃气工程必须满足的功能、性能要求采用其他新型管材。当选用新型管材时，应符合《规范》第 1.0.4 条的规定，对拟采用的工程技术或措施进行论证，确保建设工程达到工程建设强制性规范规定的工程性能要求，确保建设工程质量和安全。

根据国外燃气管道预埋经验，该方式既减少后续燃气管道安装的困扰，不需要维护、维修，管道的使用寿命长；又满足用户对室内装修美观的需要，但对施工过程比较复杂，目前施工经验较少。

【背景与案例】

提高燃气管道的质量，合理确定燃气管道设计工作年限，减少在建筑使用期限内燃气管道的更换次数。

老旧管网改造工程实施起来困难较多，涉及的量大面广，施工时需要每户的配合，施工过程和噪声等给居民的正常生活带来干扰。根据一些地区的经验，要取得居民的理解与支持。

5.3.3 用户燃气管道及附件应结合建筑物的结构合理布置，并应设置在便于安装、检修的位置，不得设置在下列场所：

1 卧室、客房等人员居住和休息的房间；

2 建筑内的避难场所、电梯井和电梯前室、封闭楼梯间、防烟楼梯间及其前室；

3 空调机房、通风机房、计算机房和变、配电室等设备房间；

4 易燃或易爆品的仓库、有腐蚀性介质等场所；

5 电线（缆）、供暖和污水等沟槽及烟道、进风道和垃圾道等地方。

【编制目的】

本条规定了用户燃气管道的敷设要求，着重强调燃气管道禁止进入的场所。

【术语定义】

客房：旅馆建筑内为客人提供住宿及配套服务的空间或场所。

建筑内的避难场所：建筑内用于人员暂时躲避火灾及其烟气危害的楼层（房间）。

【条文释义】

燃气管道及附件不得设置在下列场所的理由：（1）卧室、客房等是人员睡眠和休息的场所，燃气泄漏会直接影响人身健康和安全。（2）避难场所用于避难人员疏散和临时避难；一般情况下，防御等级高于民用建筑的卧室及商业建筑的客房。电梯属于特种设备，是涉及生命安全、危险性较大的设施。电梯一旦发生火灾往往容易因断电而造成电梯"卡壳"，将乘坐电梯逃生的人员困在电梯厢内；火场烟气涌入时极易造成"烟囱效应"，电梯里的人员随时会被浓烟毒气熏呛而窒息死亡；电梯不具有防高温性能，当在火灾时遇到高温，电梯厢容易失控甚至变形卡住；在消防人员灭火时，水容易流到电梯内，会造成触电的危险。（3）空调机房、通风机房、计算机房和变、配电室等设备房间有电源、电器开关，产生的电火花遇到燃气泄漏容易引发燃气爆炸等事故。（4）储存易燃易爆、易腐蚀性或有放射性物质等危险场所具有较大的火灾危险性，一旦发生灾害事故，往往危害更大。（5）电线（缆）、供暖和污水等沟槽以及烟道、进风道和垃圾道等地方属于潮湿环境，燃气管道、燃气表易发生腐蚀；有些地方不仅是通风不良的密闭空间，而且一旦发生燃气泄漏容易窜入其他场所，造成很大的危害。

【实施要点】

燃气管道、附件和调压计量器具一经安装，用户不能随意改动。所以，室内燃气管材的选择、管道及燃气表的设置不仅要满足安全供气和使用的要求，还应结合建筑物的结构合理布置，管道尽量设置在角落里、少占空间。

用户燃气表后管道可以暗埋、暗封，明设燃气管道应结合建筑物的结构合理布置，立管靠近实体墙、柱利于管道固定，利用边角空间。结合人体工程学高度、橱柜高度、置物板位置，选择既适合检修又不干扰日常使用习惯的合理位置，实现空间的高效利用。

5.3.4 燃气引入管、立管、水平干管不应设置在卫生间内。

【编制目的】

本条规定了燃气引入管、立管、水平干管敷设要求，目的是减少环境对燃气管的腐蚀，降低风险。

【术语定义】

引入管：从用气建筑室外燃气配气支管至用户燃气进口管总阀门之间的管道。

立管：沿建筑物垂直敷设，连接不同高度多个用户燃气表前支管的燃气管道。

水平干管：从引入管或立管引出水平敷设，连接立管或多个用户燃气表前支管的燃气管道。

【条文释义】

一般情况下，引入管、立管和水平干管为多个燃气用户的连接管道，相对用户支管来说，管径较大，影响范围较广。卫生间大多存在环境潮湿、通风不良等问题，燃气钢质管道在此环境下容易被腐蚀。此外，卫生间不易日常巡检，一旦燃气管道腐蚀穿孔，不易被及时发现，引发安全事故。

5.3.5 使用管道供应燃气的用户应设置燃气计量器具。

【编制目的】

本条规定目的是节约用气、公平交易。

【术语定义】

计量器具：能用以直接或间接测出被测对象量值的装置、仪器仪表。燃气行业目前主要采用的是用以累计通过管道的燃气的体积或质量的装置，有燃气表或燃气流量计。由于气体计量易受温度和压力的影响，计量装置上可附设温度和压力补偿装置。

【条文释义】

燃气计量器具是供气企业与管道燃气用户进行结算的计量依据。按户计量是减少浪费、合理使用燃气的重要措施，既能堵塞浪费漏洞，达到节能减排的要求；又能使用户合理控制燃气费用支出，节约成本、提高能源利用效率。燃气表或流量计器具是供气企业为了履行供气合同而必须提供的一种计量器具，作为合同的附随义务，与供气行为不可分离。公平计量也是维护燃气经营者和燃气用户的合法权益，促进燃气事业健康发展的基础。

【实施要点】

燃气计量器具是供气企业与管道燃气用户进行贸易结算的计量依据，是减少浪费，合理使用燃气以及维护燃气经营者和燃气用户的合法权益的重要手段。根据《城镇燃气管理条例》，燃气运行单位在用气终端安装计量装置，用户不得擅自安装、改装、拆除，否则要依法承担赔偿责任；构成犯罪的，依法追究刑事责任。

执行过程中，可通过现行国家标准《城镇燃气设计规范》GB 50028、《农村管道天然气工程技术导则》（建办城函〔2018〕647 号）的规定支撑本条内容的实施，设计时严格执行本条的规定。

【背景与案例】

安装燃气计量器具的目的是维护燃气经营者和燃气用户的合法权益，促进燃气事业健康发展。如果使用者损毁燃气计量器具也违反本条规定的初衷。

案例一：

蔡某某、秦某某在 2018 年底至 2021 年 2 月期间，先后在某省六个辖区内多次为住户改装燃气装置，使住户燃气表显示的燃气使用量低于实际使用量。

案发后，上述被改装破坏的燃气表已由被害单位予以拆除更换。庭审中，二被告人自愿如实供述自己的犯罪事实，且认罪认罚。最终，区人民法院依照《中华人民共和国刑法》及《中华人民共和国刑事诉讼法》相关规定，判决被告人蔡某某犯破坏易燃易爆设备罪，判处有期徒刑五年；被告人秦某某犯破坏易燃易爆设备罪，判处有期徒刑四年。

案例二：

在 2017 年 4 月至 2019 年 5 月期间，某产业园内一洗涤公司为谋取不正当利益，铤而走险，运用非法手段共计盗窃燃气 124 万余元。因盗窃天然气数额特别巨大，人民法院正式宣判，主犯判处有期徒刑十年，从犯判处有期徒刑三年六个月。

偷盗气行为不仅给燃气企业造成经济损失，破坏企业正常经营秩序，还给公共安全带来巨大隐患，一旦发生泄漏，后果不堪设想。《中华人民共和国刑法》、《城镇燃气管理条例》均作出相应处罚规定，任何个人、单位或组织，在未经许可和采取保护措施的情况下擅自安装、改装、拆除燃气设施和燃气计量装置偷盗气，根据情节轻重，可依法追究刑事责任。

5.3.6 用户燃气调压器和计量装置，应根据其使用燃气的类别、压力、温度、流量（工作状态、标准状态）和允许的压力降、安装条件及用户要求等因素选择，其安装应便于检修、维护和更换操作，且不应设置在密闭空间和卫生间内。

【编制目的】

本条规定了用户燃气调压器和计量装置选用要求和限制安装的场所。

【术语定义】

调压器：自动调节燃气出口压力，使其稳定在某一压力范围内的装置。

【条文释义】

本条中密闭空间指进出口较为狭窄且无通风的门或窗的空间

环境。具有机械通风且满足换气次数要求时除外。

用户燃气调压器是指居民用户和商业用户燃气表前中低压或低低压调压器，或用气设备前的调压器或稳压装置；用户计量装置主要是指燃气表和流量计。

燃气的类别、压力、温度、流量（工作状态、标准状态）和允许的压力降是选择调压器和计量装置的必要参数。燃气供应系统中使用调压器将气体压力降低，并保持燃气在使用时有稳定的压力，从而保证燃具得到稳定的燃空比（燃气与空气的配合比例），其质量直接关系到燃气用户的安全。由于供气企业需要定期入户对调压器和计量器具进行安全检查、查表记录、检修、维护和更换等作业。因此，用户燃气调压器和计量装置的位置，不得影响运行作业。

燃气调压器和计量装置与燃气管道连接时机械接头较多，密闭空间通风条件差，卫生间环境潮湿、通风不良、比较私密，因而，用户燃气调压器和计量装置不应安装在上述场所。

【实施要点】

天然气和液化石油气燃具所需要的供气压力不同，选择调压器时，应明确出口压力设定值。国家标准《城镇燃气调压器》GB 27790—2020 第 9.1.1.1 条规定：调压器上应在明显部位设置铭牌。铭牌应符合 GB/T 13306 的要求，并应至少包括下列内容：a）产品型号和名称；b）制造厂名称和商标；c）生产日期；d）产品编号；e）公称尺寸；f）进口连接法兰公称压力；g）工作介质；h）温度范围；i）流量系数；j）进口压力范围；k）出口压力范围；l）出口压力设定范围；m）出口压力设定值；还包括切断压力范围、切断压力设定范围等。

目前燃气计量装置种类较多，特别是燃气表在计量功能的基础上增加了数据采集、传输、控制等功能。在推广应用时，应选择有实践数据支撑的技术成熟、运行可靠的燃气表。试点应用时，可根据技术发展的趋势，选择技术先进、价格合理的燃气表在小范围内试用。

执行过程中，可通过现行国家标准《城镇燃气设计规范》GB 50028、《农村管道天然气工程技术导则》（建办城函〔2018〕647 号）的规定支撑本条内容的实施，设计时严格执行本条的规定。

【背景与案例】

计量装置应设置在通风良好和便于安装、查表的地方。无通风的门或窗且没足够通风设施的空间环境不符合通风良好的规定；出入口狭小的空间环境不便于安装、查表。

5.3.7 燃气相对密度小于 0.75 的用户燃气管道当敷设在地下室、半地下室或通风不良场所时，应设置燃气泄漏报警装置和事故通风设施。

【编制目的】

本条规定目的主要是防止燃气泄漏积聚，酿成事故隐患。

【术语定义】

地下室：房间地面低于室外地平面的高度超过该房间净高的 1/2 者。

半地下室：房间地面低于室外地平面的高度超过该房间净高的 1/3，且不超过 1/2 者。

【条文释义】

燃气相对密度小于 0.75 的用户燃气管道当敷设在地下室、半地下室或通风不良场所时，一般不具有自然通风条件，燃烧需要的空气量不能满足，产生的废气不易排出，燃气发生泄漏后也容易聚积和滞留，需要采取措施保障安全用气。

设置燃气泄漏报警装置，其目的是一旦用气场所发生燃气泄漏，能够立即报警，必要时启动事故通风设施或切断气源，及时发现隐患，杜绝发生更大事故。

下沉式建筑的地下室可根据具体情况确定。

【实施要点】

地下室、半地下室和通风不良场所形式多样，执行过程中，可通过国家现行标准《城镇燃气设计规范》GB 50028 和《城镇燃气报警控制系统技术规程》CJJ/T 146 的规定支撑本条内容的实施。

可燃气体探测器的探测点，应根建筑物的结构布置，选择在气体易于积聚和便于采样检测、距顶部 0.3m 内设置。

5.3.8 用户燃气管道穿过建筑物外墙或基础的部位应采取防沉降措施。高层建筑敷设燃气管道应有管道支撑和管道变形补偿的措施。

【编制目的】

本条规定对用户燃气管道进入建筑物的节点部位提出了防沉降要求，对沿高层建筑敷设的燃气管道提出了变形补偿要求。

【条文释义】

本条主要针对用户燃气引入管出地面后穿过建筑物外墙或基础时，从埋地敷设到沿建筑物敷设，其敷设环境产生了变化，因此要考虑建筑物的沉降和管线埋地部分有可能的沉降引起管道位移，并采取相应的防沉降措施。

管道变形补偿是防止管道因温度变化引起管道材料产生热胀冷缩，从而令管道发生位移变形导致管系破坏的措施，燃气管道的补偿方式有自然补偿和补偿器补偿两种。沿高层建筑敷设的燃气立管，特别是沿外墙敷设时，温差引起的变形量相应较大，这种情况下，应做管线的柔性设计，合理选择管道变形补偿措施，合理设置管道支架。

【实施要点】

采取防沉降措施主要考虑两方面：

一方面是建筑物的沉降，是指地基受建筑物自重或其他外力作用，在施工中或使用期内发生的垂直向下的位移。正常情况下新建建筑物沉降较明显，当沉降速率小于一定范围的数值时，可认为已进入稳定阶段，设计沉降量是建筑设计的控制值之一。当建筑物沉降进入稳定阶段，敷设燃气管道时，可酌情采取以下补偿措施：(1) 加大引入管穿墙处的预留洞尺寸。(2) 引入管穿墙前水平或垂直弯曲 2 次以上。(3) 引入管穿墙前设置金属柔性管或波纹补偿器。

另一方面是室外回填土下沉，指回填土未作分层夯（压）实，或夯实密度不符合规定，经过一定时间后，产生回填土局部或大片下沉，造成地坪垫层面层空鼓、开裂甚至塌陷等。这种情况下，燃气管线安装前与土建施工方对土壤回填质量应有明确要求，并应作为施工作业面检查和交接的重点。当土壤回填质量不满足要求情况下，敷设燃气管道时，可酌情采取以下补偿措施：(1) 对埋地管道沿线基础进行处理，满足燃气管线敷设的要求。(2) 燃气管线采用柔性设计。(3) 出地面立管穿过地坪垫层的面层时设置出地面套管，防止地坪面层处与管道固结。

【背景与案例】

案例一：

某市一居民小区共有 9 栋住宅，合计 856 户。燃气气源为天然气，采用一级调压入户，庭院燃气管道设计压力 0.1MPa，低压燃气管道设计压力 2.5kPa，燃气调压箱安装于一层建筑物外墙或屋面女儿墙内侧，燃气表安装于用户阳台或厨房。

物业发现小区内部分外墙燃气调压箱进口管道弯曲变形，相关单位立即组织设计和施工人员进行现场勘察及观测，制定方案并予抢修处理。根据现场调查测量，虽然地基上主体建筑未发现破坏变形，也未发现建筑主体倾斜，但散水坡与房屋主体水平拉裂 10mm～15mm，其连接处沉降量为 75mm～100mm，填筑水泥地面发现裂痕，说明填土地基产生的是均匀沉降。小区道路凹凸不平，呈波浪形，与原设计中坡度均匀有明显差异，说明小区道路填土地基产生的是不均匀沉降。

经对燃气管道及设施损害情况现场勘察，发现多处钢塑转换接头有拉断现象，调压箱进出口管道也有弯曲变形；对小区庭院管道重新试压检查，发现多处埋地管道断裂。由于该小区尚未通气，所幸未引发安全事故，如果已通气小区发生此类问题，后果不堪设想。

案例二：

某市一居民小区 8 号楼西侧天然气泄漏，导致楼下一商户接连发生 4 次爆炸，造成 1 人死亡，近 30 人受伤。

经过现场勘查发现，由于西侧楼上雨水不断冲刷，地面泥土出现下沉，压断天然气管道。从外表看，管道前面地表已下沉 10 多 cm，南侧墙角更是冲出一个坑。勘查人员挖开地面发现，管道断裂出现在一处连接处，断裂表面非常整齐。

天然气泄漏后，少部分排出地表，遇到明火或静电引起了第一次爆炸。第二次爆炸是由于天然气管道中存在压力，管道里不断有天然气排出，逐渐充满了管道旁边的地沟和电梯井，遇火再次发生爆炸。随后又发生了两次类似爆炸。

案例三：

某城市使用焦炉管道煤气的用户，私自改造阳台（原一楼阳台是悬空），将基础砌筑在埋地引入管上。随着阳台墙体下沉形成的外力作用于管道弯头，导致弯头断裂，煤气泄漏。泄漏的煤气从房屋基础及阳台缝隙进入室内，造成 2 人中毒死亡。

分析上述案例，室外回填土下沉引起燃气管道破裂发生的燃气事故较多，一方面，管道设计时要考虑这种情况下的沉降；另一方面，小区建筑施工过程中的回填土往往是由土建施工方负责，燃气管线安装方在进场前与土建施工方对土壤回填质量应有明确要求，并应作为施工作业面交接的检查重点。供气企业在巡检中可进行重点排查，安全运行，还应加强对燃气用户的宣传，发现燃气泄漏要采取正确的处置方式。

5.3.9 当用户燃气管道架空或沿建筑外墙敷设时，应采取防止外力损害的措施。

【编制目的】

本条规定对架空或沿建筑外墙敷设的燃气管道提出了防止外力破坏要求，目的是保护燃气管道运行安全。

【条文释义】

燃气管道本体设计一般是从承压强度和管体自身的刚度、稳定性来考虑的。架空敷设和沿建筑物外墙敷设的燃气管道，有可能受到车辆、货物搬运等外力碰撞、剐蹭，导致管道损坏、变形，影响正常供气，因此需设置一定的辅助设施进行有效防护。

【实施要点】

用户燃气管道的管材包括钢管、不锈钢管、铜管、铝合金衬塑管、铝塑复合管等，车辆碰撞、剐蹭会导致钢管接口部位或外防腐层损坏、壁厚较薄的不锈钢管变形、铝合金衬塑管和铝塑复合管被破坏。可采取有效的防护措施，如在管道附近设置车挡、保护围栏、保护罩等等。架空管道高度应高于通行车辆高度，且管道支架应能承受一定的冲击荷载。

【背景与案例】

农村煤改气项目中，由于村庄街道不规整且部分道路较窄，燃气管出地面沿墙敷设的立管即在路边，这种情况必须设置车挡等保护措施，防止管道损坏。

5.3.10 用户燃气管道与燃具的连接应牢固、严密。

【编制目的】

本条规定了管道与燃具的连接要求。

【条文释义】

居民用户燃气管道与燃气灶、燃气热水器、燃气采暖热水炉等燃具的连接，一般情况下采用软管连接，其与燃具的连接质量是室内燃气系统安全的重点。从本质安全角度出发，首先应使用合格的连接软管，软管与燃具的连接必须牢固、严密，防止发生软管脱落、接头漏气等情况。

燃气管道与燃气炒菜灶、大锅灶、蒸箱等商用燃具接管预留口通常采用螺纹连接，该处应是安装检查的重点，以确保其连接牢固、严密。

【编制依据】

《城镇燃气管理条例》

【实施要点】

燃气居民用户室内燃气事故发生率较高的是灶具连接软管破裂和软管与灶具接口处漏气，因此连接软管应是符合设计文件、相关标准的合格产品，软管与燃具的连接是否牢固、严密应是重点要求。

执行过程中，低压燃气管道上使用的不锈钢波纹软管和橡胶复合软管的产品要求可通过现行行业标准《燃气用具连接用不锈钢波纹软管》CJ/T 197、《燃气用具连接用金属包覆软管》CJ/T 490 和《燃气用具连接用橡胶复合软管》CJ/T 491 的规定支撑本条内容的实施。

【背景与案例】

案例一：

2016 年某日，某市居民小区一户室内发生一起天然气爆燃事故，造成 1 人受伤，入户门变形脱落、卧室门向外倒地，客厅东墙墙面内凹，厨房玻璃门破损且向厨房内散落，所有窗户散落；其楼上楼下以及正对面楼局部，均有不同程度损坏。

事故调查认定为厨房燃气灶与软管连接处脱落，造成天然气泄漏引起爆燃。

案例二：

2014 年某日，某市一家属院内，一楼住户家中燃气胶管脱落引发爆炸，厨房窗户被炸飞，飞出的抽油烟机砸中一路过公交车。住户家有 2 人烧伤。

案例三：

2018 年某日，某市一小区住宅发生爆炸，事故造成 1 位老人从楼上坠下当场身亡，另外 1 名女子和 1 名儿童受伤。经调查，爆炸是由于该住户燃气胶管与燃气灶具连接处断开、脱落，造成天然气泄漏，达到爆炸极限范围，遇燃气灶具点火产生的火花，引发的闪爆事故。

基于事故统计分析，用户燃气管道与燃具的连接质量应为施工安装检查重点，防止燃气泄漏。

5.3.11 用户燃气管道阀门的设置部位和设置方式应满足安全、安装和运行维护的要求。燃气引入管、用户调压器和燃气表前、燃具前、放散管起点等部位应设置手动快速切断阀门。

【编制目的】

本条规定对用户管道阀门的设置提出了要求，目的是满足安全、安装和运行维护的需要。

【术语定义】

引入管：从用气建筑室外燃气配气支管至用户燃气进口管总阀门之间的管道。

【条文释义】

用户管道阀门的设置应满足安全运行和维护的要求，以及用户安装、维修、更换燃气设施时能方便切断气源的需要；设置位置根据阀门不同作用确定，应设置在容易接近、便于操作、方便维修的位置。同时，还应确保减少因部分用户维护、维修以及事故或不可抗力的因素造成停气或降压等对其他用户的影响。

手动快速切断阀门是指手动操作，开闭迅速，从全开到全关只要旋转 90°的阀门，在燃气工程中一般采用球阀。

【实施要点】

用户燃气阀门设置位置应符合安全、可靠要求，首先满足安全运行、安装和维护的需要。

住宅建筑引入管阀门应设置在用气建筑单元外，在发生事故时，可以方便快速切断供应到建筑物内的气源，同时可避免安装、维护和操作对用户的打扰。凡是抢险、维修人员不便随时进入的处所不宜设置燃气引入管阀门。

放散管起点阀门应设置在便于操作的地方和高度，在需要时能迅速进行放散。

用户调压器和燃气表前设置阀门是作为进户管的控制阀门，

以及方便用户调压器和流量表等设施的维修、更换，可以设置在用户支管起点处。

燃气用具前阀门为控制燃具，应设置在管道末端与燃具连接软管起点处。燃具前阀门在每次用气结束后需将其关闭，所以，应设置在容易操作的位置。

【背景与案例】

2010 年某日，某市一栋高层公寓起火，大火导致 58 人遇难，另有 70 余人受伤。公寓 2～4 层为办公，5～28 层为住宅，总户数 500 户。经查，事故原因是大厦外墙保温工程由无证电焊工违章操作引起的。由于此公寓引入管没有安装切断阀门，未能第一时间切断气源，容易造成不能第一时间切断燃气而引发更大的事故，因此应高度重视燃气引入管阀门的安装。

5.3.12 暗埋和预埋的用户燃气管道应采用焊接接头。

【编制目的】

本条规定了采用暗埋和预埋方式的燃气管道的连接形式。

【术语定义】

暗埋：在已竣工建筑的地面垫层或墙体开槽敷设燃气管道的方式。

预埋：管道直接浇筑或砌筑在墙体内与建筑同时实施的安装方式，管道预埋是管道暗埋形式之一。

【条文释义】

预埋在墙体或混凝土地面中的燃气管道，与建筑形成一个整体，在使用的整个生命周期内，无法在不破坏建筑的情况下进行检修和更换，基于其不可检修和更换，规定采用焊接连接方式，提高预埋管道的安全性。

暗埋的燃气管道因其隐蔽性，一旦泄漏不易查找，为保证安全，暗埋的管道应尽量避免有接头，当有接头时管道应采用焊接接头。

【实施要点】

钢管、铜管均可采用焊接方式，焊接连接使两个被焊管连接成一整体，焊缝强度可达管道强度的85%以上，甚至超过母材强度，焊接的焊口牢固、耐久、严密性好，关键点应保证焊缝质量和做好管道防腐。暗埋段可采用整根管敷设。

5.3.13 用户燃气管道的安装不得损坏建筑的承重结构及降低建筑结构的耐火性能或承载力。

【编制目的】

本条规定的目的是保证建筑安全。

【术语定义】

承重结构：直接将本身自重与各种外加作用力系统地传递给基础地基的主要结构构件和其连接接点，包括承重墙体、立杆、框架柱、支墩、楼板、梁、屋架、悬索等。

【条文释义】

用户燃气管道主要敷设方式为沿墙敷设、沿屋面敷设、穿墙、穿楼板等，均为先有建筑或结构，再进行管道安装，因此管道安装中需注意对承重结构和建筑耐火性能的保护。

【实施要点】

建筑墙体包括承重墙、非承重墙；外墙、隔墙；防火隔墙、防火墙等等，在燃气管道设计和安装过程中，应搞清管道敷设或所穿墙体性质；管道不能穿防火墙和防火隔墙；管道穿承重墙或外墙基础时，应在设计阶段与建筑配合，在建筑阶段做好预留。管道暗埋敷设时，开槽阶段应注意不得破坏墙内钢筋。

6 燃具和用气设备

本章共三节二十条，主要规定了燃具和用气设备中家庭用燃具和附件、商业燃具、用气设备和附件以及烟气排除等方面的规定。从用户方面，对实现燃气工程的基本功能、发挥燃气工程的基本性能提出了具体技术规定。

6.1 家庭用燃具和附件

6.1.1 家庭用户应选用低压燃具。不应私自在燃具上安装出厂产品以外的可能影响燃具性能的装置或附件。

【编制目的】

本条规定了家庭燃具选用和使用的基本要求，目的是保证家庭用户的用气安全。

【术语定义】

家庭用户：以燃气为燃料进行炊事或制备热水为主的用户。

燃具：以燃气作燃料的燃烧用具的总称，包括燃气热水器、燃气热水炉、燃气灶具、燃气烘烤器具、燃气取暖器等。

【条文释义】

低压燃具相比中压燃具，使用的安全性更高，一旦发生事故危害性更低。家庭用户用气量不大，燃具的热负荷不高，低压燃具可以满足需求。

燃具正常工作时，是靠一定压力的燃气以一定的流速产生的引射作用吸入空气，与空气充分混合后燃烧，需要的空气量与燃气的压力高低有直接关系，相应对空气的供给量就有要求，国家标准《住宅设计规范》GB 50096—2011 中规定，不同套型住宅厨房面积分别为 3.5m^{2}和 4.0m^2，在面积不大的厨房内可提供的空气量也是有限的，若燃气压力过高，燃烧时空气量不足将会造成燃烧不充分从而产生一氧化碳，影响人身健康和安全用气。

【实施要点】

家庭用燃具，如燃气灶、燃气热水器、燃气采暖热水炉等均为10kPa以下的低压燃具，可以满足家庭炊事和制备热水的需要。如果私自在燃具上安装出厂产品以外可能影响燃具性能的装置或附件，可能会影响燃烧性能，使烟气中一氧化碳含量超标。

执行过程中，可通过现行国家标准《城镇燃气设计规范》GB 50028、《民用建筑燃气安全技术条件》GB 29550和《燃气燃烧器具安全技术条件》GB 16914的规定支撑本条内容的实施。

【背景与案例】

燃具是按设计、制造、检验等程序生产，经出厂检验合格后才能到达家庭使用。家用燃气灶、家用燃气快速热水器、燃气采暖热水炉纳入强制性认证管理范围，自2020年10月1日起，未获得强制性产品认证证书和未标注强制性认证标志，不得出厂、销售、进口或在其他经营活动中使用。

6.1.2 家庭用户的燃具应设置熄火保护装置。燃具铭牌上标示的燃气类别应与供应的燃气类别一致。使用场所应符合下列规定：

1 应设置在通风良好、具有给排气条件、便于维护操作的厨房、阳台、专用房间等符合燃气安全使用条件的场所。

2 不得设置在卧室和客房等人员居住和休息的房间及建筑的避难场所内。

3 同一场所使用的燃具增加数量或由另一种燃料改用燃气时，应满足燃具安装场所的用气环境条件。

【编制目的】

本条规定了家庭用户燃具设置的基本要求。

【术语定义】

家庭用户：以燃气为燃料进行炊事或制备热水为主的用户。

熄火保护装置：当燃气灶由于意外熄火时，比如遇风吹或汤溢出而使火焰熄灭，燃气灶自动关闭，切断燃气通路，从而保证安全的装置。熄火保护装置根据工作原理分为两类：一类是热电偶式，另一类是离子感应式。

【条文释义】

从本质安全角度考虑，设置熄火保护装置的燃具可在各种情况下意外熄火时自动关闭，保障安全用气。

由于不同燃气的热值、密度、火焰传播速度等各不相同，因此，其燃烧特性也有所不同。在进行燃具设计时，需要考虑到燃气的燃烧特性。按某一种燃气设计的燃具，不能随意换用另外一种燃气，否则燃具热负荷会不满足原来设计要求，还会发生回火、脱火、燃烧不完全等现象。因此要求燃具铭牌上标示的燃气类别应与供应的燃气类别一致。

设置燃具的厨房、阳台或专用房间，其建筑设计功能应具备燃气安全使用条件：有天然采光和自然通风；有排烟通道；房间净高大于 2.2m；与卧室、客房之间有门分隔；专用房间位于地下室时有独立的机械通风和排烟装置；阳台还应有防冻、防风雨措施等。

燃具燃烧时对室内环境有容积与通风的要求，直排式燃具的室内容积热负荷指标超过 $207W/m^3$ 时，必须设置有效的排气装置将烟气排至室外，因此当同一房间内使用的燃具增加数量或由其他燃料改用燃气，如油改气、煤改气时，应首先对房间用气环境条件进行复核：室内容积热负荷是否超标，若超标应增加通风量，加大给排气、排烟装置；由另一种燃料改用燃气的，应将给排气设施改造为适用于燃气燃烧。其次，复核用气房间内燃具与其他设施间距、建筑防火等级是否符合燃气使用条件等。燃具安装必须在用气环境满足安全使用条件后方可进行。

【编制依据】

《城镇燃气管理条例》

《农村管道天然气工程技术导则》（建办城函〔2018〕647 号）

【实施要点】

家庭用户燃具应设置在符合现行国家标准《住宅设计规范》GB 50096 规定的厨房、阳台等非居住房间内，安装燃具场所应有实体墙及门与卧室隔开。

当同一房间内燃具数量增加或进行煤改气时，先对用气环境条件进行复核，用气环境满足用气条件后再进行燃气改造，确保符合安全使用要求。

目前，燃具上配有熄火保护装置已经是合格产品的标准配置，该项规定已被部分供气企业纳入点火和安检内容：对于新建工程居民用户不带熄火保护的燃气灶，将不予开通送气。

可将本条规定纳入入户安检的范围。执行过程中，有关通风要求可通过现行国家现行标准《城镇燃气设计规范》GB 50028、《民用建筑设计统一标准》GB 50352、《住宅设计规范》GB 50096、《民用建筑供暖通风与空气调节设计规范》GB 50736 和《家用燃气燃烧器具安装及验收规程》CJJ 12 的规定支撑本条内容的实施。

【背景与案例】

案例一：

1998 年某日，某市一工厂职工早上开灶煮上早点后出门买东西，不久火焰意外熄火，引发燃气爆炸燃烧，导致家人被烧伤。事故直接原因：灶具没有熄火保护装置。

案例二：

2017 年某日，某市一居民在家使用燃气热水器洗澡导致 4 人同时中毒死亡。发生事故的直接原因：燃气热水器安装不符合规范，该燃气热水器安装在与浴室相邻的干洗间内，无直接对外的门和窗；燃气热水器未安装排烟管；多人长时间连续在浴室内洗浴，导致室内缺氧。

室内天然气引发中毒事故的主要原因：燃具的排烟装置安装不规范或被损坏、用气场所通风不良，导致室内含有一氧化碳的烟气大量聚集。

6.1.3 直排式燃气热水器不得设置在室内。燃气采暖热水炉和半密闭式热水器严禁设置在浴室、卫生间内。

【编制目的】

本条规定限制了直排式燃气热水器、燃气采暖热水炉和半密闭式热水器的使用场所。

【术语定义】

燃气热水器：以燃气为燃料用于制备热水的器具。

直排式燃气热水器：燃烧所需空气取自室内，燃烧烟气直接排在室内的热水器。

燃气采暖热水炉：以燃气为燃料，额定功率小于等于100kW，制备热水用于生活和采暖的器具。

半密闭式热水器：燃烧所需空气取自室内，燃烧烟气排至室外的热水器。

【条文释义】

直排式燃气热水器设置在室内，在房间密闭情况下，很容易造成有害气体积聚和氧气缺乏，超过一定的时间与浓度会对人身造成伤害甚至中毒、窒息死亡，存在重大的安全隐患。

燃气采暖热水炉和半密闭式热水器设置在浴室、卫生间内，所需要的空气都来源于室内，一般浴室、卫生间空间比较狭小、潮湿，尤其冬天洗浴时也会门窗紧闭，通风不畅，特别是采暖热水炉热负荷大、使用时间长，所需要的空气量也大，很容易造成室内缺氧，使燃烧不充分，产生大量一氧化碳，造成人员中毒甚至窒息死亡。

【编制依据】

《城镇燃气管理条例》

《关于禁止生产、销售浴用直排式燃气热水器的通知》（国轻行〔1999〕101号）

【实施要点】

行业及市场监管部门加强监督与检查，坚决杜绝违规产品生产及流入市场。运营单位严格控制违规产品的安装以及在浴室、卫生间内安装采暖热水炉和半密闭式热水器，加强巡检，及时发现并杜绝隐患。

【背景与案例】

据统计，在20世纪90年代，此类事故造成的死亡率位列车祸、工业事故之后的第三位。据某市燃气行业协会统计，2016～2018年三年间，其所在城市发生了9例因使用直排式燃气热水器造成一氧化碳中毒的事故，10人死亡。

案例：

2017年在某市一居民用户家中发现有人死亡，经入户进行勘察发现，该户使用热水器为直排式热水器，且室内空间较为密闭。判定为长时间使用热水器，燃烧不完全形成一氧化碳倒灌，造成人员吸入一氧化碳中毒死亡。

6.1.4 与燃具贴邻的墙体、地面、台面等，应为不燃材料。燃具与可燃或难燃的墙壁、地板、家具之间应保持足够的间距或采取其他有效的防护措施。

【编制目的】

本条规定了燃具与设置燃具周边环境使用材料的要求，目的是保证用户用气安全。

【术语定义】

不燃材料：在空气中受到火焰和高温作用时，不着火，不微燃，不碳化。

可燃材料：在空气中受到火焰和高温作用时能发生燃烧，即使移走火源，仍能继续燃烧。

难燃材料：在空气中受到火焰和高温作用时，难着火，移走火源燃烧即停止。

【条文释义】

燃具工作时，燃烧火焰或烟气温度都是比较高的，与可燃或难燃材料的墙壁、地板、家具之间间距过近，长期烘烤易引起火灾或造成损坏。因此，与燃具贴邻的墙体、地面、台面材料应为不燃材料，若为可燃或难燃材料时要按规定保持足够的间距，或采取防火隔热等措施。

【编制依据】

《农村管道天然气工程技术导则》(建办城函〔2018〕647号)

【实施要点】

本条在实施时应注意两点：(1) 与燃具贴邻的墙体、地面、台面材料应采用不燃材料；(2) 燃具与可燃或难燃的墙壁、地板、家具之间应保持足够的间距或采取有效的防火隔热措施。执行过程中，有关具体要求可通过国家现行标准《城镇燃气设计规范》GB 50028、《城镇燃气室内工程施工与质量验收规范》CJJ 94和《农村管道天然气工程技术导则》(建办城函〔2018〕647号) 的规定支撑本条内容的实施。

6.1.5 高层建筑的家庭用户使用燃气时，应符合下列规定：

1 应采用管道供气方式；

2 建筑高度大于100m时，用气场所应设置燃气泄漏报警装置，并应在燃气引入管处设置紧急自动切断装置。

【编制目的】

本条规定了高层燃气用户使用燃气时，选择供气方式的基本原则和安全用气的底线要求。

【术语定义】

家庭用户：以燃气为燃料进行炊事或制备热水为主的用户。

高层建筑：建筑高度大于27m的住宅建筑。

【条文释义】

目前家庭用户使用燃气基本采用两种供气方式，即管道供气和瓶装供气。管道供气：气态燃气以一定的压力进入各压力级别管网，经过调压至低压后通过管道输送至用户燃具前；瓶装供气：钢瓶内充装液态液化石油气，压力较高，存放在用户室内，经调压至灶前压力供燃具使用。高层建筑住宅居住密度大，一幢建筑至少有几十户以上的住户，而且是以电梯作为居民出入住宅的公用代步工具，若每家每户使用瓶装液化石油气，都需要经过电梯运送，一旦有泄漏达到一定浓度，电梯运行产生的电火花将引起火灾和爆炸事故，后果很难控制，对居民的生命财产安全危害极大。

建筑高度大于 100m 时，用气场所应设置燃气泄漏报警装置，并应在燃气引入管处设置紧急自动切断装置；建筑高度 100m 以上的建筑如发生事故救援难度极大，其安全性、可靠性要求应该更高；这类建筑高度高、内部人员多、设备及管线系统复杂、竖向管井多，当火灾发生时容易形成烟囱效应，火灾蔓延快，易形成立体式燃烧，一旦发生火灾或爆炸，疏散与扑救都十分困难，将直接伤及居民生命财产安全。燃气作为易燃易爆介质，在火灾现场是重大危险源，而在管道引入管处设置紧急自动切断阀，一旦发生燃气泄漏、火灾等事故，可以在最短的时间内切断气源，控制事故蔓延，降低事故危害，避免发生次生灾害。在每一个用气场所设置燃气泄漏报警装置，按照《规范》要求，燃气泄漏报警装置最低报警浓度取可燃气体爆炸下限的 20%，一旦用气场所发生燃气泄漏，能够立即报警，必要时切断气源，及时发现隐患，杜绝发生更大事故。

【编制依据】

《中华人民共和国消防法》

【实施要点】

执行过程中，可按现行强制性国家工程规范《建筑防火通用规范》和现行国家标准《城镇燃气设计规范》GB 50028、《建筑设计防火规范》GB 50016 的规定支撑本条内容的实施。

在燃气引入管处设置紧急自动切断装置的方式和路径应依据有关标准，并结合具体情况及燃气种类、用气场所环境等因素，经技术、经济比较后确定。

【背景与案例】

2006 年某日，某市一栋 30 层居民楼发生燃气爆炸。造成 1 人被烧伤，2 人被炸伤；楼内数十户门窗、墙体被炸塌，2205 室入户门被炸落到4楼平台，厨房物品全被烧毁。前后楼很多门窗玻璃被崩碎，停放在楼下的车辆被落下的爆炸物砸坏。

事故原因是2205室居民表后管旋塞阀处燃气泄漏，开灯引起爆炸燃烧。泄漏的燃气还从烟道进入到19、20、21、23、24层多户居民室内。

6.1.6 家庭用户不得使用燃气燃烧直接取暖的设备。

【编制目的】

本条规定目的是防止一氧化碳中毒或火灾、爆炸事故发生，保证家庭用户用气安全。

【术语定义】

家庭用户：以燃气为燃料进行炊事或制备热水为主的用户。

【条文释义】

燃气燃烧直接取暖的设备是指利用燃气燃烧后高温烟气排放将热量传给室内或通过火焰辐射热将热量传给室内进行取暖的燃具，家庭用户在室内使用时，直接燃烧燃气取暖的设备其燃烧所需的空气来自室内，燃烧废气也排到室内，在冬季采暖时会有门窗紧闭空气不流通的情况，超过一定时间会形成室内缺氧并产生大量一氧化碳气体，造成室内人员缺氧及一氧化碳中毒窒息甚至死亡。

此类型燃气取暖器一般是可移动的，在经常移动时连接软管有可能脱落，造成燃气泄漏引发重大安全事故。

【实施要点】

加强宣传，普及安全用气常识；加强巡检，可作为重点检查项。

【背景与案例】

美国加州依据州法规 California Code，Health and Safety Code-HSC § 1988，禁止使用室内直排取暖器。

加拿大的燃气法规 CSA B149.1—2020 第7.24章明确要求室内取暖器只能是平衡机，不能是室内直排机、烟道机等形式。

案例一：

2020 年某日，某市一驾校附近民房发生火灾，所幸处置及时未造成人员伤亡。火灾现场起火位置为民房 2 楼客厅，房间相对空旷，可燃物较少，火势没有进一步蔓延，但是高温、烟热导致 2 楼各房间及家具不同程度受损。火灾发生后，来凤县消防救援部门立即开展火灾原因调查，经现场勘验、走访调查等方式确定事故原因：户主早上外出时忘记关闭烤火取暖器引燃周边可燃物致火灾发生。

案例二：

2001 年春节，某市一单位宿舍 7 人中毒死亡，通过现场勘查发现该房屋为对外出租的群租房，一群大学生冬季在门窗紧闭的室内使用燃气取暖设备取暖，由于门窗紧闭，燃气燃烧不完全产生一氧化碳使人员呼入造成中毒身亡。由于室内通风条件不佳，加上门窗紧闭后形成密闭空间，而天然气燃烧需要大量氧气，一旦长时间使用造成天然气燃烧不完全，产生一氧化碳使人中毒。

6.1.7 当家庭用户管道或液化石油气钢瓶调压器与燃具采用软管连接时，应采用专用燃具连接软管。软管的使用年限不应低于燃具的判废年限。

【编制目的】

本条规定了与燃具连接软管的要求和使用年限。

【术语定义】

用户管道：从用户总阀门到各用户燃具和用气设备之间的燃气管道。

【条文释义】

与燃具连接的软管通常是燃气用具专用连接用不锈钢波纹软管、燃气用具连接用橡胶复合软管和燃气用具连接用金属包覆软管，其中不锈钢波纹软管和金属包覆软管为定尺软管，橡胶复合软管为非定尺软管。不锈钢波纹软管质量应符合现行行业标准

《燃气用具连接用不锈钢波纹软管》CJ/T 197、橡胶复合软管质量应符合现行行业标准《燃气用具连接用橡胶复合软管》CJ/T 491、金属包覆软管质量应符合现行行业标准《燃气用具连接用金属包覆软管》CJ/T 490 的规定。

软管在厨房里的安装环境多种多样，有的位于操作台下的橱柜里，有的通过橱柜拉篮后面，有的与台式灶连接部分裸露在外等，面临鼠咬、撞击、调料侵蚀、厨房清洁等情况，户内燃气泄漏事故中，胶管漏气在各类事故中占比最高。本条规定使用专用燃具连接软管，是从《规范》上强调使用按上述标准生产的合格产品，以保障家庭用户燃气安全。软管更新容易被用户忽视，本条规定连接软管使用年限不低于燃具判废年限，在燃具更新时，软管可同时更新，提倡整体更新的意识。

【编制依据】

《城镇燃气管理条例》

【实施要点】

不同使用场景下，应选用适宜的连接软管，台式灶因其在清洁打扫时可移动，宜使用柔韧性更好的橡胶复合软管。

连接软管应做好固定，避免来回伸缩移动。连接灶具软管与灶下橱柜的储物空间建议隔开，防止软管被碰撞。

执行过程中，有关不锈钢波纹软管、橡胶复合软管和金属包覆软管的质量要求可按现行行业标准《燃气用具连接用不锈钢波纹软管》CJ/T 197、《燃气用具连接用橡胶复合软管》CJ/T 491 和《燃气用具连接用金属包覆软管》CJ/T 490 的规定支撑本条内容的实施。

软管使用寿命年限和更新要求应纳入燃气公司用户宣传内容。

【背景与案例】

根据某燃气公司 2018 年 1～9 月份户内漏气抢险数据，通过入户抢险反馈统计，各类泄漏类型占比见表 3-8。

各类泄漏类型比例 **表 3-8**

比例 \ 泄漏类型	胶管老化漏气	燃气设备漏气	阀门漏气	燃气表漏气	管道漏气
比例数	50%	25%	11%	7%	7%

实际工程中发现有人对连接用不锈钢波纹软管和输送用不锈钢波纹软管的区别不了解，上述两者为不同产品，从适用范围、结构形式、性能要求、使用年限等方面均有所不同。连接用不锈钢波纹软管的产品标准执行现行行业标准《燃气用具连接用不锈钢波纹软管》CJ/T 197，输送用不锈钢波纹软管的产品标准执行现行国家标准《燃气输送用不锈钢波纹软管及管件》GB/T 26002，输送用不锈钢波纹软管不能与燃具连接。选对连接软管并合理安装也是安全用燃气的重点环节。

6.1.8 燃具连接软管不应穿越墙体、门窗、顶棚和地面，长度不应大于 2.0m 且不应有接头。

【编制目的】

本条规定是对燃具连接软管的敷设位置和长度的限制性要求。

【条文释义】

连接软管的产品性能只适用燃具与管道的连接，不适用于穿越墙体、门窗、顶棚和地面。

燃具连接软管规定长度不大于 2.0m，主要是延续现行国家标准《城镇燃气设计规范》GB 50028 的规定，并参考国外有关标准的规定，同时也能满足燃具多种安装场景的需求。

【实施要点】

执行过程中，有关不锈钢波纹软管、橡胶复合软管和金属包覆软管的质量要求可按现行行业标准《燃气用具连接用不锈钢波纹软管》CJ/T 197、《燃气用具连接用橡胶复合软管》CJ/T 491 和《燃气用具连接用金属包覆软管》CJ/T 490 的规定支撑本条内容的实施。

6.1.9 家庭用户管道应设置当管道压力低于限定值或连接灶具管道的流量高于限定值时能够切断向灶具供气的安全装置；设置位置应根据安全装置的性能要求确定。

【编制目的】

本条规定的目的是提高家庭用气的安全，降低事故发生率和事故等级。

【条文释义】

低压、过流切断安全装置分别是指在进口压力范围内，当出口压力过低或流量过大时引发装置动作，切断燃气气流的装置。

家庭中燃气管道因胶管脱落或破损造成漏气、上游故障停气使管道欠压等引发事故，严重影响用户生命财产安全。根据多年燃气事故统计，每年由此引发的燃气事故占比最大，所以，灶具前安装防止用户燃气供气管道欠压和过流切断装置可提高家庭用气的安全，降低事故发生率和事故等级。从系统本质安全出发，要求设置过流切断或欠压保护的安全装置是合理的。有些结构形式的产品为保证控制精度宜靠近灶具安装，有些则可以安装在表前或者和计量表集成整合一体，因此安装位置应根据装置性能要求确定。

【编制依据】

《城镇燃气管理条例》

【实施要点】

家庭用户灶具前设置防止燃气管道压力低于限定值或流量高于限定值的安全装置的方式和路径应依据有关标准，并结合具体情况及燃气种类、用气场所环境等因素，经技术、经济比较后确定。

设置位置应根据产品的安装要求确定。实施过程中，新产品、新技术应先试点再推广使用；将使用过程中遇到的问题和建议及时反馈给生产企业，不断总结经验，提升技术，完善产品的功能、性能和质量，可以规避风险。

【背景与案例】

本条的编制背景是总结国内外经验，从发生事故最大概率入手，针对多年引发燃气事故主要原因采取对策，从风险防控角度将关口前移，才能真正遏制和杜绝燃气事故的发生。

根据历年已发布的《全国燃气爆炸数据分析报告》可以看出，胶管引发的室内燃气安全事故在整体室内燃气事故中占比较为突出。从事故起因上看，该问题主要由用户使用不符合标准规定的连接胶管造成，在此情况下，易出现胶管过早老化、龟裂等现象，且因不符合标准规定的连接胶管缺少黏滞性，易在连接处脱落，使用不符合标准规定的胶管亦有可能发生鼠咬等现象。上述情况，通常将造成燃气管道流量瞬时高于限定值。

燃气管道受损欠压事故往往是由第三方施工不当导致的，该类事故发生频次较高。2017 年，某市医院总务科平房内发生燃气爆炸，事故造成 7 人死亡，85 人受伤，直接经济损失 4419 万元。事故直接原因：在旋喷桩施工中钻漏中压燃气管道，导致天然气大量泄漏，扩散到附近建筑物空间内，并积累达到爆炸极限，遇不明点火源引发爆炸。此类事故不仅造成大量人员伤亡和经济损失，还将引发局部地区燃气供气管道突然降压或停气，进而造成终端用户燃气管道压力低于限定值。

日本燃气协会一直在进行事故及灾害损失的信息收集与分析工作，并根据结果确定技术开发的方向、建立和完善安全标准，其目标是完全消除致命性燃气事故。根据日本的经验，从发生事故最大概率入手，解决过流和欠压问题，循序渐进，通过建立和完善安全标准体系、改进施工与维护方法，以及加强对燃气用户安全用气的宣传，入户安检，多措并举，不断提高用气安全水平。

6.1.10 使用液化石油气钢瓶供气时，应符合下列规定：

1 不得采用明火试漏；

2 不得拆开修理角阀和调压阀；

3 不得倒出处理瓶内液化石油气残液；

4 不得用火、蒸汽、热水和其他热源对钢瓶加热；

5 不得将钢瓶倒置使用；

6 不得使用钢瓶互相倒气。

【编制目的】

本条规定了用户在使用液化石油气钢瓶时的基本要求。

【术语定义】

液化石油气钢瓶：在正常环境温度（－40～60℃）下使用的，公称工作压力为 2.1MPa，公称容积不大于 150L，可重复盛装液化石油气（应符合现行国家标准《液化石油气》GB 11174 的规定）的钢质焊接气瓶。

【条文释义】

当液化石油气泄漏浓度在一定的范围内，遇明火会发生爆炸或引起火灾。

一方面，现行国家标准《液化石油气瓶阀》GB/T 7512 中规定阀的结构形式为不可拆卸式，即通过破坏阀上的承压零件才能将其拆卸；且被拆卸的阀门不能正常使用。所以，如果瓶阀损坏只能整体更换新阀。另一方面，瓶阀和调压器修理后无法确定其性能是否符合出厂或相应产品标准要求。

液化石油气钢瓶用到最后时，瓶内会有一些残液，其主要成分是易燃的戊烷和异丁烷等重碳氢化合物，需要专用设备在专门场所处理。很多用户将残液自行倒掉，结果导致了严重的事故。

如果用火、蒸汽、热水和其他热源对钢瓶加热，会导致瓶内液态液化石油气迅速气化，使得钢瓶内液化气蒸气压快速增加，当瓶内压力超过了钢瓶及附件的承压极限，会导致钢瓶附件损坏或钢瓶爆裂，使液化石油气大量泄漏，将会引起爆燃等火灾事故。

正常情况下，钢瓶内的液化石油气下部呈液态，上部是气态；气态液化石油气通过减压阀供给燃具。若倒立，通过减压阀的都是液体，液体出来后，其体积迅速膨胀近 250 倍，这样就大大超过了燃具的负荷，从而导致两种情况发生：一是可能窜出很高很大的火焰，引燃附近的可燃物；另一种是气体来不及完全燃烧，与空气形成爆炸性气体混合物而发生爆炸。

液化石油气钢瓶充装应在专门场所，采用专用充装设备，气瓶充装完成后，应对气瓶进行检漏、称重或检压，才能保证安全。

【编制依据】

《城镇燃气管理条例》

【实施要点】

本条对液化石油气钢瓶使用者的行为提出了要求。液化石油气在我国家庭使用已有 50 余年的历史，根据以往事故的原因分析，很多事故是人为因素导致的，因此，对人为因素引起的事故进行分析，将用户不规范，且易发生事故的行为总结、归纳出了使用液化石油气钢瓶应遵守的底线要求，应严格执行。所以，液化石油气钢瓶的供应单位应加大液化石油气钢瓶安全使用常识的宣传和教育，让安全使用液化石油气钢瓶的规定深入人心，对有效预防和控制事故的发生，保证用户的用气安全十分必要。

【背景与案例】

目前，液化石油气仍广泛用于城乡居民生活和小饭店等小微型企业的餐饮经营。由于使用和管理不慎引起液化石油气泄漏爆炸事故时有发生，严重威胁人民生命、财产安全和社会安全稳定。

2020 年某日，某省某村一男子怀疑液化石油气钢瓶接口松动，竟使用打火机照明检测，不料引发液化石油气钢瓶着火。1999 年某日，某省某村一居民将液化石油气钢瓶残液倒入门前下水道，残液流入马路窨井，残液遇明火引起爆炸。窨井盖被炸飞，砸中一名摩托车骑手头部，当即倒地不起，后送医院抢救无效死亡。2014 年某日，某市一商户在居民区非法倒液化石油气造成爆炸事故，非法倒气往往向出气钢瓶充装高压气体使液化石油气被压出。事故造成现场居民 1 人死亡，13 人受伤，周围居民房屋玻璃全部破损。

从以上案例中不难看出，事故往往都是由人为因素引发的。应加大对用户安全使用常识的宣传教育工作，杜绝此类事故再次发生。

6.1.11 家庭用户不得将燃气作为生产原料使用。

【编制目的】

本条规定目的是避免在家庭居住环境中擅自扩大燃气用途范围，保障家庭用户用气的安全。

【术语定义】

家庭用户：以燃气为燃料进行炊事或制备热水为主的用户。

【条文释义】

供应家庭用户燃气的目的是满足烹饪和生活热水的需求，燃气管道、燃具、通风系统的设置都围绕这一目标进行。如果利用家庭燃气作为生产原料，会带来事故安全隐患。

【编制依据】

《中华人民共和国安全生产法》

《城镇燃气管理条例》

【实施要点】

供应家庭用户燃气只能作为燃料通过符合要求的燃具获取热能用于烹饪、热水和供暖。除此之外，如果在家庭居住环境中将燃气作为生产性原料使用，由于不具备安全生产的必备条件，将存在较大的安全隐患，危及人员生命和财产安全。

家庭用户将燃气作为生产原料使用的典型事例：将燃气灌装或充装在其他容器空间，如气球、储气囊中；将燃气通过某种工艺制作其他化工产品；将燃气通过非燃具的其他设备用于金属或其他材料的熔化、焊接、热处理等。

6.2 商业燃具、用气设备和附件

6.2.1 商业燃具或用气设备应设置在通风良好、符合安全使用条件且便于维护操作的场所，并应设置燃气泄漏报警和切断等安全装置。

【编制目的】

本条规定了商业燃具和用气设备设置的场所用气的安全使用条件，目的是保障商业用户用气安全。

【术语定义】

用气设备：以燃气作燃料进行加热或驱动的较大型燃气设备，如燃气锅炉、燃气直燃机、燃气热泵、燃气内燃机、燃气轮机等。

【条文释义】

由于商业用气场所的确定可能滞后于建筑功能方案设计，还有将原有非用气房间改造，以使其满足用气环境要求以后变更为用气房间的可能性，因此本条为强调商业燃具或用气设备应设置在符合安全使用条件的场所。

通风良好的要求是考虑到正常用气和用气安全性而规定的，用气场所的通风条件既应该满足燃烧所需空气和燃烧产生的烟气排放要求，还应能够保证发生燃气泄漏事故时，可燃气体快速稀释，避免产生爆炸危险混合气体聚积的情况。

【实施要点】

用气场所通风良好是针对燃气易燃易爆特性和燃具安全使用条件提出的安全用气基本要素。

商业燃具或用气设备种类较多，用气场所的安全使用条件是指不同种类的燃具或用气设备对用气场所建筑的耐火等级、防火、隔热、给排气及安全防范措施的要求，具体要求应符合相关标准的规定。

设置燃气泄漏报警装置的目的是一旦用气场所发生燃气泄漏，能够及时报警，必要时切断气源，防止事故发生。

执行过程中，有关商业燃具或用气设备、通风换气装置及报警控制器的设置要求可按国家现行标准《城镇燃气设计规范》GB 50028、《锅炉房设计标准》GB 50041、《燃气冷热电联供工程技术规范》GB 51131、《商用燃气燃烧器具》GB 35848、《城镇燃气室内工程施工与质量验收规范》CJJ 94、《城镇燃气设施运行、维护和抢修安全技术规程》CJJ 51、《燃气燃烧器具安全技术条件》GB 16914、《城镇燃气报警控制系统技术规程》CJJ/T 146的规定支撑本条内容的实施。

【背景与案例】

案例一：

2012 年某日，某市一火锅店发生液化石油气泄漏爆炸燃烧重大事故，造成 14 人死亡，47 人受伤，直接经济损失 1600 万元。事故直接原因：地下室液化石油气钢瓶瓶阀和灶阀未关闭导致液化石油气泄漏，并与空气混合，达到爆炸极限，遇地下室靠近灶间冰柜的继电器火源，发生爆炸。

案例二：

2019 年某日，某市一小吃店发生液化石油气爆炸，造成 9 人死亡，10 人受伤。事故直接原因：小吃店液化石油气钢瓶使用不符合规定的中压调压阀，导致出口压力过大，且连接软管不规范，造成连接接头脱落，导致液化石油气大量泄漏、积聚，与空气混合形成爆炸性气体，遇到电冰箱压缩机启动时产生的电火花而引发爆炸。导致多人伤亡的另一原因：小吃店为住宅，气瓶间设置在民用住宅房内，在不具备安全条件的场所储存、使用燃气。

6.2.2 商业燃具或用气设备不得设置在下列场所：

1 空调机房、通风机房、计算机房和变、配电室等设备房间；

2 易燃或易爆品的仓库、有强烈腐蚀性介质等场所。

【编制目的】

本条规定的目的是保障供气安全，降低风险。

【条文释义】

空调机房、通风机房、计算机房和变、配电室等设备房间有电源、电器开关，产生的电火花遇到燃气泄漏容易引发燃气爆炸等事故，同时，上述场所也不具有使用燃气的必要性。储存易燃或易爆品的仓库、有强烈腐蚀性介质等危险场所具有较大的火灾危险性，一旦发生灾害事故，往往危害更大。

【实施要点】

《规范》第 5.3.3 条规定，空调机房、通风机房、计算机房和变、配电室等设备房间及易燃或易爆品的仓库、有强烈腐蚀性介质等场所不得设置燃气管道。燃具和用气设备设置的场所比燃气管道的要求高，运行比燃气管道复杂，由于燃具和用气设备的开关、阀门等释放源多，燃烧需要给排气系统，有的燃具有明火，所以，燃气管道不得进入的场所，燃具和用气设备也不得设置。

执行过程中，可按现行国家标准《城镇燃气设计规范》GB 50028 和《建筑设计防火规范》GB 50016 的规定支撑本条内容的实施。尤其是使用液化石油气等非管道供气的燃具，应遵守燃气管道不得进入的场所不应设置燃具。

6.2.3 公共用餐区域、大中型商店建筑内的厨房不应设置液化天然气气瓶、压缩天然气气瓶及液化石油气气瓶。

【编制目的】

本条规定目的是保障人身及公共建筑安全。

【条文释义】

公共用餐区域指建筑内供消费者就餐的场所。用餐区域属于人员聚集的场所，用电、用气设备点多量大；这些场所电气、用气设备负荷大，水、电、气线路复杂；用餐属于大众消费，用餐区域人员多且较为集中，进出频繁，流动性大，对用餐环境、安全出口和消防设施不熟悉，有时候还存在语言障碍的情况；营业时间较长，特别是夜间的时间比较长。目前，虽然液化石油气钢瓶用户数量远低于天然气用户，但发生的事故率却高于天然气。液化天然气气瓶及压缩天然气气瓶装置用气时，需要加热和减压，装置更复杂。为保证人身和公共安全，本条规定用餐区域不应设置液化石油气气瓶、液化天然气气瓶及压缩天然气气瓶。

大中型商店建筑内的厨房不能设置气瓶的主要原因：大中型商店建筑人员密集，一旦发生事故，可能导致较为严重的后果。

本条中，气瓶是指正常环境温度（－40～60℃）下使用的、公称压力大于或等于 0.2MPa（表压）且压力与容积的乘积大于或等于 1.0MPa·L 的盛装气体、液体和标准沸点等于或低于 60℃的液体气瓶。

【实施要点】

燃气终端用户的安全不仅关系到用户自身，还涉及公共安全，特别是公共用餐区域、大中型商店建筑内的厨房等人员密集场所终端用户的安全用气更为重要。液化天然气气瓶、压缩天然气气瓶及液化石油气气瓶属于低温、高压，当气瓶出现异常或漏气时，餐饮从业者基本不具备对此类突发事件的应急处置能力，一旦处置不当会酿成重大事故。因此，要降低风险，防止重大燃气事故的发生。

【背景与案例】

案例一：

2017 年某日上午，某市一商铺突然发生爆炸事故，事故造成 2 人死亡，55 人受伤，爆炸点周围的车辆都有不同程度的损伤，周围的店铺玻璃也都被震碎。事故由一餐厅液化石油气钢瓶泄漏引起爆炸（图 3-4）。

案例二：

2015 年某日中午，某市一小吃店摆放在门口的液化石油气钢瓶发生爆炸，大火很快吞没了店面，并蔓延至三楼以及隔壁店面。

由于火势太大，小型灭火器和水管未能起到明显作用。消防队到达现场很快控制了火势，所有明火被扑灭后，在一层北侧的两处地方发现了 17 具遗体，遇难者均挤在一个很小的空间内。

事故发生时正是午饭时间，周边多个学校学生放学来此用餐，遇难者中包括 14 名学生，年龄在 15 岁到 20 岁之间；3 名成年男性，年龄在 33 岁到 59 岁之间。事故系液化气瓶减压阀与

图 3-4　事故现场

瓶口阀连接处发生泄漏着火，店主处置不当导致液化石油气钢瓶发生爆炸。

案例三：

2018 年某日晚间，日本一幢建筑发生爆炸，造成建筑物内一家居酒屋中的 52 人受伤。受此次爆炸影响，24 辆汽车以及 28 幢建筑物遭到了损坏（图 3-5）。

发生爆炸的是一幢木质的两层建筑，这幢建筑里有一家居酒屋和一家地产中介公司。由于北海道警方在事故现场发现了大量的除臭剂，因此他们推测，此次爆炸可能是由于除臭剂内部气体着火引发的。

图 3-5　事故现场

此外，北海道警方还指出，发生爆炸的很可能是位于居酒屋旁边的地产中介公司。该地产中介公司为了做关店的准备，从业人员将存放在店内的100多罐除臭剂都做了集中放气处理，可燃气体密度过大所致。

虽然本条中规定的是液化石油气气瓶，但存有含有可燃气体的小瓶集中量大，处理不当也会引发安全事故。

6.2.4 商业燃具与燃气管道的连接软管应符合本规范第6.1.7条和第6.1.8条的规定。

【编制目的】

本条规定目的是保障商业用户的用气安全。

【条文释义】

参见第6.1.7条和第6.1.8条。

6.2.5 商业燃具应设置熄火保护装置。

【编制目的】

本条规定了商业燃具选用的基本要求。

【术语定义】

熄火保护装置：安装在燃具上，在火焰意外熄灭时能够自动切断燃气供应的装置。

【条文释义】

当燃具由于意外熄火时，燃具自动关闭，切断燃气供应，从而保证用气安全。目前商业燃具的产品国家标准中，熄火保护装置已经是最基本的安全装置。

【实施要点】

执行过程中，有关燃具熄火保护装置的要求可按现行国家标准《商用燃气燃烧器具》GB 35848的规定支撑本条内容的实施。

6.2.6 商业建筑内的燃气管道阀门设置应符合下列规定：

1 燃气表前应设置阀门；

2 用气场所燃气进口和燃具前的管道上应单独设置阀门，并应有明显的启闭标记；

3 当使用鼓风机进行预混燃烧时，应采取在用气设备前的燃气管道上加装止回阀等防止混合气体或火焰进入燃气管道的措施。

【编制目的】

本条规定了商业建筑内燃气管道阀门设置的基本要求，目的是保障燃气安全使用。

【条文释义】

燃气管道的阀门设置是重要的工艺操作和安全切断措施，对于用户来说，燃具或用气设备停用或检修更换时必须通过阀门启闭操作切断和恢复供气。在发生事故时，确保能快速切断气源，防止事故蔓延。阀门是用户供气系统重要的安全附件，本条规定的部位应设置阀门是目前国内外的普遍做法。

【实施要点】

执行过程中，有关商业建筑内的燃气管道阀门设置的要求可按现行国家标准《城镇燃气设计规范》GB 50028 的规定支撑本条内容的实施。

燃气表前阀可以设置在用户支管起点至燃气表之间的燃气管道上。灶前阀应设置在燃气管道末端与灶具连接软管起点处。设置灶前阀的目的就是每次用气结束后应将其关闭，灶前阀应方便开启、关闭。

进入用气场所燃气管道的入口阀门，可设置在用气建筑单元外或室内易于接近操作、安装的地方，并应有防止物理损坏的保护措施。当该阀门与燃气表前阀接近时，可合并设置。

阀门上应有明显的启闭标记，其目的不仅仅局限于在阀门上有标志，还应有固定金属标牌或其他永久性明显的启闭标记。例如：有箭头和“开”、“关”的文字，指示顺时针阀门打开还是逆时针阀门打开，容易识别，以便快速切断气源，也防止错误的操作。

6.3 烟 气 排 除

6.3.1 燃具和用气设备燃气燃烧所产生的烟气应排出至室外，并应符合下列规定：

1 设置直接排气式燃具的场所应安装机械排气装置；

2 燃气热水器和采暖炉应设置专用烟道；

3 燃气热水器的烟气不得排入灶具、吸油烟机的排气道；

4 燃具的排烟不得与使用固体燃料的设备共用一套排烟设施。

【编制目的】

本条规定了燃气燃烧产生的烟气应直接排至室外大气环境中，明确了直排式燃具、热水器和采暖炉的排烟要求。

【术语定义】

直接排气式燃具：燃气燃烧空气来自室内，烟气也排放在室内的燃具。如家用灶具、商用炒菜灶、大锅灶等。

排气道：用排烟罩强制排气方式排除敞开式燃具工作时排放在环境中的烟气、油气等废气的排气通道系统。

固体燃料：能产生热能或动力的固态可燃物质，是燃料的其中一大类。天然的有煤、木材等，经过加工而成的有木炭、焦炭、固体酒精等。与气体燃料相比，固体燃料燃烧较难控制，效率较低，灰分较多。

【条文释义】

燃气燃烧产生的烟气应直接排到室外大气环境中，不得排入封闭的建筑物走廊、阳台等处，避免二次污染。

直接排气式燃具一般为各种灶具，如居民用的双眼灶、烤箱灶等；商用的炒菜灶、大锅灶、煲仔炉等等，这类燃具所在场所应设烟气导出装置，如吸油烟机或排风扇等。

热水器和采暖炉设备均有配套排烟管，烟气应通过专用排烟管或烟道直接排至室外。

灶具吸油烟机的排烟道应为专用排烟道，热水器排烟和吸油烟机排烟各走其道，不能混用。因为吸油烟机和热水器的烟气均是通过各自的排烟系统排放，排烟量、排烟压力等均为独立设计，并未考虑同时工作的互相影响，因此，本条规定热水器的烟气不得排入灶具吸油烟机的排烟道，避免排烟不畅甚至烟气倒灌的危险。

燃气属于气体燃料，燃气与燃煤等固体燃料是两种不同类型的燃料，从燃烧物、燃烧状态、燃烧用具、燃烧产物和使用方式等方面，差别很大。

【编制依据】

《城镇燃气管理条例》

【实施要点】

本条也是与建筑设计衔接的条款：住宅建筑设计时，应预留燃具的安装位置，并应设置专用烟道或在外墙上留有通往室外的孔洞；商业建筑设计时，餐饮区域的操作间预留燃具的安装位置，并应设置专用烟道。

将烟气排出室外的排烟管，应注意方向，排烟口不应直对邻近的窗口、空调室外机，也不应与邻近窗口或空调室外机离得过近，且排烟管应有防雨、防倒烟措施。

城镇楼房用户同时使用燃气和烧煤、烧柴的情况几乎没有，但是在农村地区同时用液化气和煤的情况较多，尤其是农村煤改气以后，天然气和煤并存的情况也有，因此，对于平房或农村地区应重点关注，排烟设施应各自分开。

【背景与案例】

L形楼房或回字形楼房的厨房在90°内角位置附近，空气流动不好，伸出的烟囱与邻近窗口过近，排出的烟气易进入邻近窗户内，尤其是夏、春、秋季节经常开窗情况下，对邻近空间会造成二次污染；与空调室外机过近，会造成互相影响，因此在设计安装时，对于特殊位置的排烟口应有相应措施。

6.3.2 烟气的排烟管、烟道及排烟管口的设置应符合下列规定：

1 竖向烟道应有可靠的防倒烟、串烟措施，当多台设备合用竖向排烟道排放烟气时，应保证互不影响；

2 排烟口应设置在利于烟气扩散、空气畅通的室外开放空间，并应采取措施防止燃烧的烟气回流入室内；

3 燃具的排烟管应保持畅通，并应采取措施防止鸟、鼠、蛇等堵塞排烟口。

【编制目的】

本条规定了烟气排烟管、烟道及排烟口的设置要求。

【术语定义】

排烟管：为燃具配套设施，且与燃具同步安装的用于排出半密闭式燃具燃烧烟气的排烟管。

烟道：为建筑配套设施，且与建筑同步安装的用于排出燃具燃烧烟气的排烟通道系统。按照排烟形式分为独立烟道（适用1台燃具）和共用烟道（适用2台及以上燃具）两种，按照烟道的结构形式分为水平烟道和垂直烟道（竖向烟道）。

【条文释义】

排烟管、独立烟道均应有防倒烟的措施。

竖向烟道通常为建筑物中的共用烟道，接入多台燃具或燃气设备，因此，烟道的防倒烟、串烟是基本要求。共用烟道中支烟道的净截面积不应小于燃具排烟口截面积，且支烟道出口与主烟道交汇处应设烟气导向装置或止回阀，防止多台设备排烟时互相影响。

烟道排烟口设于屋顶，燃具排烟管伸出墙外处应选择空气流动好的开放处，以利于烟气扩散。自然排烟燃具的烟道应设置防倒风装置。

【编制依据】

《城镇燃气管理条例》

【实施要点】

烟道设计是建筑设计的一部分，在建筑方案设计阶段应考虑烟道接入的燃气设备排烟类型和排烟量，选择适宜的烟道结构和尺寸以及防止倒烟、串烟的装置，满足安全使用要求。

居民燃具的排烟管属于配套装置，如燃气热水器、燃气采暖热水炉在购买时均配有排烟管，在实际安装时，根据燃具安装位置和排烟管伸出方向选择适当长度的排烟管，排烟口均应设防倒风装置。执行过程中，可按国家现行标准《城镇燃气设计规范》GB 50028 和《家用燃气燃烧器具安装及验收规程》CJJ 12 的规定支撑本条内容的实施。

【背景与案例】

用户在使用热水器中出现过中途熄火的原因之一是烟管防倒风挡板卡住导致排烟不畅引起的。

6.3.3 海拔高于 500m 地区应计入海拔高度对烟气排气系统排气量的影响。

【编制目的】

本条规定了烟气排气量应考虑海拔高度的影响。

【术语定义】

海拔：地面某个地点高出海平面的垂直距离。我国各地面点的海拔，均指由黄海平均海平面起算的高度。

【条文释义】

烟道的排气能力受海拔高度的影响，当海拔高度大于 500m 时，设计烟道时要考虑海拔高度影响因素的修正，可参照行业标准《家用燃气燃烧器具安装及验收规程》CJJ 12—2013 附录 B 的规定进行修正。只有增大烟道的直径或高度，方可达到海平面额定热负荷的排气能力；如不修正（不增大烟道的直径或高度），烟道的排气能力将降低。

【实施要点】

我国地域辽阔，海拔高度差异大，高海拔地区大气压力低，空气稀薄。燃气燃烧达到同等热负荷下，随着海拔高度的升高，所需的空气量（与氧气含量相关）增多，烟气中的一氧化碳含量随海拔高度升高而升高。高海拔地区安装的烟气排气系统的最大排气能力，应按在海平面使用时的额定热负荷确定，高海拔地区安装的烟气排气系统的最小排气能力，应按实际热负荷（海拔的减小额定值）确定。

【背景与案例】

海拔越高，单位空间内的氧气质量百分比越低，氧气稀薄，导致灶具燃烧所需的氧气供应不足，致使灶具燃烧不完全，烟气中一氧化碳含量上升，海拔升高，燃气密度减小，从而燃气的流速增加，火焰传播速度基本不变，当燃气流速大于火焰传播速度时，火焰有脱火趋势，导致灶具燃烧不完全，烟气中一氧化碳含量上升。海拔高度的升高，燃气灶具和燃气热水器产生的一氧化碳明显上升。

有研究结果表明：以家用燃气灶为例，随着海拔高度的升高，通过提高供气压力补偿海拔高度对热负荷的影响，在其额定负荷的情况下，烟气中的一氧化碳含量明显随海拔高度升高而升高。例如，天然气灶具烟气一氧化碳含量在拉萨市是天津市的14 倍。

因此，在高海拔地区应选择相适应的燃具和烟气排气系统。

第四部分

附　　录

一、法律

中华人民共和国建筑法

（1997 年 11 月 1 日第八届全国人民代表大会常务委员会
第二十八次会议通过
1997 年 11 月 1 日中华人民共和国主席令第 91 号公布
自 1998 年 3 月 1 日起施行
根据 2011 年 4 月 22 日第十一届全国人民代表大会常务委员会
第二十次会议《关于修改〈中华人民共和国建筑法〉
的决定》第一次修正
根据 2019 年 4 月 23 日第十三届全国人民代表大会常务委员会
第十次会议《关于修改〈中华人民共和国建筑法〉
等八部法律的决定》第二次修正）

第一章　总　　则

第一条　为了加强对建筑活动的监督管理，维护建筑市场秩序，保证建筑工程的质量和安全，促进建筑业健康发展，制定本法。

第二条　在中华人民共和国境内从事建筑活动，实施对建筑活动的监督管理，应当遵守本法。

本法所称建筑活动，是指各类房屋建筑及其附属设施的建造和与其配套的线路、管道、设备的安装活动。

第三条　建筑活动应当确保建筑工程质量和安全，符合国家的建筑工程安全标准。

第四条　国家扶持建筑业的发展，支持建筑科学技术研究，提高房屋建筑设计水平，鼓励节约能源和保护环境，提倡采用先进技术、先进设备、先进工艺、新型建筑材料和现代管理方式。

第五条 从事建筑活动应当遵守法律、法规，不得损害社会公共利益和他人的合法权益。

任何单位和个人都不得妨碍和阻挠依法进行的建筑活动。

第六条 国务院建设行政主管部门对全国的建筑活动实施统一监督管理。

第二章 建筑许可

第一节 建筑工程施工许可

第七条 建筑工程开工前，建设单位应当按照国家有关规定向工程所在地县级以上人民政府建设行政主管部门申请领取施工许可证；但是，国务院建设行政主管部门确定的限额以下的小型工程除外。

按照国务院规定的权限和程序批准开工报告的建筑工程，不再领取施工许可证。

第八条 申请领取施工许可证，应当具备下列条件：

（一）已经办理该建筑工程用地批准手续；

（二）依法应当办理建设工程规划许可证的，已经取得建设工程规划许可证；

（三）需要拆迁的，其拆迁进度符合施工要求；

（四）已经确定建筑施工企业；

（五）有满足施工需要的资金安排、施工图纸及技术资料；

（六）有保证工程质量和安全的具体措施。

建设行政主管部门应当自收到申请之日起七日内，对符合条件的申请颁发施工许可证。

第九条 建设单位应当自领取施工许可证之日起三个月内开工。因故不能按期开工的，应当向发证机关申请延期；延期以两次为限，每次不超过三个月。既不开工又不申请延期或者超过延期时限的，施工许可证自行废止。

第十条 在建的建筑工程因故中止施工的，建设单位应当自中止施工之日起一个月内，向发证机关报告，并按照规定做好建筑工程的维护管理工作。

建筑工程恢复施工时，应当向发证机关报告；中止施工满一年的工程恢复施工前，建设单位应当报发证机关核验施工许可证。

第十一条 按照国务院有关规定批准开工报告的建筑工程，因故不能按期开工或者中止施工的，应当及时向批准机关报告情况。因故不能按期开工超过六个月的，应当重新办理开工报告的批准手续。

第二节 从业资格

第十二条 从事建筑活动的建筑施工企业、勘察单位、设计单位和工程监理单位，应当具备下列条件：

（一）有符合国家规定的注册资本；

（二）有与其从事的建筑活动相适应的具有法定执业资格的专业技术人员；

（三）有从事相关建筑活动所应有的技术装备；

（四）法律、行政法规规定的其他条件。

第十三条 从事建筑活动的建筑施工企业、勘察单位、设计单位和工程监理单位，按照其拥有的注册资本、专业技术人员、技术装备和已完成的建筑工程业绩等资质条件，划分为不同的资质等级，经资质审查合格，取得相应等级的资质证书后，方可在其资质等级许可的范围内从事建筑活动。

第十四条 从事建筑活动的专业技术人员，应当依法取得相应的执业资格证书，并在执业资格证书许可的范围内从事建筑活动。

第三章 建筑工程发包与承包

第一节 一般规定

第十五条 建筑工程的发包单位与承包单位应当依法订立书

面合同，明确双方的权利和义务。

发包单位和承包单位应当全面履行合同约定的义务。不按照合同约定履行义务的，依法承担违约责任。

第十六条 建筑工程发包与承包的招标投标活动，应当遵循公开、公正、平等竞争的原则，择优选择承包单位。

建筑工程的招标投标，本法没有规定的，适用有关招标投标法律的规定。

第十七条 发包单位及其工作人员在建筑工程发包中不得收受贿赂、回扣或者索取其他好处。

承包单位及其工作人员不得利用向发包单位及其工作人员行贿、提供回扣或者给予其他好处等不正当手段承揽工程。

第十八条 建筑工程造价应当按照国家有关规定，由发包单位与承包单位在合同中约定。公开招标发包的，其造价的约定，须遵守招标投标法律的规定。

发包单位应当按照合同的约定，及时拨付工程款项。

第二节 发　包

第十九条 建筑工程依法实行招标发包，对不适于招标发包的可以直接发包。

第二十条 建筑工程实行公开招标的，发包单位应当依照法定程序和方式，发布招标公告，提供载有招标工程的主要技术要求、主要的合同条款、评标的标准和方法以及开标、评标、定标的程序等内容的招标文件。

开标应当在招标文件规定的时间、地点公开进行。开标后应当按照招标文件规定的评标标准和程序对标书进行评价、比较，在具备相应资质条件的投标者中，择优选定中标者。

第二十一条 建筑工程招标的开标、评标、定标由建设单位依法组织实施，并接受有关行政主管部门的监督。

第二十二条 建筑工程实行招标发包的，发包单位应当将建筑工程发包给依法中标的承包单位。建筑工程实行直接发包的，发包单位应当将建筑工程发包给具有相应资质条件的承包单位。

第二十三条 政府及其所属部门不得滥用行政权力，限定发包单位将招标发包的建筑工程发包给指定的承包单位。

第二十四条 提倡对建筑工程实行总承包，禁止将建筑工程肢解发包。

建筑工程的发包单位可以将建筑工程的勘察、设计、施工、设备采购一并发包给一个工程总承包单位，也可以将建筑工程勘察、设计、施工、设备采购的一项或者多项发包给一个工程总承包单位；但是，不得将应当由一个承包单位完成的建筑工程肢解成若干部分发包给几个承包单位。

第二十五条 按照合同约定，建筑材料、建筑构配件和设备由工程承包单位采购的，发包单位不得指定承包单位购入用于工程的建筑材料、建筑构配件和设备或者指定生产厂、供应商。

第三节 承 包

第二十六条 承包建筑工程的单位应当持有依法取得的资质证书，并在其资质等级许可的业务范围内承揽工程。

禁止建筑施工企业超越本企业资质等级许可的业务范围或者以任何形式用其他建筑施工企业的名义承揽工程。禁止建筑施工企业以任何形式允许其他单位或者个人使用本企业的资质证书、营业执照，以本企业的名义承揽工程。

第二十七条 大型建筑工程或者结构复杂的建筑工程，可以由两个以上的承包单位联合共同承包。共同承包的各方对承包合同的履行承担连带责任。

两个以上不同资质等级的单位实行联合共同承包的，应当按照资质等级低的单位的业务许可范围承揽工程。

第二十八条 禁止承包单位将其承包的全部建筑工程转包给他人，禁止承包单位将其承包的全部建筑工程肢解以后以分包的名义分别转包给他人。

第二十九条 建筑工程总承包单位可以将承包工程中的部分

工程发包给具有相应资质条件的分包单位；但是，除总承包合同中约定的分包外，必须经建设单位认可。施工总承包的，建筑工程主体结构的施工必须由总承包单位自行完成。

建筑工程总承包单位按照总承包合同的约定对建设单位负责；分包单位按照分包合同的约定对总承包单位负责。总承包单位和分包单位就分包工程对建设单位承担连带责任。

禁止总承包单位将工程分包给不具备相应资质条件的单位。禁止分包单位将其承包的工程再分包。

第四章 建筑工程监理

第三十条 国家推行建筑工程监理制度。

国务院可以规定实行强制监理的建筑工程的范围。

第三十一条 实行监理的建筑工程，由建设单位委托具有相应资质条件的工程监理单位监理。建设单位与其委托的工程监理单位应当订立书面委托监理合同。

第三十二条 建筑工程监理应当依照法律、行政法规及有关的技术标准、设计文件和建筑工程承包合同，对承包单位在施工质量、建设工期和建设资金使用等方面，代表建设单位实施监督。

工程监理人员认为工程施工不符合工程设计要求、施工技术标准和合同约定的，有权要求建筑施工企业改正。

工程监理人员发现工程设计不符合建筑工程质量标准或者合同约定的质量要求的，应当报告建设单位要求设计单位改正。

第三十三条 实施建筑工程监理前，建设单位应当将委托的工程监理单位、监理的内容及监理权限，书面通知被监理的建筑施工企业。

第三十四条 工程监理单位应当在其资质等级许可的监理范围内，承担工程监理业务。

工程监理单位应当根据建设单位的委托，客观、公正地执行监理任务。

工程监理单位与被监理工程的承包单位以及建筑材料、建筑构配件和设备供应单位不得有隶属关系或者其他利害关系。

工程监理单位不得转让工程监理业务。

第三十五条 工程监理单位不按照委托监理合同的约定履行监理义务，对应当监督检查的项目不检查或者不按照规定检查，给建设单位造成损失的，应当承担相应的赔偿责任。

工程监理单位与承包单位串通，为承包单位谋取非法利益，给建设单位造成损失的，应当与承包单位承担连带赔偿责任。

第五章 建筑安全生产管理

第三十六条 建筑工程安全生产管理必须坚持安全第一、预防为主的方针，建立健全安全生产的责任制度和群防群治制度。

第三十七条 建筑工程设计应当符合按照国家规定制定的建筑安全规程和技术规范，保证工程的安全性能。

第三十八条 建筑施工企业在编制施工组织设计时，应当根据建筑工程的特点制定相应的安全技术措施；对专业性较强的工程项目，应当编制专项安全施工组织设计，并采取安全技术措施。

第三十九条 建筑施工企业应当在施工现场采取维护安全、防范危险、预防火灾等措施；有条件的，应当对施工现场实行封闭管理。

施工现场对毗邻的建筑物、构筑物和特殊作业环境可能造成损害的，建筑施工企业应当采取安全防护措施。

第四十条 建设单位应当向建筑施工企业提供与施工现场相关的地下管线资料，建筑施工企业应当采取措施加以保护。

第四十一条 建筑施工企业应当遵守有关环境保护和安全生产的法律、法规的规定，采取控制和处理施工现场的各种粉尘、废气、废水、固体废物以及噪声、振动对环境的污染和危害的措施。

第四十二条 有下列情形之一的，建设单位应当按照国家有关规定办理申请批准手续：

（一）需要临时占用规划批准范围以外场地的；

（二）可能损坏道路、管线、电力、邮电通讯等公共设施的；

（三）需要临时停水、停电、中断道路交通的；

（四）需要进行爆破作业的；

（五）法律、法规规定需要办理报批手续的其他情形。

第四十三条 建设行政主管部门负责建筑安全生产的管理，并依法接受劳动行政主管部门对建筑安全生产的指导和监督。

第四十四条 建筑施工企业必须依法加强对建筑安全生产的管理，执行安全生产责任制度，采取有效措施，防止伤亡和其他安全生产事故的发生。

建筑施工企业的法定代表人对本企业的安全生产负责。

第四十五条 施工现场安全由建筑施工企业负责。实行施工总承包的，由总承包单位负责。分包单位向总承包单位负责，服从总承包单位对施工现场的安全生产管理。

第四十六条 建筑施工企业应当建立健全劳动安全生产教育培训制度，加强对职工安全生产的教育培训；未经安全生产教育培训的人员，不得上岗作业。

第四十七条 建筑施工企业和作业人员在施工过程中，应当遵守有关安全生产的法律、法规和建筑行业安全规章、规程，不得违章指挥或者违章作业。作业人员有权对影响人身健康的作业程序和作业条件提出改进意见，有权获得安全生产所需的防护用品。作业人员对危及生命安全和人身健康的行为有权提出批评、检举和控告。

第四十八条 建筑施工企业应当依法为职工参加工伤保险缴纳工伤保险费。鼓励企业为从事危险作业的职工办理意外伤害保险，支付保险费。

第四十九条 涉及建筑主体和承重结构变动的装修工程，建设单位应当在施工前委托原设计单位或者具有相应资质条件的设计单位提出设计方案；没有设计方案的，不得施工。

第五十条　房屋拆除应当由具备保证安全条件的建筑施工单位承担，由建筑施工单位负责人对安全负责。

第五十一条　施工中发生事故时，建筑施工企业应当采取紧急措施减少人员伤亡和事故损失，并按照国家有关规定及时向有关部门报告。

第六章　建筑工程质量管理

第五十二条　建筑工程勘察、设计、施工的质量必须符合国家有关建筑工程安全标准的要求，具体管理办法由国务院规定。

有关建筑工程安全的国家标准不能适应确保建筑安全的要求时，应当及时修订。

第五十三条　国家对从事建筑活动的单位推行质量体系认证制度。从事建筑活动的单位根据自愿原则可以向国务院产品质量监督管理部门或者国务院产品质量监督管理部门授权的部门认可的认证机构申请质量体系认证。经认证合格的，由认证机构颁发质量体系认证证书。

第五十四条　建设单位不得以任何理由，要求建筑设计单位或者建筑施工企业在工程设计或者施工作业中，违反法律、行政法规和建筑工程质量、安全标准，降低工程质量。

建筑设计单位和建筑施工企业对建设单位违反前款规定提出的降低工程质量的要求，应当予以拒绝。

第五十五条　建筑工程实行总承包的，工程质量由工程总承包单位负责，总承包单位将建筑工程分包给其他单位的，应当对分包工程的质量与分包单位承担连带责任。分包单位应当接受总承包单位的质量管理。

第五十六条　建筑工程的勘察、设计单位必须对其勘察、设计的质量负责。勘察、设计文件应当符合有关法律、行政法规的规定和建筑工程质量、安全标准、建筑工程勘察、设计技术规范以及合同的约定。设计文件选用的建筑材料、建筑构配件和设备，应当注明其规格、型号、性能等技术指标，其质量要求必须符合国家规定的标准。

第五十七条 建筑设计单位对设计文件选用的建筑材料、建筑构配件和设备，不得指定生产厂、供应商。

第五十八条 建筑施工企业对工程的施工质量负责。

建筑施工企业必须按照工程设计图纸和施工技术标准施工，不得偷工减料。工程设计的修改由原设计单位负责，建筑施工企业不得擅自修改工程设计。

第五十九条 建筑施工企业必须按照工程设计要求、施工技术标准和合同的约定，对建筑材料、建筑构配件和设备进行检验，不合格的不得使用。

第六十条 建筑物在合理使用寿命内，必须确保地基基础工程和主体结构的质量。

建筑工程竣工时，屋顶、墙面不得留有渗漏、开裂等质量缺陷；对已发现的质量缺陷，建筑施工企业应当修复。

第六十一条 交付竣工验收的建筑工程，必须符合规定的建筑工程质量标准，有完整的工程技术经济资料和经签署的工程保修书，并具备国家规定的其他竣工条件。

建筑工程竣工经验收合格后，方可交付使用；未经验收或者验收不合格的，不得交付使用。

第六十二条 建筑工程实行质量保修制度。

建筑工程的保修范围应当包括地基基础工程、主体结构工程、屋面防水工程和其他土建工程，以及电气管线、上下水管线的安装工程，供热、供冷系统工程等项目；保修的期限应当按照保证建筑物合理寿命年限内正常使用，维护使用者合法权益的原则确定。具体的保修范围和最低保修期限由国务院规定。

第六十三条 任何单位和个人对建筑工程的质量事故、质量缺陷都有权向建设行政主管部门或者其他有关部门进行检举、控告、投诉。

第七章　法 律 责 任

第六十四条　违反本法规定，未取得施工许可证或者开工报告未经批准擅自施工的，责令改正，对不符合开工条件的责令停止施工，可以处以罚款。

第六十五条　发包单位将工程发包给不具有相应资质条件的承包单位的，或者违反本法规定将建筑工程肢解发包的，责令改正，处以罚款。

超越本单位资质等级承揽工程的，责令停止违法行为，处以罚款，可以责令停业整顿，降低资质等级；情节严重的，吊销资质证书；有违法所得的，予以没收。

未取得资质证书承揽工程的，予以取缔，并处罚款；有违法所得的，予以没收。

以欺骗手段取得资质证书的，吊销资质证书，处以罚款；构成犯罪的，依法追究刑事责任。

第六十六条　建筑施工企业转让、出借资质证书或者以其他方式允许他人以本企业的名义承揽工程的，责令改正，没收违法所得，并处罚款，可以责令停业整顿，降低资质等级；情节严重的，吊销资质证书。对因该项承揽工程不符合规定的质量标准造成的损失，建筑施工企业与使用本企业名义的单位或者个人承担连带赔偿责任。

第六十七条　承包单位将承包的工程转包的，或者违反本法规定进行分包的，责令改正，没收违法所得，并处罚款，可以责令停业整顿，降低资质等级；情节严重的，吊销资质证书。

承包单位有前款规定的违法行为的，对因转包工程或者违法分包的工程不符合规定的质量标准造成的损失，与接受转包或者分包的单位承担连带赔偿责任。

第六十八条　在工程发包与承包中索贿、受贿、行贿，构成犯罪的，依法追究刑事责任；不构成犯罪的，分别处以罚款，没收贿赂的财物，对直接负责的主管人员和其他直接责任人员给予处分。

对在工程承包中行贿的承包单位，除依照前款规定处罚外，可以责令停业整顿，降低资质等级或者吊销资质证书。

第六十九条 工程监理单位与建设单位或者建筑施工企业串通，弄虚作假、降低工程质量的，责令改正，处以罚款，降低资质等级或者吊销资质证书；有违法所得的，予以没收；造成损失的，承担连带赔偿责任；构成犯罪的，依法追究刑事责任。

工程监理单位转让监理业务的，责令改正，没收违法所得，可以责令停业整顿，降低资质等级；情节严重的，吊销资质证书。

第七十条 违反本法规定，涉及建筑主体或者承重结构变动的装修工程擅自施工的，责令改正，处以罚款；造成损失的，承担赔偿责任；构成犯罪的，依法追究刑事责任。

第七十一条 建筑施工企业违反本法规定，对建筑安全事故隐患不采取措施予以消除的，责令改正，可以处以罚款；情节严重的，责令停业整顿，降低资质等级或者吊销资质证书；构成犯罪的，依法追究刑事责任。

建筑施工企业的管理人员违章指挥、强令职工冒险作业，因而发生重大伤亡事故或者造成其他严重后果的，依法追究刑事责任。

第七十二条 建设单位违反本法规定，要求建筑设计单位或者建筑施工企业违反建筑工程质量、安全标准，降低工程质量的，责令改正，可以处以罚款；构成犯罪的，依法追究刑事责任。

第七十三条 建筑设计单位不按照建筑工程质量、安全标准进行设计的，责令改正，处以罚款；造成工程质量事故的，责令停业整顿，降低资质等级或者吊销资质证书，没收违法所得，并处罚款；造成损失的，承担赔偿责任；构成犯罪的，依法追究刑事责任。

第七十四条 建筑施工企业在施工中偷工减料的，使用不合格的建筑材料、建筑构配件和设备的，或者有其他不按照工程设计图纸或者施工技术标准施工的行为的，责令改正，处以罚款；情节严重的，责令停业整顿，降低资质等级或者吊销资质证书；造成建筑工程质量不符合规定的质量标准的，负责返工、修理，并赔偿因此造成的损失；构成犯罪的，依法追究刑事责任。

第七十五条 建筑施工企业违反本法规定，不履行保修义务或者拖延履行保修义务的，责令改正，可以处以罚款，并对在保修期内因屋顶、墙面渗漏、开裂等质量缺陷造成的损失，承担赔偿责任。

第七十六条 本法规定的责令停业整顿、降低资质等级和吊销资质证书的行政处罚，由颁发资质证书的机关决定；其他行政处罚，由建设行政主管部门或者有关部门依照法律和国务院规定的职权范围决定。

依照本法规定被吊销资质证书的，由工商行政管理部门吊销其营业执照。

第七十七条 违反本法规定，对不具备相应资质等级条件的单位颁发该等级资质证书的，由其上级机关责令收回所发的资质证书，对直接负责的主管人员和其他直接责任人员给予行政处分；构成犯罪的，依法追究刑事责任。

第七十八条 政府及其所属部门的工作人员违反本法规定，限定发包单位将招标发包的工程发包给指定的承包单位的，由上级机关责令改正；构成犯罪的，依法追究刑事责任。

第七十九条 负责颁发建筑工程施工许可证的部门及其工作人员对不符合施工条件的建筑工程颁发施工许可证的，负责工程质量监督检查或者竣工验收的部门及其工作人员对不合格的建筑工程出具质量合格文件或者按合格工程验收的，由上级机关责令改正，对责任人员给予行政处分；构成犯罪的，依法追究刑事责任；造成损失的，由该部门承担相应的赔偿责任。

第八十条 在建筑物的合理使用寿命内，因建筑工程质量不合格受到损害的，有权向责任者要求赔偿。

第八章　附　　则

第八十一条　本法关于施工许可、建筑施工企业资质审查和建筑工程发包、承包、禁止转包，以及建筑工程监理、建筑工程安全和质量管理的规定，适用于其他专业建筑工程的建筑活动，具体办法由国务院规定。

第八十二条　建设行政主管部门和其他有关部门在对建筑活动实施监督管理中，除按照国务院有关规定收取费用外，不得收取其他费用。

第八十三条　省、自治区、直辖市人民政府确定的小型房屋建筑工程的建筑活动，参照本法执行。

依法核定作为文物保护的纪念建筑物和古建筑等的修缮，依照文物保护的有关法律规定执行。

抢险救灾及其他临时性房屋建筑和农民自建低层住宅的建筑活动，不适用本法。

第八十四条　军用房屋建筑工程建筑活动的具体管理办法，由国务院、中央军事委员会依据本法制定。

第八十五条　本法自 1998 年 3 月 1 日起施行。

中华人民共和国城乡规划法（节选）

（2007 年 10 月 28 日第十届全国人民代表大会常务委员会
第三十次会议通过
2007 年 10 月 28 日中华人民共和国主席令第 74 号公布
自 2008 年 1 月 1 日起施行
根据 2015 年 4 月 24 日第十二届全国人民代表大会常务委员会
第十四次会议《关于修改〈中华人民共和国港口法〉
等七部法律的决定》第一次修正
根据 2019 年 4 月 23 日第十三届全国人民代表大会常务委员会
第十次会议《关于修改〈中华人民共和国建筑法〉
等八部法律的决定》第二次修正）

第一章　总　　则

第一条　为了加强城乡规划管理，协调城乡空间布局，改善人居环境，促进城乡经济社会全面协调可持续发展，制定本法。

第二条　制定和实施城乡规划，在规划区内进行建设活动，必须遵守本法。

本法所称城乡规划，包括城镇体系规划、城市规划、镇规划、乡规划和村庄规划。城市规划、镇规划分为总体规划和详细规划。详细规划分为控制性详细规划和修建性详细规划。

本法所称规划区，是指城市、镇和村庄的建成区以及因城乡建设和发展需要，必须实行规划控制的区域。规划区的具体范围由有关人民政府在组织编制的城市总体规划、镇总体规划、乡规划和村庄规划中，根据城乡经济社会发展水平和统筹城乡发展的需要划定。

第三条　城市和镇应当依照本法制定城市规划和镇规划。城市、镇规划区内的建设活动应当符合规划要求。

县级以上地方人民政府根据本地农村经济社会发展水平，按照因地制宜、切实可行的原则，确定应当制定乡规划、村庄规划的区域。在确定区域内的乡、村庄，应当依照本法制定规划，规划区内的乡、村庄建设应当符合规划要求。

县级以上地方人民政府鼓励、指导前款规定以外的区域的乡、村庄制定和实施乡规划、村庄规划。

第四条 制定和实施城乡规划，应当遵循城乡统筹、合理布局、节约土地、集约发展和先规划后建设的原则，改善生态环境，促进资源、能源节约和综合利用，保护耕地等自然资源和历史文化遗产，保持地方特色、民族特色和传统风貌，防止污染和其他公害，并符合区域人口发展、国防建设、防灾减灾和公共卫生、公共安全的需要。

在规划区内进行建设活动，应当遵守土地管理、自然资源和环境保护等法律、法规的规定。

县级以上地方人民政府应当根据当地经济社会发展的实际，在城市总体规划、镇总体规划中合理确定城市、镇的发展规模、步骤和建设标准。

第五条 城市总体规划、镇总体规划以及乡规划和村庄规划的编制，应当依据国民经济和社会发展规划，并与土地利用总体规划相衔接。

第六条 各级人民政府应当将城乡规划的编制和管理经费纳入本级财政预算。

第七条 经依法批准的城乡规划，是城乡建设和规划管理的依据，未经法定程序不得修改。

第八条 城乡规划组织编制机关应当及时公布经依法批准的城乡规划。但是，法律、行政法规规定不得公开的内容除外。

第九条 任何单位和个人都应当遵守经依法批准并公布的城乡规划，服从规划管理，并有权就涉及其利害关系的建设活动是否符合规划的要求向城乡规划主管部门查询。

任何单位和个人都有权向城乡规划主管部门或者其他有关部门举报或者控告违反城乡规划的行为。城乡规划主管部门或者其他有关部门对举报或者控告，应当及时受理并组织核查、处理。

第十条 国家鼓励采用先进的科学技术，增强城乡规划的科学性，提高城乡规划实施及监督管理的效能。

第十一条 国务院城乡规划主管部门负责全国的城乡规划管理工作。

县级以上地方人民政府城乡规划主管部门负责本行政区域内的城乡规划管理工作。

第二章 城乡规划的制定

第十二条 国务院城乡规划主管部门会同国务院有关部门组织编制全国城镇体系规划，用于指导省域城镇体系规划、城市总体规划的编制。

全国城镇体系规划由国务院城乡规划主管部门报国务院审批。

第十三条 省、自治区人民政府组织编制省域城镇体系规划，报国务院审批。

省域城镇体系规划的内容应当包括：城镇空间布局和规模控制，重大基础设施的布局，为保护生态环境、资源等需要严格控制的区域。

第十四条 城市人民政府组织编制城市总体规划。

直辖市的城市总体规划由直辖市人民政府报国务院审批。省、自治区人民政府所在地的城市以及国务院确定的城市的总体规划，由省、自治区人民政府审查同意后，报国务院审批。其他城市的总体规划，由城市人民政府报省、自治区人民政府审批。

第十五条 县人民政府组织编制县人民政府所在地镇的总体规划，报上一级人民政府审批。其他镇的总体规划由镇人民政府组织编制，报上一级人民政府审批。

第十六条 省、自治区人民政府组织编制的省域城镇体系规划，城市、县人民政府组织编制的总体规划，在报上一级人民政府审批前，应当先经本级人民代表大会常务委员会审议，常务委员会组成人员的审议意见交由本级人民政府研究处理。

镇人民政府组织编制的镇总体规划，在报上一级人民政府审批前，应当先经镇人民代表大会审议，代表的审议意见交由本级人民政府研究处理。

规划的组织编制机关报送审批省域城镇体系规划、城市总体规划或者镇总体规划，应当将本级人民代表大会常务委员会组成人员或者镇人民代表大会代表的审议意见和根据审议意见修改规划的情况一并报送。

第十七条 城市总体规划、镇总体规划的内容应当包括：城市、镇的发展布局，功能分区，用地布局，综合交通体系，禁止、限制和适宜建设的地域范围，各类专项规划等。

规划区范围、规划区内建设用地规模、基础设施和公共服务设施用地、水源地和水系、基本农田和绿化用地、环境保护、自然与历史文化遗产保护以及防灾减灾等内容，应当作为城市总体规划、镇总体规划的强制性内容。

城市总体规划、镇总体规划的规划期限一般为二十年。城市总体规划还应当对城市更长远的发展作出预测性安排。

第十八条 乡规划、村庄规划应当从农村实际出发，尊重村民意愿，体现地方和农村特色。

乡规划、村庄规划的内容应当包括：规划区范围，住宅、道路、供水、排水、供电、垃圾收集、畜禽养殖场所等农村生产、生活服务设施、公益事业等各项建设的用地布局、建设要求，以及对耕地等自然资源和历史文化遗产保护、防灾减灾等的具体安排。乡规划还应当包括本行政区域内的村庄发展布局。

第十九条 城市人民政府城乡规划主管部门根据城市总体规划的要求，组织编制城市的控制性详细规划，经本级人民政府批准后，报本级人民代表大会常务委员会和上一级人民政府备案。

第二十条 镇人民政府根据镇总体规划的要求，组织编制镇的控制性详细规划，报上一级人民政府审批。县人民政府所在地镇的控制性详细规划，由县人民政府城乡规划主管部门根据镇总体规划的要求组织编制，经县人民政府批准后，报本级人民代表大会常务委员会和上一级人民政府备案。

第二十一条 城市、县人民政府城乡规划主管部门和镇人民政府可以组织编制重要地块的修建性详细规划。修建性详细规划应当符合控制性详细规划。

第二十二条 乡、镇人民政府组织编制乡规划、村庄规划，报上一级人民政府审批。村庄规划在报送审批前，应当经村民会议或者村民代表会议讨论同意。

第二十三条 首都的总体规划、详细规划应当统筹考虑中央国家机关用地布局和空间安排的需要。

第二十四条 城乡规划组织编制机关应当委托具有相应资质等级的单位承担城乡规划的具体编制工作。

从事城乡规划编制工作应当具备下列条件，并经国务院城乡规划主管部门或者省、自治区、直辖市人民政府城乡规划主管部门依法审查合格，取得相应等级的资质证书后，方可在资质等级许可的范围内从事城乡规划编制工作：

（一）有法人资格；

（二）有规定数量的经相关行业协会注册的规划师；

（三）有规定数量的相关专业技术人员；

（四）有相应的技术装备；

（五）有健全的技术、质量、财务管理制度。

编制城乡规划必须遵守国家有关标准。

第二十五条 编制城乡规划，应当具备国家规定的勘察、测绘、气象、地震、水文、环境等基础资料。

县级以上地方人民政府有关主管部门应当根据编制城乡规划的需要，及时提供有关基础资料。

第二十六条 城乡规划报送审批前，组织编制机关应当依法将城乡规划草案予以公告，并采取论证会、听证会或者其他方式征求专家和公众的意见。公告的时间不得少于三十日。

组织编制机关应当充分考虑专家和公众的意见，并在报送审批的材料中附具意见采纳情况及理由。

第二十七条 省域城镇体系规划、城市总体规划、镇总体规划批准前，审批机关应当组织专家和有关部门进行审查。

第三章 城乡规划的实施

第二十八条 地方各级人民政府应当根据当地经济社会发展水平，量力而行，尊重群众意愿，有计划、分步骤地组织实施城乡规划。

第二十九条 城市的建设和发展，应当优先安排基础设施以及公共服务设施的建设，妥善处理新区开发与旧区改建的关系，统筹兼顾进城务工人员生活和周边农村经济社会发展、村民生产与生活的需要。

镇的建设和发展，应当结合农村经济社会发展和产业结构调整，优先安排供水、排水、供电、供气、道路、通信、广播电视等基础设施和学校、卫生院、文化站、幼儿园、福利院等公共服务设施的建设，为周边农村提供服务。

乡、村庄的建设和发展，应当因地制宜、节约用地，发挥村民自治组织的作用，引导村民合理进行建设，改善农村生产、生活条件。

第三十条 城市新区的开发和建设，应当合理确定建设规模和时序，充分利用现有市政基础设施和公共服务设施，严格保护自然资源和生态环境，体现地方特色。

在城市总体规划、镇总体规划确定的建设用地范围以外，不得设立各类开发区和城市新区。

第三十一条 旧城区的改建，应当保护历史文化遗产和传统风貌，合理确定拆迁和建设规模，有计划地对危房集中、基础设施落后等地段进行改建。

历史文化名城、名镇、名村的保护以及受保护建筑物的维护和使用，应当遵守有关法律、行政法规和国务院的规定。

第三十二条 城乡建设和发展，应当依法保护和合理利用风景名胜资源，统筹安排风景名胜区及周边乡、镇、村庄的建设。

风景名胜区的规划、建设和管理，应当遵守有关法律、行政法规和国务院的规定。

第三十三条 城市地下空间的开发和利用，应当与经济和技术发展水平相适应，遵循统筹安排、综合开发、合理利用的原则，充分考虑防灾减灾、人民防空和通信等需要，并符合城市规划，履行规划审批手续。

第三十四条 城市、县、镇人民政府应当根据城市总体规划、镇总体规划、土地利用总体规划和年度计划以及国民经济和社会发展规划，制定近期建设规划，报总体规划审批机关备案。

近期建设规划应当以重要基础设施、公共服务设施和中低收入居民住房建设以及生态环境保护为重点内容，明确近期建设的时序、发展方向和空间布局。近期建设规划的规划期限为五年。

第三十五条 城乡规划确定的铁路、公路、港口、机场、道路、绿地、输配电设施及输电线路走廊、通信设施、广播电视设施、管道设施、河道、水库、水源地、自然保护区、防汛通道、消防通道、核电站、垃圾填埋场及焚烧厂、污水处理厂和公共服务设施的用地以及其他需要依法保护的用地，禁止擅自改变用途。

第三十六条 按照国家规定需要有关部门批准或者核准的建设项目，以划拨方式提供国有土地使用权的，建设单位在报送有关部门批准或者核准前，应当向城乡规划主管部门申请核发选址意见书。

前款规定以外的建设项目不需要申请选址意见书。

第三十七条 在城市、镇规划区内以划拨方式提供国有土地使用权的建设项目，经有关部门批准、核准、备案后，建设单位应当向城市、县人民政府城乡规划主管部门提出建设用地规划许可申请，由城市、县人民政府城乡规划主管部门依据控制性详细规划核定建设用地的位置、面积、允许建设的范围，核发建设用地规划许可证。

建设单位在取得建设用地规划许可证后，方可向县级以上地方人民政府土地主管部门申请用地，经县级以上人民政府审批后，由土地主管部门划拨土地。

第三十八条 在城市、镇规划区内以出让方式提供国有土地使用权的，在国有土地使用权出让前，城市、县人民政府城乡规划主管部门应当依据控制性详细规划，提出出让地块的位置、使用性质、开发强度等规划条件，作为国有土地使用权出让合同的组成部分。未确定规划条件的地块，不得出让国有土地使用权。

以出让方式取得国有土地使用权的建设项目，建设单位在取得建设项目的批准、核准、备案文件和签订国有土地使用权出让合同后，向城市、县人民政府城乡规划主管部门领取建设用地规划许可证。

城市、县人民政府城乡规划主管部门不得在建设用地规划许可证中，擅自改变作为国有土地使用权出让合同组成部分的规划条件。

第三十九条 规划条件未纳入国有土地使用权出让合同的，该国有土地使用权出让合同无效；对未取得建设用地规划许可证的建设单位批准用地的，由县级以上人民政府撤销有关批准文件；占用土地的，应当及时退回；给当事人造成损失的，应当依法给予赔偿。

第四十条 在城市、镇规划区内进行建筑物、构筑物、道路、管线和其他工程建设的，建设单位或者个人应当向城市、县人民政府城乡规划主管部门或者省、自治区、直辖市人民政府确定的镇人民政府申请办理建设工程规划许可证。

申请办理建设工程规划许可证，应当提交使用土地的有关证明文件、建设工程设计方案等材料。需要建设单位编制修建性详细规划的建设项目，还应当提交修建性详细规划。对符合控制性详细规划和规划条件的，由城市、县人民政府城乡规划主管部门或者省、自治区、直辖市人民政府确定的镇人民政府核发建设工程规划许可证。

城市、县人民政府城乡规划主管部门或者省、自治区、直辖市人民政府确定的镇人民政府应当依法将经审定的修建性详细规划、建设工程设计方案的总平面图予以公布。

第四十一条 在乡、村庄规划区内进行乡镇企业、乡村公共设施和公益事业建设的，建设单位或者个人应当向乡、镇人民政府提出申请，由乡、镇人民政府报城市、县人民政府城乡规划主管部门核发乡村建设规划许可证。

在乡、村庄规划区内使用原有宅基地进行农村村民住宅建设的规划管理办法，由省、自治区、直辖市制定。

在乡、村庄规划区内进行乡镇企业、乡村公共设施和公益事业建设以及农村村民住宅建设，不得占用农用地；确需占用农用地的，应当依照《中华人民共和国土地管理法》有关规定办理农用地转用审批手续后，由城市、县人民政府城乡规划主管部门核发乡村建设规划许可证。

建设单位或者个人在取得乡村建设规划许可证后，方可办理用地审批手续。

第四十二条 城乡规划主管部门不得在城乡规划确定的建设用地范围以外作出规划许可。

第四十三条 建设单位应当按照规划条件进行建设；确需变更的，必须向城市、县人民政府城乡规划主管部门提出申请。变更内容不符合控制性详细规划的，城乡规划主管部门不得批准。城市、县人民政府城乡规划主管部门应当及时将依法变更后的规划条件通报同级土地主管部门并公示。

建设单位应当及时将依法变更后的规划条件报有关人民政府土地主管部门备案。

第四十四条 在城市、镇规划区内进行临时建设的，应当经城市、县人民政府城乡规划主管部门批准。临时建设影响近期建设规划或者控制性详细规划的实施以及交通、市容、安全等的，不得批准。

临时建设应当在批准的使用期限内自行拆除。

临时建设和临时用地规划管理的具体办法，由省、自治区、直辖市人民政府制定。

第四十五条 县级以上地方人民政府城乡规划主管部门按照国务院规定对建设工程是否符合规划条件予以核实。未经核实或者经核实不符合规划条件的，建设单位不得组织竣工验收。

建设单位应当在竣工验收后六个月内向城乡规划主管部门报送有关竣工验收资料。

第四章 城乡规划的修改

第四十六条 省域城镇体系规划、城市总体规划、镇总体规划的组织编制机关，应当组织有关部门和专家定期对规划实施情况进行评估，并采取论证会、听证会或者其他方式征求公众意见。组织编制机关应当向本级人民代表大会常务委员会、镇人民代表大会和原审批机关提出评估报告并附具征求意见的情况。

第四十七条 有下列情形之一的，组织编制机关方可按照规定的权限和程序修改省域城镇体系规划、城市总体规划、镇总体规划：

（一）上级人民政府制定的城乡规划发生变更，提出修改规划要求的；

（二）行政区划调整确需修改规划的；

（三）因国务院批准重大建设工程确需修改规划的；

（四）经评估确需修改规划的；

（五）城乡规划的审批机关认为应当修改规划的其他情形。

修改省域城镇体系规划、城市总体规划、镇总体规划前，组织编制机关应当对原规划的实施情况进行总结，并向原审批机关报告；修改涉及城市总体规划、镇总体规划强制性内容的，应当先向原审批机关提出专题报告，经同意后，方可编制修改方案。

修改后的省域城镇体系规划、城市总体规划、镇总体规划，应当依照本法第十三条、第十四条、第十五条和第十六条规定的审批程序报批。

第四十八条　修改控制性详细规划的，组织编制机关应当对修改的必要性进行论证，征求规划地段内利害关系人的意见，并向原审批机关提出专题报告，经原审批机关同意后，方可编制修改方案。修改后的控制性详细规划，应当依照本法第十九条、第二十条规定的审批程序报批。控制性详细规划修改涉及城市总体规划、镇总体规划的强制性内容的，应当先修改总体规划。

修改乡规划、村庄规划的，应当依照本法第二十二条规定的审批程序报批。

第四十九条　城市、县、镇人民政府修改近期建设规划的，应当将修改后的近期建设规划报总体规划审批机关备案。

第五十条　在选址意见书、建设用地规划许可证、建设工程规划许可证或者乡村建设规划许可证发放后，因依法修改城乡规划给被许可人合法权益造成损失的，应当依法给予补偿。

经依法审定的修建性详细规划、建设工程设计方案的总平面图不得随意修改；确需修改的，城乡规划主管部门应当采取听证会等形式，听取利害关系人的意见；因修改给利害关系人合法权益造成损失的，应当依法给予补偿。

中华人民共和国标准化法

（1988 年 12 月 29 日第七届全国人民代表大会常务委员会第五次会议通过
1988 年 12 月 29 日中华人民共和国主席令第 11 号公布
自 1989 年 4 月 1 日起施行
2017 年 11 月 4 日第十二届全国人民代表大会常务委员会第三十次会议修订）

第一章　总　　则

第一条　为了加强标准化工作，提升产品和服务质量，促进科学技术进步，保障人身健康和生命财产安全，维护国家安全、生态环境安全，提高经济社会发展水平，制定本法。

第二条　本法所称标准（含标准样品），是指农业、工业、服务业以及社会事业等领域需要统一的技术要求。

标准包括国家标准、行业标准、地方标准和团体标准、企业标准。国家标准分为强制性标准、推荐性标准，行业标准、地方标准是推荐性标准。

强制性标准必须执行。国家鼓励采用推荐性标准。

第三条　标准化工作的任务是制定标准、组织实施标准以及对标准的制定、实施进行监督。

县级以上人民政府应当将标准化工作纳入本级国民经济和社会发展规划，将标准化工作经费纳入本级预算。

第四条　制定标准应当在科学技术研究成果和社会实践经验的基础上，深入调查论证，广泛征求意见，保证标准的科学性、规范性、时效性，提高标准质量。

第五条　国务院标准化行政主管部门统一管理全国标准化工

作。国务院有关行政主管部门分工管理本部门、本行业的标准化工作。

县级以上地方人民政府标准化行政主管部门统一管理本行政区域内的标准化工作。县级以上地方人民政府有关行政主管部门分工管理本行政区域内本部门、本行业的标准化工作。

第六条 国务院建立标准化协调机制，统筹推进标准化重大改革，研究标准化重大政策，对跨部门跨领域、存在重大争议标准的制定和实施进行协调。

设区的市级以上地方人民政府可以根据工作需要建立标准化协调机制，统筹协调本行政区域内标准化工作重大事项。

第七条 国家鼓励企业、社会团体和教育、科研机构等开展或者参与标准化工作。

第八条 国家积极推动参与国际标准化活动，开展标准化对外合作与交流，参与制定国际标准，结合国情采用国际标准，推进中国标准与国外标准之间的转化运用。

国家鼓励企业、社会团体和教育、科研机构等参与国际标准化活动。

第九条 对在标准化工作中作出显著成绩的单位和个人，按照国家有关规定给予表彰和奖励。

第二章 标准的制定

第十条 对保障人身健康和生命财产安全、国家安全、生态环境安全以及满足经济社会管理基本需要的技术要求，应当制定强制性国家标准。

国务院有关行政主管部门依据职责负责强制性国家标准的项目提出、组织起草、征求意见和技术审查。国务院标准化行政主管部门负责强制性国家标准的立项、编号和对外通报。国务院标准化行政主管部门应当对拟制定的强制性国家标准是否符合前款规定进行立项审查，对符合前款规定的予以立项。

省、自治区、直辖市人民政府标准化行政主管部门可以向国务院标准化行政主管部门提出强制性国家标准的立项建议，由国务院标准化行政主管部门会同国务院有关行政主管部门决定。社会团体、企业事业组织以及公民可以向国务院标准化行政主管部门提出强制性国家标准的立项建议，国务院标准化行政主管部门认为需要立项的，会同国务院有关行政主管部门决定。

强制性国家标准由国务院批准发布或者授权批准发布。

法律、行政法规和国务院决定对强制性标准的制定另有规定的，从其规定。

第十一条 对满足基础通用、与强制性国家标准配套、对各有关行业起引领作用等需要的技术要求，可以制定推荐性国家标准。

推荐性国家标准由国务院标准化行政主管部门制定。

第十二条 对没有推荐性国家标准、需要在全国某个行业范围内统一的技术要求，可以制定行业标准。

行业标准由国务院有关行政主管部门制定，报国务院标准化行政主管部门备案。

第十三条 为满足地方自然条件、风俗习惯等特殊技术要求，可以制定地方标准。

地方标准由省、自治区、直辖市人民政府标准化行政主管部门制定；设区的市级人民政府标准化行政主管部门根据本行政区域的特殊需要，经所在地省、自治区、直辖市人民政府标准化行政主管部门批准，可以制定本行政区域的地方标准。地方标准由省、自治区、直辖市人民政府标准化行政主管部门报国务院标准化行政主管部门备案，由国务院标准化行政主管部门通报国务院有关行政主管部门。

第十四条 对保障人身健康和生命财产安全、国家安全、生态环境安全以及经济社会发展所急需的标准项目，制定标准的行政主管部门应当优先立项并及时完成。

第十五条 制定强制性标准、推荐性标准，应当在立项时对有关行政主管部门、企业、社会团体、消费者和教育、科研机构等方面的实际需求进行调查，对制定标准的必要性、可行性进行论证评估；在制定过程中，应当按照便捷有效的原则采取多种方式征求意见，组织对标准相关事项进行调查分析、实验、论证，并做到有关标准之间的协调配套。

第十六条 制定推荐性标准，应当组织由相关方组成的标准化技术委员会，承担标准的起草、技术审查工作。制定强制性标准，可以委托相关标准化技术委员会承担标准的起草、技术审查工作。未组成标准化技术委员会的，应当成立专家组承担相关标准的起草、技术审查工作。标准化技术委员会和专家组的组成应当具有广泛代表性。

第十七条 强制性标准文本应当免费向社会公开。国家推动免费向社会公开推荐性标准文本。

第十八条 国家鼓励学会、协会、商会、联合会、产业技术联盟等社会团体协调相关市场主体共同制定满足市场和创新需要的团体标准，由本团体成员约定采用或者按照本团体的规定供社会自愿采用。

制定团体标准，应当遵循开放、透明、公平的原则，保证各参与主体获取相关信息，反映各参与主体的共同需求，并应当组织对标准相关事项进行调查分析、实验、论证。

国务院标准化行政主管部门会同国务院有关行政主管部门对团体标准的制定进行规范、引导和监督。

第十九条 企业可以根据需要自行制定企业标准，或者与其他企业联合制定企业标准。

第二十条 国家支持在重要行业、战略性新兴产业、关键共性技术等领域利用自主创新技术制定团体标准、企业标准。

第二十一条 推荐性国家标准、行业标准、地方标准、团体标准、企业标准的技术要求不得低于强制性国家标准的相关技术要求。

国家鼓励社会团体、企业制定高于推荐性标准相关技术要求的团体标准、企业标准。

第二十二条 制定标准应当有利于科学合理利用资源，推广科学技术成果，增强产品的安全性、通用性、可替换性，提高经济效益、社会效益、生态效益，做到技术上先进、经济上合理。

禁止利用标准实施妨碍商品、服务自由流通等排除、限制市场竞争的行为。

第二十三条 国家推进标准化军民融合和资源共享，提升军民标准通用化水平，积极推动在国防和军队建设中采用先进适用的民用标准，并将先进适用的军用标准转化为民用标准。

第二十四条 标准应当按照编号规则进行编号。标准的编号规则由国务院标准化行政主管部门制定并公布。

第三章 标准的实施

第二十五条 不符合强制性标准的产品、服务，不得生产、销售、进口或者提供。

第二十六条 出口产品、服务的技术要求，按照合同的约定执行。

第二十七条 国家实行团体标准、企业标准自我声明公开和监督制度。企业应当公开其执行的强制性标准、推荐性标准、团体标准或者企业标准的编号和名称；企业执行自行制定的企业标准的，还应当公开产品、服务的功能指标和产品的性能指标。国家鼓励团体标准、企业标准通过标准信息公共服务平台向社会公开。

企业应当按照标准组织生产经营活动，其生产的产品、提供的服务应当符合企业公开标准的技术要求。

第二十八条 企业研制新产品、改进产品，进行技术改造，应当符合本法规定的标准化要求。

第二十九条 国家建立强制性标准实施情况统计分析报告制度。

国务院标准化行政主管部门和国务院有关行政主管部门、设区的市级以上地方人民政府标准化行政主管部门应当建立标准实施信息反馈和评估机制，根据反馈和评估情况对其制定的标准进行复审。标准的复审周期一般不超过五年。经过复审，对不适应经济社会发展需要和技术进步的应当及时修订或者废止。

第三十条 国务院标准化行政主管部门根据标准实施信息反馈、评估、复审情况，对有关标准之间重复交叉或者不衔接配套的，应当会同国务院有关行政主管部门作出处理或者通过国务院标准化协调机制处理。

第三十一条 县级以上人民政府应当支持开展标准化试点示范和宣传工作，传播标准化理念，推广标准化经验，推动全社会运用标准化方式组织生产、经营、管理和服务，发挥标准对促进转型升级、引领创新驱动的支撑作用。

第四章 监督管理

第三十二条 县级以上人民政府标准化行政主管部门、有关行政主管部门依据法定职责，对标准的制定进行指导和监督，对标准的实施进行监督检查。

第三十三条 国务院有关行政主管部门在标准制定、实施过程中出现争议的，由国务院标准化行政主管部门组织协商；协商不成的，由国务院标准化协调机制解决。

第三十四条 国务院有关行政主管部门、设区的市级以上地方人民政府标准化行政主管部门未依照本法规定对标准进行编号、复审或者备案的，国务院标准化行政主管部门应当要求其说明情况，并限期改正。

第三十五条 任何单位或者个人有权向标准化行政主管部门、有关行政主管部门举报、投诉违反本法规定的行为。

标准化行政主管部门、有关行政主管部门应当向社会公开受理举报、投诉的电话、信箱或者电子邮件地址，并安排人员受理举报、投诉。对实名举报人或者投诉人，受理举报、投诉的行政主管部门应当告知处理结果，为举报人保密，并按照国家有关规定对举报人给予奖励。

第五章　法律责任

第三十六条　生产、销售、进口产品或者提供服务不符合强制性标准，或者企业生产的产品、提供的服务不符合其公开标准的技术要求的，依法承担民事责任。

第三十七条　生产、销售、进口产品或者提供服务不符合强制性标准的，依照《中华人民共和国产品质量法》、《中华人民共和国进出口商品检验法》、《中华人民共和国消费者权益保护法》等法律、行政法规的规定查处，记入信用记录，并依照有关法律、行政法规的规定予以公示；构成犯罪的，依法追究刑事责任。

第三十八条　企业未依照本法规定公开其执行的标准的，由标准化行政主管部门责令限期改正；逾期不改正的，在标准信息公共服务平台上公示。

第三十九条　国务院有关行政主管部门、设区的市级以上地方人民政府标准化行政主管部门制定的标准不符合本法第二十一条第一款、第二十二条第一款规定的，应当及时改正；拒不改正的，由国务院标准化行政主管部门公告废止相关标准；对负有责任的领导人员和直接责任人员依法给予处分。

社会团体、企业制定的标准不符合本法第二十一条第一款、第二十二条第一款规定的，由标准化行政主管部门责令限期改正；逾期不改正的，由省级以上人民政府标准化行政主管部门废止相关标准，并在标准信息公共服务平台上公示。

违反本法第二十二条第二款规定，利用标准实施排除、限制市场竞争行为的，依照《中华人民共和国反垄断法》等法律、行政法规的规定处理。

第四十条　国务院有关行政主管部门、设区的市级以上地方人民政府标准化行政主管部门未依照本法规定对标准进行编号或者备案，又未依照本法第三十四条的规定改正的，由国务院标准化行政主管部门撤销相关标准编号或者公告废止未备案标准；对负有责任的领导人员和直接责任人员依法给予处分。

国务院有关行政主管部门、设区的市级以上地方人民政府标准化行政主管部门未依照本法规定对其制定的标准进行复审，又未依照本法第三十四条的规定改正的，对负有责任的领导人员和直接责任人员依法给予处分。

第四十一条 国务院标准化行政主管部门未依照本法第十条第二款规定对制定强制性国家标准的项目予以立项，制定的标准不符合本法第二十一条第一款、第二十二条第一款规定，或者未依照本法规定对标准进行编号、复审或者予以备案的，应当及时改正；对负有责任的领导人员和直接责任人员可以依法给予处分。

第四十二条 社会团体、企业未依照本法规定对团体标准或者企业标准进行编号的，由标准化行政主管部门责令限期改正；逾期不改正的，由省级以上人民政府标准化行政主管部门撤销相关标准编号，并在标准信息公共服务平台上公示。

第四十三条 标准化工作的监督、管理人员滥用职权、玩忽职守、徇私舞弊的，依法给予处分；构成犯罪的，依法追究刑事责任。

第六章　附　　则

第四十四条 军用标准的制定、实施和监督办法，由国务院、中央军事委员会另行制定。

第四十五条 本法自 2018 年 1 月 1 日起施行。

中华人民共和国安全生产法（节选）

（2002 年 6 月 29 日第九届全国人民代表大会常务委员会
第二十八次会议通过
2002 年 6 月 29 日中华人民共和国主席令第 70 号公布
自 2002 年 11 月 1 日起施行
根据 2009 年 8 月 27 日第十一届全国人民代表大会常务委员会
第十次会议《关于修改部分法律的决定》第一次修正
根据 2014 年 8 月 31 日第十二届全国人民代表大会常务
委员会第十次会议《关于修改〈中华人民共和国
安全生产法〉的决定》第二次修正
根据 2021 年 6 月 10 日第十三届全国人民代表大会常务委员会
第二十九次会议《关于修改〈中华人民共和国安全生产法〉
的决定》第三次修正）

第一章　总　　则

第一条　为了加强安全生产工作，防止和减少生产安全事故，保障人民群众生命和财产安全，促进经济社会持续健康发展，制定本法。

第二条　在中华人民共和国领域内从事生产经营活动的单位（以下统称生产经营单位）的安全生产，适用本法；有关法律、行政法规对消防安全和道路交通安全、铁路交通安全、水上交通安全、民用航空安全以及核与辐射安全、特种设备安全另有规定的，适用其规定。

第三条　安全生产工作坚持中国共产党的领导。

安全生产工作应当以人为本，坚持人民至上、生命至上，把保护人民生命安全摆在首位，树牢安全发展理念，坚持安全第

一、预防为主、综合治理的方针，从源头上防范化解重大安全风险。

安全生产工作实行管行业必须管安全、管业务必须管安全、管生产经营必须管安全，强化和落实生产经营单位主体责任与政府监管责任，建立生产经营单位负责、职工参与、政府监管、行业自律和社会监督的机制。

第四条 生产经营单位必须遵守本法和其他有关安全生产的法律、法规，加强安全生产管理，建立健全全员安全生产责任制和安全生产规章制度，加大对安全生产资金、物资、技术、人员的投入保障力度，改善安全生产条件，加强安全生产标准化、信息化建设，构建安全风险分级管控和隐患排查治理双重预防机制，健全风险防范化解机制，提高安全生产水平，确保安全生产。

平台经济等新兴行业、领域的生产经营单位应当根据本行业、领域的特点，建立健全并落实全员安全生产责任制，加强从业人员安全生产教育和培训，履行本法和其他法律、法规规定的有关安全生产义务。

第五条 生产经营单位的主要负责人是本单位安全生产第一责任人，对本单位的安全生产工作全面负责。其他负责人对职责范围内的安全生产工作负责。

第六条 生产经营单位的从业人员有依法获得安全生产保障的权利，并应当依法履行安全生产方面的义务。

第七条 工会依法对安全生产工作进行监督。

生产经营单位的工会依法组织职工参加本单位安全生产工作的民主管理和民主监督，维护职工在安全生产方面的合法权益。生产经营单位制定或者修改有关安全生产的规章制度，应当听取工会的意见。

第八条 国务院和县级以上地方各级人民政府应当根据国民经济和社会发展规划制定安全生产规划，并组织实施。安全生产规划应当与国土空间规划等相关规划相衔接。

各级人民政府应当加强安全生产基础设施建设和安全生产监管能力建设，所需经费列入本级预算。

县级以上地方各级人民政府应当组织有关部门建立完善安全风险评估与论证机制，按照安全风险管控要求，进行产业规划和空间布局，并对位置相邻、行业相近、业态相似的生产经营单位实施重大安全风险联防联控。

第九条 国务院和县级以上地方各级人民政府应当加强对安全生产工作的领导，建立健全安全生产工作协调机制，支持、督促各有关部门依法履行安全生产监督管理职责，及时协调、解决安全生产监督管理中存在的重大问题。

乡镇人民政府和街道办事处，以及开发区、工业园区、港区、风景区等应当明确负责安全生产监督管理的有关工作机构及其职责，加强安全生产监管力量建设，按照职责对本行政区域或者管理区域内生产经营单位安全生产状况进行监督检查，协助人民政府有关部门或者按照授权依法履行安全生产监督管理职责。

第十条 国务院应急管理部门依照本法，对全国安全生产工作实施综合监督管理；县级以上地方各级人民政府应急管理部门依照本法，对本行政区域内安全生产工作实施综合监督管理。

国务院交通运输、住房和城乡建设、水利、民航等有关部门依照本法和其他有关法律、行政法规的规定，在各自的职责范围内对有关行业、领域的安全生产工作实施监督管理；县级以上地方各级人民政府有关部门依照本法和其他有关法律、法规的规定，在各自的职责范围内对有关行业、领域的安全生产工作实施监督管理。对新兴行业、领域的安全生产监督管理职责不明确的，由县级以上地方各级人民政府按照业务相近的原则确定监督管理部门。

应急管理部门和对有关行业、领域的安全生产工作实施监督管理的部门，统称负有安全生产监督管理职责的部门。负有安全生产监督管理职责的部门应当相互配合、齐抓共管、信息共享、资源共用，依法加强安全生产监督管理工作。

第十一条 国务院有关部门应当按照保障安全生产的要求，依法及时制定有关的国家标准或者行业标准，并根据科技进步和经济发展适时修订。

生产经营单位必须执行依法制定的保障安全生产的国家标准或者行业标准。

第十二条 国务院有关部门按照职责分工负责安全生产强制性国家标准的项目提出、组织起草、征求意见、技术审查。国务院应急管理部门统筹提出安全生产强制性国家标准的立项计划。国务院标准化行政主管部门负责安全生产强制性国家标准的立项、编号、对外通报和授权批准发布工作。国务院标准化行政主管部门、有关部门依据法定职责对安全生产强制性国家标准的实施进行监督检查。

第十三条 各级人民政府及其有关部门应当采取多种形式，加强对有关安全生产的法律、法规和安全生产知识的宣传，增强全社会的安全生产意识。

第十四条 有关协会组织依照法律、行政法规和章程，为生产经营单位提供安全生产方面的信息、培训等服务，发挥自律作用，促进生产经营单位加强安全生产管理。

第十五条 依法设立的为安全生产提供技术、管理服务的机构，依照法律、行政法规和执业准则，接受生产经营单位的委托为其安全生产工作提供技术、管理服务。

生产经营单位委托前款规定的机构提供安全生产技术、管理服务的，保证安全生产的责任仍由本单位负责。

第十六条 国家实行生产安全事故责任追究制度，依照本法和有关法律、法规的规定，追究生产安全事故责任单位和责任人员的法律责任。

第十七条 县级以上各级人民政府应当组织负有安全生产监督管理职责的部门依法编制安全生产权力和责任清单，公开并接受社会监督。

第十八条 国家鼓励和支持安全生产科学技术研究和安全生

产先进技术的推广应用，提高安全生产水平。

第十九条 国家对在改善安全生产条件、防止生产安全事故、参加抢险救护等方面取得显著成绩的单位和个人，给予奖励。

第二章 生产经营单位的安全生产保障

第二十条 生产经营单位应当具备本法和有关法律、行政法规和国家标准或者行业标准规定的安全生产条件；不具备安全生产条件的，不得从事生产经营活动。

第二十一条 生产经营单位的主要负责人对本单位安全生产工作负有下列职责：

（一）建立健全并落实本单位全员安全生产责任制，加强安全生产标准化建设；

（二）组织制定并实施本单位安全生产规章制度和操作规程；

（三）组织制定并实施本单位安全生产教育和培训计划；

（四）保证本单位安全生产投入的有效实施；

（五）组织建立并落实安全风险分级管控和隐患排查治理双重预防工作机制，督促、检查本单位的安全生产工作，及时消除生产安全事故隐患；

（六）组织制定并实施本单位的生产安全事故应急救援预案；

（七）及时、如实报告生产安全事故。

第二十二条 生产经营单位的全员安全生产责任制应当明确各岗位的责任人员、责任范围和考核标准等内容。

生产经营单位应当建立相应的机制，加强对全员安全生产责任制落实情况的监督考核，保证全员安全生产责任制的落实。

第二十三条 生产经营单位应当具备的安全生产条件所必需的资金投入，由生产经营单位的决策机构、主要负责人或者个人经营的投资人予以保证，并对由于安全生产所必需的资金投入不足导致的后果承担责任。

有关生产经营单位应当按照规定提取和使用安全生产费用，

专门用于改善安全生产条件。安全生产费用在成本中据实列支。安全生产费用提取、使用和监督管理的具体办法由国务院财政部门会同国务院应急管理部门征求国务院有关部门意见后制定。

第二十四条 矿山、金属冶炼、建筑施工、运输单位和危险物品的生产、经营、储存、装卸单位，应当设置安全生产管理机构或者配备专职安全生产管理人员。

前款规定以外的其他生产经营单位，从业人员超过一百人的，应当设置安全生产管理机构或者配备专职安全生产管理人员；从业人员在一百人以下的，应当配备专职或者兼职的安全生产管理人员。

第二十五条 生产经营单位的安全生产管理机构以及安全生产管理人员履行下列职责：

（一）组织或者参与拟订本单位安全生产规章制度、操作规程和生产安全事故应急救援预案；

（二）组织或者参与本单位安全生产教育和培训，如实记录安全生产教育和培训情况；

（三）组织开展危险源辨识和评估，督促落实本单位重大危险源的安全管理措施；

（四）组织或者参与本单位应急救援演练；

（五）检查本单位的安全生产状况，及时排查生产安全事故隐患，提出改进安全生产管理的建议；

（六）制止和纠正违章指挥、强令冒险作业、违反操作规程的行为；

（七）督促落实本单位安全生产整改措施。

生产经营单位可以设置专职安全生产分管负责人，协助本单位主要负责人履行安全生产管理职责。

第二十六条 生产经营单位的安全生产管理机构以及安全生产管理人员应当恪尽职守，依法履行职责。

生产经营单位作出涉及安全生产的经营决策，应当听取安全生产管理机构以及安全生产管理人员的意见。

生产经营单位不得因安全生产管理人员依法履行职责而降低其工资、福利等待遇或者解除与其订立的劳动合同。

危险物品的生产、储存单位以及矿山、金属冶炼单位的安全生产管理人员的任免，应当告知主管的负有安全生产监督管理职责的部门。

第二十七条 生产经营单位的主要负责人和安全生产管理人员必须具备与本单位所从事的生产经营活动相应的安全生产知识和管理能力。

危险物品的生产、经营、储存、装卸单位以及矿山、金属冶炼、建筑施工、运输单位的主要负责人和安全生产管理人员，应当由主管的负有安全生产监督管理职责的部门对其安全生产知识和管理能力考核合格。考核不得收费。

危险物品的生产、储存、装卸单位以及矿山、金属冶炼单位应当有注册安全工程师从事安全生产管理工作。鼓励其他生产经营单位聘用注册安全工程师从事安全生产管理工作。注册安全工程师按专业分类管理，具体办法由国务院人力资源和社会保障部门、国务院应急管理部门会同国务院有关部门制定。

第二十八条 生产经营单位应当对从业人员进行安全生产教育和培训，保证从业人员具备必要的安全生产知识，熟悉有关的安全生产规章制度和安全操作规程，掌握本岗位的安全操作技能，了解事故应急处理措施，知悉自身在安全生产方面的权利和义务。未经安全生产教育和培训合格的从业人员，不得上岗作业。

生产经营单位使用被派遣劳动者的，应当将被派遣劳动者纳入本单位从业人员统一管理，对被派遣劳动者进行岗位安全操作规程和安全操作技能的教育和培训。劳务派遣单位应当对被派遣劳动者进行必要的安全生产教育和培训。

生产经营单位接收中等职业学校、高等学校学生实习的，应当对实习学生进行相应的安全生产教育和培训，提供必要的劳动防护用品。学校应当协助生产经营单位对实习学生进行安全生产教育和培训。

生产经营单位应当建立安全生产教育和培训档案，如实记录安全生产教育和培训的时间、内容、参加人员以及考核结果等情况。

第二十九条 生产经营单位采用新工艺、新技术、新材料或者使用新设备，必须了解、掌握其安全技术特性，采取有效的安全防护措施，并对从业人员进行专门的安全生产教育和培训。

第三十条 生产经营单位的特种作业人员必须按照国家有关规定经专门的安全作业培训，取得相应资格，方可上岗作业。

特种作业人员的范围由国务院应急管理部门会同国务院有关部门确定。

第三十一条 生产经营单位新建、改建、扩建工程项目（以下统称建设项目）的安全设施，必须与主体工程同时设计、同时施工、同时投入生产和使用。安全设施投资应当纳入建设项目概算。

第三十二条 矿山、金属冶炼建设项目和用于生产、储存、装卸危险物品的建设项目，应当按照国家有关规定进行安全评价。

第三十三条 建设项目安全设施的设计人、设计单位应当对安全设施设计负责。

矿山、金属冶炼建设项目和用于生产、储存、装卸危险物品的建设项目的安全设施设计应当按照国家有关规定报经有关部门审查，审查部门及其负责审查的人员对审查结果负责。

第三十四条 矿山、金属冶炼建设项目和用于生产、储存、装卸危险物品的建设项目的施工单位必须按照批准的安全设施设计施工，并对安全设施的工程质量负责。

矿山、金属冶炼建设项目和用于生产、储存、装卸危险物品的建设项目竣工投入生产或者使用前，应当由建设单位负责组织对安全设施进行验收；验收合格后，方可投入生产和使用。负有安全生产监督管理职责的部门应当加强对建设单位验收活动和验收结果的监督核查。

第三十五条 生产经营单位应当在有较大危险因素的生产经营场所和有关设施、设备上，设置明显的安全警示标志。

第三十六条 安全设备的设计、制造、安装、使用、检测、维修、改造和报废，应当符合国家标准或者行业标准。

生产经营单位必须对安全设备进行经常性维护、保养，并定期检测，保证正常运转。维护、保养、检测应当作好记录，并由有关人员签字。

生产经营单位不得关闭、破坏直接关系生产安全的监控、报警、防护、救生设备、设施，或者篡改、隐瞒、销毁其相关数据、信息。

餐饮等行业的生产经营单位使用燃气的，应当安装可燃气体报警装置，并保障其正常使用。

第三十七条 生产经营单位使用的危险物品的容器、运输工具，以及涉及人身安全、危险性较大的海洋石油开采特种设备和矿山井下特种设备，必须按照国家有关规定，由专业生产单位生产，并经具有专业资质的检测、检验机构检测、检验合格，取得安全使用证或者安全标志，方可投入使用。检测、检验机构对检测、检验结果负责。

第三十八条 国家对严重危及生产安全的工艺、设备实行淘汰制度，具体目录由国务院应急管理部门会同国务院有关部门制定并公布。法律、行政法规对目录的制定另有规定的，适用其规定。

省、自治区、直辖市人民政府可以根据本地区实际情况制定并公布具体目录，对前款规定以外的危及生产安全的工艺、设备予以淘汰。

生产经营单位不得使用应当淘汰的危及生产安全的工艺、设备。

第三十九条 生产、经营、运输、储存、使用危险物品或者处置废弃危险物品的，由有关主管部门依照有关法律、法规的规定和国家标准或者行业标准审批并实施监督管理。

生产经营单位生产、经营、运输、储存、使用危险物品或者处置废弃危险物品，必须执行有关法律、法规和国家标准或者行业标准，建立专门的安全管理制度，采取可靠的安全措施，接受有关主管部门依法实施的监督管理。

第四十条 生产经营单位对重大危险源应当登记建档，进行定期检测、评估、监控，并制定应急预案，告知从业人员和相关人员在紧急情况下应当采取的应急措施。

生产经营单位应当按照国家有关规定将本单位重大危险源及有关安全措施、应急措施报有关地方人民政府应急管理部门和有关部门备案。有关地方人民政府应急管理部门和有关部门应当通过相关信息系统实现信息共享。

第四十一条 生产经营单位应当建立安全风险分级管控制度，按照安全风险分级采取相应的管控措施。

生产经营单位应当建立健全并落实生产安全事故隐患排查治理制度，采取技术、管理措施，及时发现并消除事故隐患。事故隐患排查治理情况应当如实记录，并通过职工大会或者职工代表大会、信息公示栏等方式向从业人员通报。其中，重大事故隐患排查治理情况应当及时向负有安全生产监督管理职责的部门和职工大会或者职工代表大会报告。

县级以上地方各级人民政府负有安全生产监督管理职责的部门应当将重大事故隐患纳入相关信息系统，建立健全重大事故隐患治理督办制度，督促生产经营单位消除重大事故隐患。

第四十二条 生产、经营、储存、使用危险物品的车间、商店、仓库不得与员工宿舍在同一座建筑物内，并应当与员工宿舍保持安全距离。

生产经营场所和员工宿舍应当设有符合紧急疏散要求、标志明显、保持畅通的出口、疏散通道。禁止占用、锁闭、封堵生产经营场所或者员工宿舍的出口、疏散通道。

第四十三条 生产经营单位进行爆破、吊装、动火、临时用电以及国务院应急管理部门会同国务院有关部门规定的其他危险作业，应当安排专门人员进行现场安全管理，确保操作规程的遵守和安全措施的落实。

第四十四条 生产经营单位应当教育和督促从业人员严格执行本单位的安全生产规章制度和安全操作规程；并向从业人员如实告知作业场所和工作岗位存在的危险因素、防范措施以及事故应急措施。

生产经营单位应当关注从业人员的身体、心理状况和行为习惯，加强对从业人员的心理疏导、精神慰藉，严格落实岗位安全生产责任，防范从业人员行为异常导致事故发生。

第四十五条 生产经营单位必须为从业人员提供符合国家标准或者行业标准的劳动防护用品，并监督、教育从业人员按照使用规则佩戴、使用。

第四十六条 生产经营单位的安全生产管理人员应当根据本单位的生产经营特点，对安全生产状况进行经常性检查；对检查中发现的安全问题，应当立即处理；不能处理的，应当及时报告本单位有关负责人，有关负责人应当及时处理。检查及处理情况应当如实记录在案。

生产经营单位的安全生产管理人员在检查中发现重大事故隐患，依照前款规定向本单位有关负责人报告，有关负责人不及时处理的，安全生产管理人员可以向主管的负有安全生产监督管理职责的部门报告，接到报告的部门应当依法及时处理。

第四十七条 生产经营单位应当安排用于配备劳动防护用品、进行安全生产培训的经费。

第四十八条 两个以上生产经营单位在同一作业区域内进行生产经营活动，可能危及对方生产安全的，应当签订安全生产管理协议，明确各自的安全生产管理职责和应当采取的安全措施，并指定专职安全生产管理人员进行安全检查与协调。

第四十九条 生产经营单位不得将生产经营项目、场所、设备发包或者出租给不具备安全生产条件或者相应资质的单位或者个人。

生产经营项目、场所发包或者出租给其他单位的，生产经营单位应当与承包单位、承租单位签订专门的安全生产管理协议，或者在承包合同、租赁合同中约定各自的安全生产管理职责；生产经营单位对承包单位、承租单位的安全生产工作统一协调、管理，定期进行安全检查，发现安全问题的，应当及时督促整改。

矿山、金属冶炼建设项目和用于生产、储存、装卸危险物品的建设项目的施工单位应当加强对施工项目的安全管理，不得倒卖、出租、出借、挂靠或者以其他形式非法转让施工资质，不得将其承包的全部建设工程转包给第三人或者将其承包的全部建设工程支解以后以分包的名义分别转包给第三人，不得将工程分包给不具备相应资质条件的单位。

第五十条 生产经营单位发生生产安全事故时，单位的主要负责人应当立即组织抢救，并不得在事故调查处理期间擅离职守。

第五十一条 生产经营单位必须依法参加工伤保险，为从业人员缴纳保险费。

国家鼓励生产经营单位投保安全生产责任保险；属于国家规定的高危行业、领域的生产经营单位，应当投保安全生产责任保险。具体范围和实施办法由国务院应急管理部门会同国务院财政部门、国务院保险监督管理机构和相关行业主管部门制定。

第三章 从业人员的安全生产权利义务

第五十二条 生产经营单位与从业人员订立的劳动合同，应当载明有关保障从业人员劳动安全、防止职业危害的事项，以及依法为从业人员办理工伤保险的事项。

生产经营单位不得以任何形式与从业人员订立协议，免除或者减轻其对从业人员因生产安全事故伤亡依法应承担的责任。

第五十三条 生产经营单位的从业人员有权了解其作业场所和工作岗位存在的危险因素、防范措施及事故应急措施，有权对本单位的安全生产工作提出建议。

第五十四条 从业人员有权对本单位安全生产工作中存在的问题提出批评、检举、控告；有权拒绝违章指挥和强令冒险作业。

生产经营单位不得因从业人员对本单位安全生产工作提出批评、检举、控告或者拒绝违章指挥、强令冒险作业而降低其工资、福利等待遇或者解除与其订立的劳动合同。

第五十五条 从业人员发现直接危及人身安全的紧急情况时，有权停止作业或者在采取可能的应急措施后撤离作业场所。

生产经营单位不得因从业人员在前款紧急情况下停止作业或者采取紧急撤离措施而降低其工资、福利等待遇或者解除与其订立的劳动合同。

第五十六条 生产经营单位发生生产安全事故后，应当及时采取措施救治有关人员。

因生产安全事故受到损害的从业人员，除依法享有工伤保险外，依照有关民事法律尚有获得赔偿的权利的，有权提出赔偿要求。

第五十七条 从业人员在作业过程中，应当严格落实岗位安全责任，遵守本单位的安全生产规章制度和操作规程，服从管理，正确佩戴和使用劳动防护用品。

第五十八条 从业人员应当接受安全生产教育和培训，掌握本职工作所需的安全生产知识，提高安全生产技能，增强事故预防和应急处理能力。

第五十九条 从业人员发现事故隐患或者其他不安全因素，应当立即向现场安全生产管理人员或者本单位负责人报告；接到报告的人员应当及时予以处理。

第六十条 工会有权对建设项目的安全设施与主体工程同时设计、同时施工、同时投入生产和使用进行监督，提出意见。

工会对生产经营单位违反安全生产法律、法规，侵犯从业人员合法权益的行为，有权要求纠正；发现生产经营单位违章指挥、强令冒险作业或者发现事故隐患时，有权提出解决的建议，生产经营单位应当及时研究答复；发现危及从业人员生命安全的情况时，有权向生产经营单位建议组织从业人员撤离危险场所，生产经营单位必须立即作出处理。

工会有权依法参加事故调查，向有关部门提出处理意见，并要求追究有关人员的责任。

第六十一条 生产经营单位使用被派遣劳动者的，被派遣劳动者享有本法规定的从业人员的权利，并应当履行本法规定的从业人员的义务。

第四章 安全生产的监督管理

第六十二条 县级以上地方各级人民政府应当根据本行政区域内的安全生产状况，组织有关部门按照职责分工，对本行政区域内容易发生重大生产安全事故的生产经营单位进行严格检查。

应急管理部门应当按照分类分级监督管理的要求，制定安全生产年度监督检查计划，并按照年度监督检查计划进行监督检查，发现事故隐患，应当及时处理。

第六十三条 负有安全生产监督管理职责的部门依照有关法律、法规的规定，对涉及安全生产的事项需要审查批准（包括批准、核准、许可、注册、认证、颁发证照等，下同）或者验收的，必须严格依照有关法律、法规和国家标准或者行业标准规定的安全生产条件和程序进行审查；不符合有关法律、法规和国家标准或者行业标准规定的安全生产条件的，不得批准或者验收通过。对未依法取得批准或者验收合格的单位擅自从事有关活动的，负责行政审批的部门发现或者接到举报后应当立即予以取缔，并依法予以处理。对已经依法取得批准的单位，负责行政审批的部门发现其不再具备安全生产条件的，应当撤销原批准。

第六十四条 负有安全生产监督管理职责的部门对涉及安全生产的事项进行审查、验收，不得收取费用；不得要求接受审查、验收的单位购买其指定品牌或者指定生产、销售单位的安全设备、器材或者其他产品。

第六十五条 应急管理部门和其他负有安全生产监督管理职责的部门依法开展安全生产行政执法工作，对生产经营单位执行有关安全生产的法律、法规和国家标准或者行业标准的情况进行监督检查，行使以下职权：

（一）进入生产经营单位进行检查，调阅有关资料，向有关单位和人员了解情况；

（二）对检查中发现的安全生产违法行为，当场予以纠正或者要求限期改正；对依法应当给予行政处罚的行为，依照本法和其他有关法律、行政法规的规定作出行政处罚决定；

（三）对检查中发现的事故隐患，应当责令立即排除；重大事故隐患排除前或者排除过程中无法保证安全的，应当责令从危险区域内撤出作业人员，责令暂时停产停业或者停止使用相关设施、设备；重大事故隐患排除后，经审查同意，方可恢复生产经营和使用；

（四）对有根据认为不符合保障安全生产的国家标准或者行业标准的设施、设备、器材以及违法生产、储存、使用、经营、运输的危险物品予以查封或者扣押，对违法生产、储存、使用、经营危险物品的作业场所予以查封，并依法作出处理决定。

监督检查不得影响被检查单位的正常生产经营活动。

第六十六条 生产经营单位对负有安全生产监督管理职责的部门的监督检查人员（以下统称安全生产监督检查人员）依法履行监督检查职责，应当予以配合，不得拒绝、阻挠。

第六十七条 安全生产监督检查人员应当忠于职守，坚持原则，秉公执法。

安全生产监督检查人员执行监督检查任务时，必须出示有效的行政执法证件；对涉及被检查单位的技术秘密和业务秘密，应当为其保密。

第六十八条 安全生产监督检查人员应当将检查的时间、地点、内容、发现的问题及其处理情况，作出书面记录，并由检查人员和被检查单位的负责人签字；被检查单位的负责人拒绝签字的，检查人员应当将情况记录在案，并向负有安全生产监督管理职责的部门报告。

第六十九条 负有安全生产监督管理职责的部门在监督检查中，应当互相配合，实行联合检查；确需分别进行检查的，应当互通情况，发现存在的安全问题应当由其他有关部门进行处理的，应当及时移送其他有关部门并形成记录备查，接受移送的部门应当及时进行处理。

第七十条 负有安全生产监督管理职责的部门依法对存在重大事故隐患的生产经营单位作出停产停业、停止施工、停止使用相关设施或者设备的决定，生产经营单位应当依法执行，及时消除事故隐患。生产经营单位拒不执行，有发生生产安全事故的现实危险的，在保证安全的前提下，经本部门主要负责人批准，负有安全生产监督管理职责的部门可以采取通知有关单位停止供电、停止供应民用爆炸物品等措施，强制生产经营单位履行决定。通知应当采用书面形式，有关单位应当予以配合。

负有安全生产监督管理职责的部门依照前款规定采取停止供电措施，除有危及生产安全的紧急情形外，应当提前二十四小时通知生产经营单位。生产经营单位依法履行行政决定、采取相应措施消除事故隐患的，负有安全生产监督管理职责的部门应当及时解除前款规定的措施。

第七十一条 监察机关依照监察法的规定，对负有安全生产监督管理职责的部门及其工作人员履行安全生产监督管理职责实施监察。

第七十二条 承担安全评价、认证、检测、检验职责的机构应当具备国家规定的资质条件，并对其作出的安全评价、认证、检测、检验结果的合法性、真实性负责。资质条件由国务院应急管理部门会同国务院有关部门制定。

承担安全评价、认证、检测、检验职责的机构应当建立并实施服务公开和报告公开制度，不得租借资质、挂靠、出具虚假报告。

第七十三条 负有安全生产监督管理职责的部门应当建立举报制度，公开举报电话、信箱或者电子邮件地址等网络举报平台，受理有关安全生产的举报；受理的举报事项经调查核实后，应当形成书面材料；需要落实整改措施的，报经有关负责人签字并督促落实。对不属于本部门职责，需要由其他有关部门进行调查处理的，转交其他有关部门处理。

涉及人员死亡的举报事项，应当由县级以上人民政府组织核查处理。

第七十四条 任何单位或者个人对事故隐患或者安全生产违法行为，均有权向负有安全生产监督管理职责的部门报告或者举报。

因安全生产违法行为造成重大事故隐患或者导致重大事故，致使国家利益或者社会公共利益受到侵害的，人民检察院可以根据民事诉讼法、行政诉讼法的相关规定提起公益诉讼。

第七十五条 居民委员会、村民委员会发现其所在区域内的生产经营单位存在事故隐患或者安全生产违法行为时，应当向当地人民政府或者有关部门报告。

第七十六条 县级以上各级人民政府及其有关部门对报告重大事故隐患或者举报安全生产违法行为的有功人员，给予奖励。具体奖励办法由国务院应急管理部门会同国务院财政部门制定。

第七十七条 新闻、出版、广播、电影、电视等单位有进行安全生产公益宣传教育的义务，有对违反安全生产法律、法规的行为进行舆论监督的权利。

第七十八条 负有安全生产监督管理职责的部门应当建立安全生产违法行为信息库，如实记录生产经营单位及其有关从业人员的安全生产违法行为信息；对违法行为情节严重的生产经营单位及其有关从业人员，应当及时向社会公告，并通报行业主管部门、投资主管部门、自然资源主管部门、生态环境主管部门、证券监督管理机构以及有关金融机构。有关部门和机构应当对存在失信行为的生产经营单位及其有关从业人员采取加大执法检查频次、暂停项目审批、上调有关保险费率、行业或者职业禁入等联合惩戒措施，并向社会公示。

负有安全生产监督管理职责的部门应当加强对生产经营单位行政处罚信息的及时归集、共享、应用和公开，对生产经营单位作出处罚决定后七个工作日内在监督管理部门公示系统予以公开曝光，强化对违法失信生产经营单位及其有关从业人员的社会监督，提高全社会安全生产诚信水平。

第五章　生产安全事故的应急救援与调查处理

第七十九条　国家加强生产安全事故应急能力建设，在重点行业、领域建立应急救援基地和应急救援队伍，并由国家安全生产应急救援机构统一协调指挥；鼓励生产经营单位和其他社会力量建立应急救援队伍，配备相应的应急救援装备和物资，提高应急救援的专业化水平。

国务院应急管理部门牵头建立全国统一的生产安全事故应急救援信息系统，国务院交通运输、住房和城乡建设、水利、民航等有关部门和县级以上地方人民政府建立健全相关行业、领域、地区的生产安全事故应急救援信息系统，实现互联互通、信息共享，通过推行网上安全信息采集、安全监管和监测预警，提升监管的精准化、智能化水平。

第八十条　县级以上地方各级人民政府应当组织有关部门制定本行政区域内生产安全事故应急救援预案，建立应急救援体系。

乡镇人民政府和街道办事处，以及开发区、工业园区、港区、风景区等应当制定相应的生产安全事故应急救援预案，协助人民政府有关部门或者按照授权依法履行生产安全事故应急救援工作职责。

第八十一条　生产经营单位应当制定本单位生产安全事故应急救援预案，与所在地县级以上地方人民政府组织制定的生产安全事故应急救援预案相衔接，并定期组织演练。

第八十二条 危险物品的生产、经营、储存单位以及矿山、金属冶炼、城市轨道交通运营、建筑施工单位应当建立应急救援组织；生产经营规模较小的，可以不建立应急救援组织，但应当指定兼职的应急救援人员。

危险物品的生产、经营、储存、运输单位以及矿山、金属冶炼、城市轨道交通运营、建筑施工单位应当配备必要的应急救援器材、设备和物资，并进行经常性维护、保养，保证正常运转。

第八十三条 生产经营单位发生生产安全事故后，事故现场有关人员应当立即报告本单位负责人。

单位负责人接到事故报告后，应当迅速采取有效措施，组织抢救，防止事故扩大，减少人员伤亡和财产损失，并按照国家有关规定立即如实报告当地负有安全生产监督管理职责的部门，不得隐瞒不报、谎报或者迟报，不得故意破坏事故现场、毁灭有关证据。

第八十四条 负有安全生产监督管理职责的部门接到事故报告后，应当立即按照国家有关规定上报事故情况。负有安全生产监督管理职责的部门和有关地方人民政府对事故情况不得隐瞒不报、谎报或者迟报。

第八十五条 有关地方人民政府和负有安全生产监督管理职责的部门的负责人接到生产安全事故报告后，应当按照生产安全事故应急救援预案的要求立即赶到事故现场，组织事故抢救。

参与事故抢救的部门和单位应当服从统一指挥，加强协同联动，采取有效的应急救援措施，并根据事故救援的需要采取警戒、疏散等措施，防止事故扩大和次生灾害的发生，减少人员伤亡和财产损失。

事故抢救过程中应当采取必要措施，避免或者减少对环境造成的危害。

任何单位和个人都应当支持、配合事故抢救，并提供一切便利条件。

第八十六条 事故调查处理应当按照科学严谨、依法依规、实事求是、注重实效的原则，及时、准确地查清事故原因，查明事故性质和责任，评估应急处置工作，总结事故教训，提出整改措施，并对事故责任单位和人员提出处理建议。事故调查报告应当依法及时向社会公布。事故调查和处理的具体办法由国务院制定。

事故发生单位应当及时全面落实整改措施，负有安全生产监督管理职责的部门应当加强监督检查。

负责事故调查处理的国务院有关部门和地方人民政府应当在批复事故调查报告后一年内，组织有关部门对事故整改和防范措施落实情况进行评估，并及时向社会公开评估结果；对不履行职责导致事故整改和防范措施没有落实的有关单位和人员，应当按照有关规定追究责任。

第八十七条 生产经营单位发生生产安全事故，经调查确定为责任事故的，除了应当查明事故单位的责任并依法予以追究外，还应当查明对安全生产的有关事项负有审查批准和监督职责的行政部门的责任，对有失职、渎职行为的，依照本法第九十条的规定追究法律责任。

第八十八条 任何单位和个人不得阻挠和干涉对事故的依法调查处理。

第八十九条 县级以上地方各级人民政府应急管理部门应当定期统计分析本行政区域内发生生产安全事故的情况，并定期向社会公布。

中华人民共和国消防法（节选）

（1998 年 4 月 29 日第九届全国人民代表大会常务委员会
第二次会议通过
1998 年 4 月 29 日中华人民共和国主席令第 4 号公布
自 1998 年 9 月 1 日起施行
2008 年 10 月 28 日第十一届全国人民代表大会常务委员会
第五次会议修订
根据 2019 年 4 月 23 日第十三届全国人民代表大会常务委员会
第十次会议
《关于修改〈中华人民共和国建筑法〉等八部法律的决定》
第一次修正
根据 2021 年 4 月 29 日第十三届全国人民代表大会常务委员会
第二十八次会议
《关于修改〈中华人民共和国道路交通安全法〉等八部法律的
决定》第二次修正）

第一章　总　　则

第一条　为了预防火灾和减少火灾危害，加强应急救援工作，保护人身、财产安全，维护公共安全，制定本法。

第二条　消防工作贯彻预防为主、防消结合的方针，按照政府统一领导、部门依法监管、单位全面负责、公民积极参与的原则，实行消防安全责任制，建立健全社会化的消防工作网络。

第三条　国务院领导全国的消防工作。地方各级人民政府负责本行政区域内的消防工作。

各级人民政府应当将消防工作纳入国民经济和社会发展计划，保障消防工作与经济社会发展相适应。

第四条 国务院应急管理部门对全国的消防工作实施监督管理。县级以上地方人民政府应急管理部门对本行政区域内的消防工作实施监督管理，并由本级人民政府消防救援机构负责实施。军事设施的消防工作，由其主管单位监督管理，消防救援机构协助；矿井地下部分、核电厂、海上石油天然气设施的消防工作，由其主管单位监督管理。

县级以上人民政府其他有关部门在各自的职责范围内，依照本法和其他相关法律、法规的规定做好消防工作。

法律、行政法规对森林、草原的消防工作另有规定的，从其规定。

第五条 任何单位和个人都有维护消防安全、保护消防设施、预防火灾、报告火警的义务。任何单位和成年人都有参加有组织的灭火工作的义务。

第六条 各级人民政府应当组织开展经常性的消防宣传教育，提高公民的消防安全意识。

机关、团体、企业、事业等单位，应当加强对本单位人员的消防宣传教育。

应急管理部门及消防救援机构应当加强消防法律、法规的宣传，并督促、指导、协助有关单位做好消防宣传教育工作。

教育、人力资源行政主管部门和学校、有关职业培训机构应当将消防知识纳入教育、教学、培训的内容。

新闻、广播、电视等有关单位，应当有针对性地面向社会进行消防宣传教育。

工会、共产主义青年团、妇女联合会等团体应当结合各自工作对象的特点，组织开展消防宣传教育。

村民委员会、居民委员会应当协助人民政府以及公安机关、应急管理等部门，加强消防宣传教育。

第七条 国家鼓励、支持消防科学研究和技术创新，推广使用先进的消防和应急救援技术、设备；鼓励、支持社会力量开展消防公益活动。

对在消防工作中有突出贡献的单位和个人，应当按照国家有关规定给予表彰和奖励。

第二章　火 灾 预 防

第八条　地方各级人民政府应当将包括消防安全布局、消防站、消防供水、消防通信、消防车通道、消防装备等内容的消防规划纳入城乡规划，并负责组织实施。

城乡消防安全布局不符合消防安全要求的，应当调整、完善；公共消防设施、消防装备不足或者不适应实际需要的，应当增建、改建、配置或者进行技术改造。

第九条　建设工程的消防设计、施工必须符合国家工程建设消防技术标准。建设、设计、施工、工程监理等单位依法对建设工程的消防设计、施工质量负责。

第十条　对按照国家工程建设消防技术标准需要进行消防设计的建设工程，实行建设工程消防设计审查验收制度。

第十一条　国务院住房和城乡建设主管部门规定的特殊建设工程，建设单位应当将消防设计文件报送住房和城乡建设主管部门审查，住房和城乡建设主管部门依法对审查的结果负责。

前款规定以外的其他建设工程，建设单位申请领取施工许可证或者申请批准开工报告时应当提供满足施工需要的消防设计图纸及技术资料。

第十二条　特殊建设工程未经消防设计审查或者审查不合格的，建设单位、施工单位不得施工；其他建设工程，建设单位未提供满足施工需要的消防设计图纸及技术资料的，有关部门不得发放施工许可证或者批准开工报告。

第十三条　国务院住房和城乡建设主管部门规定应当申请消防验收的建设工程竣工，建设单位应当向住房和城乡建设主管部门申请消防验收。

前款规定以外的其他建设工程，建设单位在验收后应当报住房和城乡建设主管部门备案，住房和城乡建设主管部门应当进行抽查。

依法应当进行消防验收的建设工程，未经消防验收或者消防验收不合格的，禁止投入使用；其他建设工程经依法抽查不合格的，应当停止使用。

第十四条 建设工程消防设计审查、消防验收、备案和抽查的具体办法，由国务院住房和城乡建设主管部门规定。

第十五条 公众聚集场所投入使用、营业前消防安全检查实行告知承诺管理。公众聚集场所在投入使用、营业前，建设单位或者使用单位应当向场所所在地的县级以上地方人民政府消防救援机构申请消防安全检查，作出场所符合消防技术标准和管理规定的承诺，提交规定的材料，并对其承诺和材料的真实性负责。

消防救援机构对申请人提交的材料进行审查；申请材料齐全、符合法定形式的，应当予以许可。消防救援机构应当根据消防技术标准和管理规定，及时对作出承诺的公众聚集场所进行核查。

申请人选择不采用告知承诺方式办理的，消防救援机构应当自受理申请之日起十个工作日内，根据消防技术标准和管理规定，对该场所进行检查。经检查符合消防安全要求的，应当予以许可。

公众聚集场所未经消防救援机构许可的，不得投入使用、营业。消防安全检查的具体办法，由国务院应急管理部门制定。

第十六条 机关、团体、企业、事业等单位应当履行下列消防安全职责：

（一）落实消防安全责任制，制定本单位的消防安全制度、消防安全操作规程，制定灭火和应急疏散预案；

（二）按照国家标准、行业标准配置消防设施、器材，设置消防安全标志，并定期组织检验、维修，确保完好有效；

（三）对建筑消防设施每年至少进行一次全面检测，确保完好有效，检测记录应当完整准确，存档备查；

（四）保障疏散通道、安全出口、消防车通道畅通，保证防火防烟分区、防火间距符合消防技术标准；

（五）组织防火检查，及时消除火灾隐患；

（六）组织进行有针对性的消防演练；

（七）法律、法规规定的其他消防安全职责。

单位的主要负责人是本单位的消防安全责任人。

第十七条 县级以上地方人民政府消防救援机构应当将发生火灾可能性较大以及发生火灾可能造成重大的人身伤亡或者财产损失的单位，确定为本行政区域内的消防安全重点单位，并由应急管理部门报本级人民政府备案。

消防安全重点单位除应当履行本法第十六条规定的职责外，还应当履行下列消防安全职责：

（一）确定消防安全管理人，组织实施本单位的消防安全管理工作；

（二）建立消防档案，确定消防安全重点部位，设置防火标志，实行严格管理；

（三）实行每日防火巡查，并建立巡查记录；

（四）对职工进行岗前消防安全培训，定期组织消防安全培训和消防演练。

第十八条 同一建筑物由两个以上单位管理或者使用的，应当明确各方的消防安全责任，并确定责任人对共用的疏散通道、安全出口、建筑消防设施和消防车通道进行统一管理。

住宅区的物业服务企业应当对管理区域内的共用消防设施进行维护管理，提供消防安全防范服务。

第十九条 生产、储存、经营易燃易爆危险品的场所不得与居住场所设置在同一建筑物内，并应当与居住场所保持安全距离。

生产、储存、经营其他物品的场所与居住场所设置在同一建筑物内的，应当符合国家工程建设消防技术标准。

第二十条 举办大型群众性活动，承办人应当依法向公安机关申请安全许可，制定灭火和应急疏散预案并组织演练，明确消防安全责任分工，确定消防安全管理人员，保持消防设施和消防器材配置齐全、完好有效，保证疏散通道、安全出口、疏散指示标志、应急照明和消防车通道符合消防技术标准和管理规定。

第二十一条 禁止在具有火灾、爆炸危险的场所吸烟、使用明火。因施工等特殊情况需要使用明火作业的，应当按照规定事先办理审批手续，采取相应的消防安全措施；作业人员应当遵守消防安全规定。

进行电焊、气焊等具有火灾危险作业的人员和自动消防系统的操作人员，必须持证上岗，并遵守消防安全操作规程。

第二十二条 生产、储存、装卸易燃易爆危险品的工厂、仓库和专用车站、码头的设置，应当符合消防技术标准。易燃易爆气体和液体的充装站、供应站、调压站，应当设置在符合消防安全要求的位置，并符合防火防爆要求。

已经设置的生产、储存、装卸易燃易爆危险品的工厂、仓库和专用车站、码头，易燃易爆气体和液体的充装站、供应站、调压站，不再符合前款规定的，地方人民政府应当组织、协调有关部门、单位限期解决，消除安全隐患。

第二十三条 生产、储存、运输、销售、使用、销毁易燃易爆危险品，必须执行消防技术标准和管理规定。

进入生产、储存易燃易爆危险品的场所，必须执行消防安全规定。禁止非法携带易燃易爆危险品进入公共场所或者乘坐公共交通工具。

储存可燃物资仓库的管理，必须执行消防技术标准和管理规定。

第二十四条 消防产品必须符合国家标准；没有国家标准的，必须符合行业标准。禁止生产、销售或者使用不合格的消防产品以及国家明令淘汰的消防产品。

依法实行强制性产品认证的消防产品，由具有法定资质的认证机构按照国家标准、行业标准的强制性要求认证合格后，方可生产、销售、使用。实行强制性产品认证的消防产品目录，由国务院产品质量监督部门会同国务院应急管理部门制定并公布。

新研制的尚未制定国家标准、行业标准的消防产品，应当按照国务院产品质量监督部门会同国务院应急管理部门规定的办法，经技术鉴定符合消防安全要求的，方可生产、销售、使用。

依照本条规定经强制性产品认证合格或者技术鉴定合格的消防产品，国务院应急管理部门应当予以公布。

第二十五条 产品质量监督部门、工商行政管理部门、消防救援机构应当按照各自职责加强对消防产品质量的监督检查。

第二十六条 建筑构件、建筑材料和室内装修、装饰材料的防火性能必须符合国家标准；没有国家标准的，必须符合行业标准。

人员密集场所室内装修、装饰，应当按照消防技术标准的要求，使用不燃、难燃材料。

第二十七条 电器产品、燃气用具的产品标准，应当符合消防安全的要求。

电器产品、燃气用具的安装、使用及其线路、管路的设计、敷设、维护保养、检测，必须符合消防技术标准和管理规定。

第二十八条 任何单位、个人不得损坏、挪用或者擅自拆除、停用消防设施、器材，不得埋压、圈占、遮挡消火栓或者占用防火间距，不得占用、堵塞、封闭疏散通道、安全出口、消防车通道。人员密集场所的门窗不得设置影响逃生和灭火救援的障碍物。

第二十九条 负责公共消防设施维护管理的单位，应当保持消防供水、消防通信、消防车通道等公共消防设施的完好有效。在修建道路以及停电、停水、截断通信线路时有可能影响消防队灭火救援的，有关单位必须事先通知当地消防救援机构。

第三十条 地方各级人民政府应当加强对农村消防工作的领导，采取措施加强公共消防设施建设，组织建立和督促落实消防安全责任制。

第三十一条 在农业收获季节、森林和草原防火期间、重大节假日期间以及火灾多发季节，地方各级人民政府应当组织开展有针对性的消防宣传教育，采取防火措施，进行消防安全检查。

第三十二条 乡镇人民政府、城市街道办事处应当指导、支持和帮助村民委员会、居民委员会开展群众性的消防工作。村民委员会、居民委员会应当确定消防安全管理人，组织制定防火安全公约，进行防火安全检查。

第三十三条 国家鼓励、引导公众聚集场所和生产、储存、运输、销售易燃易爆危险品的企业投保火灾公众责任保险；鼓励保险公司承保火灾公众责任保险。

第三十四条 消防设施维护保养检测、消防安全评估等消防技术服务机构应当符合从业条件，执业人员应当依法获得相应的资格；依照法律、行政法规、国家标准、行业标准和执业准则，接受委托提供消防技术服务，并对服务质量负责。

第三章 消 防 组 织

第三十五条 各级人民政府应当加强消防组织建设，根据经济社会发展的需要，建立多种形式的消防组织，加强消防技术人才培养，增强火灾预防、扑救和应急救援的能力。

第三十六条 县级以上地方人民政府应当按照国家规定建立国家综合性消防救援队、专职消防队，并按照国家标准配备消防装备，承担火灾扑救工作。

乡镇人民政府应当根据当地经济发展和消防工作的需要，建立专职消防队、志愿消防队，承担火灾扑救工作。

第三十七条 国家综合性消防救援队、专职消防队按照国家规定承担重大灾害事故和其他以抢救人员生命为主的应急救援工作。

第三十八条 国家综合性消防救援队、专职消防队应当充分发挥火灾扑救和应急救援专业力量的骨干作用；按照国家规定，组织实施专业技能训练，配备并维护保养装备器材，提高火灾扑救和应急救援的能力。

第三十九条 下列单位应当建立单位专职消防队，承担本单位的火灾扑救工作：

（一）大型核设施单位、大型发电厂、民用机场、主要港口；

（二）生产、储存易燃易爆危险品的大型企业；

（三）储备可燃的重要物资的大型仓库、基地；

（四）第一项、第二项、第三项规定以外的火灾危险性较大、距离国家综合性消防救援队较远的其他大型企业；

（五）距离国家综合性消防救援队较远、被列为全国重点文物保护单位的古建筑群的管理单位。

第四十条 专职消防队的建立，应当符合国家有关规定，并报当地消防救援机构验收。

专职消防队的队员依法享受社会保险和福利待遇。

第四十一条 机关、团体、企业、事业等单位以及村民委员会、居民委员会根据需要，建立志愿消防队等多种形式的消防组织，开展群众性自防自救工作。

第四十二条 消防救援机构应当对专职消防队、志愿消防队等消防组织进行业务指导；根据扑救火灾的需要，可以调动指挥专职消防队参加火灾扑救工作。

第四章 灭火救援

第四十三条 县级以上地方人民政府应当组织有关部门针对本行政区域内的火灾特点制定应急预案，建立应急反应和处置机制，为火灾扑救和应急救援工作提供人员、装备等保障。

第四十四条 任何人发现火灾都应当立即报警。任何单位、个人都应当无偿为报警提供便利，不得阻拦报警。严禁谎报火警。

人员密集场所发生火灾，该场所的现场工作人员应当立即组织、引导在场人员疏散。

任何单位发生火灾，必须立即组织力量扑救。邻近单位应当给予支援。

消防队接到火警，必须立即赶赴火灾现场，救助遇险人员，排除险情，扑灭火灾。

第四十五条 消防救援机构统一组织和指挥火灾现场扑救，应当优先保障遇险人员的生命安全。

火灾现场总指挥根据扑救火灾的需要，有权决定下列事项：

（一）使用各种水源；

（二）截断电力、可燃气体和可燃液体的输送，限制用火用电；

（三）划定警戒区，实行局部交通管制；

（四）利用临近建筑物和有关设施；

（五）为了抢救人员和重要物资，防止火势蔓延，拆除或者破损毗邻火灾现场的建筑物、构筑物或者设施等；

（六）调动供水、供电、供气、通信、医疗救护、交通运输、环境保护等有关单位协助灭火救援。

根据扑救火灾的紧急需要，有关地方人民政府应当组织人员、调集所需物资支援灭火。

第四十六条 国家综合性消防救援队、专职消防队参加火灾以外的其他重大灾害事故的应急救援工作，由县级以上人民政府统一领导。

第四十七条 消防车、消防艇前往执行火灾扑救或者应急救援任务，在确保安全的前提下，不受行驶速度、行驶路线、行驶方向和指挥信号的限制，其他车辆、船舶以及行人应当让行，不得穿插超越；收费公路、桥梁免收车辆通行费。交通管理指挥人员应当保证消防车、消防艇迅速通行。

赶赴火灾现场或者应急救援现场的消防人员和调集的消防装备、物资，需要铁路、水路或者航空运输的，有关单位应当优先运输。

第四十八条 消防车、消防艇以及消防器材、装备和设施，不得用于与消防和应急救援工作无关的事项。

第四十九条 国家综合性消防救援队、专职消防队扑救火灾、应急救援，不得收取任何费用。

单位专职消防队、志愿消防队参加扑救外单位火灾所损耗的燃料、灭火剂和器材、装备等，由火灾发生地的人民政府给予补偿。

第五十条 对因参加扑救火灾或者应急救援受伤、致残或者死亡的人员，按照国家有关规定给予医疗、抚恤。

第五十一条 消防救援机构有权根据需要封闭火灾现场，负责调查火灾原因，统计火灾损失。

火灾扑灭后，发生火灾的单位和相关人员应当按照消防救援机构的要求保护现场，接受事故调查，如实提供与火灾有关的情况。

消防救援机构根据火灾现场勘验、调查情况和有关的检验、鉴定意见，及时制作火灾事故认定书，作为处理火灾事故的证据。

第五章 监督检查

第五十二条 地方各级人民政府应当落实消防工作责任制，对本级人民政府有关部门履行消防安全职责的情况进行监督检查。

县级以上地方人民政府有关部门应当根据本系统的特点，有针对性地开展消防安全检查，及时督促整改火灾隐患。

第五十三条 消防救援机构应当对机关、团体、企业、事业等单位遵守消防法律、法规的情况依法进行监督检查。公安派出所可以负责日常消防监督检查、开展消防宣传教育，具体办法由国务院公安部门规定。

消防救援机构、公安派出所的工作人员进行消防监督检查，应当出示证件。

第五十四条 消防救援机构在消防监督检查中发现火灾隐患的，应当通知有关单位或者个人立即采取措施消除隐患；不及时消除隐患可能严重威胁公共安全的，消防救援机构应当依照规定对危险部位或者场所采取临时查封措施。

第五十五条 消防救援机构在消防监督检查中发现城乡消防安全布局、公共消防设施不符合消防安全要求，或者发现本地区存在影响公共安全的重大火灾隐患的，应当由应急管理部门书面报告本级人民政府。

接到报告的人民政府应当及时核实情况，组织或者责成有关部门、单位采取措施，予以整改。

第五十六条 住房和城乡建设主管部门、消防救援机构及其工作人员应当按照法定的职权和程序进行消防设计审查、消防验收、备案抽查和消防安全检查，做到公正、严格、文明、高效。

住房和城乡建设主管部门、消防救援机构及其工作人员进行消防设计审查、消防验收、备案抽查和消防安全检查等，不得收取费用，不得利用职务谋取利益；不得利用职务为用户、建设单位指定或者变相指定消防产品的品牌、销售单位或者消防技术服务机构、消防设施施工单位。

第五十七条 住房和城乡建设主管部门、消防救援机构及其工作人员执行职务，应当自觉接受社会和公民的监督。

任何单位和个人都有权对住房和城乡建设主管部门、消防救援机构及其工作人员在执法中的违法行为进行检举、控告。收到检举、控告的机关，应当按照职责及时查处。

中华人民共和国网络安全法（节选）

（2016年11月7日第十二届全国人民代表大会常务委员会
第二十四次会议通过
2016年11月7日中华人民共和国主席令第53号公布
自2017年6月1日起施行）

第一章　总　　则

第一条　为了保障网络安全，维护网络空间主权和国家安全、社会公共利益，保护公民、法人和其他组织的合法权益，促进经济社会信息化健康发展，制定本法。

第二条　在中华人民共和国境内建设、运营、维护和使用网络，以及网络安全的监督管理，适用本法。

第三条　国家坚持网络安全与信息化发展并重，遵循积极利用、科学发展、依法管理、确保安全的方针，推进网络基础设施建设和互联互通，鼓励网络技术创新和应用，支持培养网络安全人才，建立健全网络安全保障体系，提高网络安全保护能力。

第四条　国家制定并不断完善网络安全战略，明确保障网络安全的基本要求和主要目标，提出重点领域的网络安全政策、工作任务和措施。

第五条　国家采取措施，监测、防御、处置来源于中华人民共和国境内外的网络安全风险和威胁，保护关键信息基础设施免受攻击、侵入、干扰和破坏，依法惩治网络违法犯罪活动，维护网络空间安全和秩序。

第六条　国家倡导诚实守信、健康文明的网络行为，推动传播社会主义核心价值观，采取措施提高全社会的网络安全意识和水平，形成全社会共同参与促进网络安全的良好环境。

第七条 国家积极开展网络空间治理、网络技术研发和标准制定、打击网络违法犯罪等方面的国际交流与合作，推动构建和平、安全、开放、合作的网络空间，建立多边、民主、透明的网络治理体系。

第八条 国家网信部门负责统筹协调网络安全工作和相关监督管理工作。国务院电信主管部门、公安部门和其他有关机关依照本法和有关法律、行政法规的规定，在各自职责范围内负责网络安全保护和监督管理工作。

县级以上地方人民政府有关部门的网络安全保护和监督管理职责，按照国家有关规定确定。

第九条 网络运营者开展经营和服务活动，必须遵守法律、行政法规，尊重社会公德，遵守商业道德，诚实信用，履行网络安全保护义务，接受政府和社会的监督，承担社会责任。

第十条 建设、运营网络或者通过网络提供服务，应当依照法律、行政法规的规定和国家标准的强制性要求，采取技术措施和其他必要措施，保障网络安全、稳定运行，有效应对网络安全事件，防范网络违法犯罪活动，维护网络数据的完整性、保密性和可用性。

第十一条 网络相关行业组织按照章程，加强行业自律，制定网络安全行为规范，指导会员加强网络安全保护，提高网络安全保护水平，促进行业健康发展。

第十二条 国家保护公民、法人和其他组织依法使用网络的权利，促进网络接入普及，提升网络服务水平，为社会提供安全、便利的网络服务，保障网络信息依法有序自由流动。

任何个人和组织使用网络应当遵守宪法法律，遵守公共秩序，尊重社会公德，不得危害网络安全，不得利用网络从事危害国家安全、荣誉和利益，煽动颠覆国家政权、推翻社会主义制度，煽动分裂国家、破坏国家统一，宣扬恐怖主义、极端主义，宣扬民族仇恨、民族歧视，传播暴力、淫秽色情信息，编造、传播虚假信息扰乱经济秩序和社会秩序，以及侵害他人名誉、隐私、知识产权和其他合法权益等活动。

第十三条 国家支持研究开发有利于未成年人健康成长的网络产品和服务，依法惩治利用网络从事危害未成年人身心健康的活动，为未成年人提供安全、健康的网络环境。

第十四条 任何个人和组织有权对危害网络安全的行为向网信、电信、公安等部门举报。收到举报的部门应当及时依法作出处理；不属于本部门职责的，应当及时移送有权处理的部门。

有关部门应当对举报人的相关信息予以保密，保护举报人的合法权益。

第二章 网络安全支持与促进

第十五条 国家建立和完善网络安全标准体系。国务院标准化行政主管部门和国务院其他有关部门根据各自的职责，组织制定并适时修订有关网络安全管理以及网络产品、服务和运行安全的国家标准、行业标准。

国家支持企业、研究机构、高等学校、网络相关行业组织参与网络安全国家标准、行业标准的制定。

第十六条 国务院和省、自治区、直辖市人民政府应当统筹规划，加大投入，扶持重点网络安全技术产业和项目，支持网络安全技术的研究开发和应用，推广安全可信的网络产品和服务，保护网络技术知识产权，支持企业、研究机构和高等学校等参与国家网络安全技术创新项目。

第十七条 国家推进网络安全社会化服务体系建设，鼓励有关企业、机构开展网络安全认证、检测和风险评估等安全服务。

第十八条 国家鼓励开发网络数据安全保护和利用技术，促进公共数据资源开放，推动技术创新和经济社会发展。

国家支持创新网络安全管理方式，运用网络新技术，提升网络安全保护水平。

第十九条 各级人民政府及其有关部门应当组织开展经常性的网络安全宣传教育，并指导、督促有关单位做好网络安全宣传教育工作。

大众传播媒介应当有针对性地面向社会进行网络安全宣传教育。

第二十条 国家支持企业和高等学校、职业学校等教育培训机构开展网络安全相关教育与培训，采取多种方式培养网络安全人才，促进网络安全人才交流。

第三章 网络运行安全

第一节 一般规定

第二十一条 国家实行网络安全等级保护制度。网络运营者应当按照网络安全等级保护制度的要求，履行下列安全保护义务，保障网络免受干扰、破坏或者未经授权的访问，防止网络数据泄露或者被窃取、篡改：

（一）制定内部安全管理制度和操作规程，确定网络安全负责人，落实网络安全保护责任；

（二）采取防范计算机病毒和网络攻击、网络侵入等危害网络安全行为的技术措施；

（三）采取监测、记录网络运行状态、网络安全事件的技术措施，并按照规定留存相关的网络日志不少于六个月；

（四）采取数据分类、重要数据备份和加密等措施；

（五）法律、行政法规规定的其他义务。

第二十二条 网络产品、服务应当符合相关国家标准的强制性要求。网络产品、服务的提供者不得设置恶意程序；发现其网络产品、服务存在安全缺陷、漏洞等风险时，应当立即采取补救措施，按照规定及时告知用户并向有关主管部门报告。

网络产品、服务的提供者应当为其产品、服务持续提供安全维护；在规定或者当事人约定的期限内，不得终止提供安全维护。

网络产品、服务具有收集用户信息功能的，其提供者应当向用户明示并取得同意；涉及用户个人信息的，还应当遵守本法和有关法律、行政法规关于个人信息保护的规定。

第二十三条 网络关键设备和网络安全专用产品应当按照相关国家标准的强制性要求，由具备资格的机构安全认证合格或者安全检测符合要求后，方可销售或者提供。国家网信部门会同国务院有关部门制定、公布网络关键设备和网络安全专用产品目录，并推动安全认证和安全检测结果互认，避免重复认证、检测。

第二十四条 网络运营者为用户办理网络接入、域名注册服务，办理固定电话、移动电话等入网手续，或者为用户提供信息发布、即时通讯等服务，在与用户签订协议或者确认提供服务时，应当要求用户提供真实身份信息。用户不提供真实身份信息的，网络运营者不得为其提供相关服务。

国家实施网络可信身份战略，支持研究开发安全、方便的电子身份认证技术，推动不同电子身份认证之间的互认。

第二十五条 网络运营者应当制定网络安全事件应急预案，及时处置系统漏洞、计算机病毒、网络攻击、网络侵入等安全风险；在发生危害网络安全的事件时，立即启动应急预案，采取相应的补救措施，并按照规定向有关主管部门报告。

第二十六条 开展网络安全认证、检测、风险评估等活动，向社会发布系统漏洞、计算机病毒、网络攻击、网络侵入等网络安全信息，应当遵守国家有关规定。

第二十七条 任何个人和组织不得从事非法侵入他人网络、干扰他人网络正常功能、窃取网络数据等危害网络安全的活动；不得提供专门用于从事侵入网络、干扰网络正常功能及防护措施、窃取网络数据等危害网络安全活动的程序、工具；明知他人从事危害网络安全的活动的，不得为其提供技术支持、广告推广、支付结算等帮助。

第二十八条 网络运营者应当为公安机关、国家安全机关依法维护国家安全和侦查犯罪的活动提供技术支持和协助。

第二十九条 国家支持网络运营者之间在网络安全信息收集、分析、通报和应急处置等方面进行合作，提高网络运营者的安全保障能力。

有关行业组织建立健全本行业的网络安全保护规范和协作机制，加强对网络安全风险的分析评估，定期向会员进行风险警示，支持、协助会员应对网络安全风险。

第三十条 网信部门和有关部门在履行网络安全保护职责中获取的信息，只能用于维护网络安全的需要，不得用于其他用途。

第二节 关键信息基础设施的运行安全

第三十一条 国家对公共通信和信息服务、能源、交通、水利、金融、公共服务、电子政务等重要行业和领域，以及其他一旦遭到破坏、丧失功能或者数据泄露，可能严重危害国家安全、国计民生、公共利益的关键信息基础设施，在网络安全等级保护制度的基础上，实行重点保护。关键信息基础设施的具体范围和安全保护办法由国务院制定。

国家鼓励关键信息基础设施以外的网络运营者自愿参与关键信息基础设施保护体系。

第三十二条 按照国务院规定的职责分工，负责关键信息基础设施安全保护工作的部门分别编制并组织实施本行业、本领域的关键信息基础设施安全规划，指导和监督关键信息基础设施运行安全保护工作。

第三十三条 建设关键信息基础设施应当确保其具有支持业务稳定、持续运行的性能，并保证安全技术措施同步规划、同步建设、同步使用。

第三十四条 除本法第二十一条的规定外，关键信息基础设施的运营者还应当履行下列安全保护义务：

（一）设置专门安全管理机构和安全管理负责人，并对该负责人和关键岗位的人员进行安全背景审查；

（二）定期对从业人员进行网络安全教育、技术培训和技能考核；

（三）对重要系统和数据库进行容灾备份；

（四）制定网络安全事件应急预案，并定期进行演练；

（五）法律、行政法规规定的其他义务。

第三十五条　关键信息基础设施的运营者采购网络产品和服务，可能影响国家安全的，应当通过国家网信部门会同国务院有关部门组织的国家安全审查。

第三十六条　关键信息基础设施的运营者采购网络产品和服务，应当按照规定与提供者签订安全保密协议，明确安全和保密义务与责任。

第三十七条　关键信息基础设施的运营者在中华人民共和国境内运营中收集和产生的个人信息和重要数据应当在境内存储。因业务需要，确需向境外提供的，应当按照国家网信部门会同国务院有关部门制定的办法进行安全评估；法律、行政法规另有规定的，依照其规定。

第三十八条　关键信息基础设施的运营者应当自行或者委托网络安全服务机构对其网络的安全性和可能存在的风险每年至少进行一次检测评估，并将检测评估情况和改进措施报送相关负责关键信息基础设施安全保护工作的部门。

第三十九条　国家网信部门应当统筹协调有关部门对关键信息基础设施的安全保护采取下列措施：

（一）对关键信息基础设施的安全风险进行抽查检测，提出改进措施，必要时可以委托网络安全服务机构对网络存在的安全风险进行检测评估；

（二）定期组织关键信息基础设施的运营者进行网络安全应急演练，提高应对网络安全事件的水平和协同配合能力；

（三）促进有关部门、关键信息基础设施的运营者以及有关研究机构、网络安全服务机构等之间的网络安全信息共享；

（四）对网络安全事件的应急处置与网络功能的恢复等，提供技术支持和协助。

第四章　网络信息安全

第四十条　网络运营者应当对其收集的用户信息严格保密，并建立健全用户信息保护制度。

第四十一条　网络运营者收集、使用个人信息，应当遵循合法、正当、必要的原则，公开收集、使用规则，明示收集、使用信息的目的、方式和范围，并经被收集者同意。

网络运营者不得收集与其提供的服务无关的个人信息，不得违反法律、行政法规的规定和双方的约定收集、使用个人信息，并应当依照法律、行政法规的规定和与用户的约定，处理其保存的个人信息。

第四十二条　网络运营者不得泄露、篡改、毁损其收集的个人信息；未经被收集者同意，不得向他人提供个人信息。但是，经过处理无法识别特定个人且不能复原的除外。

网络运营者应当采取技术措施和其他必要措施，确保其收集的个人信息安全，防止信息泄露、毁损、丢失。在发生或者可能发生个人信息泄露、毁损、丢失的情况时，应当立即采取补救措施，按照规定及时告知用户并向有关主管部门报告。

第四十三条　个人发现网络运营者违反法律、行政法规的规定或者双方的约定收集、使用其个人信息的，有权要求网络运营者删除其个人信息；发现网络运营者收集、存储的其个人信息有错误的，有权要求网络运营者予以更正。网络运营者应当采取措施予以删除或者更正。

第四十四条　任何个人和组织不得窃取或者以其他非法方式获取个人信息，不得非法出售或者非法向他人提供个人信息。

第四十五条　依法负有网络安全监督管理职责的部门及其工作人员，必须对在履行职责中知悉的个人信息、隐私和商业秘密严格保密，不得泄露、出售或者非法向他人提供。

第四十六条　任何个人和组织应当对其使用网络的行为负

责，不得设立用于实施诈骗，传授犯罪方法，制作或者销售违禁物品、管制物品等违法犯罪活动的网站、通讯群组，不得利用网络发布涉及实施诈骗，制作或者销售违禁物品、管制物品以及其他违法犯罪活动的信息。

第四十七条 网络运营者应当加强对其用户发布的信息的管理，发现法律、行政法规禁止发布或者传输的信息的，应当立即停止传输该信息，采取消除等处置措施，防止信息扩散，保存有关记录，并向有关主管部门报告。

第四十八条 任何个人和组织发送的电子信息、提供的应用软件，不得设置恶意程序，不得含有法律、行政法规禁止发布或者传输的信息。

电子信息发送服务提供者和应用软件下载服务提供者，应当履行安全管理义务，知道其用户有前款规定行为的，应当停止提供服务，采取消除等处置措施，保存有关记录，并向有关主管部门报告。

第四十九条 网络运营者应当建立网络信息安全投诉、举报制度，公布投诉、举报方式等信息，及时受理并处理有关网络信息安全的投诉和举报。

网络运营者对网信部门和有关部门依法实施的监督检查，应当予以配合。

第五十条 国家网信部门和有关部门依法履行网络信息安全监督管理职责，发现法律、行政法规禁止发布或者传输的信息的，应当要求网络运营者停止传输，采取消除等处置措施，保存有关记录；对来源于中华人民共和国境外的上述信息，应当通知有关机构采取技术措施和其他必要措施阻断传播。

第五章 监测预警与应急处置

第五十一条 国家建立网络安全监测预警和信息通报制度。国家网信部门应当统筹协调有关部门加强网络安全信息收集、分析和通报工作，按照规定统一发布网络安全监测预警信息。

第五十二条　负责关键信息基础设施安全保护工作的部门，应当建立健全本行业、本领域的网络安全监测预警和信息通报制度，并按照规定报送网络安全监测预警信息。

第五十三条　国家网信部门协调有关部门建立健全网络安全风险评估和应急工作机制，制定网络安全事件应急预案，并定期组织演练。

负责关键信息基础设施安全保护工作的部门应当制定本行业、本领域的网络安全事件应急预案，并定期组织演练。

网络安全事件应急预案应当按照事件发生后的危害程度、影响范围等因素对网络安全事件进行分级，并规定相应的应急处置措施。

第五十四条　网络安全事件发生的风险增大时，省级以上人民政府有关部门应当按照规定的权限和程序，并根据网络安全风险的特点和可能造成的危害，采取下列措施：

（一）要求有关部门、机构和人员及时收集、报告有关信息，加强对网络安全风险的监测；

（二）组织有关部门、机构和专业人员，对网络安全风险信息进行分析评估，预测事件发生的可能性、影响范围和危害程度；

（三）向社会发布网络安全风险预警，发布避免、减轻危害的措施。

第五十五条　发生网络安全事件，应当立即启动网络安全事件应急预案，对网络安全事件进行调查和评估，要求网络运营者采取技术措施和其他必要措施，消除安全隐患，防止危害扩大，并及时向社会发布与公众有关的警示信息。

第五十六条　省级以上人民政府有关部门在履行网络安全监督管理职责中，发现网络存在较大安全风险或者发生安全事件的，可以按照规定的权限和程序对该网络的运营者的法定代表人或者主要负责人进行约谈。网络运营者应当按照要求采取措施，进行整改，消除隐患。

第五十七条 因网络安全事件，发生突发事件或者生产安全事故的，应当依照《中华人民共和国突发事件应对法》、《中华人民共和国安全生产法》等有关法律、行政法规的规定处置。

第五十八条 因维护国家安全和社会公共秩序，处置重大突发社会安全事件的需要，经国务院决定或者批准，可以在特定区域对网络通信采取限制等临时措施。

二、行政法规

城镇燃气管理条例

（2010年10月19日国务院第129次常务会议通过
2010年11月19日中华人民共和国国务院令第583号公布
自2011年3月1日起实施）

第一章　总　　则

第一条　为了加强城镇燃气管理，保障燃气供应，防止和减少燃气安全事故，保障公民生命、财产安全和公共安全，维护燃气经营者和燃气用户的合法权益，促进燃气事业健康发展，制定本条例。

第二条　城镇燃气发展规划与应急保障、燃气经营与服务、燃气使用、燃气设施保护、燃气安全事故预防与处理及相关管理活动，适用本条例。

天然气、液化石油气的生产和进口，城市门站以外的天然气管道输送，燃气作为工业生产原料的使用，沼气、秸秆气的生产和使用，不适用本条例。

本条例所称燃气，是指作为燃料使用并符合一定要求的气体燃料，包括天然气（含煤层气）、液化石油气和人工煤气等。

第三条　燃气工作应当坚持统筹规划、保障安全、确保供应、规范服务、节能高效的原则。

第四条　县级以上人民政府应当加强对燃气工作的领导，并将燃气工作纳入国民经济和社会发展规划。

第五条　国务院建设主管部门负责全国的燃气管理工作。

县级以上地方人民政府燃气管理部门负责本行政区域内的燃

气管理工作。

县级以上人民政府其他有关部门依照本条例和其他有关法律、法规的规定，在各自职责范围内负责有关燃气管理工作。

第六条 国家鼓励、支持燃气科学技术研究，推广使用安全、节能、高效、环保的燃气新技术、新工艺和新产品。

第七条 县级以上人民政府有关部门应当建立健全燃气安全监督管理制度，宣传普及燃气法律、法规和安全知识，提高全民的燃气安全意识。

第二章 燃气发展规划与应急保障

第八条 国务院建设主管部门应当会同国务院有关部门，依据国民经济和社会发展规划、土地利用总体规划、城乡规划以及能源规划，结合全国燃气资源总量平衡情况，组织编制全国燃气发展规划并组织实施。

县级以上地方人民政府燃气管理部门应当会同有关部门，依据国民经济和社会发展规划、土地利用总体规划、城乡规划、能源规划以及上一级燃气发展规划，组织编制本行政区域的燃气发展规划，报本级人民政府批准后组织实施，并报上一级人民政府燃气管理部门备案。

第九条 燃气发展规划的内容应当包括：燃气气源、燃气种类、燃气供应方式和规模、燃气设施布局和建设时序、燃气设施建设用地、燃气设施保护范围、燃气供应保障措施和安全保障措施等。

第十条 县级以上地方人民政府应当根据燃气发展规划的要求，加大对燃气设施建设的投入，并鼓励社会资金投资建设燃气设施。

第十一条 进行新区建设、旧区改造，应当按照城乡规划和燃气发展规划配套建设燃气设施或者预留燃气设施建设用地。

对燃气发展规划范围内的燃气设施建设工程，城乡规划主管部门在依法核发选址意见书时，应当就燃气设施建设是否符合燃气发展规划征求燃气管理部门的意见；不需要核发选址意见书的，城乡规划主管部门在依法核发建设用地规划许可证或者乡村建设规划许可证时，应当就燃气设施建设是否符合燃气发展规划征求燃气管理部门的意见。

燃气设施建设工程竣工后，建设单位应当依法组织竣工验收，并自竣工验收合格之日起 15 日内，将竣工验收情况报燃气管理部门备案。

第十二条 县级以上地方人民政府应当建立健全燃气应急储备制度，组织编制燃气应急预案，采取综合措施提高燃气应急保障能力。

燃气应急预案应当明确燃气应急气源和种类、应急供应方式、应急处置程序和应急救援措施等内容。

县级以上地方人民政府燃气管理部门应当会同有关部门对燃气供求状况实施监测、预测和预警。

第十三条 燃气供应严重短缺、供应中断等突发事件发生后，县级以上地方人民政府应当及时采取动用储备、紧急调度等应急措施，燃气经营者以及其他有关单位和个人应当予以配合，承担相关应急任务。

第三章　燃气经营与服务

第十四条 政府投资建设的燃气设施，应当通过招标投标方式选择燃气经营者。

社会资金投资建设的燃气设施，投资方可以自行经营，也可以另行选择燃气经营者。

第十五条 国家对燃气经营实行许可证制度。从事燃气经营活动的企业，应当具备下列条件：

（一）符合燃气发展规划要求；

（二）有符合国家标准的燃气气源和燃气设施；

（三）企业的主要负责人、安全生产管理人员以及运行、维护和抢修人员经专业培训并考核合格；

（四）法律、法规规定的其他条件。

符合前款规定条件的，由县级以上地方人民政府燃气管理部门核发燃气经营许可证。

第十六条 禁止个人从事管道燃气经营活动。

个人从事瓶装燃气经营活动的，应当遵守省、自治区、直辖市的有关规定。

第十七条 燃气经营者应当向燃气用户持续、稳定、安全供应符合国家质量标准的燃气，指导燃气用户安全用气、节约用气，并对燃气设施定期进行安全检查。

燃气经营者应当公示业务流程、服务承诺、收费标准和服务热线等信息，并按照国家燃气服务标准提供服务。

第十八条 燃气经营者不得有下列行为：

（一）拒绝向市政燃气管网覆盖范围内符合用气条件的单位或者个人供气；

（二）倒卖、抵押、出租、出借、转让、涂改燃气经营许可证；

（三）未履行必要告知义务擅自停止供气、调整供气量，或者未经审批擅自停业或者歇业；

（四）向未取得燃气经营许可证的单位或者个人提供用于经营的燃气；

（五）在不具备安全条件的场所储存燃气；

（六）要求燃气用户购买其指定的产品或者接受其提供的服务；

（七）擅自为非自有气瓶充装燃气；

（八）销售未经许可的充装单位充装的瓶装燃气或者销售充装单位擅自为非自有气瓶充装的瓶装燃气；

（九）冒用其他企业名称或者标识从事燃气经营、服务活动。

第十九条 管道燃气经营者对其供气范围内的市政燃气设施、建筑区划内业主专有部分以外的燃气设施，承担运行、维护、抢修和更新改造的责任。

管道燃气经营者应当按照供气、用气合同的约定，对单位燃气用户的燃气设施承担相应的管理责任。

第二十条 管道燃气经营者因施工、检修等原因需要临时调整供气量或者暂停供气的，应当将作业时间和影响区域提前48小时予以公告或者书面通知燃气用户，并按照有关规定及时恢复正常供气；因突发事件影响供气的，应当采取紧急措施并及时通知燃气用户。

燃气经营者停业、歇业的，应当事先对其供气范围内的燃气用户的正常用气作出妥善安排，并在90个工作日前向所在地燃气管理部门报告，经批准方可停业、歇业。

第二十一条 有下列情况之一的，燃气管理部门应当采取措施，保障燃气用户的正常用气：

（一）管道燃气经营者临时调整供气量或者暂停供气未及时恢复正常供气的；

（二）管道燃气经营者因突发事件影响供气未采取紧急措施的；

（三）燃气经营者擅自停业、歇业的；

（四）燃气管理部门依法撤回、撤销、注销、吊销燃气经营许可的。

第二十二条 燃气经营者应当建立健全燃气质量检测制度，确保所供应的燃气质量符合国家标准。

县级以上地方人民政府质量监督、工商行政管理、燃气管理等部门应当按照职责分工，依法加强对燃气质量的监督检查。

第二十三条 燃气销售价格，应当根据购气成本、经营成本和当地经济社会发展水平合理确定并适时调整。县级以上地方人民政府价格主管部门确定和调整管道燃气销售价格，应当征求管道燃气用户、管道燃气经营者和有关方面的意见。

第二十四条 通过道路、水路、铁路运输燃气的，应当遵守法律、行政法规有关危险货物运输安全的规定以及国务院交通运输部门、国务院铁路部门的有关规定；通过道路或者水路运输燃气的，还应当分别依照有关道路运输、水路运输的法律、行政法规的规定，取得危险货物道路运输许可或者危险货物水路运输许可。

第二十五条 燃气经营者应当对其从事瓶装燃气送气服务的人员和车辆加强管理，并承担相应的责任。

从事瓶装燃气充装活动，应当遵守法律、行政法规和国家标准有关气瓶充装的规定。

第二十六条 燃气经营者应当依法经营，诚实守信，接受社会公众的监督。

燃气行业协会应当加强行业自律管理，促进燃气经营者提高服务质量和技术水平。

第四章 燃 气 使 用

第二十七条 燃气用户应当遵守安全用气规则，使用合格的燃气燃烧器具和气瓶，及时更换国家明令淘汰或者使用年限已届满的燃气燃烧器具、连接管等，并按照约定期限支付燃气费用。

单位燃气用户还应当建立健全安全管理制度，加强对操作维护人员燃气安全知识和操作技能的培训。

第二十八条 燃气用户及相关单位和个人不得有下列行为：

（一）擅自操作公用燃气阀门；

（二）将燃气管道作为负重支架或者接地引线；

（三）安装、使用不符合气源要求的燃气燃烧器具；

（四）擅自安装、改装、拆除户内燃气设施和燃气计量装置；

（五）在不具备安全条件的场所使用、储存燃气；

（六）盗用燃气；

（七）改变燃气用途或者转供燃气。

第二十九条 燃气用户有权就燃气收费、服务等事项向燃气经营者进行查询，燃气经营者应当自收到查询申请之日起5个工作日内予以答复。

燃气用户有权就燃气收费、服务等事项向县级以上地方人民政府价格主管部门、燃气管理部门以及其他有关部门进行投诉，有关部门应当自收到投诉之日起15个工作日内予以处理。

第三十条 安装、改装、拆除户内燃气设施的，应当按照国家有关工程建设标准实施作业。

第三十一条 燃气管理部门应当向社会公布本行政区域内的燃气种类和气质成分等信息。

燃气燃烧器具生产单位应当在燃气燃烧器具上明确标识所适应的燃气种类。

第三十二条 燃气燃烧器具生产单位、销售单位应当设立或者委托设立售后服务站点，配备经考核合格的燃气燃烧器具安装、维修人员，负责售后的安装、维修服务。

燃气燃烧器具的安装、维修，应当符合国家有关标准。

第五章 燃气设施保护

第三十三条 县级以上地方人民政府燃气管理部门应当会同城乡规划等有关部门按照国家有关标准和规定划定燃气设施保护范围，并向社会公布。

在燃气设施保护范围内，禁止从事下列危及燃气设施安全的活动：

（一）建设占压地下燃气管线的建筑物、构筑物或者其他设施；

（二）进行爆破、取土等作业或者动用明火；

（三）倾倒、排放腐蚀性物质；

（四）放置易燃易爆危险物品或者种植深根植物；

（五）其他危及燃气设施安全的活动。

第三十四条 在燃气设施保护范围内，有关单位从事敷设管道、打桩、顶进、挖掘、钻探等可能影响燃气设施安全活动的，应当与燃气经营者共同制定燃气设施保护方案，并采取相应的安全保护措施。

第三十五条 燃气经营者应当按照国家有关工程建设标准和

安全生产管理的规定，设置燃气设施防腐、绝缘、防雷、降压、隔离等保护装置和安全警示标志，定期进行巡查、检测、维修和维护，确保燃气设施的安全运行。

第三十六条 任何单位和个人不得侵占、毁损、擅自拆除或者移动燃气设施，不得毁损、覆盖、涂改、擅自拆除或者移动燃气设施安全警示标志。

任何单位和个人发现有可能危及燃气设施和安全警示标志的行为，有权予以劝阻、制止；经劝阻、制止无效的，应当立即告知燃气经营者或者向燃气管理部门、安全生产监督管理部门和公安机关报告。

第三十七条 新建、扩建、改建建设工程，不得影响燃气设施安全。

建设单位在开工前，应当查明建设工程施工范围内地下燃气管线的相关情况；燃气管理部门以及其他有关部门和单位应当及时提供相关资料。

建设工程施工范围内有地下燃气管线等重要燃气设施的，建设单位应当会同施工单位与管道燃气经营者共同制定燃气设施保护方案。建设单位、施工单位应当采取相应的安全保护措施，确保燃气设施运行安全；管道燃气经营者应当派专业人员进行现场指导。法律、法规另有规定的，依照有关法律、法规的规定执行。

第三十八条 燃气经营者改动市政燃气设施，应当制定改动方案，报县级以上地方人民政府燃气管理部门批准。

改动方案应当符合燃气发展规划，明确安全施工要求，有安全防护和保障正常用气的措施。

第六章 燃气安全事故预防与处理

第三十九条 燃气管理部门应当会同有关部门制定燃气安全事故应急预案，建立燃气事故统计分析制度，定期通报事故处理结果。

燃气经营者应当制定本单位燃气安全事故应急预案，配备应急人员和必要的应急装备、器材，并定期组织演练。

第四十条 任何单位和个人发现燃气安全事故或者燃气安全事故隐患等情况，应当立即告知燃气经营者，或者向燃气管理部门、公安机关消防机构等有关部门和单位报告。

第四十一条 燃气经营者应当建立健全燃气安全评估和风险管理体系，发现燃气安全事故隐患的，应当及时采取措施消除隐患。

燃气管理部门以及其他有关部门和单位应当根据各自职责，对燃气经营、燃气使用的安全状况等进行监督检查，发现燃气安全事故隐患的，应当通知燃气经营者、燃气用户及时采取措施消除隐患；不及时消除隐患可能严重威胁公共安全的，燃气管理部门以及其他有关部门和单位应当依法采取措施，及时组织消除隐患，有关单位和个人应当予以配合。

第四十二条 燃气安全事故发生后，燃气经营者应当立即启动本单位燃气安全事故应急预案，组织抢险、抢修。

燃气安全事故发生后，燃气管理部门、安全生产监督管理部门和公安机关消防机构等有关部门和单位，应当根据各自职责，立即采取措施防止事故扩大，根据有关情况启动燃气安全事故应急预案。

第四十三条 燃气安全事故经调查确定为责任事故的，应当查明原因、明确责任，并依法予以追究。

对燃气生产安全事故，依照有关生产安全事故报告和调查处理的法律、行政法规的规定报告和调查处理。

第七章 法 律 责 任

第四十四条 违反本条例规定，县级以上地方人民政府及其燃气管理部门和其他有关部门，不依法作出行政许可决定或者办理批准文件的，发现违法行为或者接到对违法行为的举报不予查处的，或者有其他未依照本条例规定履行职责的行为的，对直接负责的主管人员和其他直接责任人员，依法给予处分；直接负责的主管人员和其他直接责任人员的行为构成犯罪的，依法追究刑事责任。

第四十五条 违反本条例规定，未取得燃气经营许可证从事燃气经营活动的，由燃气管理部门责令停止违法行为，处 5 万元以上 50 万元以下罚款；有违法所得的，没收违法所得；构成犯罪的，依法追究刑事责任。

违反本条例规定，燃气经营者不按照燃气经营许可证的规定从事燃气经营活动的，由燃气管理部门责令限期改正，处 3 万元以上 20 万元以下罚款；有违法所得的，没收违法所得；情节严重的，吊销燃气经营许可证；构成犯罪的，依法追究刑事责任。

第四十六条 违反本条例规定，燃气经营者有下列行为之一的，由燃气管理部门责令限期改正，处 1 万元以上 10 万元以下罚款；有违法所得的，没收违法所得；情节严重的，吊销燃气经营许可证；造成损失的，依法承担赔偿责任；构成犯罪的，依法追究刑事责任：

（一）拒绝向市政燃气管网覆盖范围内符合用气条件的单位或者个人供气的；

（二）倒卖、抵押、出租、出借、转让、涂改燃气经营许可证的；

（三）未履行必要告知义务擅自停止供气、调整供气量，或者未经审批擅自停业或者歇业的；

（四）向未取得燃气经营许可证的单位或者个人提供用于经营的燃气的；

（五）在不具备安全条件的场所储存燃气的；

（六）要求燃气用户购买其指定的产品或者接受其提供的服务；

（七）燃气经营者未向燃气用户持续、稳定、安全供应符合国家质量标准的燃气，或者未对燃气用户的燃气设施定期进行安全检查。

第四十七条 违反本条例规定，擅自为非自有气瓶充装燃气或者销售未经许可的充装单位充装的瓶装燃气的，依照国家有关气瓶安全监察的规定进行处罚。

违反本条例规定，销售充装单位擅自为非自有气瓶充装的瓶装燃气的，由燃气管理部门责令改正，可以处 1 万元以下罚款。

违反本条例规定，冒用其他企业名称或者标识从事燃气经营、服务活动，依照有关反不正当竞争的法律规定进行处罚。

第四十八条 违反本条例规定，燃气经营者未按照国家有关工程建设标准和安全生产管理的规定，设置燃气设施防腐、绝缘、防雷、降压、隔离等保护装置和安全警示标志的，或者未定期进行巡查、检测、维修和维护的，或者未采取措施及时消除燃气安全事故隐患的，由燃气管理部门责令限期改正，处 1 万元以上 10 万元以下罚款。

第四十九条 违反本条例规定，燃气用户及相关单位和个人有下列行为之一的，由燃气管理部门责令限期改正；逾期不改正的，对单位可以处 10 万元以下罚款，对个人可以处 1000 元以下罚款；造成损失的，依法承担赔偿责任；构成犯罪的，依法追究刑事责任：

（一）擅自操作公用燃气阀门的；

（二）将燃气管道作为负重支架或者接地引线的；

（三）安装、使用不符合气源要求的燃气燃烧器具的；

（四）擅自安装、改装、拆除户内燃气设施和燃气计量装置的；

（五）在不具备安全条件的场所使用、储存燃气的；

（六）改变燃气用途或者转供燃气的；

（七）未设立售后服务站点或者未配备经考核合格的燃气燃烧器具安装、维修人员的；

（八）燃气燃烧器具的安装、维修不符合国家有关标准的。

盗用燃气的，依照有关治安管理处罚的法律规定进行处罚。

第五十条 违反本条例规定，在燃气设施保护范围内从事下列活动之一的，由燃气管理部门责令停止违法行为，限期恢复原状或者采取其他补救措施，对单位处5万元以上10万元以下罚款，对个人处5000元以上5万元以下罚款；造成损失的，依法承担赔偿责任；构成犯罪的，依法追究刑事责任：

（一）进行爆破、取土等作业或者动用明火的；

（二）倾倒、排放腐蚀性物质的；

（三）放置易燃易爆物品或者种植深根植物的；

（四）未与燃气经营者共同制定燃气设施保护方案，采取相应的安全保护措施，从事敷设管道、打桩、顶进、挖掘、钻探等可能影响燃气设施安全活动的。

违反本条例规定，在燃气设施保护范围内建设占压地下燃气管线的建筑物、构筑物或者其他设施的，依照有关城乡规划的法律、行政法规的规定进行处罚。

第五十一条 违反本条例规定，侵占、毁损、擅自拆除、移动燃气设施或者擅自改动市政燃气设施的，由燃气管理部门责令限期改正，恢复原状或者采取其他补救措施，对单位处5万元以上10万元以下罚款，对个人处5000元以上5万元以下罚款；造成损失的，依法承担赔偿责任；构成犯罪的，依法追究刑事责任。

违反本条例规定，毁损、覆盖、涂改、擅自拆除或者移动燃气设施安全警示标志的，由燃气管理部门责令限期改正，恢复原状，可以处5000元以下罚款。

第五十二条 违反本条例规定，建设工程施工范围内有地下燃气管线等重要燃气设施，建设单位未会同施工单位与管道燃气经营者共同制定燃气设施保护方案，或者建设单位、施工单位未采取相应的安全保护措施的，由燃气管理部门责令改正，处1万元以上10万元以下罚款；造成损失的，依法承担赔偿责任；构成犯罪的，依法追究刑事责任。

第八章　附　　则

第五十三条　本条例下列用语的含义：

（一）燃气设施，是指人工煤气生产厂、燃气储配站、门站、气化站、混气站、加气站、灌装站、供应站、调压站、市政燃气管网等的总称，包括市政燃气设施、建筑区划内业主专有部分以外的燃气设施以及户内燃气设施等。

（二）燃气燃烧器具，是指以燃气为燃料的燃烧器具，包括居民家庭和商业用户所使用的燃气灶、热水器、沸水器、采暖器、空调器等器具。

第五十四条　农村的燃气管理参照本条例的规定执行。

第五十五条　本条例自 2011 年 3 月 1 日起施行。

建设工程质量管理条例（节选）

（2000 年 1 月 10 日国务院第 25 次常务会议通过
2000 年 1 月 30 日中华人民共和国国务院令第 279 号发布
自 2000 年 1 月 30 日发布起施行
根据 2017 年 10 月 7 日《国务院关于修改部分
行政法规的决定》第一次修订
根据 2019 年 4 月 23 日《国务院关于修改部分
行政法规的决定》第二次修订）

第一章　总　　则

第一条　为了加强对建设工程质量的管理，保证建设工程质量，保护人民生命和财产安全，根据《中华人民共和国建筑法》，制定本条例。

第二条　凡在中华人民共和国境内从事建设工程的新建、扩建、改建等有关活动及实施对建设工程质量监督管理的，必须遵守本条例。

本条例所称建设工程，是指土木工程、建筑工程、线路管道和设备安装工程及装修工程。

第三条　建设单位、勘察单位、设计单位、施工单位、工程监理单位依法对建设工程质量负责。

第四条　县级以上人民政府建设行政主管部门和其他有关部门应当加强对建设工程质量的监督管理。

第五条　从事建设工程活动，必须严格执行基本建设程序，坚持先勘察、后设计、再施工的原则。

县级以上人民政府及其有关部门不得超越权限审批建设项目或者擅自简化基本建设程序。

第六条 国家鼓励采用先进的科学技术和管理方法，提高建设工程质量。

第二章 建设单位的质量责任和义务

第七条 建设单位应当将工程发包给具有相应资质等级的单位。

建设单位不得将建设工程肢解发包。

第八条 建设单位应当依法对工程建设项目的勘察、设计、施工、监理以及与工程建设有关的重要设备、材料等的采购进行招标。

第九条 建设单位必须向有关的勘察、设计、施工、工程监理等单位提供与建设工程有关的原始资料。

原始资料必须真实、准确、齐全。

第十条 建设工程发包单位，不得迫使承包方以低于成本的价格竞标，不得任意压缩合理工期。

建设单位不得明示或者暗示设计单位或者施工单位违反工程建设强制性标准，降低建设工程质量。

第十一条 施工图设计文件审查的具体办法，由国务院建设行政主管部门、国务院其他有关部门制定。

施工图设计文件未经审查批准的，不得使用。

第十二条 实行监理的建设工程，建设单位应当委托具有相应资质等级的工程监理单位进行监理，也可以委托具有工程监理相应资质等级并与被监理工程的施工承包单位没有隶属关系或者其他利害关系的该工程的设计单位进行监理。

下列建设工程必须实行监理：

（一）国家重点建设工程；

（二）大中型公用事业工程；

（三）成片开发建设的住宅小区工程；

（四）利用外国政府或者国际组织贷款、援助资金的工程；

（五）国家规定必须实行监理的其他工程。

第十三条 建设单位在开工前，应当按照国家有关规定办理工程质量监督手续，工程质量监督手续可以与施工许可证或者开工报告合并办理。

第十四条 按照合同约定，由建设单位采购建筑材料、建筑构配件和设备的，建设单位应当保证建筑材料、建筑构配件和设备符合设计文件和合同要求。

建设单位不得明示或者暗示施工单位使用不合格的建筑材料、建筑构配件和设备。

第十五条 涉及建筑主体和承重结构变动的装修工程，建设单位应当在施工前委托原设计单位或者具有相应资质等级的设计单位提出设计方案；没有设计方案的，不得施工。

房屋建筑使用者在装修过程中，不得擅自变动房屋建筑主体和承重结构。

第十六条 建设单位收到建设工程竣工报告后，应当组织设计、施工、工程监理等有关单位进行竣工验收。

建设工程竣工验收应当具备下列条件：

（一）完成建设工程设计和合同约定的各项内容；

（二）有完整的技术档案和施工管理资料；

（三）有工程使用的主要建筑材料、建筑构配件和设备的进场试验报告；

（四）有勘察、设计、施工、工程监理等单位分别签署的质量合格文件；

（五）有施工单位签署的工程保修书。

建设工程经验收合格的，方可交付使用。

第十七条 建设单位应当严格按照国家有关档案管理的规定，及时收集、整理建设项目各环节的文件资料，建立、健全建设项目档案，并在建设工程竣工验收后，及时向建设行政主管部门或者其他有关部门移交建设项目档案。

第三章 勘察、设计单位的质量责任和义务

第十八条 从事建设工程勘察、设计的单位应当依法取得相

应等级的资质证书，并在其资质等级许可的范围内承揽工程。

禁止勘察、设计单位超越其资质等级许可的范围或者以其他勘察、设计单位的名义承揽工程。禁止勘察、设计单位允许其他单位或者个人以本单位的名义承揽工程。

勘察、设计单位不得转包或者违法分包所承揽的工程。

第十九条 勘察、设计单位必须按照工程建设强制性标准进行勘察、设计，并对其勘察、设计的质量负责。

注册建筑师、注册结构工程师等注册执业人员应当在设计文件上签字，对设计文件负责。

第二十条 勘察单位提供的地质、测量、水文等勘察成果必须真实、准确。

第二十一条 设计单位应当根据勘察成果文件进行建设工程设计。

设计文件应当符合国家规定的设计深度要求，注明工程合理使用年限。

第二十二条 设计单位在设计文件中选用的建筑材料、建筑构配件和设备，应当注明规格、型号、性能等技术指标，其质量要求必须符合国家规定的标准。

除有特殊要求的建筑材料、专用设备、工艺生产线等外，设计单位不得指定生产厂、供应商。

第二十三条 设计单位应当就审查合格的施工图设计文件向施工单位作出详细说明。

第二十四条 设计单位应当参与建设工程质量事故分析，并对因设计造成的质量事故，提出相应的技术处理方案。

第四章 施工单位的质量责任和义务

第二十五条 施工单位应当依法取得相应等级的资质证书，并在其资质等级许可的范围内承揽工程。

禁止施工单位超越本单位资质等级许可的业务范围或者以其他施工单位的名义承揽工程。禁止施工单位允许其他单位或者个人以本单位的名义承揽工程。

施工单位不得转包或者违法分包工程。

第二十六条 施工单位对建设工程的施工质量负责。

施工单位应当建立质量责任制，确定工程项目的项目经理、技术负责人和施工管理负责人。

建设工程实行总承包的，总承包单位应当对全部建设工程质量负责；建设工程勘察、设计、施工、设备采购的一项或者多项实行总承包的，总承包单位应当对其承包的建设工程或者采购的设备的质量负责。

第二十七条 总承包单位依法将建设工程分包给其他单位的，分包单位应当按照分包合同的约定对其分包工程的质量向总承包单位负责，总承包单位与分包单位对分包工程的质量承担连带责任。

第二十八条 施工单位必须按照工程设计图纸和施工技术标准施工，不得擅自修改工程设计，不得偷工减料。

施工单位在施工过程中发现设计文件和图纸有差错的，应当及时提出意见和建议。

第二十九条 施工单位必须按照工程设计要求、施工技术标准和合同约定，对建筑材料、建筑构配件、设备和商品混凝土进行检验，检验应当有书面记录和专人签字；未经检验或者检验不合格的，不得使用。

第三十条 施工单位必须建立、健全施工质量的检验制度，严格工序管理，作好隐蔽工程的质量检查和记录。隐蔽工程在隐蔽前，施工单位应当通知建设单位和建设工程质量监督机构。

第三十一条 施工人员对涉及结构安全的试块、试件以及有关材料，应当在建设单位或者工程监理单位监督下现场取样，并送具有相应资质等级的质量检测单位进行检测。

第三十二条 施工单位对施工中出现质量问题的建设工程或者竣工验收不合格的建设工程，应当负责返修。

第三十三条 施工单位应当建立、健全教育培训制度，加强对职工的教育培训；未经教育培训或者考核不合格的人员，不得上岗作业。

第五章　工程监理单位的质量责任和义务

第三十四条　工程监理单位应当依法取得相应等级的资质证书，并在其资质等级许可的范围内承担工程监理业务。

禁止工程监理单位超越本单位资质等级许可的范围或者以其他工程监理单位的名义承担工程监理业务。禁止工程监理单位允许其他单位或者个人以本单位的名义承担工程监理业务。

工程监理单位不得转让工程监理业务。

第三十五条　工程监理单位与被监理工程的施工承包单位以及建筑材料、建筑构配件和设备供应单位有隶属关系或者其他利害关系的，不得承担该项建设工程的监理业务。

第三十六条　工程监理单位应当依照法律、法规以及有关技术标准、设计文件和建设工程承包合同，代表建设单位对施工质量实施监理，并对施工质量承担监理责任。

第三十七条　工程监理单位应当选派具备相应资格的总监理工程师和监理工程师进驻施工现场。

未经监理工程师签字，建筑材料、建筑构配件和设备不得在工程上使用或者安装，施工单位不得进行下一道工序的施工。未经总监理工程师签字，建设单位不拨付工程款，不进行竣工验收。

第三十八条　监理工程师应当按照工程监理规范的要求，采取旁站、巡视和平行检验等形式，对建设工程实施监理。

第六章　建设工程质量保修

第三十九条　建设工程实行质量保修制度。

建设工程承包单位在向建设单位提交工程竣工验收报告时，应当向建设单位出具质量保修书。质量保修书中应当明确建设工程的保修范围、保修期限和保修责任等。

第四十条　在正常使用条件下，建设工程的最低保修期限为：

（一）基础设施工程、房屋建筑的地基基础工程和主体结构工程，为设计文件规定的该工程的合理使用年限；

（二）屋面防水工程、有防水要求的卫生间、房间和外墙面的防渗漏，为5年；

（三）供热与供冷系统，为2个采暖期、供冷期；

（四）电气管线、给排水管道、设备安装和装修工程，为2年。

其他项目的保修期限由发包方与承包方约定。

建设工程的保修期，自竣工验收合格之日起计算。

第四十一条　建设工程在保修范围和保修期限内发生质量问题的，施工单位应当履行保修义务，并对造成的损失承担赔偿责任。

第四十二条　建设工程在超过合理使用年限后需要继续使用的，产权所有人应当委托具有相应资质等级的勘察、设计单位鉴定，并根据鉴定结果采取加固、维修等措施，重新界定使用期。

第七章　监 督 管 理

第四十三条　国家实行建设工程质量监督管理制度。

国务院建设行政主管部门对全国的建设工程质量实施统一监督管理。国务院铁路、交通、水利等有关部门按照国务院规定的职责分工，负责对全国的有关专业建设工程质量的监督管理。

县级以上地方人民政府建设行政主管部门对本行政区域内的建设工程质量实施监督管理。县级以上地方人民政府交通、水利等有关部门在各自的职责范围内，负责对本行政区域内的专业建设工程质量的监督管理。

第四十四条　国务院建设行政主管部门和国务院铁路、交通、水利等有关部门应当加强对有关建设工程质量的法律、法规和强制性标准执行情况的监督检查。

第四十五条　国务院发展计划部门按照国务院规定的职责，组织稽察特派员，对国家出资的重大建设项目实施监督检查。

国务院经济贸易主管部门按照国务院规定的职责，对国家重大技术改造项目实施监督检查。

第四十六条　建设工程质量监督管理，可以由建设行政主管部门或者其他有关部门委托的建设工程质量监督机构具体实施。

从事房屋建筑工程和市政基础设施工程质量监督的机构，必须按照国家有关规定经国务院建设行政主管部门或者省、自治区、直辖市人民政府建设行政主管部门考核；从事专业建设工程质量监督的机构，必须按照国家有关规定经国务院有关部门或者省、自治区、直辖市人民政府有关部门考核。经考核合格后，方可实施质量监督。

第四十七条　县级以上地方人民政府建设行政主管部门和其他有关部门应当加强对有关建设工程质量的法律、法规和强制性标准执行情况的监督检查。

第四十八条　县级以上人民政府建设行政主管部门和其他有关部门履行监督检查职责时，有权采取下列措施：

（一）要求被检查的单位提供有关工程质量的文件和资料；

（二）进入被检查单位的施工现场进行检查；

（三）发现有影响工程质量的问题时，责令改正。

第四十九条　建设单位应当自建设工程竣工验收合格之日起15日内，将建设工程竣工验收报告和规划、公安消防、环保等部门出具的认可文件或者准许使用文件报建设行政主管部门或者其他有关部门备案。

建设行政主管部门或者其他有关部门发现建设单位在竣工验收过程中有违反国家有关建设工程质量管理规定行为的，责令停止使用，重新组织竣工验收。

第五十条　有关单位和个人对县级以上人民政府建设行政主管部门和其他有关部门进行的监督检查应当支持与配合，不得拒绝或者阻碍建设工程质量监督检查人员依法执行职务。

第五十一条 供水、供电、供气、公安消防等部门或者单位不得明示或者暗示建设单位、施工单位购买其指定的生产供应单位的建筑材料、建筑构配件和设备。

第五十二条 建设工程发生质量事故，有关单位应当在 24 小时内向当地建设行政主管部门和其他有关部门报告。对重大质量事故，事故发生地的建设行政主管部门和其他有关部门应当按照事故类别和等级向当地人民政府和上级建设行政主管部门和其他有关部门报告。

特别重大质量事故的调查程序按照国务院有关规定办理。

第五十三条 任何单位和个人对建设工程的质量事故、质量缺陷都有权检举、控告、投诉。

建设工程勘察设计管理条例（节选）

（2000年9月20日国务院第31次常务会议通过
2000年9月25日中华人民共和国国务院令第293号公布
自2000年9月25日起施行
根据2015年6月12日《国务院关于修改〈建设工程勘察设计管理条例〉的决定》第一次修订
根据2017年10月7日《国务院关于修改部分行政法规的决定》第二次修订）

第一章　总　　则

第一条　为了加强对建设工程勘察、设计活动的管理，保证建设工程勘察、设计质量，保护人民生命和财产安全，制定本条例。

第二条　从事建设工程勘察、设计活动，必须遵守本条例。

本条例所称建设工程勘察，是指根据建设工程的要求，查明、分析、评价建设场地的地质地理环境特征和岩土工程条件，编制建设工程勘察文件的活动。

本条例所称建设工程设计，是指根据建设工程的要求，对建设工程所需的技术、经济、资源、环境等条件进行综合分析、论证，编制建设工程设计文件的活动。

第三条　建设工程勘察、设计应当与社会、经济发展水平相适应，做到经济效益、社会效益和环境效益相统一。

第四条　从事建设工程勘察、设计活动，应当坚持先勘察、后设计、再施工的原则。

第五条　县级以上人民政府建设行政主管部门和交通、水利等有关部门应当依照本条例的规定，加强对建设工程勘察、设计活动的监督管理。

建设工程勘察、设计单位必须依法进行建设工程勘察、设计，严格执行工程建设强制性标准，并对建设工程勘察、设计的质量负责。

第六条 国家鼓励在建设工程勘察、设计活动中采用先进技术、先进工艺、先进设备、新型材料和现代管理方法。

第二章 资质资格管理

第七条 国家对从事建设工程勘察、设计活动的单位，实行资质管理制度。具体办法由国务院建设行政主管部门商国务院有关部门制定。

第八条 建设工程勘察、设计单位应当在其资质等级许可的范围内承揽建设工程勘察、设计业务。

禁止建设工程勘察、设计单位超越其资质等级许可的范围或者以其他建设工程勘察、设计单位的名义承揽建设工程勘察、设计业务。禁止建设工程勘察、设计单位允许其他单位或者个人以本单位的名义承揽建设工程勘察、设计业务。

第九条 国家对从事建设工程勘察、设计活动的专业技术人员，实行执业资格注册管理制度。

未经注册的建设工程勘察、设计人员，不得以注册执业人员的名义从事建设工程勘察、设计活动。

第十条 建设工程勘察、设计注册执业人员和其他专业技术人员只能受聘于一个建设工程勘察、设计单位；未受聘于建设工程勘察、设计单位的，不得从事建设工程的勘察、设计活动。

第十一条 建设工程勘察、设计单位资质证书和执业人员注册证书，由国务院建设行政主管部门统一制作。

第三章 建设工程勘察设计发包与承包

第十二条 建设工程勘察、设计发包依法实行招标发包或者直接发包。

第十三条 建设工程勘察、设计应当依照《中华人民共和国招标投标法》的规定，实行招标发包。

第十四条 建设工程勘察、设计方案评标，应当以投标人的业绩、信誉和勘察、设计人员的能力以及勘察、设计方案的优劣为依据，进行综合评定。

第十五条 建设工程勘察、设计的招标人应当在评标委员会推荐的候选方案中确定中标方案。但是，建设工程勘察、设计的招标人认为评标委员会推荐的候选方案不能最大限度满足招标文件规定的要求的，应当依法重新招标。

第十六条 下列建设工程的勘察、设计，经有关主管部门批准，可以直接发包：

（一）采用特定的专利或者专有技术的；

（二）建筑艺术造型有特殊要求的；

（三）国务院规定的其他建设工程的勘察、设计。

第十七条 发包方不得将建设工程勘察、设计业务发包给不具有相应勘察、设计资质等级的建设工程勘察、设计单位。

第十八条 发包方可以将整个建设工程的勘察、设计发包给一个勘察、设计单位；也可以将建设工程的勘察、设计分别发包给几个勘察、设计单位。

第十九条 除建设工程主体部分的勘察、设计外，经发包方书面同意，承包方可以将建设工程其他部分的勘察、设计再分包给其他具有相应资质等级的建设工程勘察、设计单位。

第二十条 建设工程勘察、设计单位不得将所承揽的建设工程勘察、设计转包。

第二十一条 承包方必须在建设工程勘察、设计资质证书规定的资质等级和业务范围内承揽建设工程的勘察、设计业务。

第二十二条 建设工程勘察、设计的发包方与承包方，应当执行国家规定的建设工程勘察、设计程序。

第二十三条 建设工程勘察、设计的发包方与承包方应当签订建设工程勘察、设计合同。

第二十四条 建设工程勘察、设计发包方与承包方应当执行国家有关建设工程勘察费、设计费的管理规定。

第四章 建设工程勘察设计文件的编制与实施

第二十五条 编制建设工程勘察、设计文件，应当以下列规定为依据：

（一）项目批准文件；

（二）城乡规划；

（三）工程建设强制性标准；

（四）国家规定的建设工程勘察、设计深度要求。

铁路、交通、水利等专业建设工程，还应当以专业规划的要求为依据。

第二十六条 编制建设工程勘察文件，应当真实、准确，满足建设工程规划、选址、设计、岩土治理和施工的需要。

编制方案设计文件，应当满足编制初步设计文件和控制概算的需要。

编制初步设计文件，应当满足编制施工招标文件、主要设备材料订货和编制施工图设计文件的需要。

编制施工图设计文件，应当满足设备材料采购、非标准设备制作和施工的需要，并注明建设工程合理使用年限。

第二十七条 设计文件中选用的材料、构配件、设备，应当注明其规格、型号、性能等技术指标，其质量要求必须符合国家规定的标准。

除有特殊要求的建筑材料、专用设备和工艺生产线等外，设计单位不得指定生产厂、供应商。

第二十八条 建设单位、施工单位、监理单位不得修改建设工程勘察、设计文件；确需修改建设工程勘察、设计文件的，应当由原建设工程勘察、设计单位修改。经原建设工程勘察、设计单位书面同意，建设单位也可以委托其他具有相应资质的建设工程勘察、设计单位修改。修改单位对修改的勘察、设计文件承担相应责任。

施工单位、监理单位发现建设工程勘察、设计文件不符合工程建设强制性标准、合同约定的质量要求的，应当报告建设单位，建设单位有权要求建设工程勘察、设计单位对建设工程勘察、设计文件进行补充、修改。

建设工程勘察、设计文件内容需要作重大修改的，建设单位应当报经原审批机关批准后，方可修改。

第二十九条 建设工程勘察、设计文件中规定采用的新技术、新材料，可能影响建设工程质量和安全，又没有国家技术标准的，应当由国家认可的检测机构进行试验、论证，出具检测报告，并经国务院有关部门或者省、自治区、直辖市人民政府有关部门组织的建设工程技术专家委员会审定后，方可使用。

第三十条 建设工程勘察、设计单位应当在建设工程施工前，向施工单位和监理单位说明建设工程勘察、设计意图，解释建设工程勘察、设计文件。

建设工程勘察、设计单位应当及时解决施工中出现的勘察、设计问题。

第五章 监 督 管 理

第三十一条 国务院建设行政主管部门对全国的建设工程勘察、设计活动实施统一监督管理。国务院铁路、交通、水利等有关部门按照国务院规定的职责分工，负责对全国的有关专业建设工程勘察、设计活动的监督管理。

县级以上地方人民政府建设行政主管部门对本行政区域内的建设工程勘察、设计活动实施监督管理。县级以上地方人民政府交通、水利等有关部门在各自的职责范围内，负责对本行政区域内的有关专业建设工程勘察、设计活动的监督管理。

第三十二条 建设工程勘察、设计单位在建设工程勘察、设计资质证书规定的业务范围内跨部门、跨地区承揽勘察、设计业务的，有关地方人民政府及其所属部门不得设置障碍，不得违反国家规定收取任何费用。

第三十三条　施工图设计文件审查机构应当对房屋建筑工程、市政基础设施工程施工图设计文件中涉及公共利益、公众安全、工程建设强制性标准的内容进行审查。县级以上人民政府交通运输等有关部门应当按照职责对施工图设计文件中涉及公共利益、公众安全、工程建设强制性标准的内容进行审查。

施工图设计文件未经审查批准的，不得使用。

第三十四条　任何单位和个人对建设工程勘察、设计活动中的违法行为都有权检举、控告、投诉。

关键信息基础设施安全保护条例（节选）

（2021 年 4 月 27 日国务院第 133 次常务会议通过
2021 年 7 月 30 日中华人民共和国国务院令第 745 号公布
自 2021 年 9 月 1 日起施行）

第一章　总　　则

第一条　为了保障关键信息基础设施安全，维护网络安全，根据《中华人民共和国网络安全法》，制定本条例。

第二条　本条例所称关键信息基础设施，是指公共通信和信息服务、能源、交通、水利、金融、公共服务、电子政务、国防科技工业等重要行业和领域的，以及其他一旦遭到破坏、丧失功能或者数据泄露，可能严重危害国家安全、国计民生、公共利益的重要网络设施、信息系统等。

第三条　在国家网信部门统筹协调下，国务院公安部门负责指导监督关键信息基础设施安全保护工作。国务院电信主管部门和其他有关部门依照本条例和有关法律、行政法规的规定，在各自职责范围内负责关键信息基础设施安全保护和监督管理工作。

省级人民政府有关部门依据各自职责对关键信息基础设施实施安全保护和监督管理。

第四条　关键信息基础设施安全保护坚持综合协调、分工负责、依法保护，强化和落实关键信息基础设施运营者（以下简称运营者）主体责任，充分发挥政府及社会各方面的作用，共同保护关键信息基础设施安全。

第五条　国家对关键信息基础设施实行重点保护，采取措施，监测、防御、处置来源于中华人民共和国境内外的网络安全风险和威胁，保护关键信息基础设施免受攻击、侵入、干扰和破坏，依法惩治危害关键信息基础设施安全的违法犯罪活动。

任何个人和组织不得实施非法侵入、干扰、破坏关键信息基础设施的活动，不得危害关键信息基础设施安全。

第六条 运营者依照本条例和有关法律、行政法规的规定以及国家标准的强制性要求，在网络安全等级保护的基础上，采取技术保护措施和其他必要措施，应对网络安全事件，防范网络攻击和违法犯罪活动，保障关键信息基础设施安全稳定运行，维护数据的完整性、保密性和可用性。

第七条 对在关键信息基础设施安全保护工作中取得显著成绩或者作出突出贡献的单位和个人，按照国家有关规定给予表彰。

第二章 关键信息基础设施认定

第八条 本条例第二条涉及的重要行业和领域的主管部门、监督管理部门是负责关键信息基础设施安全保护工作的部门（以下简称保护工作部门）。

第九条 保护工作部门结合本行业、本领域实际，制定关键信息基础设施认定规则，并报国务院公安部门备案。

制定认定规则应当主要考虑下列因素：

（一）网络设施、信息系统等对于本行业、本领域关键核心业务的重要程度；

（二）网络设施、信息系统等一旦遭到破坏、丧失功能或者数据泄露可能带来的危害程度；

（三）对其他行业和领域的关联性影响。

第十条 保护工作部门根据认定规则负责组织认定本行业、本领域的关键信息基础设施，及时将认定结果通知运营者，并通报国务院公安部门。

第十一条 关键信息基础设施发生较大变化，可能影响其认定结果的，运营者应当及时将相关情况报告保护工作部门。保护工作部门自收到报告之日起3个月内完成重新认定，将认定结果通知运营者，并通报国务院公安部门。

第三章　运营者责任义务

第十二条　安全保护措施应当与关键信息基础设施同步规划、同步建设、同步使用。

第十三条　运营者应当建立健全网络安全保护制度和责任制，保障人力、财力、物力投入。运营者的主要负责人对关键信息基础设施安全保护负总责，领导关键信息基础设施安全保护和重大网络安全事件处置工作，组织研究解决重大网络安全问题。

第十四条　运营者应当设置专门安全管理机构，并对专门安全管理机构负责人和关键岗位人员进行安全背景审查。审查时，公安机关、国家安全机关应当予以协助。

第十五条　专门安全管理机构具体负责本单位的关键信息基础设施安全保护工作，履行下列职责：

（一）建立健全网络安全管理、评价考核制度，拟订关键信息基础设施安全保护计划；

（二）组织推动网络安全防护能力建设，开展网络安全监测、检测和风险评估；

（三）按照国家及行业网络安全事件应急预案，制定本单位应急预案，定期开展应急演练，处置网络安全事件；

（四）认定网络安全关键岗位，组织开展网络安全工作考核，提出奖励和惩处建议；

（五）组织网络安全教育、培训；

（六）履行个人信息和数据安全保护责任，建立健全个人信息和数据安全保护制度；

（七）对关键信息基础设施设计、建设、运行、维护等服务实施安全管理；

（八）按照规定报告网络安全事件和重要事项。

第十六条　运营者应当保障专门安全管理机构的运行经费、配备相应的人员，开展与网络安全和信息化有关的决策应当有专门安全管理机构人员参与。

第十七条 运营者应当自行或者委托网络安全服务机构对关键信息基础设施每年至少进行一次网络安全检测和风险评估，对发现的安全问题及时整改，并按照保护工作部门要求报送情况。

第十八条 关键信息基础设施发生重大网络安全事件或者发现重大网络安全威胁时，运营者应当按照有关规定向保护工作部门、公安机关报告。

发生关键信息基础设施整体中断运行或者主要功能故障、国家基础信息以及其他重要数据泄露、较大规模个人信息泄露、造成较大经济损失、违法信息较大范围传播等特别重大网络安全事件或者发现特别重大网络安全威胁时，保护工作部门应当在收到报告后，及时向国家网信部门、国务院公安部门报告。

第十九条 运营者应当优先采购安全可信的网络产品和服务；采购网络产品和服务可能影响国家安全的，应当按照国家网络安全规定通过安全审查。

第二十条 运营者采购网络产品和服务，应当按照国家有关规定与网络产品和服务提供者签订安全保密协议，明确提供者的技术支持和安全保密义务与责任，并对义务与责任履行情况进行监督。

第二十一条 运营者发生合并、分立、解散等情况，应当及时报告保护工作部门，并按照保护工作部门的要求对关键信息基础设施进行处置，确保安全。

第四章 保障和促进

第二十二条 保护工作部门应当制定本行业、本领域关键信息基础设施安全规划，明确保护目标、基本要求、工作任务、具体措施。

第二十三条 国家网信部门统筹协调有关部门建立网络安全信息共享机制，及时汇总、研判、共享、发布网络安全威胁、漏洞、事件等信息，促进有关部门、保护工作部门、运营者以及网络安全服务机构等之间的网络安全信息共享。

第二十四条 保护工作部门应当建立健全本行业、本领域的关键信息基础设施网络安全监测预警制度，及时掌握本行业、本领域关键信息基础设施运行状况、安全态势，预警通报网络安全威胁和隐患，指导做好安全防范工作。

第二十五条 保护工作部门应当按照国家网络安全事件应急预案的要求，建立健全本行业、本领域的网络安全事件应急预案，定期组织应急演练；指导运营者做好网络安全事件应对处置，并根据需要组织提供技术支持与协助。

第二十六条 保护工作部门应当定期组织开展本行业、本领域关键信息基础设施网络安全检查检测，指导监督运营者及时整改安全隐患、完善安全措施。

第二十七条 国家网信部门统筹协调国务院公安部门、保护工作部门对关键信息基础设施进行网络安全检查检测，提出改进措施。

有关部门在开展关键信息基础设施网络安全检查时，应当加强协同配合、信息沟通，避免不必要的检查和交叉重复检查。检查工作不得收取费用，不得要求被检查单位购买指定品牌或者指定生产、销售单位的产品和服务。

第二十八条 运营者对保护工作部门开展的关键信息基础设施网络安全检查检测工作，以及公安、国家安全、保密行政管理、密码管理等有关部门依法开展的关键信息基础设施网络安全检查工作应当予以配合。

第二十九条 在关键信息基础设施安全保护工作中，国家网信部门和国务院电信主管部门、国务院公安部门等应当根据保护工作部门的需要，及时提供技术支持和协助。

第三十条 网信部门、公安机关、保护工作部门等有关部门，网络安全服务机构及其工作人员对于在关键信息基础设施安全保护工作中获取的信息，只能用于维护网络安全，并严格按照有关法律、行政法规的要求确保信息安全，不得泄露、出售或者非法向他人提供。

第三十一条 未经国家网信部门、国务院公安部门批准或者保护工作部门、运营者授权，任何个人和组织不得对关键信息基础设施实施漏洞探测、渗透性测试等可能影响或者危害关键信息基础设施安全的活动。对基础电信网络实施漏洞探测、渗透性测试等活动，应当事先向国务院电信主管部门报告。

第三十二条 国家采取措施，优先保障能源、电信等关键信息基础设施安全运行。

能源、电信行业应当采取措施，为其他行业和领域的关键信息基础设施安全运行提供重点保障。

第三十三条 公安机关、国家安全机关依据各自职责依法加强关键信息基础设施安全保卫，防范打击针对和利用关键信息基础设施实施的违法犯罪活动。

第三十四条 国家制定和完善关键信息基础设施安全标准，指导、规范关键信息基础设施安全保护工作。

第三十五条 国家采取措施，鼓励网络安全专门人才从事关键信息基础设施安全保护工作；将运营者安全管理人员、安全技术人员培训纳入国家继续教育体系。

第三十六条 国家支持关键信息基础设施安全防护技术创新和产业发展，组织力量实施关键信息基础设施安全技术攻关。

第三十七条 国家加强网络安全服务机构建设和管理，制定管理要求并加强监督指导，不断提升服务机构能力水平，充分发挥其在关键信息基础设施安全保护中的作用。

第三十八条 国家加强网络安全军民融合，军地协同保护关键信息基础设施安全。

三、规范性文件

国务院关于印发深化标准化工作改革方案的通知

国发〔2015〕13 号

为落实《中共中央关于全面深化改革若干重大问题的决定》、《国务院机构改革和职能转变方案》和《国务院关于促进市场公平竞争维护市场正常秩序的若干意见》（国发〔2014〕20 号）关于深化标准化工作改革、加强技术标准体系建设的有关要求，制定本改革方案。

一、改革的必要性和紧迫性

党中央、国务院高度重视标准化工作，2001 年成立国家标准化管理委员会，强化标准化工作的统一管理。在各部门、各地方共同努力下，我国标准化事业得到快速发展。截至目前，国家标准、行业标准和地方标准总数达到 10 万项，覆盖一二三产业和社会事业各领域的标准体系基本形成。我国相继成为国际标准化组织（ISO）、国际电工委员会（IEC）常任理事国及国际电信联盟（ITU）理事国，我国专家担任 ISO 主席、IEC 副主席、ITU 秘书长等一系列重要职务，主导制定国际标准的数量逐年增加。标准化在保障产品质量安全、促进产业转型升级和经济提质增效、服务外交外贸等方面起着越来越重要的作用。但是，从我国经济社会发展日益增长的需求来看，现行标准体系和标准化管理体制已不能适应社会主义市场经济发展的需要，甚至在一定程度上影响了经济社会发展。

一是标准缺失老化滞后，难以满足经济提质增效升级的需求。现代农业和服务业标准仍然很少，社会管理和公共服务标准刚刚起步，即使在标准相对完备的工业领域，标准缺失现象也不同程度存在。特别是当前节能降耗、新型城镇化、信息化和工业化融合、电子商务、商贸物流等领域对标准的需求十分旺盛，但标准供给仍有较大缺口。我国国家标准制定周期平均为 3 年，远远落后于产业快速发展的需要。标准更新速度缓慢，“标龄”高出德、美、英、日等发达国家 1 倍以上。标准整体水平不高，难以支撑经济转型升级。我国主导制定的国际标准仅占国际标准总数的 0.5%，“中国标准”在国际上认可度不高。

二是标准交叉重复矛盾，不利于统一市场体系的建立。标准是生产经营活动的依据，是重要的市场规则，必须增强统一性和权威性。目前，现行国家标准、行业标准、地方标准中仅名称相同的就有近 2000 项，有些标准技术指标不一致甚至冲突，既造成企业执行标准困难，也造成政府部门制定标准的资源浪费和执法尺度不一。特别是强制性标准涉及健康安全环保，但是制定主体多，28 个部门和 31 个省（区、市）制定发布强制性行业标准和地方标准；数量庞大，强制性国家、行业、地方三级标准万余项，缺乏强有力的组织协调，交叉重复矛盾难以避免。

三是标准体系不够合理，不适应社会主义市场经济发展的要求。国家标准、行业标准、地方标准均由政府主导制定，且 70%为一般性产品和服务标准，这些标准中许多应由市场主体遵循市场规律制定。而国际上通行的团体标准在我国没有法律地位，市场自主制定、快速反映需求的标准不能有效供给。即使是企业自己制定、内部使用的企业标准，也要到政府部门履行备案甚至审查性备案，企业能动性受到抑制，缺乏创新和竞争力。

四是标准化协调推进机制不完善，制约了标准化管理效能提升。标准反映各方共同利益，各类标准之间需要衔接配套。很多标准技术面广、产业链长，特别是一些标准涉及部门多、相关方立场不一致，协调难度大，由于缺乏权威、高效的标准化协调推进机制，越重要的标准越“难产”。有的标准实施效果不明显，相关配套政策措施不到位，尚未形成多部门协同推动标准实施的工作格局。

造成这些问题的根本原因是现行标准体系和标准化管理体制是20世纪80年代确立的，政府与市场的角色错位，市场主体活力未能充分发挥，既阻碍了标准化工作的有效开展，又影响了标准化作用的发挥，必须切实转变政府标准化管理职能，深化标准化工作改革。

二、改革的总体要求

标准化工作改革，要紧紧围绕使市场在资源配置中起决定性作用和更好发挥政府作用，着力解决标准体系不完善、管理体制不顺畅、与社会主义市场经济发展不适应问题，改革标准体系和标准化管理体制，改进标准制定工作机制，强化标准的实施与监督，更好发挥标准化在推进国家治理体系和治理能力现代化中的基础性、战略性作用，促进经济持续健康发展和社会全面进步。

改革的基本原则：一是坚持简政放权、放管结合。把该放的放开放到位，培育发展团体标准，放开搞活企业标准，激发市场主体活力；把该管的管住管好，强化强制性标准管理，保证公益类推荐性标准的基本供给。二是坚持国际接轨、适合国情。借鉴发达国家标准化管理的先进经验和做法，结合我国发展实际，建立完善具有中国特色的标准体系和标准化管理体制。三是坚持统一管理、分工负责。既发挥好国务院标准化主管部门的综合协调职责，又充分发挥国务院各部门在相关领域内标准制定、实施及监督的作用。四是坚持依法行政、统筹推进。加快标准化法治建设，做好标准化重大改革与标准化法律法规修改完善的有机衔接；合理统筹改革优先领域、关键环节和实施步骤，通过市场自主制定标准的增量带动现行标准的存量改革。

改革的总体目标：建立政府主导制定的标准与市场自主制定的标准协同发展、协调配套的新型标准体系，健全统一协调、运行高效、政府与市场共治的标准化管理体制，形成政府引导、市场驱动、社会参与、协同推进的标准化工作格局，有效支撑统一市场体系建设，让标准成为对质量的“硬约束”，推动中国经济迈向中高端水平。

三、改革措施

通过改革，把政府单一供给的现行标准体系，转变为由政府主导制定的标准和市场自主制定的标准共同构成的新型标准体系。政府主导制定的标准由6类整合精简为4类，分别是强制性国家标准和推荐性国家标准、推荐性行业标准、推荐性地方标准；市场自主制定的标准分为团体标准和企业标准。政府主导制定的标准侧重于保基本，市场自主制定的标准侧重于提高竞争力。同时建立完善与新型标准体系配套的标准化管理体制。

（一）建立高效权威的标准化统筹协调机制。建立由国务院领导同志为召集人、各有关部门负责同志组成的国务院标准化协调推进机制，统筹标准化重大改革，研究标准化重大政策，对跨部门跨领域、存在重大争议标准的制定和实施进行协调。国务院标准化协调推进机制日常工作由国务院标准化主管部门承担。

（二）整合精简强制性标准。在标准体系上，逐步将现行强制性国家标准、行业标准和地方标准整合为强制性国家标准。在标准范围上，将强制性国家标准严格限定在保障人身健康和生命财产安全、国家安全、生态环境安全和满足社会经济管理基本要求的范围之内。在标准管理上，国务院各有关部门负责强制性国家标准项目提出、组织起草、征求意见、技术审查、组织实施和监督；国务院标准化主管部门负责强制性国家标准的统一立项和编号，并按照世界贸易组织规则开展对外通报；强制性国家标准由国务院批准发布或授权批准发布。强化依据强制性国家标准开展监督检查和行政执法。免费向社会公开强制性国家标准文本。建立强制性国家标准实施情况统计分析报告制度。

法律法规对标准制定另有规定的，按现行法律法规执行。环境保护、工程建设、医药卫生强制性国家标准、强制性行业标准和强制性地方标准，按现有模式管理。安全生产、公安、税务标准暂按现有模式管理。核、航天等涉及国家安全和秘密的军工领域行业标准，由国务院国防科技工业主管部门负责管理。

（三）优化完善推荐性标准。在标准体系上，进一步优化推荐性国家标准、行业标准、地方标准体系结构，推动向政府职责范围内的公益类标准过渡，逐步缩减现有推荐性标准的数量和规模。在标准范围上，合理界定各层级、各领域推荐性标准的制定范围，推荐性国家标准重点制定基础通用、与强制性国家标准配套的标准；推荐性行业标准重点制定本行业领域的重要产品、工程技术、服务和行业管理标准；推荐性地方标准可制定满足地方自然条件、民族风俗习惯的特殊技术要求。在标准管理上，国务院标准化主管部门、国务院各有关部门和地方政府标准化主管部门分别负责统筹管理推荐性国家标准、行业标准和地方标准制修订工作。充分运用信息化手段，建立制修订全过程信息公开和共享平台，强化制修订流程中的信息共享、社会监督和自查自纠，有效避免推荐性国家标准、行业标准、地方标准在立项、制定过程中的交叉重复矛盾。简化制修订程序，提高审批效率，缩短制修订周期。推动免费向社会公开公益类推荐性标准文本。建立标准实施信息反馈和评估机制，及时开展标准复审和维护更新，有效解决标准缺失滞后老化问题。加强标准化技术委员会管理，提高广泛性、代表性，保证标准制定的科学性、公正性。

（四）培育发展团体标准。在标准制定主体上，鼓励具备相应能力的学会、协会、商会、联合会等社会组织和产业技术联盟协调相关市场主体共同制定满足市场和创新需要的标准，供市场自愿选用，增加标准的有效供给。在标准管理上，对团体标准不设行政许可，由社会组织和产业技术联盟自主制定发布，通过市场竞争优胜劣汰。国务院标准化主管部门会同国务院有关部门制定团体标准发展指导意见和标准化良好行为规范，对团体标准进行必要的规范、引导和监督。在工作推进上，选择市场化程度高、技术创新活跃、产品类标准较多的领域，先行开展团体标准试点工作。支持专利融入团体标准，推动技术进步。

（五）放开搞活企业标准。企业根据需要自主制定、实施企业标准。鼓励企业制定高于国家标准、行业标准、地方标准，具有竞争力的企业标准。建立企业产品和服务标准自我声明公开和监督制度，逐步取消政府对企业产品标准的备案管理，落实企业标准化主体责任。鼓励标准化专业机构对企业公开的标准开展比对和评价，强化社会监督。

（六）提高标准国际化水平。鼓励社会组织和产业技术联盟、企业积极参与国际标准化活动，争取承担更多国际标准组织技术机构和领导职务，增强话语权。加大国际标准跟踪、评估和转化力度，加强中国标准外文版翻译出版工作，推动与主要贸易国之间的标准互认，推进优势、特色领域标准国际化，创建中国标准品牌。结合海外工程承包、重大装备设备出口和对外援建，推广中国标准，以中国标准“走出去”带动我国产品、技术、装备、服务“走出去”。进一步放宽外资企业参与中国标准的制定。

四、组织实施

坚持整体推进与分步实施相结合，按照逐步调整、不断完善的方法，协同有序推进各项改革任务。标准化工作改革分三个阶段实施。

（一）第一阶段（2015—2016 年），积极推进改革试点工作。

——加快推进《中华人民共和国标准化法》修订工作，提出法律修正案，确保改革于法有据。修订完善相关规章制度。(2016 年 6 月底前完成)

——国务院标准化主管部门会同国务院各有关部门及地方政府标准化主管部门，对现行国家标准、行业标准、地方标准进行全面清理，集中开展滞后老化标准的复审和修订，解决标准缺失、矛盾交叉等问题。(2016 年 12 月底前完成)

——优化标准立项和审批程序，缩短标准制定周期。改进推荐性行业和地方标准备案制度，加强标准制定和实施后评估。(2016 年 12 月底前完成)

——按照强制性标准制定原则和范围，对不再适用的强制性标准予以废止，对不宜强制的转化为推荐性标准。（2015 年 12

月底前完成）

——开展标准实施效果评价，建立强制性标准实施情况统计分析报告制度。强化监督检查和行政执法，严肃查处违法违规行为。（2016 年 12 月底前完成）

——选择具备标准化能力的社会组织和产业技术联盟，在市场化程度高、技术创新活跃、产品类标准较多的领域开展团体标准试点工作，制定团体标准发展指导意见和标准化良好行为规范。（2015 年 12 月底前完成）

——开展企业产品和服务标准自我声明公开和监督制度改革试点。企业自我声明公开标准的，视同完成备案。（2015 年 12 月底前完成）

——建立国务院标准化协调推进机制，制定相关制度文件。建立标准制修订全过程信息公开和共享平台。（2015 年 12 月底前完成）

——主导和参与制定国际标准数量达到年度国际标准制定总数的 50%。（2016 年完成）

（二）第二阶段（2017—2018 年），稳妥推进向新型标准体系过渡。

——确有必要强制的现行强制性行业标准、地方标准，逐步整合上升为强制性国家标准。（2017 年完成）

——进一步明晰推荐性标准制定范围，厘清各类标准间的关系，逐步向政府职责范围内的公益类标准过渡。（2018 年完成）

——培育若干具有一定知名度和影响力的团体标准制定机构，制定一批满足市场和创新需要的团体标准。建立团体标准的评价和监督机制。（2017 年完成）

——企业产品和服务标准自我声明公开和监督制度基本完善并全面实施。（2017 年完成）

——国际国内标准水平一致性程度显著提高，主要消费品领域与国际标准一致性程度达到 95%以上。（2018 年完成）

（三）第三阶段（2019—2020 年），基本建成结构合理、衔接配套、覆盖全面、适应经济社会发展需求的新型标准体系。

——理顺并建立协同、权威的强制性国家标准管理体制。（2020 年完成）

——政府主导制定的推荐性标准限定在公益类范围，形成协调配套、简化高效的推荐性标准管理体制。（2020 年完成）

——市场自主制定的团体标准、企业标准发展较为成熟，更好满足市场竞争、创新发展的需求。（2020 年完成）

——参与国际标准化治理能力进一步增强，承担国际标准组织技术机构和领导职务数量显著增多，与主要贸易伙伴国家标准互认数量大幅增加，我国标准国际影响力不断提升，迈入世界标准强国行列。（2020 年完成）

国务院关于促进天然气协调稳定发展的若干意见

国发〔2018〕31号

各省、自治区、直辖市人民政府，国务院各部委、各直属机构：

天然气是优质高效、绿色清洁的低碳能源。加快天然气开发利用，促进协调稳定发展，是我国推进能源生产和消费革命，构建清洁低碳、安全高效的现代能源体系的重要路径。当前我国天然气产供储销体系还不完备，产业发展不平衡不充分问题较为突出，主要是国内产量增速低于消费增速，进口多元化有待加强，消费结构不尽合理，基础设施存在短板，储气能力严重不足，互联互通程度不够，市场化价格机制未充分形成，应急保障机制不完善，设施建设运营存在安全风险等。为有效解决上述问题，加快天然气产供储销体系建设，促进天然气协调稳定发展，现提出以下意见。

一、总体要求

（一）指导思想。

以习近平新时代中国特色社会主义思想为指导，全面贯彻党的十九大和十九届二中、三中全会精神，统筹推进“五位一体”总体布局和协调推进“四个全面”战略布局，按照党中央、国务院关于深化石油天然气体制改革的决策部署和加快天然气产供储销体系建设的任务要求，落实能源安全战略，着力破解天然气产业发展的深层次矛盾，有效解决天然气发展不平衡不充分问题，确保国内快速增储上产，供需基本平衡，设施运行安全高效，民生用气保障有力，市场机制进一步理顺，实现天然气产业健康有序安全可持续发展。

（二）基本原则。

产供储销，协调发展。促进天然气产业上中下游协调发展，构建供应立足国内、进口来源多元、管网布局完善、储气调峰配套、用气结构合理、运行安全可靠的天然气产供储销体系。立足资源供应实际，统筹谋划推进天然气有序利用。

规划统筹，市场主导。落实天然气发展规划，加快天然气产能和基础设施重大项目建设，加大国内勘探开发力度。深化油气体制机制改革，规范用气行为和市场秩序，坚持以市场化手段为主做好供需平衡。

有序施策，保障民生。充分利用天然气等各种清洁能源，多渠道、多途径推进煤炭替代。“煤改气”要坚持“以气定改”、循序渐进，保障重点区域、领域用气需求。落实各方责任，强化监管问责，确保民生用气稳定供应。

二、加强产供储销体系建设，促进天然气供需动态平衡

（三）加大国内勘探开发力度。深化油气勘查开采管理体制改革，尽快出台相关细则。（自然资源部、国家发展改革委、国家能源局按职责分工负责）各油气企业全面增加国内勘探开发资金和工作量投入，确保完成国家规划部署的各项目标任务，力争到2020年底前国内天然气产量达到2000亿立方米以上。（各油气企业负责，国家发展改革委、国务院国资委、自然资源部、国家能源局加强督导检查）严格执行油气勘查区块退出机制，全面实行区块竞争性出让，鼓励以市场化方式转让矿业权，完善矿业权转让、储量及价值评估等规则。建立完善油气地质资料公开和共享机制。（自然资源部、国家发展改革委、国务院国资委、国家能源局按职责分工负责）建立已探明未动用储量加快动用机制，综合利用区块企业内部流转、参照产品分成等模式与各类主体合资合作开发、矿业权企业间流转和竞争性出让等手段，多措并举盘活储量存量。（国家发展改革委、自然资源部、国务院国资委、国家能源局按职责分工负责）统筹国家战略和经济效益，强化国有油气企业能源安全保障考核，引导企业加大勘探开发投入，确保增储上产见实效。（国务院国资委、国家发展改革委、国家能源局按职责分工负责）统筹平衡天然气勘探开发与生态环境保护，积极有序推进油气资源合理开发利用，服务国家能源战略、保障天然气供应安全。（生态环境部、自然资源部、国家发展改革委、国家能源局按职责分工负责）

（四）健全天然气多元化海外供应体系。加快推进进口国别（地区）、运输方式、进口通道、合同模式以及参与主体多元化。天然气进口贸易坚持长约、现货两手抓，在保障长期供应稳定的同时，充分发挥现货资源的市场调节作用。加强与重点天然气出口国多双边合作，加快推进国际合作重点项目。在坚持市场化原则的前提下，在应急保供等特殊时段加强对天然气进口的统筹协调，规范市场主体竞争行为。（各油气企业落实，国家发展改革委、外交部、商务部、国家能源局指导协调）

（五）构建多层次储备体系。建立以地下储气库和沿海液化天然气（LNG）接收站为主、重点地区内陆集约规模化 LNG 储罐为辅、管网互联互通为支撑的多层次储气系统。供气企业到2020 年形成不低于其年合同销售量 10%的储气能力。（各供气企业负责，国家发展改革委、国家能源局指导并督促落实）城镇燃气企业到 2020 年形成不低于其年用气量 5%的储气能力，各地区到 2020 年形成不低于保障本行政区域 3 天日均消费量的储气能力。统筹推进地方政府和城镇燃气企业储气能力建设，实现储气设施集约化规模化运营，避免“遍地开花”，鼓励各类投资主体合资合作建设储气设施。（各省级人民政府负责，国家发展改革委、住房城乡建设部、国家能源局指导）作为临时性过渡措施，储气能力暂时不达标的企业和地区，要通过签订可中断供气合同等方式弥补调峰能力。（国家发展改革委、住房城乡建设部、国家能源局、各省级人民政府按职责分工负责）加快放开储气地质构造的使用权，鼓励符合条件的市场主体利用枯竭油气藏、盐穴等建设地下储气库。配套完善油气、盐业等矿业权转让、废弃核销机制以及已开发油气田、盐矿作价评估机制。（国家发展改革委、自然资源部、国家能源局按职责分工负责）按照新的储气能力要求，修订《城镇燃气设计规范》。加强储气能力建设情况跟踪，对推进不力、违法失信的地方政府和企业等实施约谈问责或联合惩戒。（国家发展改革委、住房城乡建设部、国家能源局、各省级人民政府按职责分工负责）

（六）强化天然气基础设施建设与互联互通。加快天然气管道、LNG 接收站等项目建设，集中开展管道互联互通重大工程，加快推动纳入环渤海地区 LNG 储运体系实施方案的各项目落地实施。（相关企业负责，国家发展改革委、国家能源局等有关部门与地方各级人民政府加强协调支持）注重与国土空间规划相衔接，合理安排各类基础设施建设规模、结构、布局和时序，加强项目用地用海保障。（自然资源部负责）抓紧出台油气管网体制改革方案，推动天然气管网等基础设施向第三方市场主体公平开放。深化“放管服”改革，简化优化前置要件审批，积极推行并联审批等方式，缩短项目建设手续办理和审批周期。（国家发展改革委、国家能源局等有关部门与地方各级人民政府按职责分工负责）根据市场发展需求，积极发展沿海、内河小型 LNG 船舶运输，出台 LNG 罐箱多式联运相关法规政策和标准规范。（交通运输部、国家铁路局负责）

三、深化天然气领域改革，建立健全协调稳定发展体制机制

（七）建立天然气供需预测预警机制。加强政府和企业层面对国际天然气市场的监测和预判。统筹考虑经济发展、城镇化进程、能源结构调整、价格变化等多种因素，精准预测天然气需求，尤其要做好冬季取暖期民用和非民用天然气需求预测。根据预测结果，组织开展天然气生产和供应能力科学评估，努力实现供需动态平衡。建立天然气供需预警机制，及时对可能出现的国内供需问题及进口风险作出预测预警，健全信息通报和反馈机制，确保供需信息有效对接。（国家发展改革委、外交部、生态环境部、住房城乡建设部、国家能源局、中国气象局指导地方各级人民政府和相关企业落实）

（八）建立天然气发展综合协调机制。全面实行天然气购销合同制度，鼓励签订中长期合同，积极推动跨年度合同签订。按照宜电则电、宜气则气、宜煤则煤、宜油则油的原则，充分利用各种清洁能源推进大气污染防治和北方地区冬季清洁取暖。“煤改气”要坚持“以气定改”、循序渐进，突出对京津冀及周边地区和汾渭平原等重点区域用气需求的保障。（各省级人民政府和供气企业负责，国家发展改革委、生态环境部、住房城乡建设部、国家能源局指导并督促落实）建立完善天然气领域信用体系，对合同违约及保供不力的地方政府和企业，按相关规定纳入失信名单，对严重违法失信行为实施联合惩戒。（国家发展改革委、国家能源局负责）研究将中央财政对非常规天然气补贴政策延续到“十四五”时期，将致密气纳入补贴范围。对重点地区应急储气设施建设给予中央预算内投资补助支持，研究中央财政对超过储备目标的气量给予补贴等支持政策，在准确计量认定的基础上研究对垫底气的支持政策。研究根据 LNG 接收站实际接收量实行增值税按比例返还的政策。（财政部、国家发展改革委、国家能源局按职责分工负责）将天然气产供储销体系重大工程建设纳入相关专项督查。（国家发展改革委、国家能源局负责）

（九）建立健全天然气需求侧管理和调峰机制。新增天然气量优先用于城镇居民生活用气和大气污染严重地区冬季取暖散煤替代。研究出台调峰用户管理办法，建立健全分级调峰用户制度，按照确保安全、提前告知、充分沟通、稳妥推进的原则启动实施分级调峰。鼓励用户自主选择资源方、供气路径及形式，大力发展区域及用户双气源、多气源供应。鼓励发展可中断大工业用户和可替代能源用户，通过季节性差价等市场化手段，积极引导用户主动参与调峰，充分发挥终端用户调峰能力。（各省级人民政府负责，国家发展改革委、生态环境部、住房城乡建设部、国家能源局加强指导支持）

（十）建立完善天然气供应保障应急体系。充分发挥煤电油气运保障工作部际协调机制作用，构建上下联动、部门协调的天然气供应保障应急体系。（煤电油气运保障工作部际协调机制成员单位负责）落实地方各级人民政府的民生用气保供主体责任，严格按照“压非保民”原则做好分级保供预案和用户调峰方案。（地方各级人民政府负责）建立天然气保供成本合理分摊机制，相应应急支出由保供不力的相关责任方全额承担，参与保供的第三方企业可获得合理收益。（国家发展改革委、地方各级人民政府按职责分工负责）

（十一）理顺天然气价格机制。落实好理顺居民用气门站价格方案，合理安排居民用气销售价格，各地区要采取措施对城乡低收入群体给予适当补贴。（各省级人民政府负责，国家发展改革委指导并督促落实）中央财政利用现有资金渠道加大支持力度，保障气价改革平稳实施。（财政部负责）加快建立上下游天然气价格联动机制，完善监管规则、调价公示和信息公开制度，建立气源采购成本约束和激励机制。推行季节性差价、可中断气价等差别化价格政策，促进削峰填谷，引导企业增加储气和淡旺季调节能力。加强天然气输配环节价格监管，切实降低过高的省级区域内输配价格。加强天然气价格监督检查，严格查处价格违法违规行为。（各省级人民政府负责，国家发展改革委、市场监管总局指导并督促落实）推动城镇燃气企业整合重组，鼓励有资质的市场主体开展城镇燃气施工等业务，降低供用气领域服务性收费水平。（住房城乡建设部、国家发展改革委负责）

（十二）强化天然气全产业链安全运行机制。各类供气企业、管道运营企业、城镇燃气企业等要切实落实安全生产主体责任，建立健全安全生产工作机制和管理制度，严把工程质量关，加强设施维护和巡查，严格管控各类风险，及时排查消除安全隐患。地方各级人民政府要切实落实属地管理责任，严格日常监督检查和管理，加强重大风险安全管控，指导督促企业落实安全生产主体责任。地方各级人民政府和相关企业要建立健全应急处置工作机制，完善应急预案。制定完善天然气产业链各环节质量管理和安全相关法律法规、标准规范及技术要求。针对农村“煤改气”

等重点领域、冬季采暖期等特殊时段，国务院各有关部门要视情组织专项督查，指导督促地方和相关企业做好安全生产工作。（相关企业承担主体责任，地方各级人民政府承担属地管理责任，国家发展改革委、自然资源部、生态环境部、住房城乡建设部、应急部、市场监管总局、国家能源局按职责分工加强指导和监督）

国务院办公厅关于加强城市地下管线建设管理的指导意见

国办发〔2014〕27号

各省、自治区、直辖市人民政府，国务院各部委、各直属机构：

城市地下管线是指城市范围内供水、排水、燃气、热力、电力、通信、广播电视、工业等管线及其附属设施，是保障城市运行的重要基础设施和“生命线”。近年来，随着城市快速发展，地下管线建设规模不足、管理水平不高等问题凸显，一些城市相继发生大雨内涝、管线泄漏爆炸、路面塌陷等事件，严重影响了人民群众生命财产安全和城市运行秩序。为切实加强城市地下管线建设管理，保障城市安全运行，提高城市综合承载能力和城镇化发展质量，经国务院同意，现提出以下意见：

一、总体工作要求

（一）指导思想。深入学习领会党的十八大和十八届二中、三中全会精神，认真贯彻落实党中央和国务院的各项决策部署，适应中国特色新型城镇化需要，把加强城市地下管线建设管理作为履行政府职能的重要内容，统筹地下管线规划建设、管理维护、应急防灾等全过程，综合运用各项政策措施，提高创新能力，全面加强城市地下管线建设管理。

（二）基本原则。

规划引领，统筹建设。坚持先地下、后地上，先规划、后建设，科学编制城市地下管线等规划，合理安排建设时序，提高城市基础设施建设的整体性、系统性。

强化管理，消除隐患。加强城市地下管线维修、养护和改造，提高管理水平，及时发现、消除事故隐患，切实保障地下管线安全运行。

因地制宜，创新机制。按照国家统一要求，结合不同地区实际，科学确定城市地下管线的技术标准、发展模式。稳步推进地下综合管廊建设，加强科学技术和体制机制创新。

落实责任，加强领导。强化城市人民政府对地下管线建设管理的责任，明确有关部门和单位的职责，加强联动协调，形成高效有力的工作机制。

（三）目标任务。2015 年底前，完成城市地下管线普查，建立综合管理信息系统，编制完成地下管线综合规划。力争用 5 年时间，完成城市地下老旧管网改造，将管网漏失率控制在国家标准以内，显著降低管网事故率，避免重大事故发生。用 10 年左右时间，建成较为完善的城市地下管线体系，使地下管线建设管理水平能够适应经济社会发展需要，应急防灾能力大幅提升。

二、加强规划统筹，严格规划管理

（四）加强城市地下管线的规划统筹。开展地下空间资源调查与评估，制定城市地下空间开发利用规划，统筹地下各类设施、管线布局，原则上不允许在中心城区规划新建生产经营性危险化学品输送管线，其他地区新建的危险化学品输送管线，不得在穿越其他管线等地下设施时形成密闭空间，且距离应满足标准规范要求。各城市要依据城市总体规划组织编制地下管线综合规划，对各类专业管线进行综合，结合城市未来发展需要，统筹考虑军队管线建设需求，合理确定管线设施的空间位置、规模、走向等，包括驻军单位、中央直属企业在内的行业主管部门和管线单位都要积极配合。编制城市地下管线综合规划，应加强与地下空间、道路交通、人防建设、地铁建设等规划的衔接和协调，并作为控制性详细规划和地下管线建设规划的基本依据。

（五）严格实施城市地下管线规划管理。按照先规划、后建设的原则，依据经批准的城市地下管线综合规划和控制性详细规划，对城市地下管线实施统一的规划管理。地下管线工程开工建设前要依据城乡规划法等法律法规取得建设工程规划许可证。要严格执行地下管线工程的规划核实制度，未经核实或者经核实不符合规划要求的，不得组织竣工验收。要加强对规划实施情况的监督检查，对各类违反规划的行为及时查处，依法严肃处理。

三、统筹工程建设，提高建设水平

（六）统筹城市地下管线工程建设。按照先地下、后地上的原则，合理安排地下管线和道路的建设时序。各城市在制定道路年度建设计划时，应提前告知相关行业主管部门和管线单位。各行业主管部门应指导管线单位，根据城市道路年度建设计划和地下管线综合规划，制定各专业管线年度建设计划，并与城市道路年度建设计划同步实施。要统筹安排各专业管线工程建设，力争一次敷设到位，并适当预留管线位置。要建立施工掘路总量控制制度，严格控制道路挖掘，杜绝“马路拉链”现象。

（七）稳步推进城市地下综合管廊建设。在36个大中城市开展地下综合管廊试点工程，探索投融资、建设维护、定价收费、运营管理等模式，提高综合管廊建设管理水平。通过试点示范效应，带动具备条件的城市结合新区建设、旧城改造、道路新（改、扩）建，在重要地段和管线密集区建设综合管廊。城市地下综合管廊应统一规划、建设和管理，满足管线单位的使用和运行维护要求，同步配套消防、供电、照明、监控与报警、通风、排水、标识等设施。鼓励管线单位入股组成股份制公司，联合投资建设综合管廊，或在城市人民政府指导下组成地下综合管廊业主委员会，招标选择建设、运营管理单位。建成综合管廊的区域，凡已在管廊中预留管线位置的，不得再另行安排管廊以外的管线位置。要统筹考虑综合管廊建设运行费用、投资回报和管线单位的使用成本，合理确定管廊租售价格标准。有关部门要及时总结试点经验，加强对各地综合管廊建设的指导。

（八）严格规范建设行为。城市地下管线工程建设项目应履行基本建设程序，严格落实施工图设计文件审查、施工许可、工程质量安全监督与监理、竣工测量以及档案移交等制度。要落实施工安全管理制度，明确相关责任人，确保施工作业安全。对于可能损害地下管线的建设工程，管线单位要与建设单位签订保护协议，辨识危险因素，提出保护措施。对于可能涉及危险化学品管道的施工作业，建设单位施工前要召集有关单位，制定施工方案，明确安全责任，严格按照安全施工要求作业，严禁在情况不明时盲目进行地面开挖作业。对违规建设施工造成管线破坏的行为要依法追究责任。工程覆土前，建设单位应按照有关规定进行竣工测量，及时将测量成果报送城建档案管理部门，并对测量数据和测量图的真实、准确性负责。

四、加强改造维护，消除安全隐患

（九）加大老旧管线改造力度。改造使用年限超过 50 年、材质落后和漏损严重的供排水管网。推进雨污分流管网改造和建设，暂不具备改造条件的，要建设截流干管，适当加大截流倍数。对存在事故隐患的供热、燃气、电力、通信等地下管线进行维修、更换和升级改造。对存在塌陷、火灾、水淹等重大安全隐患的电力电缆通道进行专项治理改造，推进城市电网、通信网架空线入地改造工程。实施城市宽带通信网络和有线广播电视网络光纤入户改造，加快有线广播电视网络数字化改造。

（十）加强维修养护。各城市要督促行业主管部门和管线单位，建立地下管线巡护和隐患排查制度，严格执行安全技术规程，配备专门人员对管线进行日常巡护，定期进行检测维修，强化监控预警，发现危害管线安全的行为或隐患应及时处理。对地下管线安全风险较大的区段和场所要进行重点监控；对已建成的危险化学品输送管线，要按照相关法律法规和标准规范严格管理。开展地下管线作业时，要严格遵守相关规定，配备必要的设施设备，按照先检测后监护再进入的原则进行作业，严禁违规违章作业，确保人员安全。针对城市地下管线可能发生或造成的泄漏、燃爆、坍塌等突发事故，要根据输送介质的危险特性及管道情况，制定应急防灾综合预案和有针对性的专项应急预案、现场处置方案，并定期组织演练；要加强应急队伍建设，提高人员专业素质，配套完善安全检测及应急装备；维修养护时一旦发生意外，要对风险进行辨识和评估，杜绝盲目施救，造成次生事故；要根据事故现场情况及救援需要及时划定警戒区域，疏散周边人员，维持现场秩序，确保应急工作安全有序。切实提高事故防范、灾害防治和应急处置能力。

（十一）消除安全隐患。各城市要定期排查地下管线存在的隐患，制定工作计划，限期消除隐患。加大力度清理拆除占压地下管线的违法建（构）筑物。清查、登记废弃和“无主”管线，明确责任单位，对于存在安全隐患的废弃管线要及时处置，消灭危险源，其余废弃管线应在道路新（改、扩）建时予以拆除。加强城市窨井盖管理，落实维护和管理责任，采用防坠落、防位移、防盗窃等技术手段，避免窨井伤人等事故发生。要按照有关规定完善地下管线配套安全设施，做到与建设项目同步设计、施工、交付使用。

五、开展普查工作，完善信息系统

（十二）开展城市地下管线普查。城市地下管线普查实行属地负责制，由城市人民政府统一组织实施。各城市要明确责任部门，制定总体方案，建立工作机制和相关规范，组织好普查成果验收和归档移交工作。普查工作包括地下管线基础信息普查和隐患排查。基础信息普查应按照相关技术规程进行探测、补测，重点掌握地下管线的规模大小、位置关系、功能属性、产权归属、运行年限等基本情况；隐患排查应全面了解地下管线的运行状况，摸清地下管线存在的结构性隐患和危险源。驻军单位、中央直属企业要按照当地政府的统一部署，积极配合做好所属地下管线的普查工作。普查成果要按规定集中统一管理，其中军队管线普查成果按军事设施保护法有关规定和军队保密要求提供和管理，由军队有关业务主管部门另行明确配套办法。

（十三）建立和完善综合管理信息系统。各城市要在普查的基础上，建立地下管线综合管理信息系统，满足城市规划、建设、运行和应急等工作需要。包括驻军单位、中央直属企业在内的行业主管部门和管线单位要建立完善专业管线信息系统，满足日常运营维护管理需要，驻军单位按照军队有关业务主管部门统一要求组织实施。综合管理信息系统和专业管线信息系统应按照统一的数据标准，实现信息的即时交换、共建共享、动态更新。推进综合管理信息系统与数字化城市管理系统、智慧城市融合。充分利用信息资源，做好工程规划、施工建设、运营维护、应急防灾、公共服务等工作，建设工程规划和施工许可管理必须以综合管理信息系统为依据。涉及国家秘密的地下管线信息，要严格按照有关保密法律法规和标准进行管理。

六、完善法规标准，加大政策支持

（十四）完善法规标准。研究制订地下空间管理、地下管线综合管理等方面法规，健全地下管线规划建设、运行维护、应急防灾等方面的配套规章。开展各类地下管线标准规范的梳理和制（修）订工作，建立完善地下管线标准体系。根据城市发展实际需要，适当提高地下管线建设和抗震防灾等技术标准，重要地区要按相关标准规范的上限执行。按照国防和人防建设要求，研究促进城市地下管线军民融合发展的措施，优先为军队提供管线资源。

（十五）加大政策支持。中央继续通过现有渠道予以支持。地方政府和管线单位要落实资金，加快城市地下管网建设改造。要加快城市建设投融资体制改革，分清政府与企业边界，确需政府举债的，应通过发行政府一般债券或专项债券融资。开展城市基础设施和综合管廊建设等政府和社会资本合作机制（PPP）试点。以政府和社会资本合作方式参与城市基础设施和综合管廊建设的企业，可以探索通过发行企业债券、中期票据、项目收益债券等市场化方式融资。积极推进政府购买服务，完善特许经营制度，研究探索政府购买服务协议、特许经营权、收费权等作为银行质押品的政策，鼓励社会资本参与城市基础设施投资和运营。支持银行业金融机构在有效控制风险的基础上，加大信贷投放力度，支持城市基础设施建设。鼓励外资和民营资本发起设立以投资城市基础设施为主的产业投资基金。各级政府部门要优化地下管线建设改造相关行政许可手续办理流程，提高办理效率。

（十六）提高科技创新能力。加大城市地下管线科技研发和创新力度，鼓励在地下管线规划建设、运行维护及应急防灾等工作中，广泛应用精确测控、示踪标识、无损探测与修复、非开挖、物联网监测和隐患事故预警等先进技术。积极推广新工艺、新材料和新设备，推进新型建筑工业化，支持发展装配式建筑，推广应用管道预构件产品，提高预制装配化率。

七、落实地方责任，加强组织领导

（十七）落实地方责任。各地要牢固树立正确的政绩观，纠正“重地上轻地下”、“重建设轻管理”、“重使用轻维护”等错误观念，加强对城市地下管线建设管理工作的组织领导。省级人民政府要把城市地下空间和管线建设管理纳入重要议事日程，加大监督、指导和协调力度，督促各城市结合实际抓好相关工作。城市人民政府作为责任主体，要切实履行职责，统筹城市地上地下设施建设，做好地下空间和管线管理各项具体工作。住房城乡建设部要会同有关部门，加强对地下管线建设管理工作的指导和监督检查。对地下管线建设管理工作不力、造成重大事故的，要依法追究责任。

（十八）健全工作机制。各地要建立城市地下管线综合管理协调机制，明确牵头部门，组织有关部门和单位，加强联动协调，共同研究加强地下管线建设管理的政策措施，及时解决跨地区、跨部门及跨军队和地方的重大问题和突发事故。住房城乡建设部门会同有关部门负责城市地下管线综合管理，发展改革部门要将城市地下管线建设改造纳入经济社会发展规划，财政、通信、广播电视、安全监管、能源、保密等部门要各司其职、密切配合，形成分工明确、高效有力的工作机制。

（十九）积极引导社会参与。充分发挥行业组织的积极作用。

各城市应设立统一的地下管线服务专线。充分运用多种媒体和宣传形式，加强城市地下管线安全和应急防灾知识的普及教育，开展“管线挖掘安全月”主题宣传活动，增强公众保护地下管线的意识。建立举报奖励制度，鼓励群众举报危害管线安全的行为。

住房城乡建设部关于印发深化工程建设标准化工作改革意见的通知

建标〔2016〕166号

国务院有关部门，各省、自治区住房城乡建设厅，直辖市建委及有关部门，新疆生产建设兵团建设局，国家人防办，中央军委后勤保障部军事设施建设局，有关单位：

为落实《国务院关于印发深化标准化工作改革方案的通知》(国发〔2015〕13号)，进一步改革工程建设标准体制，健全标准体系，完善工作机制，现将《关于深化工程建设标准化工作改革的意见》印发给你们，请认真贯彻执行。

中华人民共和国住房和城乡建设部

2016年8月9日

我国工程建设标准（以下简称标准）经过60余年发展，国家、行业和地方标准已达7000余项，形成了覆盖经济社会各领域、工程建设各环节的标准体系，在保障工程质量安全、促进产业转型升级、强化生态环境保护、推动经济提质增效、提升国际竞争力等方面发挥了重要作用。但与技术更新变化和经济社会发展需求相比，仍存在着标准供给不足、缺失滞后，部分标准老化陈旧、水平不高等问题，需要加大标准供给侧改革，完善标准体制机制，建立新型标准体系。

一、总体要求

（一）指导思想。

贯彻落实党的十八大和十八届二中、三中、四中、五中全会精神，按照《国务院关于印发深化标准化工作改革方案的通知》（国发〔2015〕13号）等有关要求，借鉴国际成熟经验，立足国内实际情况，在更好发挥政府作用的同时，充分发挥市场在资源配置中的决定性作用，提高标准在推进国家治理体系和治理能力现代化中的战略性、基础性作用，促进经济社会更高质量、更有效率、更加公平、更可持续发展。

（二）基本原则。

坚持放管结合。转变政府职能，强化强制性标准，优化推荐性标准，为经济社会发展“兜底线、保基本”。培育发展团体标准，搞活企业标准，增加标准供给，引导创新发展。

坚持统筹协调。完善标准体系框架，做好各领域、各建设环节标准编制，满足各方需求。加强强制性标准、推荐性标准、团体标准，以及各层级标准间的衔接配套和协调管理。

坚持国际视野。完善标准内容和技术措施，提高标准水平。积极参与国际标准化工作，推广中国标准，服务我国企业参与国际竞争，促进我国产品、装备、技术和服务输出。

（三）总体目标。

标准体制适应经济社会发展需要，标准管理制度完善、运行高效，标准体系协调统一、支撑有力。按照政府制定强制性标准、社会团体制定自愿采用性标准的长远目标，到2020年，适应标准改革发展的管理制度基本建立，重要的强制性标准发布实施，政府推荐性标准得到有效精简，团体标准具有一定规模。到2025年，以强制性标准为核心、推荐性标准和团体标准相配套的标准体系初步建立，标准有效性、先进性、适用性进一步增强，标准国际影响力和贡献力进一步提升。

二、任务要求

（一）改革强制性标准。

加快制定全文强制性标准，逐步用全文强制性标准取代现行标准中分散的强制性条文。新制定标准原则上不再设置强制性条文。

强制性标准具有强制约束力，是保障人民生命财产安全、人身健康、工程安全、生态环境安全、公众权益和公共利益，以及促进能源资源节约利用、满足社会经济管理等方面的控制性底线要求。强制性标准项目名称统称为技术规范。

技术规范分为工程项目类和通用技术类。工程项目类规范，是以工程项目为对象，以总量规模、规划布局，以及项目功能、性能和关键技术措施为主要内容的强制性标准。通用技术类规范，是以技术专业为对象，以规划、勘察、测量、设计、施工等通用技术要求为主要内容的强制性标准。

（二）构建强制性标准体系。

强制性标准体系框架，应覆盖各类工程项目和建设环节，实行动态更新维护。体系框架由框架图、项目表和项目说明组成。框架图应细化到具体标准项目，项目表应明确标准的状态和编号，项目说明应包括适用范围、主要内容等。

国家标准体系框架中未有的项目，行业、地方根据特点和需求，可以编制补充性标准体系框架，并制定相应的行业和地方标准。国家标准体系框架中尚未编制国家标准的项目，可先行编制行业或地方标准。国家标准没有规定的内容，行业标准可制定补充条款。国家标准、行业标准或补充条款均没有规定的内容，地方标准可制定补充条款。

制定强制性标准和补充条款时，通过严格论证，可以引用推荐性标准和团体标准中的相关规定，被引用内容作为强制性标准的组成部分，具有强制效力。鼓励地方采用国家和行业更高水平的推荐性标准，在本地区强制执行。

强制性标准的内容，应符合法律和行政法规的规定但不得重复其规定。

（三）优化完善推荐性标准。

推荐性国家标准、行业标准、地方标准体系要形成有机整体，合理界定各领域、各层级推荐性标准的制定范围。要清理现行标准，缩减推荐性标准数量和规模，逐步向政府职责范围内的公益类标准过渡。

推荐性国家标准重点制定基础性、通用性和重大影响的专用标准，突出公共服务的基本要求。推荐性行业标准重点制定本行业的基础性、通用性和重要的专用标准，推动产业政策、战略规划贯彻实施。推荐性地方标准重点制定具有地域特点的标准，突出资源禀赋和民俗习惯，促进特色经济发展、生态资源保护、文化和自然遗产传承。

推荐性标准不得与强制性标准相抵触。

（四）培育发展团体标准。

改变标准由政府单一供给模式，对团体标准制定不设行政审批。鼓励具有社团法人资格和相应能力的协会、学会等社会组织，根据行业发展和市场需求，按照公开、透明、协商一致原则，主动承接政府转移的标准，制定新技术和市场缺失的标准，供市场自愿选用。

团体标准要与政府标准相配套和衔接，形成优势互补、良性互动、协同发展的工作模式。要符合法律、法规和强制性标准要求。要严格团体标准的制定程序，明确制定团体标准的相关责任。

团体标准经合同相关方协商选用后，可作为工程建设活动的技术依据。鼓励政府标准引用团体标准。

（五）全面提升标准水平。

增强能源资源节约、生态环境保护和长远发展意识，妥善处理好标准水平与固定资产投资的关系，更加注重标准先进性和前瞻性，适度提高标准对安全、质量、性能、健康、节能等强制性指标要求。

要建立倒逼机制，鼓励创新，淘汰落后。通过标准水平提升，促进城乡发展模式转变，提高人居环境质量；促进产业转型升级和产品更新换代，推动中国经济向中高端发展。

要跟踪科技创新和新成果应用，缩短标准复审周期，加快标准修订节奏。要处理好标准编制与专利技术的关系，规范专利信息披露、专利实施许可程序。要加强标准重要技术和关键性指标研究，强化标准与科研互动。

根据产业发展和市场需求，可制定高于强制性标准要求的推荐性标准，鼓励制定高于国家标准和行业标准的地方标准，以及具有创新性和竞争性的高水平团体标准。鼓励企业结合自身需要，自主制定更加细化、更加先进的企业标准。企业标准实行自我声明，不需报政府备案管理。

（六）强化标准质量管理和信息公开。

要加强标准编制管理，改进标准起草、技术审查机制，完善政策性、协调性审核制度，规范工作规则和流程，明确工作要求和责任，避免标准内容重复矛盾。对同一事项做规定的，行业标准要严于国家标准，地方标准要严于行业标准和国家标准。

充分运用信息化手段，强化标准制修订信息共享，加大标准立项、专利技术采用等标准编制工作透明度和信息公开力度，严格标准草案网上公开征求意见，强化社会监督，保证标准内容及相关技术指标的科学性和公正性。

完善已发布标准的信息公开机制，除公开出版外，要提供网上免费查询。强制性标准和推荐性国家标准，必须在政府官方网站全文公开。推荐性行业标准逐步实现网上全文公开。团体标准要及时公开相关标准信息。

（七）推进标准国际化。

积极开展中外标准对比研究，借鉴国外先进技术，跟踪国际标准发展变化，结合国情和经济技术可行性，缩小中国标准与国外先进标准技术差距。标准的内容结构、要素指标和相关术语等，要适应国际通行做法，提高与国际标准或发达国家标准的一致性。

要推动中国标准“走出去”，完善标准翻译、审核、发布和宣传推广工作机制，鼓励重要标准与制修订同步翻译。加强沟通协调，积极推动与主要贸易国和“一带一路”沿线国家之间的标准互认、版权互换。

鼓励有关单位积极参加国际标准化活动，加强与国际有关标准化组织交流合作，参与国际标准化战略、政策和规则制定，承担国际标准和区域标准制定，推动我国优势、特色技术标准成为国际标准。

三、保障措施

（一）强化组织领导。

各部门、各地方要高度重视标准化工作，结合本部门、本地区改革发展实际，将标准化工作纳入本部门、本地区改革发展规划。要完善统一管理、分工负责、协同推进的标准化管理体制，充分发挥行业主管部门和技术支撑机构作用，创新标准化管理模式。要坚持整体推进与分步实施相结合，逐步调整、不断完善，确保各项改革任务落实到位。

（二）加强制度建设。

各部门、各地方要做好相关文件清理，有计划、有重点地调整标准化管理规章制度，加强政策与前瞻性研究，完善工作机制和配套措施。积极配合《标准化法》等相关法律法规修订，进一步明确标准法律地位，明确标准管理相关方的权利、义务和责任。要加大法律法规、规章、政策引用标准力度，充分发挥标准对法律法规的技术支撑和补充作用。

（三）加大资金保障。

各部门、各地方要加大对强制性和基础通用标准的资金支持力度，积极探索政府采购标准编制服务管理模式，严格资金管理，提高资金使用效率。要积极拓展标准化资金渠道，鼓励社会各界积极参与支持标准化工作，在保证标准公正性和不损害公共利益的前提下，合理采用市场化方式筹集标准编制经费。

住房城乡建设部办公厅关于印发农村管道天然气工程技术导则的通知

建办城函〔2018〕647号

各省、自治区住房城乡建设厅，北京市城市管理委员会，天津市城乡建设委员会，上海市住房和城乡建设管理委员会，重庆市经济和信息化委员会，新疆生产建设兵团住房城乡建设局：

为促进城乡燃气基础设施统筹协调发展，保障农村管道天然气工程质量和运行安全，我部组织编制了《农村管道天然气工程技术导则》。现印发给你们，请结合实际参照执行。

中华人民共和国住房和城乡建设部办公厅

2018年11月14日

一、总　则

第一条　为规范农村管道天然气（以下简称农村燃气）工程建设和运行管理，保障农村燃气供用气安全，制定本导则。

第二条　本导则所称农村燃气工程，是指通过城镇燃气管网或供气厂站接入，供给农村居民等用户生活使用（炊事、洗浴与采暖等）的管道天然气工程。

第三条　本导则适用于农村燃气工程的设计、施工、验收与运行维护，不适用于农村沼气、秸秆气等供气工程。

第四条　农村燃气工程建设应按照市政基础设施工程有关建设程序组织实施，并执行城镇燃气有关标准规范，本导则仅针对农村使用天然气特殊性及突出问题，提出相应技术要求。

二、基 本 规 定

第五条 农村燃气供气方案应按照因地制宜的原则，根据所在地地质条件、能源现状、采暖方式和经济水平等实际情况，并结合农村散煤治理、农村危房改造、农村人居环境整治等工作统筹确定。

第六条 采用管道天然气采暖的农村建筑应符合现行国家标准《农村防火规范》（GB 50039）的相关规定，不得是土坯房、木板房，或用易燃材料搭建墙壁、屋顶，以及被列入近期拆迁计划和被确定为危房的农村建筑。

第七条 农村供气应保证稳定性和连续性。靠近管道气源的地区，宜采用管道供气作为气源；不具备管道气源的地区，宜采用供气厂站供气作为气源。

供气厂站应根据供气规模和特点综合考虑，对规模较小、交通不便的独立供气点宜设置瓶组站供气，对供气范围较大的供气点宜设置气化站或储配站供气。

第八条 农村燃气输配管道系统设计压力，应根据气源的压力条件、燃具、用气设备等有关要求确定，并应符合下列规定：

（一）村庄内的燃气输配管道最高工作压力（表压）不应大于 0.4MPa；

（二）农村居民用户燃气管道最高工作压力（表压）不应大于 0.01MPa。

第九条 农村燃气用户燃具应与气源相匹配，同一房间不得使用两种及以上的燃气。

第十条 燃气燃烧产生的烟气应直接排至室外。燃具或用气设备不应与使用固体燃料的设备共用一个烟道或一套排烟设施。

第十一条 架空燃气管道应采取防雷接地措施，高于屋面或跨墙顶的钢管，其管道壁厚不得小于 4mm。

第十二条 室外架空燃气管道与农村建筑沿墙明装敷设的绝缘低压电力线（220V）平行或交叉时，应根据安全需要，在燃气管道上加装具有绝缘功能的保护装置，且最小净距不得小于 25cm。

第十三条 燃气管道和设施应设置清晰醒目的标志；设置在易遭破坏处的管道和设施还应采取防外部破坏的措施。

第十四条 农村燃气工程完工后，建设单位应按规定组织有关参建单位进行竣工验收，未通过验收的农村燃气工程，不得交付使用。竣工验收的情况应报县级以上地方燃气管理部门备案。

第十五条 燃气管理部门要加强农村燃气经营管理、燃气使用安全情况的监督检查，燃气经营企业应取得燃气经营许可证，禁止无证经营农村燃气工程项目。

三、输配管道和调压设施

第十六条 农村燃气管道可采取埋地和架空等方式敷设。

第十七条 埋地燃气管道宜沿水泥、沥青或沙石等路况较好的道路敷设，避开机井、地窖和化粪池等处，不应在堆积危险化学物品材料、牲畜棚和具有腐蚀性液体的场地下穿越。

第十八条 当采用埋地敷设时，燃气管道管顶至地面的最小覆土厚度应符合下列规定：

（一）埋设在硬质车道下面时，不得小于 0.9m；

（二）埋设在机动车不易到达处（含人行道）下面时，不得小于 0.6m；

（三）埋设在土路下面时，应增加埋深或采取防压断、防破坏等保护措施。

第十九条 埋地管道应沿管道敷设方向设置警示带，警示带应平敷在距埋地管道管顶 0.3m～0.5m 处。埋地聚乙烯燃气管道应设置示踪装置及保护板等设施，保护板上应有警示语，当保护板兼有示踪功能时，可不设置示踪装置及警示带。

第二十条 埋地燃气钢管应采取腐蚀控制措施，采取阴极保护措施的埋地燃气钢管出地面时应采取绝缘措施。

第二十一条 架空燃气管道应选用钢管，敷设在不燃材料制作的独立支架上，支架应牢固可靠。不得将燃气管道直接焊接在支架上。

第二十二条 架空燃气管道沿建筑物外墙敷设时，中压管道可沿建筑耐火等级不低于二级的建筑外墙敷设；低压管道可沿建筑耐火等级不低于三级的建筑外墙敷设；敷设管道的墙体应有足够的支撑力。

第二十三条 沿建筑物外墙敷设的燃气管道与不应敷设燃气管道的房间门窗洞口的净距应符合下列规定：

（一）低压燃气管道不应小于 0.3m；

（二）中压燃气管道不应小于 0.5m。

第二十四条 跨越道路的架空燃气管道应设有明显限高标志和昼夜可识别的安全标识，必要时应设置限高门架。

四、用户管道和燃具

第二十五条 用户管道宜明设，不应设置或穿过以下场所：

（一）卧室、客房等人员居住和休息的房间及卫生间内；

（二）储存易燃或易爆品的房间、有腐蚀性介质或堆放农具的房间、发电间和变配电室等设备用房及牲畜棚等地方；

（三）可能承受重物占压或其他导致管道受损的地方；

（四）电力、电缆、暖气和污水等沟槽处；

（五）烟道、进风道等处。

第二十六条 与燃具连接前，用户管道应设置手动快速切断阀，宜设置具有过流、超压、欠压切断功能的装置。

第二十七条 用户管道与燃具连接应采用防鼠咬功能的专用燃具连接软管，软管的使用年限不应低于燃具的判废年限。软管不应穿越墙体、门窗、顶棚和地面，长度不应大于 2.0m 且不应有接头。

软管与管道、燃具之间宜采用螺纹连接，当采用承插式连接时，应有防脱落措施。与灶具连接的软管位置应低于灶台面 30mm。

第二十八条 敷设在套管内的管道应防腐合格且不应有机械接头；套管材料宜为钢质材料，套管与管道的间隙应采用柔性防腐防水材料填实。

第二十九条 燃气表的设置应符合下列规定：

（一）应设置在通风良好和便于安装、查表的地方，不得设置在储物间等密闭空间内；

（二）当设置在橱柜内时，柜门应向外开，柜体上应有通气孔；

（三）燃气表设置高度应符合有关标准规范要求，与电气设备的净距不应小于 20cm；

（四）当设置在室外时，应设置在专用表箱内，并符合下列规定：

1. 箱体应安装在便于操作、查表和检修的场所，宜设在不燃或难燃材料的建、构筑物外墙上；

2. 箱体应坚固、防雨水，并设透明观察窗，并根据实际情况增设下端排水孔；

3. 金属表箱应采取腐蚀控制措施，非金属表箱应具有阻燃、抗老化特性，使用年限不应低于燃气表的使用年限；

4. 表箱应通风良好；

5. 箱体上应注有“燃气设施，注意保护”等警示语。

第三十条 燃具应有自动熄火保护装置且不应设置在起居室和卧室内。安装通气后，不应随意改变用气场所功能。禁止在室内使用直排式采暖炉和直排式热水器。

第三十一条 安装燃具的房间应符合下列规定：

（一）与卧室之间应有实体墙隔断，并应设门与之隔开；

（二）地面和墙壁应为不燃材料，当墙壁为可燃或难燃材料时，应设防火隔热板；

（三）当顶棚和屋面采用不燃或难燃材料时，层高不得小于 2.2m；当装有热水器或采暖炉时，层高不得小于 2.4m；当顶棚和屋面采用可燃材料时，层高不得小于 2.8m；

（四）应具有直通室外且自然通风的窗户。

第三十二条 采暖炉应安装在通风良好的房间内，并应符合下列规定：

（一）应有符合其使用要求的水源和水压；

（二）采暖炉与灶具的水平净距不得小于 30cm；

（三）采暖炉上部不应有明敷的电线、电器设备及易燃物；

（四）安装落地式采暖炉的地面和安装壁挂式采暖炉的墙面应为不燃材料，严禁使用易燃材料；当地面和墙面为可燃或难燃材料时，应设防火隔热板；

（五）采暖炉给排气管应明装，吸气、排气口应直接与室外相通，并有防鸟、防鼠、防蛇等防堵塞设置。

五、燃气设施安全运行与维护

第三十三条 燃气经营企业对所建设管理经营的农村燃气设施安全运行与维护承担主体责任，经营期间，应制定农村燃气设施安全生产管理制度及运行、维护、抢修操作规程，和应急预案，公布燃气服务电话和应急救援电话。

第三十四条 燃气经营企业应重点对农村燃气用户户内设施进行入户安全检查，并加强用气安全知识宣传，检查和宣传每年不得少于 2 次；在首次通气和每个采暖期前应对用户进行入户检查。

第三十五条 燃气经营企业应根据需要，在一定区域内设立燃气服务站点，专职负责村庄的燃气安全运行工作。鼓励村委会设置燃气安全综合协管员，协管员应接受燃气经营企业的业务培训，协助燃气经营企业对村内燃气设施进行巡查，宣传燃气安全知识，发现问题及时向燃气经营企业报告。

第三十六条 任何单位和个人不得侵占、毁损、擅自拆除或者移动农村燃气设施；不得毁损、覆盖、涂改、擅自拆除或者移动燃气设施安全警示标志；架空燃气管道、管道支架等严禁拴牲畜或悬挂、搭放物体。

第三十七条 燃气调压设施的运行维护应符合下列规定：

（一）对于无人值守的调压设施（调压箱、调压站等）应进行检查，每天不得少于1次；

（二）应对调压器、计量表和放散管重点检查。

第三十八条 燃气经营企业入户检查时应重点检查以下内容：

（一）确认用户的燃气设施运行完好，无人为碰撞和损坏；

（二）管道无私自改动，没有作为其他电器设备的接地线，无锈蚀、无载重，软管无超长等；

（三）用气管道、设备无泄漏，安装符合规程；

（四）燃气表、报警器、阀门和灶前压力波动范围是否正常等；

（五）入户检查人员还应采用仪器对管道接口处进行检测，发现问题及时处理。

住房城乡建设部关于印发《建筑工程五方责任主体项目负责人质量终身责任追究暂行办法》的通知

建质〔2014〕124号

各省、自治区住房城乡建设厅，直辖市建委（规委），新疆生产建设兵团建设局：

为贯彻《建设工程质量管理条例》，强化工程质量终身责任落实，现将《建筑工程五方责任主体项目负责人质量终身责任追究暂行办法》印发给你们，请认真贯彻执行。

中华人民共和国住房和城乡建设部

2014年8月25日

第一条 为加强房屋建筑和市政基础设施工程（以下简称建筑工程）质量管理，提高质量责任意识，强化质量责任追究，保证工程建设质量，根据《中华人民共和国建筑法》、《建设工程质量管理条例》等法律法规，制定本办法。

第二条 建筑工程五方责任主体项目负责人是指承担建筑工程项目建设的建设单位项目负责人、勘察单位项目负责人、设计单位项目负责人、施工单位项目经理、监理单位总监理工程师。

建筑工程开工建设前，建设、勘察、设计、施工、监理单位法定代表人应当签署授权书，明确本单位项目负责人。

第三条 建筑工程五方责任主体项目负责人质量终身责任，是指参与新建、扩建、改建的建筑工程项目负责人按照国家法律法规和有关规定，在工程设计使用年限内对工程质量承担相应责任。

第四条 国务院住房城乡建设主管部门负责对全国建筑工程项目负责人质量终身责任追究工作进行指导和监督管理。

县级以上地方人民政府住房城乡建设主管部门负责对本行政区域内的建筑工程项目负责人质量终身责任追究工作实施监督管理。

第五条 建设单位项目负责人对工程质量承担全面责任，不得违法发包、肢解发包，不得以任何理由要求勘察、设计、施工、监理单位违反法律法规和工程建设标准，降低工程质量，其违法违规或不当行为造成工程质量事故或质量问题应当承担责任。

勘察、设计单位项目负责人应当保证勘察设计文件符合法律法规和工程建设强制性标准的要求，对因勘察、设计导致的工程质量事故或质量问题承担责任。

施工单位项目经理应当按照经审查合格的施工图设计文件和施工技术标准进行施工，对因施工导致的工程质量事故或质量问题承担责任。

监理单位总监理工程师应当按照法律法规、有关技术标准、设计文件和工程承包合同进行监理，对施工质量承担监理责任。

第六条 符合下列情形之一的，县级以上地方人民政府住房城乡建设主管部门应当依法追究项目负责人的质量终身责任：

（一）发生工程质量事故；

（二）发生投诉、举报、群体性事件、媒体报道并造成恶劣社会影响的严重工程质量问题；

（三）由于勘察、设计或施工原因造成尚在设计使用年限内的建筑工程不能正常使用；

（四）存在其他需追究责任的违法违规行为。

第七条 工程质量终身责任实行书面承诺和竣工后永久性标牌等制度。

第八条 项目负责人应当在办理工程质量监督手续前签署工

程质量终身责任承诺书，连同法定代表人授权书，报工程质量监督机构备案。项目负责人如有更换的，应当按规定办理变更程序，重新签署工程质量终身责任承诺书，连同法定代表人授权书，报工程质量监督机构备案。

第九条 建筑工程竣工验收合格后，建设单位应当在建筑物明显部位设置永久性标牌，载明建设、勘察、设计、施工、监理单位名称和项目负责人姓名。

第十条 建设单位应当建立建筑工程各方主体项目负责人质量终身责任信息档案，工程竣工验收合格后移交城建档案管理部门。项目负责人质量终身责任信息档案包括下列内容：

（一）建设、勘察、设计、施工、监理单位项目负责人姓名，身份证号码，执业资格，所在单位，变更情况等；

（二）建设、勘察、设计、施工、监理单位项目负责人签署的工程质量终身责任承诺书；

（三）法定代表人授权书。

第十一条 发生本办法第六条所列情形之一的，对建设单位项目负责人按以下方式进行责任追究：

（一）项目负责人为国家公职人员的，将其违法违规行为告知其上级主管部门及纪检监察部门，并建议对项目负责人给予相应的行政、纪律处分；

（二）构成犯罪的，移送司法机关依法追究刑事责任；

（三）处单位罚款数额5%以上10%以下的罚款；

（四）向社会公布曝光。

第十二条 发生本办法第六条所列情形之一的，对勘察单位项目负责人、设计单位项目负责人按以下方式进行责任追究：

（一）项目负责人为注册建筑师、勘察设计注册工程师的，责令停止执业1年；造成重大质量事故的，吊销执业资格证书，5年以内不予注册；情节特别恶劣的，终身不予注册；

（二）构成犯罪的，移送司法机关依法追究刑事责任；

（三）处单位罚款数额5%以上10%以下的罚款；

（四）向社会公布曝光。

第十三条 发生本办法第六条所列情形之一的，对施工单位项目经理按以下方式进行责任追究：

（一）项目经理为相关注册执业人员的，责令停止执业1年；造成重大质量事故的，吊销执业资格证书，5年以内不予注册；情节特别恶劣的，终身不予注册；

（二）构成犯罪的，移送司法机关依法追究刑事责任；

（三）处单位罚款数额5%以上10%以下的罚款；

（四）向社会公布曝光。

第十四条 发生本办法第六条所列情形之一的，对监理单位总监理工程师按以下方式进行责任追究：

（一）责令停止注册监理工程师执业1年；造成重大质量事故的，吊销执业资格证书，5年以内不予注册；情节特别恶劣的，终身不予注册；

（二）构成犯罪的，移送司法机关依法追究刑事责任；

（三）处单位罚款数额5%以上10%以下的罚款；

（四）向社会公布曝光。

第十五条 住房城乡建设主管部门应当及时公布项目负责人质量责任追究情况，将其违法违规等不良行为及处罚结果记入个人信用档案，给予信用惩戒。

鼓励住房城乡建设主管部门向社会公开项目负责人终身质量责任承诺等质量责任信息。

第十六条 项目负责人因调动工作等原因离开原单位后，被发现在原单位工作期间违反国家法律法规、工程建设标准及有关规定，造成所负责项目发生工程质量事故或严重质量问题的，仍应按本办法第十一条、第十二条、第十三条、第十四条规定依法追究相应责任。

项目负责人已退休的，被发现在工作期间违反国家法律法规、工程建设标准及有关规定，造成所负责项目发生工程质量事故或严重质量问题的，仍应按本办法第十一条、第十二条、第十三条、第十四条规定依法追究相应责任，且不得返聘从事相关技术工作。项目负责人为国家公职人员的，根据其承担责任依法应当给予降级、撤职、开除处分的，按照规定相应降低或取消其享受的待遇。

第十七条 工程质量事故或严重质量问题相关责任单位已被撤销、注销、吊销营业执照或者宣告破产的，仍应按本办法第十一条、第十二条、第十三条、第十四条规定依法追究项目负责人的责任。

第十八条 违反法律法规规定，造成工程质量事故或严重质量问题的，除依照本办法规定追究项目负责人终身责任外，还应依法追究相关责任单位和责任人员的责任。

第十九条 省、自治区、直辖市住房城乡建设主管部门可以根据本办法，制定实施细则。

第二十条 本办法自印发之日起施行。

四、现行燃气标准目录

序号	名称	编号	属性
1	城镇燃气设计规范	GB 50028—2006（2020年版）	工程建设国家标准
2	室外给水排水和燃气热力工程抗震设计规范	GB 50032—2003	工程建设国家标准
3	城镇燃气工程基本术语标准	GB/T 50680—2012	工程建设国家标准
4	燃气系统运行安全评价标准	GB/T 50811—2012	工程建设国家标准
5	城镇燃气规划规范	GB/T 51098—2015	工程建设国家标准
6	压缩天然气供应站设计规范	GB 51102—2016	工程建设国家标准
7	燃气冷热电联供工程技术规范	GB 51131—2016	工程建设国家标准
8	液化石油气供应工程设计规范	GB 51142—2015	工程建设国家标准
9	家用燃气燃烧器具安装及验收规程	CJJ 12—2013	工程建设行业标准
10	城镇燃气输配工程施工及验收规范	CJJ 33—2005	工程建设行业标准
11	城镇燃气设施运行、维护和抢修安全技术规程	CJJ 51—2016	工程建设行业标准
12	聚乙烯燃气管道工程技术标准	CJJ 63—2018	工程建设行业标准
13	城镇燃气室内工程施工与质量验收规范	CJJ 94—2009	工程建设行业标准
14	城镇燃气埋地钢质管道腐蚀控制技术规程	CJJ 95—2013	工程建设行业标准
15	燃气工程制图标准	CJJ/T 130—2009	工程建设行业标准
16	燃气冷热电三联供工程技术规程	CJJ 145—2010	工程建设行业标准
17	城镇燃气报警控制系统技术规程	CJJ/T 146—2011	工程建设行业标准

续表

序号	名称	编号	属性
18	城镇燃气管道非开挖修复更新工程技术规程	CJJ/T 147—2010	工程建设行业标准
19	城镇燃气加臭技术规程	CJJ/T 148—2010	工程建设行业标准
20	城镇燃气标志标准	CJJ/T 153—2010	工程建设行业标准
21	城镇燃气管网泄漏检测技术规程	CJJ/T 215—2014	工程建设行业标准
22	燃气热泵空调系统工程技术规程	CJJ/T 216—2014	工程建设行业标准
23	城镇燃气管道传跨越工程技术规程	CJJ/T 250—2016	工程建设行业标准
24	城镇燃气自动化系统技术规范	CJJ/T 259—2016	工程建设行业标准
25	城镇燃气工程智能化技术规范	CJJ/T 268—2017	工程建设行业标准
26	空气中可燃气体爆炸指数测定方法	GB/T 803—2008	国家标准
27	家用和类似用途电器的安全带有电气连接的使用燃气、燃油和固体燃料器具的特殊要求	GB 4706.94—2008	国家标准
28	家用燃气快速热水器	GB 6932—2015	国家标准
29	膜式燃气表	GB/T 6968—2019	国家标准
30	城镇燃气热值和相对密度测定方法	GB/T 12206—2006	国家标准
31	空气中可燃气体爆炸极限测定方法	GB/T 12474—2008	国家标准
32	水及燃气用球墨铸铁管、管件和附件	GB/T 13295—2019	国家标准
33	城镇燃气分类和基本特性	GB/T 13611—2018	国家标准
34	家用和类似用途电自动控制器电动燃气阀的特殊要求，包括机械要求	GB/T 14536.19—2017	国家标准

续表

序号	名称	编号	属性
35	可燃气体探测器 第 2 部分：家用可燃气体探测器	GB 15322.2—2019	国家标准
36	燃气用埋地聚乙烯（PE）管道系统 第 1 部分：管材	GB/T 15558.1—2015	国家标准
37	燃气用埋地聚乙烯（PE）管道系统 第 2 部分：管件	GB/T 15558.2—2005	国家标准
38	燃气用埋地聚乙烯（PE）管道系统 第 3 部分：阀门	GB/T 15558.3—2008	国家标准
39	家用燃气灶具	GB 16410—2020	国家标准
40	家用燃气用具通用试验方法	GB/T 16411—2008	国家标准
41	可燃气体报警控制器	GB 16808—2008	国家标准
42	燃气燃烧器具安全技术条件	GB 16914—2012	国家标准
43	家用燃气燃烧器具安全管理规则	GB 17905—2008	国家标准
44	燃气容积式热水器	GB 18111—2021	国家标准
45	家用燃气快速热水器和燃气采暖热水炉能效限定值及能效等级	GB 20665—2015	国家标准
46	爆炸性环境用气体探测器 第 1 部分：可燃气体探测器性能要求	GB/T 20936.1—2017	国家标准
47	爆炸性环境用气体探测器 第 2 部分：可燃气体和氧气探测器的选型、安装、使用和维护	GB/T 20936.2—2017	国家标准
48	爆炸性环境用气体探测器 第 4 部分：开放路径可燃气体探测器性能要求	GB/T 20936.4—2017	国家标准
49	燃气采暖热水炉	GB 25034—2020	国家标准

续表

序号	名称	编号	属性
50	城镇燃气用二甲醚	GB/T 25035—2010	国家标准
51	城镇燃气燃烧器具销售和售后服务要求	GB/T 25503—2010	国家标准
52	燃气输送用不锈钢波纹软管及管件	GB/T 26002—2010	国家标准
53	燃气用聚乙烯管道系统的机械管件 第1部分：公称外径不大于63mm的管材用钢塑转换管件	GB/T 26255.1—2010	国家标准
54	燃气用聚乙烯管道系统的机械管件 第2部分：公称外径大于63mm的管材用钢塑转换管件	GB/T 26255.2—2010	国家标准
55	膜式燃气表安装配件	GB/T 26334—2010	国家标准
56	膜式燃气表用计数器	GB/T 26794—2011	国家标准
57	城镇燃气调压器	GB 27790—2020	国家标准
58	城镇燃气调压箱	GB 27791—2020	国家标准
59	燃气服务导则	GB/T 28885—2012	国家标准
60	家用二甲醚燃气灶	GB 29410—2012	国家标准
61	民用建筑燃气安全技术条件	GB 29550—2013	国家标准
62	家用燃气用橡胶和塑料软管及软管组合件技术条件和评价方法	GB 29993—2013	国家标准
63	商用燃气灶具能效限定值及能效等级	GB 30531—2014	国家标准
64	燃气燃烧器和燃烧器具用安全和控制装置通用要求	GB/T 30597—2014	国家标准
65	家用燃气灶具能效限定值及能效等级	GB 30720—2014	国家标准
66	燃气燃烧器具排放物测定方法	GB/T 31911—2015	国家标准

续表

序号	名称	编号	属性
67	塑料管材和管件 燃气和给水输配系统用聚乙烯（PE）管材及管件的热熔对接程序	GB/T 32434—2015	国家标准
68	家用和小型餐饮厨房用燃气报警器及传感器	GB/T 34004—2017	国家标准
69	燃气燃烧器节能等级评价方法	GB/T 35073—2018	国家标准
70	燃气燃烧器节能试验规则	GB/T 35075—2018	国家标准
71	城镇燃气调压器用橡胶膜片	GB/T 35529—2017	国家标准
72	商用燃气燃烧器具	GB 35848—2018	国家标准
73	燃气过滤器	GB/T 36051—2018	国家标准
74	城镇燃气符号和量度要求	GB/T 36263—2018	国家标准
75	信息技术 面向燃气表远程管理的无线传感器网络系统技术要求	GB/T 36330—2018	国家标准
76	燃气燃烧器具质量检验与等级评定	GB/T 36503—2018	国家标准
77	燃气燃烧器和燃烧器具用安全和控制装置 特殊要求 自动和半自动阀	GB/T 37499—2019	国家标准
78	聚乙烯（PE）埋地燃气管道腐蚀控制工程全生命周期要求	GB/T 37580—2019	国家标准
79	燃气燃烧器和燃烧器具用安全和控制装置 特殊要求 自动截止阀的阀门检验系统	GB/T 37992—2019	国家标准
80	城市燃气设施运行安全信息分类与基本要求	GB/T 38289—2019	国家标准
81	带辅助能源的住宅燃气采暖热水器具	GB/T 38350—2019	国家标准

续表

序号	名称	编号	属性
82	燃气燃烧器和燃烧器具用安全和控制装置 特殊要求 压力传感装置	GB/T 38390—2019	国家标准
83	燃气加气站防爆安全技术 第1部分：液化石油气（LPG）加气机防爆要求	GB/T 38429.1—2019	国家标准
84	燃气加气站防爆安全技术 第2部分：与液化石油气（LPG）有关的防爆部件和安装要求	GB/T 38429.2—2019	国家标准
85	家用燃气燃烧器具结构通则	GB/T 38442—2020	国家标准
86	户外燃气燃烧器具	GB/T 38522—2020	国家标准
87	燃气燃烧器和燃烧器具用安全和控制装置 特殊要求 机械式温度控制装置	GB/T 38595—2020	国家标准
88	燃气燃烧器和燃烧器具用安全和控制装置 特殊要求 电子控制器	GB/T 38603—2020	国家标准
89	燃气燃烧器和燃烧器具用安全和控制装置 特殊要求 热电式熄火保护装置	GB/T 38693—2020	国家标准
90	燃气燃烧器和燃烧器具用安全和控制装置 特殊要求 点火装置	GB/T 38756—2020	国家标准
91	燃气燃烧器和燃烧器具用安全和控制装置 特殊要求 手动燃气阀	GB/T 39485—2020	国家标准
92	燃气燃烧器和燃烧器具用安全和控制装置 特殊要求 电子式燃气与空气比例控制系统	GB/T 39488—2020	国家标准

续表

序号	名称	编号	属性
93	燃气燃烧器和燃烧器具用安全和控制装置 特殊要求 压力调节装置	GB/T 39493—2020	国家标准
94	超声波燃气表	GB/T 39841—2021	国家标准
95	燃气-蒸汽联合循环热电联产能耗指标计算方法	GB/T 40370—2021	国家标准
96	生物质燃气中焦油和灰尘含量的测定方法	GB/T 40508—2021	国家标准
97	非家用燃气取暖器	GB/T 41320—2022	国家标准
98	中餐燃气炒菜灶	CJ/T 28—2013	行业标准
99	燃气沸水器	CJ/T 29—2003	行业标准
100	热电式燃具熄火保护装置	CJ/T 30—2013	行业标准
101	液化石油气钢瓶焊接工艺评定	CJ/T 32—2004	行业标准
102	液化石油气钢瓶热处理工艺评定	CJ/T 33—2004	行业标准
103	瓶装液化石油气调压器	CJ/T 50—2008	行业标准
104	IC 卡膜式燃气表	CJ/T 112—2008	行业标准
105	燃气取暖器	CJ/T 113—2015	行业标准
106	燃气用钢骨架聚乙烯塑料复合管及管件	CJ/T 125—2014	行业标准
107	家用燃气燃烧器具结构通则	CJ/T 131—2001	行业标准
108	家用燃气燃烧器具用自吸阀	CJ/T 132—2014	行业标准
109	家用燃气灶具用涂层钢化玻璃面板	CJ/T 157—2017	行业标准
110	建筑用手动燃气阀门	CJ/T 180—2014	行业标准
111	燃气用孔网钢带聚乙烯复合管	CJ/T 182—2003	行业标准
112	燃气蒸箱	CJ/T 187—2013	行业标准
113	燃气用具连接用不锈钢波纹软管	CJ/T 197—2010	行业标准

续表

序号	名称	编号	属性
114	燃烧器具用不锈钢排气管	CJ/T 198—2004	行业标准
115	燃烧器具用不锈钢给排气管	CJ/T 199—2018	行业标准
116	预制双层不锈钢烟道及烟囱	CJ/T 288—2017	行业标准
117	家用燃气灶具陶瓷面板	CJ/T 305—2009	行业标准
118	集成电路（IC）卡燃气流量计	CJ/T 334—2010	行业标准
119	城镇燃气切断阀和放散阀	CJ/T 335—2010	行业标准
120	冷凝式家用燃气快速热水器	CJ/T 336—2010	行业标准
121	混空轻烃燃气	CJ/T 341—2010	行业标准
122	家用燃具自动截止阀	CJ/T 346—2010	行业标准
123	城镇燃气用防雷接头	CJ/T 385—2011	行业标准
124	集成灶	CJ/T 386—2012	行业标准
125	炊用燃气大锅灶	CJ/T 392—2012	行业标准
126	家用燃气器具旋塞阀总成	CJ/T 393—2012	行业标准
127	电磁式燃气紧急切断阀	CJ/T 394—2018	行业标准
128	冷凝式燃气暖浴两用炉	CJ/T 395—2012	行业标准
129	家用燃气用具电子式燃气与空气比例调节装置	CJ/T 398—2012	行业标准
130	家用燃气燃烧器具电子控制器	CJ/T 421—2013	行业标准
131	燃气用铝合金衬塑复合管材及管件	CJ/T 435—2013	行业标准
132	管道燃气自闭阀	CJ/T 447—2014	行业标准
133	城镇燃气加臭装置	CJ/T 448—2014	行业标准
134	切断型膜式燃气表	CJ/T 449—2014	行业标准
135	燃气燃烧器具气动式燃气与空气比例调节装置	CJ/T 450—2014	行业标准
136	商用燃气燃烧器具通用技术条件	CJ/T 451—2014	行业标准

续表

序号	名称	编号	属性
137	薄壁不锈钢承插压合式管件	CJ/T 463—2014	行业标准
138	燃气输送用不锈钢管及双卡压式管件	CJ/T 466—2014	行业标准
139	燃气热水器及采暖炉用热交换器	CJ/T 469—2015	行业标准
140	瓶装液化二甲醚调压器	CJ/T 470—2015	行业标准
141	超声波燃气表	CJ/T 477—2015	行业标准
142	燃气燃烧器具实验室技术通则	CJ/T 479—2015	行业标准
143	燃气用具连接用金属包覆软管	CJ/T 490—2016	行业标准
144	燃气用具连接用橡胶复合软管	CJ/T 491—2016	行业标准
145	无线远传膜式燃气表	CJ/T 503—2016	行业标准
146	城镇燃气设备材料分类与编码	CJ/T 513—2018	行业标准
147	燃气输送用金属阀门	CJ/T 514—2018	行业标准
148	加臭剂浓度检测仪	CJ/T 524—2018	行业标准